# 材料力学

## （第2版）

李道奎　主　编

李道奎　申志彬　周仕明　吴　晓　李东平　编

中国教育出版传媒集团

高等教育出版社·北京

内容提要

本书第 1 版是湖南省"工程力学"精品课程的配套教材,也是国防科技大学空天力学系列教材之一。本次修订保持原有体系和风格,即重在基本理论与基本方法的阐述,力求让学生建立基本力学概念,并初步具有运用材料力学知识对简单工程构件进行分析与设计的能力,同时为后续课程打下坚实的基础。

本书共 14 章,包括绪论、轴向拉压应力与材料的力学性能、轴向拉压变形、扭转、弯曲内力、弯曲应力、弯曲变形、应力与应变状态分析、强度理论及其应用、组合变形、能量法、静不定问题分析、压杆稳定问题和交变应力简介。为了便于学习,每章都编有思考题和习题,书后附有习题参考答案。带"∗"号的内容可根据专业特点选讲,也可作为自学阅读材料。本书配有丰富的数字化资源。

本书可作为本科和高职高专院校力学、机械、土木、材料、航空航天等专业材料力学课程的教材,也可作为相关工程技术人员的参考书。

**图书在版编目(CIP)数据**

材料力学／李道奎主编;李道奎等编. --2 版. --北京:高等教育出版社,2024.4
ISBN 978-7-04-061857-0

Ⅰ. ①材… Ⅱ. ①李… Ⅲ. ①材料力学-高等学校-教材 Ⅳ. ①TB301

中国国家版本馆 CIP 数据核字(2024)第 047214 号

CAILIAO LIXUE

| 策划编辑 黄 强 | 责任编辑 赵向东 | 封面设计 张申申 裴一丹 | 版式设计 童 丹 |
| 责任绘图 邓 超 | 责任校对 吕红颖 | 责任印制 存 怡 | |

| 出版发行 | 高等教育出版社 | | 网　　址 | http://www.hep.edu.cn |
| 社　　址 | 北京市西城区德外大街 4 号 | | | http://www.hep.com.cn |
| 邮政编码 | 100120 | | 网上订购 | http://www.hepmall.com.cn |
| 印　　刷 | 保定市中画美凯印刷有限公司 | | | http://www.hepmall.com |
| 开　　本 | 787mm×1092mm　1/16 | | | http://www.hepmall.cn |
| 印　　张 | 26.5 | | 版　　次 | 2014 年 8 月第 1 版 |
| 字　　数 | 640 千字 | | | 2024 年 4 月第 2 版 |
| 购书热线 | 010-58581118 | | 印　　次 | 2024 年 4 月第 1 次印刷 |
| 咨询电话 | 400-810-0598 | | 定　　价 | 45.00 元 |

本书如有缺页、倒页、脱页等质量问题,请到所购图书销售部门联系调换

# 材料力学

（第2版）

**1** 计算机访问 https://abooks.hep.com.cn/61857，或手机扫描二维码，访问新形态教材网小程序。

**2** 注册并登录，进入"个人中心"，点击"绑定防伪码"。

**3** 输入教材封底的防伪码（20位密码，刮开涂层可见），或通过新形态教材网小程序扫描封底防伪码，完成课程绑定。

**4** 点击"我的学习"找到相应课程即可"开始学习"。

**材料力学** （第2版）

作者 李道奎 主编，李道奎、申志彬、周仕明、吴晓、李东平 编

出版单位 高等教育出版社

出版时间 2024-03-22

ISBN 978-7-04-061857-0

本课程与纸质教材一体化设计，紧密配合，内容包括知识拓展、工程案例、实验示教、概念显化、材料力学思政等，充分运用多种形式媒体资源，极大丰富了知识的呈现形式，拓展了教材内容。

绑定成功后，课程使用有效期为一年。受硬件限制，部分内容无法在手机端显示，请按提示通过计算机访问学习。

如有使用问题，请发邮件至 abook@hep.com.cn。

扫描二维码
访问新形态教材网小程序

# 第 2 版前言

第 1 版于 2014 年 8 月出版以来,得到了大多数使用高校师生和读者的肯定。同时,他们也对教材提出了使用意见及修改建议;另外,随着新技术的发展,教材的形式也需要体现与时俱进,为此对教材进行了修订。修订时仍保持了第 1 版教材内容繁简得当、写作精练易懂、概念清晰、论述严谨、重点难点内容安排合理、解题方法归纳较好、与工程实际结合紧密的风格与特点。本次修订主要进行了以下几个方面的工作:

1. 新增内容。为使教材内容更加系统完整,并适应不同高校的需求,在第二章增加了"温度和时间对材料力学性能的影响";在第六章增加了"复合梁";在第七章增加了"用奇异函数法求弯曲变形";在第八章增加了"实验应力分析简介";在第十章增加了"非对称纯弯曲梁的正应力""弯曲中心的概念";在第十一章增加了"卡氏定理";在第十三章增加了压杆稳定性设计的两个例题(例 13.4 与例 13.5),其中介绍了工程中常用来确定压杆的横截面面积的逐次逼近法。

2. 合并内容。为便于施教,将第 1 版教材第十一章的 11.5 节与第十四章合并,形成第 2 版教材的第十四章"动载荷",并将交变应力部分的内容进行扩充,增加了"疲劳强度计算"。

3. 修订内容。在第十二章,根据编者最新的教学研究成果,对载荷对称性的判断方法、对称与反对称性质进行了补充与更新,以便读者可以更加直接地进行载荷对称性的判断,以及更加方便地进行对称结构的分析。同时,规范了一些基本概念、原理和方法的表述,并改正了第 1 版教材中的一些错误。

4. 增补习题。与新增内容"卡氏定理"相对应,增补习题 11.7~11.9;与新增内容"疲劳强度计算"相对应,增补习题 14.16~14.22。

5. 增加资源。增加了相关的数字资源 42 个,包括概念显化 12 个、实验示教 7 个、材料力学漫话 9 个、材料力学课程思政案例 8 个、工程案例 2 个、知识拓展 4 个。

参加第 2 版修订工作的有李道奎、申志彬、周仕明、李东平、孙海涛等,仍由李道奎任主编。

限于编者的水平,教材中仍难免有疏漏和不当之处,敬请广大师生和读者提出宝贵意见和建议。

编　者
2023 年 10 月

# 第 1 版前言

材料力学是高等院校工科专业的专业基础课,本教材依据教育部高等学校力学教学指导委员会力学基础课程教学指导分委员会制定的《力学基础课程教学基本要求》(2012 年版)中对材料力学课程教学基本要求编写而成。

全书以杆件的基本变形为主线,在介绍杆件拉压、扭转和弯曲基本变形的基础上,介绍了应力与应变分析与强度理论、组合变形、能量法及其在求解静不定问题中的应用、压杆稳定和构件疲劳等内容。本书具有概念清晰、论述严谨、与工程实际结合紧密等特点,力求使学生既能建立力学概念,掌握构件的强度、刚度和稳定性的计算方法,又能初步具备利用力学原理进行工程结构分析与设计的能力。

书中习题、插图等内有些数据没给出单位,则默认长度的单位为 mm,应力的单位为 MPa。

参加本教材编写的有李道奎、李海阳、吴晓、李东平和刘大泉,李道奎任主编。其中,李道奎编写第一章、第四章、第八章至第十四章和附录,李海阳编写第二章和第三章,吴晓编写双模量部分章节,李东平编写习题解答部分,刘大泉编写第五章至第七章,最后由李道奎统稿。本书在编写过程中,得到了国防科技大学、湖南文理学院、中南大学等湖南省高校许多同志的支持与帮助,参考了一些同类优秀教材并选用了某些插图与习题,在此一并表示感谢。

本书由雷勇军教授审阅,他对本书提出了许多宝贵的意见,在此表示衷心的感谢!

由于编者水平有限,教材中难免存在一些不足之处,恳请读者批评指正。

主编李道奎 E-mail:lidaokui@ nudt. edu. cn。

编　者

2014 年 1 月

# 目　　录

目录

# 第一章

绪　论

## §1.1　材料力学的任务与研究对象

### 一、材料力学的研究对象

在工程实际和日常生活中,各种结构或机械得到广泛应用。结构或机械的整体及其各组成部分,如火箭(图 1.1a)、火箭发动机(图 1.1b)或发动机伺服机构的作动杆和活塞(图 1.1c),统称为**构件**。

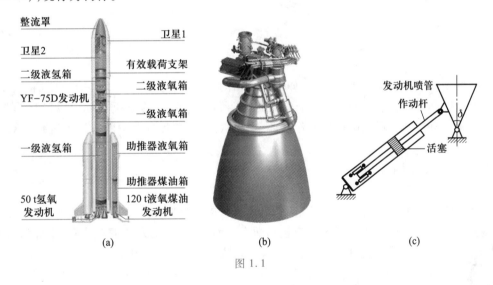

图 1.1

根据几何形状和尺寸的不同,构件大致可分为杆件、板件和块体。

若构件在某一个方向上的尺寸比其余两个方向上的尺寸大得多,则称为**杆**(图 1.2)。杆件的几何形状可以用一根轴线和垂直于轴线的截面来表征,这个截面称为**横截面**,而轴线为各横截面中心的连线。轴线为直线的杆称为**直杆**(图 1.3a),反之则称为**曲杆**(图 1.3b)。所有横截面形状与尺寸都相同的杆称为**等截面杆**(图 1.3a),否则称为**变截面杆**(图 1.3b)。

平行于杆件轴线的面称为**纵截面**,既不平行也不垂直于杆件轴线的截面称为**斜截面**。

若构件在某一方向(厚度)上的尺寸比其余两个方向上的尺寸小得多,则称为**板件**。板件的几何形状可以用厚度及平分其厚度的一个面表征,这个面称为中面。中面为平面的称为板(图 1.4a),中面为曲面的称为壳(图 1.4b)。

若构件在三个方向上具有同一量级的尺寸,则称为**块体**(图 1.5)。

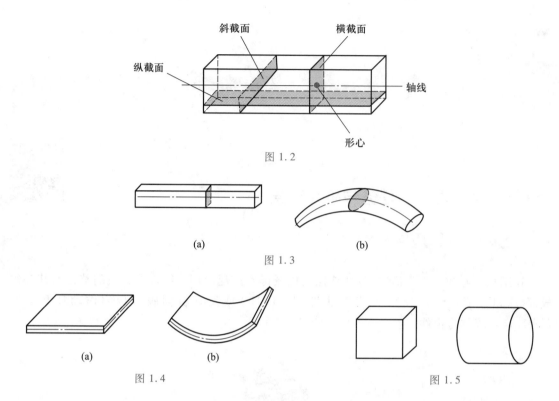

图 1.2

(a)

(b)

图 1.3

(a)

(b)

图 1.4

图 1.5

　　三类构件在工程中都有大量应用,如捆绑火箭的连杆、机架液压杆、活塞杆、曲柄、齿轮轴、房屋的大梁等都可简化为杆件,而桌子的面板、容器的壁面、船的甲板等都可以简化为板件。机器的底座、房屋基础、堤坝则可以看作块体。材料力学主要以等截面的直杆为研究对象。

## 二、力及其作用效应

1-2:
概念显化——
弹性变形和塑
性变形

　　力是物体间的机械作用。力是矢量,满足平行四边形规则,它有三要素:大小、方向和作用点。力对物体的作用效应包括两个方面:一方面是力的运动效应,也称为力的外效应,即力使物体产生运动状态(运动或静止)的变化;另一方面是力的变形效应,也称为力的内效应,即力使物体发生形状或尺寸的改变(变形)。

　　变形分为两类:弹性变形和塑性变形(永久变形)。力卸除后可以恢复的变形称为**弹性变形**,而不可恢复的变形称为**塑性变形**。

## 三、构件的三种失效模式

1-3:
概念显化——
构件的三种失
效模式

　　在结构的正常工作或机械的正常运转过程中,构件需要完成一定的功能,但又会承受一定的力作用,同时也会产生一定的变形。当构件在外力作用下丧失正常的功能时,我们称这种现象为**失效**或**破坏**,工程构件的失效形式有很多种,但在本书中通常将其分为三类:强度失效、刚度失效和稳定性失效。

**强度失效**是指构件在外力作用下产生不可恢复的塑性变形(永久变形)或发生断裂。如起重机的吊索被拉断,齿轮的齿发生永久变形而失去原来的正常齿形,以致齿轮传动机构不能正常运转,以及销被剪断(图1.6a)和铆钉发生永久变形(图1.6b),这些都是不允许的。因此,在工程设计中必须保证构件具有足够的抵抗破坏的能力,即具有足够的强度。

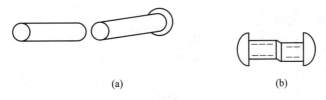

(a)                    (b)

图 1.6

足够的强度并不是保证结构正常工作的唯一要求。在某些情况下,由于弹性变形过大,也会影响结构或机械的正常工作,这种情况称为**刚度失效**。如齿轮轴在运转过程中若变形过大,则会影响齿轮的传动精度,加速齿轮间和轴与轴承间的磨损(图1.7a)。又如电机的转子与定子之间的间隙很小,如果转子的转轴变形过大,则影响电机的效率(图1.7b)。因此,在工程设计中必须保证构件具有足够的抵抗弹性变形的能力,即具有足够的刚度。

1-4:
工程案例——
Tacoma 大桥

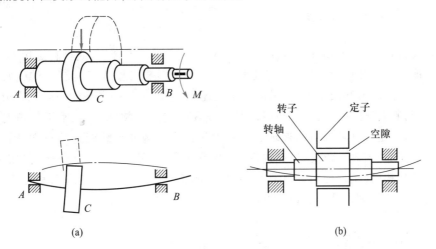

(a)                    (b)

图 1.7

构件的另外一种失效形式是稳定性失效,即构件在某种外力作用下(如轴向压力),其平衡形式发生突然转变。如千斤顶中的螺杆、厂房或矿井中的支柱、活塞杆(图1.8a)、内燃机的挺杆(图1.8b)等,在受到过大压力时,直杆就会从直线的受压平衡形式突然变为弯曲的平衡形式。又如,图1.8c所示薄壁圆环受外压力过大时,截面由圆形突然变成椭圆形。这些都是非常危险的状态,许多工程事故就是这样发生的,因此,在工程设计中必须保证构件具有足够的保持原有平衡形式或变形形式的能力,即具有足够的稳定性。

在设计工程构件时,一般要求构件必须满足强度、刚度和稳定性的要求,构件才是安全的,但对于某些特殊构件,却又往往有相反的要求。如为了保证机器不致超载,当载荷达到某一极限值时,要求安全销立即破坏,以免损坏整个机器;车辆的缓冲弹簧力求有较大的变形,以发挥其缓冲作用。

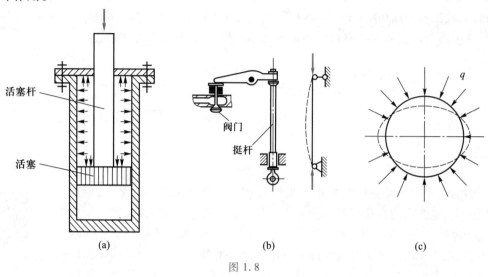

活塞杆
活塞
阀门
挺杆

(a)     (b)     (c)

图 1.8

### 四、材料力学的主要任务

在工程设计过程中,若构件的截面尺寸过小,或截面形状不合理,或材料选用不当,在外力作用下将不能满足上述强度、刚度和稳定性要求,从而影响机械或工程结构的正常工作。反之,如构件尺寸过大,材料质量太高,虽满足了上述要求,但构件的承载能力难以充分发挥。这样,既浪费了材料,又增加了成本和重量。特别是在航空航天领域,在正常工作情况下尽可能减轻结构的重量,是设计者永恒的追求。材料力学是研究构件承载能力的科学,因此,**材料力学的主要任务**是:从宏观的角度,研究构件(主要是杆件)在外力(及温度变化)作用下的变形、受力和失效的规律,提出保证构件具有足够强度、刚度和稳定性的设计准则和方法,为构件的合理设计提供必要的理论基础和计算方法。

## §1.2 材料力学的力学模型与基本假设

### 一、材料力学的力学模型

在理论力学的静力学中,我们将构件简化为在外力作用下不变形的刚体,从而研究其受力和平衡规律。但是,实际工程与生活中的任何物体(构件)在外力作用下,都会产生或多或少的变形。严格地说,任何物体都是变形体,而构件的失效正是由它的变形超过一定限度或变形形式的改变引起的,因此,我们要研究构件的失效规律,必须将构件作为变形体来研究。而材料力学正是将构件作为变形体,研究其在外力(包括温度等其他场变化)作用下的受力、变形和失效的规律。

材料力学中的变形体与静力学中的刚体这两种力学模型可以通过刚化公理联系起来。由刚化公理可知,当变形体在已知力的作用下处于平衡状态时,若将它刚化为刚体,则其平衡状态保持不变。因此,当变形体处于平衡状态时,可以利用刚体静力学中的受力分析与平衡条件,计算变形体所受的外力与内力,这就建立了平衡的变形体与刚体之间的联系。

## 二、材料力学的基本假设

材料力学所研究的构件是由可变形的固体组成的。近代物理学研究指出,一切物体都是由不连续的微粒组成的,它们有规则地或无规则地排列着,相互间存在引力和斥力,并保持平衡。如果根据这样复杂的物质构造来研究构件的力学性能(材料在外力作用下所表现的性能,称为材料的**力学性能**或**机械性能**),是极其困难而烦琐的,而且也不便于工程应用。材料力学和其他技术科学一样,对真实情况作出切实的简化和理想化的假设,以便运用较为简单的数学表达式来描述构件的力学性能,得到符合工程精度要求的计算结果。

### 1. 连续性假设

假设在构件所占有的空间内毫无空隙地充满了物质,即认为构件是密实的。这样,构件内的一些力学量(如各点的位移)可以表示为坐标的连续函数,用极限和微积分等数学工具进行分析。

连续性也存在于变形后,即构件内变形前相邻的物质,变形后既不会出现重叠(图1.9a),也不产生新的间隙或空洞(图1.9b),而依然保持相邻(图1.9c)。

 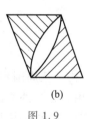 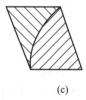

(a)　　　　　　　　　(b)　　　　　　　　　(c)

图 1.9

### 2. 均匀性假设

在材料力学中,假设材料的力学性能与其在构件中的位置无关。就应用最多的金属来说,组成金属的各晶粒的力学性能并不完全相同,但构件或从构件内部任何部位所取的微小单元体(简称微体),都包含为数极多的晶粒,而且无规则地排列,它们的力学性能都是各晶粒的力学性能的统计平均值,所以可以认为它们的力学性能是均匀的或完全相同的。同时,由均匀性假设可知,通过标准试样所测得的材料力学性能,也可用于同一材料构件内的任何部位。

### 3. 各向同性假设

沿各个方向均具有相同力学性能的材料,称为**各向同性材料**,如玻璃、金属等。就金属的单一晶粒来说,不同方向力学性能不一样,但由于金属构件包含的晶粒极多,且排列是随机的,因此从宏观上看,金属为各向同性材料。

不同方向力学性能不同的材料,称为**各向异性材料**。如木材、纤维增强复合材料等。

此外,在材料力学中还假设构件的变形与构件的尺寸相比很小,这种变形称

1-5:
材力思政——
劈柴不照纹,
累死劈柴人

为**小变形**。在小变形的条件下,分析变形体的平衡时,可不考虑变形的影响,而直接分析构件初始状态的平衡问题。如对一端固定、一端自由且在自由端承受横向力 $F$ 的杆件,不考虑构件变形时(图 1.10a),其支座反力为 $F_R = F$,支座反力偶矩为 $M = FL$;若考虑变形的影响,则 $M = F(L-\Delta)$,由于变形很小,$\Delta \ll L$,考虑平衡问题时可以忽略 $\Delta$,而变成 $M = FL$,即不考虑构件变形时的支座反力偶矩。因此,在小变形的条件下,可以直接用构件初始状态分析其平衡问题。另外,在小变形的条件下,计算构件变形时,也可忽略变形高阶项的影响。

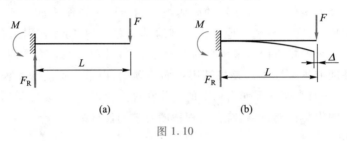

图 1.10

综上所述,在材料力学中,一般将实际构件看作由连续、均匀的各向同性材料构成的可变形固体,且其变形很小,以至于不影响外力的作用。工程实际应用表明,在此基础上所建立的理论与计算分析结果,符合工程要求。

## §1.3　外力与内力

### 一、外力及其分类

当研究某一构件时,可以设想把这一构件从周围物体中单独取出,并用力来代替周围各物体对构件的作用。周围物体对构件的作用力就是**外力**,它包括载荷与约束力。

按照力的作用方式,外力可以分为表面力和体积力。连续作用在构件各质点上的外力称为**体积力**($N/m^3$),如构件的重力、离心力等。而作用在构件表面的外力称为**表面力**,如容器内液体对容器的压力、大气压作用在我们身上的压力、物体间的接触压力等。

表面力按照其在构件表面的分布情况,可分为分布力与集中力。连续分布在构件表面某一范围的力称为分布力。若分布力是分布在板件或块体的某一表面,则称为**面分布力**($N/m^2$);若分布力是沿杆件轴线作用的,则称为**线分布力**($N/m$),如楼板对房屋大梁的作用力。如果分布力的作用面积远小于构件的表面面积,或沿杆轴线的分布范围远小于杆件的长度,则可将分布力简化为作用于一点的力,称为**集中力**($N$)。

按照载荷随时间变化的情况,载荷可分为静载荷和动载荷,随时间变化非常缓慢或不变化的载荷,称为**静载荷**。其特征是在加载过程中,构件的加速度很小可以忽略不计,构件的各部分随时处于静力平衡状态。

随着时间显著变化或使构件各质点产生明显加速的载荷,称为**动载荷**。在极短时间内($<1/1\ 000$ s)施加在构件上的载荷,称为**冲击载荷**。如打桩时铁锤对桩的冲击载荷。另一种动载荷是随时间作周期性变化的载荷,称为**交变载荷**。如齿轮转动时,作用于每一个齿上的力都是随时间作周期性变化的。工程上,对冲击载荷和交变载荷两种动载荷问题作特殊处理。

构件在静载荷和动载荷作用下的力学行为是不同的,分析方法也有所差别,但前者较为简单,而且是后者的基础,因此首先研究静载荷问题。

## 二、内力和截面法

构件受外力作用会发生变形,其内部各部分之间因相对位置改变而引起的相互作用力就是**内力**。我们知道,即使构件不受力,它的内部各微粒之间也存在相互作用力。而材料力学中的内力,是指在外力作用下上述相互作用力的变化量,是外力引起的各部分相互作用的"附加内力"。这样的内力随外力变化而变化,构件的强度、刚度和稳定性与内力的大小及其在构件内的分布情况密切相关。因此,内力分析是解决构件强度、刚度和稳定性问题的基础。

为了显示出构件在外力作用下某截面上的内力,可假想地用一平面将构件截分为 $A$、$B$ 两部分,如图 1.11a 所示。任取其中一部分为研究对象(如 $A$ 部分),由于解除了 $B$ 对 $A$ 的约束,在截面上必然有内力存在,由连续性假设可知,内力是作用在切开截面上的连续分布力,如图 1.11b 所示。应用力系简化理论,这一连续分布的内力系可以向截面形心 $C$ 简化为主矢 $F_R$ 和主矩 $M$,即该截面上的内力。

为了分析的方便,沿构件轴线建立 $x$ 轴,在所截横截面内建立 $y$ 轴与 $z$ 轴,并将主矢 $F_R$ 和主矩 $M$ 沿上述三个坐标轴分解,便可得到该截面上的三个内力分量 $F_N$、$F_{Sy}$ 与 $F_{Sz}$,以及三个内力偶矩分量 $M_x$、$M_y$ 与 $M_z$,如图 1.11c 所示。为了叙述简单,这三个内力分量和三个内力偶矩分量统称为**内力分量**,且根据他们各自的作用效应,分别称 $F_N$ 为**轴力**,$F_{Sy}$ 与 $F_{Sz}$ 为剪力,$M_x$ 为**扭矩**,$M_y$ 与 $M_z$ 为**弯矩**。

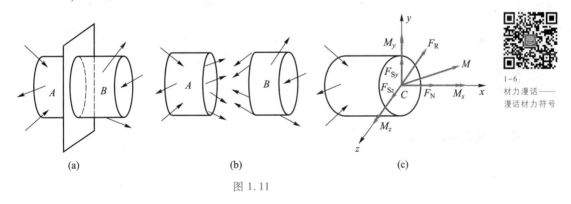

1-6:
材力漫话——
漫话材力符号

(a)　　　　　　　　(b)　　　　　　　　(c)

图 1.11

上述内力分量与作用在 $A$ 上的外力保持平衡,根据空间力系平衡条件,有如下平衡方程:

$$\sum F_x = 0, \quad \sum F_y = 0, \quad \sum F_z = 0$$
$$\sum M_x = 0, \quad \sum M_y = 0, \quad \sum M_z = 0$$

由此六个方程可求解出六个内力分量,即可由外力确定内力,或者说建立内力与外力之间的关系。

上述将构件假想地切开以显示内力,并由平衡条件确定内力的方法称为**截面法**。它是分析杆件内力的一般方法,具体步骤归纳如下:

(1)"一截为二,弃一留一"。欲求某一截面上的内力,就沿该截面假想地将构件分成两部分,任意地留下一部分作为研究对象,并弃去另一部分。

(2)"内力代替"。用作用于截面上的内力代替弃去部分对留下部分的作用。

(3)"平衡求力"。建立留下部分的平衡方程,确定未知的内力。

需要说明的是,对于受到不同载荷的杆件,截面上存在的内力分量的个数并不相同,如仅受面内载荷的平面杆或杆系结构,其横截面上的内力最多只有轴力、面内剪力和弯矩三个。

**例 1.1**   如图 1.12a 所示折杆,试求 $m$-$m$ 横截面上的内力。

**解**:为了方便,沿截面 $m$-$m$ 将折杆截为两部分,取 $m$-$m$ 上半部分为研究对象,并以截面形心为原点建立平面坐标系。

截面上可能存在的内力有轴力 $F_N$、剪力 $F_S$ 和弯矩 $M$,如图 1.12b 所示。由平衡条件得

$$\sum F_x = 0, \quad F_S - F_1 = 0$$

$$\sum F_y = 0, \quad F_N + F_2 = 0$$

$$\sum M_C = 0, \quad F_1 b - M = 0$$

求得内力 $F_N$、$F_S$ 和 $M$ 为

$$F_S = F_1, \quad F_N = -F_2, \quad M = F_1 b$$

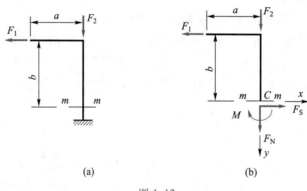

(a)                              (b)

图 1.12

## §1.4   应力与应变

### 一、应力

上节介绍了内力是截面上分布力系向形心简化的结果,但它不能说明分布内力系在截面上某一处的强弱程度,为此,现引入截面上内力分布集度,即应力的概念。

**1. 应力的概念**

对受多个外力作用的构件,用截面法从 $m$-$m$ 截面处截下一部分(图 1.13a),对截面 $m$-$m$ 上的任一点 $C$,在 $C$ 的周围取一微元面积 $\Delta A$,而作用在该面积上的内力为 $\Delta \boldsymbol{F}$,则矢量

$$\bar{\boldsymbol{p}} = \frac{\Delta \boldsymbol{F}}{\Delta A} \tag{1.1}$$

代表在 $\Delta A$ 范围内,单位面积上内力的平均集度,称为 $\Delta A$ 内的平均应力。

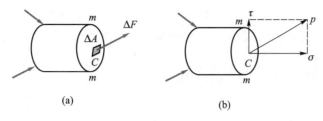

图 1.13

一般情况下,内力沿截面并非均匀分布,$\overline{\boldsymbol{p}}$ 的大小和方向将随所取的 $\Delta A$ 的大小而变化。因此,为了更精确地描述截面上某处内力的分布情况,令 $\Delta A$ 趋近于零,此时,$\overline{\boldsymbol{p}}$ 的大小和方向都趋向一个确定的极限值和极限方向,即

$$\boldsymbol{p} = \lim_{\Delta A \to 0} \overline{\boldsymbol{p}} = \lim_{\Delta A \to 0} \frac{\Delta \boldsymbol{F}}{\Delta A} \tag{1.2}$$

称为截面 $m-m$ 上 $C$ 处的**应力**,它是分布内力系在 $C$ 点的集度,反映截面 $m-m$ 上分布内力系在 $C$ 点的强弱程度。一般来说,$\boldsymbol{p}$ 既不与截面垂直,也不与截面相切(图 1.13b)。为了分析方便,通常将 $\boldsymbol{p}$ 沿截面的法向与切向分解为两个分量,沿截面法向的应力分量 $\sigma$ 称为**正应力**,沿切向的应力分量 $\tau$ 称为**切应力**,显然

$$p^2 = \sigma^2 + \tau^2 \tag{1.3}$$

在国际单位制中,力与面积的单位分别为 N 和 $m^2$,由应力的定义可知,它的单位为 $N/m^2$,称为帕斯卡,或简称为帕(Pa)。通常应力数值较大,常用单位为兆帕(MPa),$1 \text{ MPa} = 10^6 \text{ Pa}$。

**2. 单向应力和纯剪切**

一般情况下,应力在构件内的分布较为复杂,不仅在构件的同一截面上不同点处的应力一般不同,而且通过同一点的不同方位截面上的应力一般也不相同。为了全面研究某点在不同方位截面上的应力,围绕该点取一无限小的六面体即**微体**进行研究。一般地,取微体的各面与坐标轴垂直,微体各面上的应力代表着该点在各坐标轴上应力的分量。

微体各截面上应力分布的最简单、最基本的形式有两种:一种是**单向应力**,即微体只在一对互相平行的截面上均匀分布大小相等、方向相反的正应力(图 1.14a);另一种是**纯剪切**,即微体只在两两相邻的四个面上均匀分布切应力(图 1.14b)。

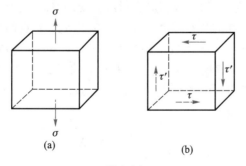

图 1.14

**3. 切应力互等定理**

对于如图 1.15a 所示处于纯剪切状态下的微体,设其边长分别为 $\mathrm{d}x$、$\mathrm{d}y$ 和 $\mathrm{d}z$。当微体顶

面上存在切应力 $\tau$ 时,它组成的微内力为 $\tau\mathrm{d}x\mathrm{d}z$,为满足平衡条件 $\sum F_x = 0$,在底面上必定存在切应力,且其大小也为 $\tau$。同理,在微体左右侧面上也存在大小相等、方向相反的切应力 $\tau'$。再由平衡条件 $\sum M_z = 0$ 得

$$(\tau\mathrm{d}x\mathrm{d}z)\,\mathrm{d}y = (\tau'\mathrm{d}y\mathrm{d}z)\,\mathrm{d}x$$

即

$$\tau = \tau' \tag{1.4}$$

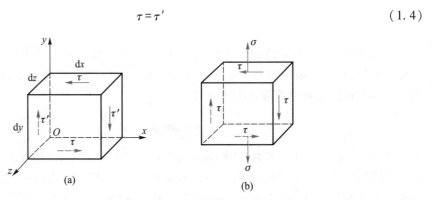

图 1.15

上式表明,在微体的互相垂直截面上,垂直于截面交线的切应力数值相等,方向均指向或背离该交线。这就是**切应力互等定理**,也称为**切应力双生定理**。

需要说明的是,切应力互等定理不仅适用于纯剪切应力状态,对于存在正应力以及其他较为复杂的应力状态(图 1.15b),切应力互等定理依然适用。

## 二、应变

前面介绍过变形的概念,它是构件尺寸和形状的变化,但它不能反映构件各部分的变形程度。以杆件的伸缩变形为例,100 m 长、1 cm² 粗的钢索在 100 N 力的作用下,变形约为 0.5 mm;而 0.4 m 长、1 cm² 粗的橡皮杆在 100 N 力的作用下,变形也约为 0.5 mm。这说明变形与材料的几何和物理性质有关,而且构件内部各部分的变形也可能很不均匀,因此,为描述构件内部各点处的变形程度,必须引进相对变形或应变的概念,它代表了单位长度内的变形。

在图 1.16a 中,物体的 $M$ 点因变形移到 $M'$ 点,$MM'$ 即为 $M$ 点的**位移**。这里假定 $M$ 点的位移中不包含刚性位移,设想在 $M$ 点附近取棱边长为 $\Delta x$、$\Delta y$ 和 $\Delta z$ 的微体,变形后微体的边长和邻边的夹角都发生变化,如虚线所示。把上述变形前后的微体投影到 $xy$ 平面,并放大为图 1.16b 所示,变形前平行于 $x$ 轴的线段 $MN$ 原长为 $\Delta x$,变形后变为 $\Delta x + \Delta u$,这里 $\Delta u = M'N' - MN$ 代表 $MN$ 的长度变化。定义

$$\bar{\varepsilon} = \frac{M'N' - MN}{MN} = \frac{\Delta u}{\Delta x} \tag{1.5}$$

为平均正应变,它表示线段 $MN$ 单位长度上的平均伸长或缩短。

由于 $MN$ 上各点变形程度并不相同,$\bar{\varepsilon}$ 的大小将随 $MN$ 的长度而改变,为了精确描述 $M$ 点沿棱边 $MN$ 方向的变形情况,令 $MN$ 的长度趋近于零,由此得到 $MN$ 方向上平均应变的极限

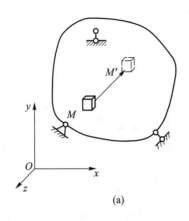 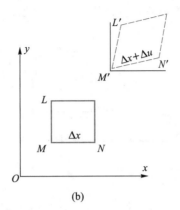

图 1.16

值,即

$$\varepsilon = \lim_{\Delta x \to 0} \frac{\Delta u}{\Delta x} \tag{1.6}$$

称为 $M$ 点 $x$ 方向的**正应变**或**线应变**。用完全类似的方法,还可以定义 $M$ 点沿 $y$ 和 $z$ 方向的正应变。

构件的变形不仅表现为线段长度的改变,而且正交线段的夹角也将发生变化。在图 1.16b 中,变形前 $MN$ 与 $ML$ 正交,变形后 $M'N'$ 和 $M'L'$ 的夹角变为 $\angle L'M'N'$,变形前后直角的改变量为 $\left( \angle L'M'N' - \dfrac{\pi}{2} \right)$。当 $N$ 和 $L$ 均趋近于 $M$ 时,上述角度改变量的极限值为

$$\gamma = \lim_{\substack{\Delta x \to 0 \\ \Delta y \to 0}} \left( \angle L'M'N' - \frac{\pi}{2} \right) \tag{1.7}$$

称为 $M$ 点在 $xy$ 平面内的**切应变**。

正应变与切应变都是量纲为一的量,切应变的单位是弧度(rad)或度(°)。

### 三、胡克定律

构件受力后发生变形。显然,对于不同的材料,其变形的大小不同。但是对于同一种材料,受力和变形之间存在确定的关系,这种关系称为**物理关系**。

在构件内部,各点内力的大小是用应力表征的,而变形的大小是用应变表征的,因此,在构件内部各点,物理关系体现为应力与应变的关系。下面介绍在单向应力和纯剪切状态下,当应力不超过某一极限值时,材料的应力应变关系。

单向受力试验表明,在正应力 $\sigma$ 的作用下,材料沿应力方向发生正应变 $\varepsilon$(图 1.17a),而且当正应力不超过一定的限度(这个限度称为比例极限 $\sigma_\mathrm{p}$)时,正应力与正应变成正比,设比例常数为 $E$,则有

$$\sigma = E\varepsilon \quad (\sigma \leqslant \sigma_\mathrm{p}) \tag{1.8}$$

1-7:
材力漫话——
托马斯·杨与
杨氏模量

1-8:
材力漫话——
胡克与胡克定
律

上述关系称为**胡克定律**, $E$ 称为**弹性模量**(或杨氏模量)。

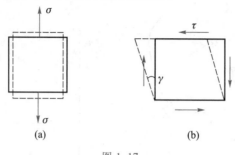

图 1.17

同样,纯剪切试验表明,在切应力 $\tau$ 作用下,材料发生切应变 $\gamma$(图 1.17b),而且当切应力不超过一定限度(这个限度称为**剪切比例极限** $\tau_\mathrm{p}$),则切应力与切应变成正比,设比例常数为 $G$,则有

$$\tau = G\gamma \quad (\tau \leqslant \tau_\mathrm{p}) \tag{1.9}$$

上述关系称为**剪切胡克定律**, $G$ 称为**剪切模量**(又称切变模量)。

从胡克定律中可以看出, $E$ 和 $G$ 与应力具有相同的量纲,但由于一般的材料的模量数值较大,它们的常用单位为 GPa,且 $1\ \mathrm{GPa} = 10^9\ \mathrm{Pa} = 10^3\ \mathrm{MPa}$。

工程中的绝大多数材料,在一定应力范围内,均符合或近似符合胡克定律与剪切胡克定律,只是比例常数(模量)各不相同。因此,胡克定律和剪切胡克定律是一个普遍适用的重要定律,其中的比例常数 $E$ 和 $G$ 均为材料常数,通常通过试验来测定。

 **思考题**

1.1　静力学中的力学模型与材料力学中的力学模型有何异同?

1.2　材料力学有哪些基本假设?引入这些假设有何目的和意义?

1.3　分别举出两种体积力、表面力和集中力的实例。

1.4　何谓内力?何谓截面法?一般情况下,杆件横截面上的内力可用几个分量表示?用截面法是否可以求任何受力构件的内力?

1.5　在材料力学问题中,静力学里力的可传性原理什么时候可以应用,什么时候不能应用?图 a 中力 $F$ 的作用点从 $C$ 处移到 $E$ 处(图 b),对支座反力有影响吗?对哪一段杆的内力和变形有影响?

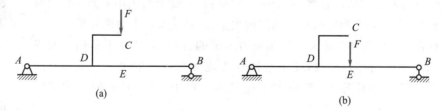

思考题 1.5 图

1.6　何谓应力?应力与内力有何区别?又有何联系?对于单向受力和纯剪切微体,能否说它们的应力是平衡的?

1.7　何谓应变?它与变形和位移有何关系?

习题

**1.1** 试用截面法计算图示各指定截面上的内力。

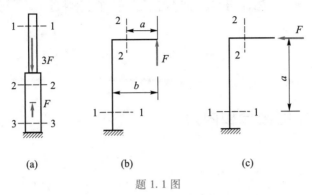

(a) (b) (c)

题 1.1 图

**1.2** 图示截面上任一点处的应力 $p = 120$ MPa。试求该截面上的正应力与切应力。

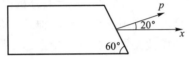

题 1.2 图

**1.3** 图示矩形截面杆，横截面上的正应力沿截面高度线性分布，截面顶边各点处的正应力均为 $\sigma_{max} = 100$ MPa，底边各点处的正应力均为零。试问：杆件横截面上存在何种内力分量？并确定其大小。图中 $C$ 点为截面形心。

**1.4** 构件变形如图中虚线所示。试求棱边 $AB$ 与 $AD$ 的平均正应变，以及 $A$ 点处直角 $BAD$ 的切应变。

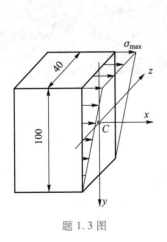

题 1.3 图

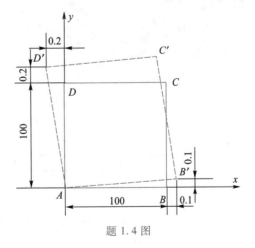

题 1.4 图

# 第二章

# 轴向拉压应力与材料的力学性能

## §2.1　轴向拉压的概念和内力

### 一、轴向拉压

在轴向受拉力或压力作用是杆件的一种最基本的受力形式,这种形式广泛见于工程构件中,如图 2.1 中翻斗车的液压杆、图 2.2 中的导弹在近似分析中都可以简化为这种情况。这些杆件的受力特点是:外力或外力合力的作用线与杆件的轴线重合。相应的变形特点是:杆件沿轴线方向伸长或缩短,同时杆件的横截面发生收缩或膨胀,如图 2.3 所示。

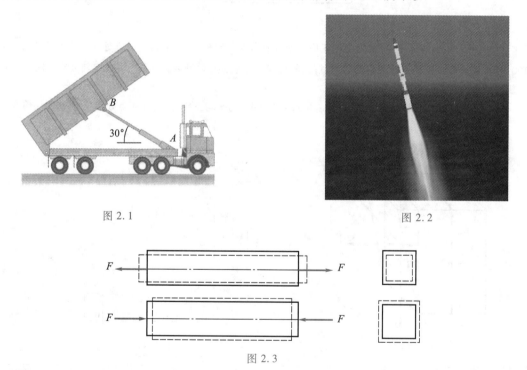

图 2.1　　　　　　　　　　　　　　　　　图 2.2

图 2.3

作用线沿杆件轴线的载荷称为**轴向载荷**,杆件在轴向载荷作用下的变形通常表现为以轴向伸长或缩短为主要特征的变形形式,称为**轴向拉压**。以轴向拉压为主要变形的杆件称为**拉压杆**或**轴向承载杆**。

需要说明的是,在实际分析中如果没有说明,通常不计杆件自重,也不考虑偏心拉压。

### 二、轴力与轴力图

杆件承受轴向拉压时,横截面上的内力必沿杆件轴线,即前述轴力。其符号规定为:拉力为正,压力为负。

杆件的轴力可以采用截面法求解。如图 2.4 所示,在轴向外力 $F$ 的作用下杆件产生内力,取横截面 $m-m$,选取截面左边部分为研究对象,去掉右边部分,以轴力 $F_N$ 代替其作用,建立平衡方程可以得到

$$F_N = F$$

如果保留右边部分,去掉左边部分,以轴力 $F'_N$ 代替其作用,会有同样结果,即

$$F'_N = F_N = F$$

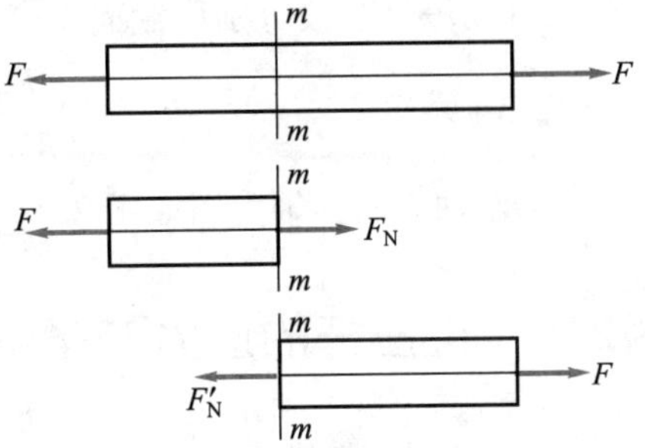

图 2.4

受复杂轴向载荷的杆件,不同截面上的轴力不同,为了形象地表示轴力沿杆件轴线的变化情况,确定最大轴力的大小及所在截面的位置,常采用轴力图来表示。轴力图以平行于杆轴的坐标表示横截面的位置,以垂直于杆轴的另一坐标表示轴力。

**例 2.1** 如图 2.5a 所示,杆件 $A$ 端固支,在 $B$、$C$、$D$ 截面分别作用载荷 $F_1$、$F_2$、$F_3$。试求轴力,并作轴力图。

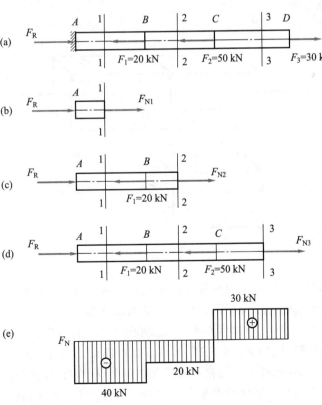

图 2.5

解:(1)支座反力计算。设杆件左端支座反力为 $F_R$,则根据轴向力平衡方程可以得到

$$F_R = F_1 + F_2 - F_3 = 40 \text{ kN}$$

(2)截面法求轴力。在 $AB$ 段取任意截面 1-1,采用截面法可求得轴力

$$F_{N1} = -F_R = -40 \text{ kN}$$

同理,在 $BC$ 段、$CD$ 段分别取截面 2-2 和 3-3,可以求得这两段的轴力

$$F_{N2} = -F_R + F_1 = -20 \text{ kN}$$

$$F_{N3} = -F_R + F_1 + F_2 = 30 \text{ kN}$$

(3)作轴力图。轴力图如图 2.5e 所示,可以看出最大拉力在 $CD$ 段,最大压力在 $AB$ 段。

## §2.2 拉压杆的应力与圣维南原理

### 一、拉压杆横截面上的应力

考虑等截面直杆如图 2.6a 所示,其任意横截面面积为 $A$,取横截面中的微元面积为 $dA$,则 $dA$ 上的内力为 $\sigma dA$(图 2.6b)。由静力关系可得横截面上轴力

$$F_N = \int_A \sigma(y, z) \, dA \tag{2.1}$$

由于不知道应力分布规律,通过以上静力关系无法由内力直接解出应力,因此需要利用试验现象提出合理的应力分布假设。

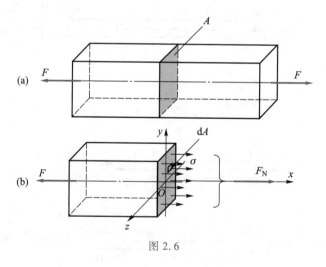

图 2.6

2-1:
概念显化——
拉压杆平面假
设与圣维南原
理

用易于变形的材料做成截面为矩形的等截面杆,并在其表面等间距画上纵线与横线,如图 2.7a 所示。然后在轴两端施加一对大小相等、方向相反的轴向拉力,使其发生轴向拉伸变形。从试验中观察到:各横线仍为直线,且仍垂直于轴线,只是间距增大(图 2.7b)。根据这一现象,对杆内变形作如下假设:在小变形情况下,拉压杆横截面在变形后仍然保持为平面,且仍与杆件轴线垂直,只是横截面间沿杆件轴线相对平移。此假设称为拉压杆的**平面假设**。

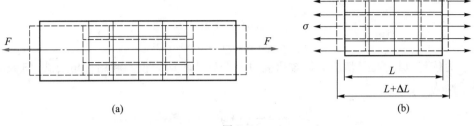

图 2.7

设想杆件由若干纵向纤维组成,那么根据平面假设可知:杆件变形后横截面与纵向纤维仍然垂直,且两横截面间所有纤维的伸长量应该相同。由于各纵向纤维材料相同,变形形式和大小相同,所以可以推出其横截面所受应力也相同。由此可见,横截面上各点仅存在正应力,且在横截面上均匀分布。由式(2.1)可得各点处的正应力均为

$$\sigma(y,z) = \sigma = \frac{F_{\mathrm{N}}}{A} \tag{2.2}$$

式(2.2)给出了拉压杆横截面上的应力计算公式,试验证明其适用于横截面为任意形状的等截面拉压杆,其中 $\sigma$ 与轴力具有相同的符号,即拉应力为正,压应力为负。

## 二、拉压杆斜截面上的应力

当截面为与横截面夹角为 $\alpha$ 的斜截面时,同样可以利用截面法来求解截面上的应力。不妨设斜截面 $k$-$k$ 与图 2.6 中的 $z$ 轴平行,在 $xy$ 平面的投影如图 2.8a 所示,取截面左边部分,根据前面的分析,斜截面上各点处的纵向纤维变形相同,所以各点在斜截面上的应力 $p_\alpha$ 相同(图 2.8b)。设斜截面面积为 $A_\alpha$,根据静力关系,可得

$$p_\alpha = \frac{F}{A_\alpha} = \frac{F}{A/\cos\alpha} = \sigma\cos\alpha \tag{2.3}$$

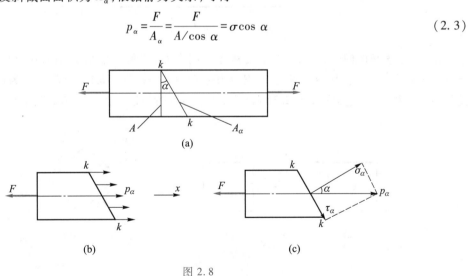

图 2.8

将应力 $p_\alpha$ 沿斜截面法向与切向分解(图 2.8c),得斜截面上的正应力 $\sigma_\alpha$ 和切应力 $\tau_\alpha$ 分

别为

$$\sigma_\alpha = p_\alpha \cos\alpha = \sigma\cos^2\alpha$$

$$\tau_\alpha = p_\alpha \sin\alpha = \sigma\cos\alpha\sin\alpha$$

其中正应力依然以拉为正,切应力以绕研究对象顺时针转动为正。利用倍角公式,斜截面上的应力可改写为

$$\sigma_\alpha = \frac{\sigma}{2}(1+\cos 2\alpha)$$

$$\tau_\alpha = \frac{\sigma}{2}\sin 2\alpha$$

(2.4)

由式(2.4)可以看出,斜截面上的正应力和切应力同截面法线与轴线的夹角 $\alpha$ 有关,从 $x$ 轴正向逆时针转到截面外法线方向的 $\alpha$ 为正。在轴向拉伸问题中,当 $\alpha = 0°$ 时

$$\sigma_\alpha = \sigma_{\max} = \sigma, \quad \tau_\alpha = 0$$

正应力取得最大值,正应力最大值等于横截面上正应力,切应力为零。当 $\alpha = \pm 45°$ 时

$$\sigma_\alpha = \frac{\sigma}{2}, \quad \tau_\alpha = \tau_{\max} = \pm\frac{\sigma}{2}$$

正应力取值为最大值(横截面上正应力)的一半,切应力绝对值取得最大值。切应力最大值为横截面正应力的一半。当 $\alpha = 90°$ 时

$$\sigma_\alpha = 0, \quad \tau_\alpha = 0$$

正应力取得最小值 0,切应力为 0,即纵截面上应力为 0。

**例 2.2** 试画出图 2.9 中拉压杆上 $C$、$B$ 两点取出的微体各个面上的应力。

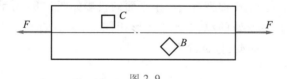

图 2.9

**解**:只考虑平面内受力情况,$C$ 点的微体有四个面,夹角 $\alpha$ 取值分别为 $0°$、$90°$、$180°$、$270°$,分别代入式(2.4)得到切应力都为 0,正应力分别为 $\sigma$、$0$、$\sigma$、$0$,其中 $\sigma = F/A$,$A$ 为截面面积。据此可以画出微体的应力图如图 2.10a 所示,通常绘制时可以采用简化方式(图 2.10b)。

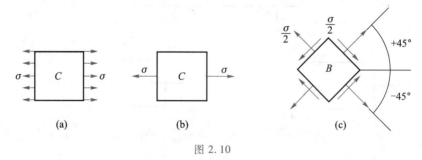

图 2.10

同理,$B$ 点的微体有四个面,夹角 $\alpha$ 取值分别为 $45°$、$135°$、$225°$、$315°$,分别代入式

（2.4）得到正应力都为 $\dfrac{\sigma}{2}$，切应力分别为 $\dfrac{\sigma}{2}$、$-\dfrac{\sigma}{2}$、$\dfrac{\sigma}{2}$、$-\dfrac{\sigma}{2}$。据此可以画出微体的应力图（图 2.10c）。

### 三、圣维南原理（Saint Venant Principle）

由式（2.2）可以看出，拉压杆的应力分布为沿截面均匀分布，但杆件端部受力往往不能保证均匀施载，这时在端部附近平面假设不成立，应力分布不均匀。

法国科学家圣维南（Saint Venant）指出，力作用于杆端的分布方式，只影响杆端局部范围的应力分布，影响区的轴向范围离杆端约 1~2 倍杆的横向尺寸。这一结论称为圣维南原理。图 2.11a 给出了在集中载荷作用下，距离端面分别为 $\dfrac{1}{4}$、$\dfrac{1}{2}$ 和 1 倍宽度的横截面上，杆件端部的应力分布情况（图 2.11b、c、d），虚线 $\sigma_{\mathrm{m}} = \dfrac{F}{A}$ 为等效均布载荷作用下的解。可以看出，在距离端面 1 倍杆件宽度时，集中载荷解与等效解的相对偏差只有 2.7%，这在结构分析与设计中通常是足够精确的。

2-2：
材力漫话——
圣维南与圣维南原理

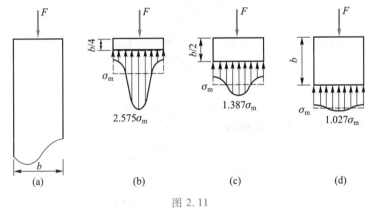

图 2.11

圣维南原理有许多等价表述形式，这里列举两个。其一，如果把物体的一小部分边界上的面力，变换为分布不同但静力等效的面力（主矢量相同，对于同一点的主矩也相同），那么，近处的应力分布将有显著的改变，但是远处所受的影响可以不计。其二，如果物体一小部分边界上的面力是一个平衡力系（主矢量和主矩都等于零），那么，这个面力就只会使得近处产生显著的应力，远处的应力可以不计。

圣维南原理已被许多计算结果和实验结果所证实。因此，杆端外力的作用方式不同，只对杆端附近的应力分布有影响。在材料力学中，可不考虑杆端外力作用方式的影响。

**例 2.3**　如图 2.12a 所示立柱受重力作用，截面为圆，上部和下部长度都为 $h$，直径分别为 $d$ 和 $2d$，密度为 $\rho$，重力加速度为 $g$。画轴力图，试求应力分布，确定最大切应力。

**解：**（1）受力分析与支座反力计算。拉压杆件的受力图如图 2.12b 所示，上段和下段立柱单位长度承受的轴向载荷分别为

$$q_1 = \rho A_1 g = \rho \pi \frac{d^2}{4} g, \quad q_2 = \rho A_2 g = \rho \pi d^2 g$$

$q_1$ 和 $q_2$ 的单位为 N/m，代表分布载荷集度；$A_1$ 和 $A_2$ 分别为两段的横截面面积。支座反力可以通过平衡方程求得

$$F_R = (q_1 + q_2) h = \frac{5}{4} \pi \rho g h d^2$$

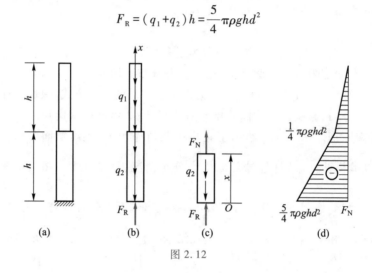

图 2.12

（2）轴力分析。采用截面法计算，如图 2.12c 所示，可以给出分段轴力

$$F_N(x) = \begin{cases} -(q_1 + q_2) h + q_2 x, & x \leqslant h \\ -2q_1 h + q_1 x, & h < x < 2h \end{cases}$$

据此可以画出轴力图 2.12d，可以看出最大受压载荷出现在底部。

（3）应力分析。由式（2.2）可以得到

$$\sigma(x) = \begin{cases} \dfrac{-(q_1 + q_2) h + q_2 x}{A_2}, & x \leqslant h \\[2mm] \dfrac{-2q_1 h + q_1 x}{A_1}, & h < x < 2h \end{cases}$$

化简后有

$$\sigma(x) = \begin{cases} -\dfrac{5}{4} \rho g h + \rho g x, & x \leqslant h \\[2mm] \rho g(-2h + x), & h < x < 2h \end{cases}$$

由此式可以看出应力也都是压应力，且分段线性，但在 $x = h$ 时应力不连续，这与轴力不同。压应力的最大值在底面 $x = 0$ 处

$$|\sigma|_{max} = \sigma(0) = \frac{5}{4} \rho g h$$

最大切应力

$$|\tau|_{max} = \frac{\sigma_{max}}{2} = \frac{5}{8} \rho g h$$

最大切应力发生在立柱底部与轴线夹角 ±45° 的斜截面上。

## §2.3　材料在拉伸时的力学性能

构件的强度、刚度和稳定性不仅与构件的尺寸、形状和所受的外力、约束有关,而且与材料本身固有的力学性能有关。材料力学性能可以通过各种试验来测定,本节介绍在拉伸试验中材料的性能特征和参数。

### 一、拉伸试验

在室温下,以缓慢平稳的加载方式进行的试验,称为**常温静载试验**。它是测定材料力学性能的基本试验,其中最基本、最常用的常温静载试验为拉伸试验。

拉伸试验中采用标准试样如图 2.13 所示,图中 $m$、$n$ 两点之间的杆段为试验段,其长度 $l$ 称为**标距**。试样截面通常有两种:圆形与矩形。圆截面试样的截面直径,通常规定为[①]

$$d = \frac{l}{10} \qquad 或 \qquad d = \frac{l}{5}$$

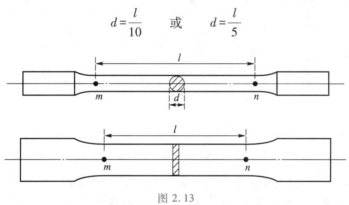

图 2.13

矩形横截面比例试样的原始标距与截面面积 $A$ 之间的关系通常规定为

$$l = 11.3\sqrt{A} \qquad 或 \qquad l = 5.65\sqrt{A}$$

试验时把试样安装在试验机上(图 2.14),并在标距区域安装变形测量传感器,通过试验机缓慢施加拉力,并测量试验段的拉伸变形,加载直至试样断裂,可以得到拉力 $F$ 与变形 $\Delta l$ 的关系曲线,称为**力-伸长曲线**或**拉伸图**。

拉伸图与试样的截面面积和标距有关,不适合直接用来分析材料的力学性能,为此,令

$$\sigma = \frac{F}{A}$$

$$\varepsilon = \frac{\Delta l}{l}$$

图 2.14

---

① 参阅 GB/T 228.1—2021《金属材料拉伸试验　第 1 部分:室温试验方法》。

则拉伸图可变换为应力 $\sigma$ 与应变 $\varepsilon$ 关系曲线,即**应力–应变图**。应力–应变图可以用来表征材料在拉伸时的力学性能。

### 二、低碳钢拉伸时的力学性能

低碳钢是指碳的质量分数在 0.3% 以下的碳素钢。低碳钢在工程中应用广泛,其力学性能也具有典型性。低碳钢的应力–应变图如图 2.15 所示,它可以分为四个阶段:弹性阶段、屈服阶段、硬化阶段和缩颈阶段。下面结合低碳钢的应力–应变图,介绍低碳钢的力学性能。

2–3:
材力思政——
以塑性屈服谈
人生超越

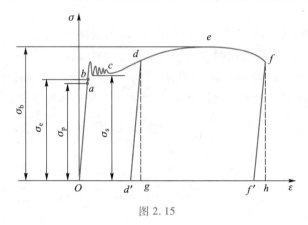

图 2.15

#### 1. 弹性阶段 $Ob$

弹性阶段起点 $O$ 对应初始未加载状态,这时的应力和应变都为 0;$b$ 点对应的应力为 $\sigma_e$,它表示解除拉力(卸载)后试样能恢复原状的最大应力,称为**弹性极限**。

$Ob$ 段的初始阶段为一条过原点的直线段 $Oa$,称为**线弹性区**,这时应力和应变成正比,$a$ 点所对应的应力为线弹性区的最大应力,称为**比例极限**,用 $\sigma_p$ 表示。在应力低于 $\sigma_p$ 的情况下,应力和应变保持正比例关系的规律即为前述**胡克定律**,即

$$\sigma = E\varepsilon$$

显然,只有应力小于 $\sigma_p$ 时,材料才服从胡克定律,且弹性模量 $E$ 为线弹性区直线的斜率,这时,称材料是线弹性的。常见材料中,碳钢 $E = 196 \sim 216$ GPa,铝合金 $E = 70$ GPa。木材在顺纹方向 $E = 9 \sim 12$ GPa,在横纹方向 $E = 0.49$ GPa。

★　**是谁首先提出弹性定律?**

2–4:
材力漫话——
漫话弹性定律

　　力与变形成正比的关系是材料力学的一个非常重要的基础,一般认为它是由英国科学家胡克(1635—1703)首先提出来的,所以通常称为胡克定律。其实,早在我国东汉时期,经学家郑玄(127—200)对《考工记·弓人》中"量其力,有三均"作注解时就说过:"假令弓力胜三石,引之中三尺,弛其弦,以绳缓擐之,每加物一石,则张一尺"[①]。意思是说,假定弓能承受三石的力,则随着弦上的力增加一石,则弓就张一尺,它非常明确地揭示了"力与变形成正比"的线性关系。郑玄

---

①　引自老亮《材料力学史漫话》,高等教育出版社,1993 年。

的发现比胡克早了 1 500 年,所以理应称为郑玄定律或郑玄-胡克定律才对。

应力超过比例极限 $\sigma_p$ 后,应力和应变不再成正比,曲线 ab 段称为非线性弹性段。由于 ab 段非常短,因此,工程上一般忽略非线性弹性段,而不严格区分比例极限 $\sigma_p$ 和弹性极限 $\sigma_e$。

应力超过弹性极限 $\sigma_e$ 后,如再解除拉力,则试样中将会出现不可恢复的变形,称为塑性变形或残余变形。

### 2. 屈服阶段 bc

当应力超过 b 点后,应力-应变曲线出现水平台阶(实际为在一水平线上下微小波动)。在此阶段内,应力几乎不变,而应变却急剧增长,材料就像失去抵抗继续变形的能力,这种现象称为材料的**屈服**或**流动**。使材料发生屈服的应力称为材料的**屈服应力**或**屈服极限**,用 $\sigma_s$ 表示。由于屈服阶段应力有微小波动,通常把下屈服点(波动的下限)作为屈服极限,低碳钢 $\sigma_s \approx 220 \sim 240$ MPa。

工程实际应用中,通常忽略 $\sigma_s$ 与 $\sigma_p$ 的差别和屈服阶段的波动,把屈服阶段设为与应变轴平行的直线,即认为屈服阶段应力恒为 $\sigma_s$,这种屈服阶段模型称为**理想塑性模型**。

到达屈服极限后材料将出现显著的塑性变形,对机械的某些零件,塑性变形将影响其正常工作,所以 $\sigma_s$ 是衡量材料强度的重要指标。

屈服现象是由金属中晶体的滑移造成的。表面磨光的低碳钢试样屈服后表面将出现与轴线大致成 45° 的条纹(图 2.16),根据前面的分析,在 45° 斜截面上切应力最大,说明此条纹是剪切变形造成的滑移,称为**滑移线**。

图 2.16

### 3. 硬化(强化)阶段 ce

材料发生屈服后,由于塑性变形使材料的内部微观结构发生重大变化,从而使材料重新具有了抵抗变形的能力,这种现象称为**材料强化**或**应变硬化**。试样承载能力在 e 点达到最大值,这时对应的应力称为材料的**强度极限**,用 $\sigma_b$ 表示。低碳钢 $\sigma_b \approx 370 \sim 460$ MPa。在强化阶段,试样的横向尺寸有明显的缩小,但其各处变形仍是均匀的,试样变形满足平面假设,标距内各横截面的面积相同。

### 4. 颈缩阶段 ef

应力到达强度极限后,试样的塑性变形开始集中于某一部位,该处的截面面积显著缩小(图 2.17a),这种现象称为**颈缩**。颈缩部分的局部变形导致试样总伸长迅速加大。同时由于颈缩部分横截面面积的快速减小,试样承受的拉力明显下降,到 f 点试样在颈缩处被拉断,断口呈杯锥状(图 2.17b)。在颈缩区域的各横截面不再相同,这时平面假设不再成立。

需要说明的是,颈缩段 $\sigma$-$\varepsilon$ 曲线的下降并不表示实际应力随应变增加而降低,事实上从材料屈服开始,试样的横截面面积就越来越明显地变小了,使得**真实应力**(载荷除以缩小后的横截面面积)与**名义应力**(载荷除以变形前的横截面面积)的差别越来越大。颈缩处的真实应力仍是增加的。

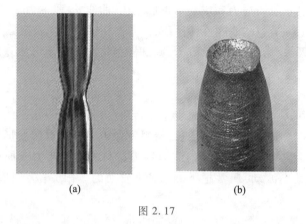

(a)　　　　　　　　　　(b)

图 2.17

### 5. 伸长率和断面收缩率

试样拉断后，由于保留了塑性变形，标距长度由原来的 $l$ 变为 $l_1$。比值

$$\delta = \frac{l_1 - l}{l} \times 100\% = \frac{\Delta l_0}{l} \times 100\% \tag{2.5}$$

称为材料的**延伸率**或**伸长率**。上式表明，拉断时塑性变形 $\Delta l_0$ 越大，$\delta$ 也就越大，故伸长率可以用作衡量材料塑性的指标。通常按伸长率的大小把材料分成两大类：$\delta \geqslant 5\%$ 的材料为塑性材料，如碳钢、黄铜、铝合金等；$\delta < 5\%$ 的材料为脆性材料，如灰铸铁、玻璃、陶器、石料等。

设试样拉断后断口处的最小面积为 $A_1$，则比值

$$\psi = \frac{A - A_1}{A} \times 100\% \tag{2.6}$$

称为材料的**断面收缩率**。断面收缩率也可以作为塑性性能的衡量指标。低碳钢的伸长率 $\delta \approx 20\% \sim 30\%$，断面收缩率 $\psi \approx 60\%$。

### 6. 卸载定律及冷作硬化

把试样拉到强化阶段的 $d$ 点，然后卸载，发现应力和应变在卸载过程中近似按直线规律变化，卸载线 $dd'$ 与 $Oa$ 基本平行，这一规律称为**卸载定律**。卸载定律也同样可以应用于屈服阶段和颈缩阶段。

从图 2.15 可以看出，$d$ 点的应变 $\varepsilon = Og$，它由两部分组成，一部分是卸载中消失的弹性应变 $\varepsilon_e = d'g$，另一部分是卸载中没有消失的塑性应变 $\varepsilon_p = Od'$，因此，超过弹性极限后的 $\sigma - \varepsilon$ 曲线上的任意一点，有

$$\varepsilon = \varepsilon_e + \varepsilon_p, \quad \sigma > \sigma_e \tag{2.7}$$

由此可知，图 2.15 中的 $Of'$ 即为材料的延伸率。

卸载后如在短期内再次加载，则 $\sigma - \varepsilon$ 曲线基本上沿卸载时的斜直线 $d'd$ 上升，到 $d$ 点后再按 $def$ 变化。常温下预先拉伸到强化阶段然后卸载，当再次加载时，可使比例极限提高，但降低了塑性，这种现象称为**冷作硬化**。起重钢索、传动链条等经常利用冷作硬化进行预拉，以提高弹性承载能力。

### 三、其他材料拉伸时的力学性能

#### 1. 其他塑性材料拉伸时的力学性能

其他塑性材料的拉伸应力–应变曲线如图 2.18 所示。其中,Q235 为低碳钢,16Mn 为锰钢,T10A 为高碳钢,H62 为黄铜。可以看出,各种钢的弹性模量相同,但由于材料成分、晶体结构、热处理方式等的不同,材料的应力–应变曲线有较大的差异,有些材料没有颈缩阶段;也有些材料并没有明显的屈服阶段,如 T10A、H62 等材料。

对于没有明显屈服阶段的塑性材料,工程上通常规定把产生 0.2% 塑性应变时所对应的应力值作为屈服指标,称为**屈服强度**或**名义屈服极限**,用 $\sigma_{p0.2}$ 或 $\sigma_{0.2}$ 表示(图 2.19)。

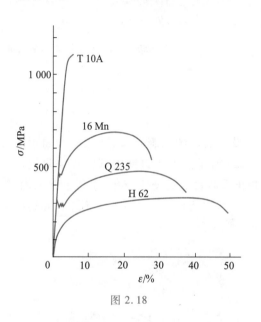

图 2.18

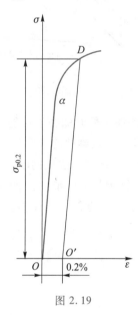

图 2.19

#### 2. 复合材料的拉伸力学性能

复合材料在如航空航天、导弹武器等现代工程领域有大量的应用,复合材料由两种或两种以上的材料通过缠绕、编制或层合等不同方式复合而成,能够根据结构承载特性和需求进行人为设计,充分发挥各种材料的优点,取长补短。复合材料通常沿不同方向具有不同的力学性能,即具有各向异性。

碳/环氧(即碳纤维增强环氧树脂基体)复合材料是一种常用的复合材料,它具有强度高、相对密度轻等优点。图 2.20 给出了碳/环氧复合材料沿纤维方向与垂直于纤维方向的拉伸应力–应变曲线,可以看出其沿两个方向都近似线性变化,该复合材料断裂后残余变形很小,但两个方向的刚度和强度有很大差异。

#### 3. 高分子材料的拉伸力学性能

高分子材料也是常见的工程材料,由于分子结构的差异,其力学性能差异很大。图 2.21 为几种典型高分子材料的拉伸应力–应变图。有些高分子材料在变形很小时即发生断裂,属于脆性材料;而有些高分子材料的伸长率甚至高达 500% ~ 600%。

高分子材料的一个显著特点是,随着温度升高,不仅应力-应变曲线发生很大变化,而且材料经历了由脆性、塑性到黏弹性的转变。所谓黏弹性,是指材料的变形不仅与应力的大小有关,而且与应力作用所持续的时间也有关。

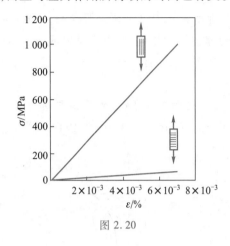

图 2.20

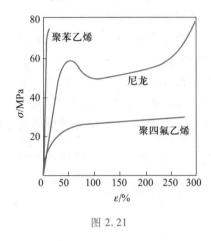

图 2.21

#### 4. 铸铁拉伸时的力学性能

灰口铸铁是典型的脆性材料,它在拉伸时没有明显的屈服阶段、强化阶段和颈缩阶段,强度极限 $\sigma_b$ 是衡量其强度的唯一指标,如图 2.22a 所示。由于铸铁内部结构缺陷较多,拉伸过程中的弹性模量随变形变化,即弹性阶段表现出非线性。为便于应用,工程上常采用割线法给出其等效刚度,近似为线性模型处理。铸铁拉断时的断口垂直于试样轴线,呈粗糙颗粒状(图 2.22b)。

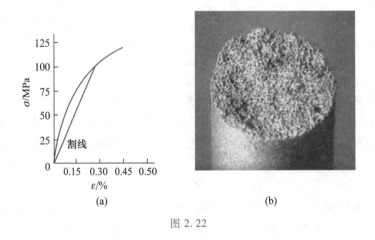

图 2.22

## §2.4　材料在压缩时的力学性能

金属的压缩试样一般制成很短的圆柱,以免在承受轴向压力时发生弯曲失稳。圆柱高度为直径的 1.5 ~ 3 倍。混凝土、石料等则制成立方体试块。

图 2.23 中实线为低碳钢压缩时的 $\sigma$-$\varepsilon$ 曲线示意图,虚线为拉伸时的对比曲线。可以看出,在弹性阶段和屈服阶段压缩曲线和拉伸曲线基本重合,即压缩时低碳钢的弹性模量 $E$ 和屈服极限 $\sigma_s$ 都与拉伸时大致相同,而工程应用中材料受力范围一般在弹性区,所以不一定要进行压缩试验。屈服阶段后压缩曲线与拉伸曲线有较大差异,这是由于试样发生了较大的塑性变形,成为扁平鼓状,实际承力面积越来越大,能承受的总载荷将会超出试验机的加载范围,材料不会发生断裂破坏。

2-6:
实验示教——
低碳钢和铸铁
试样压缩实验

灰口铸铁压缩时如图 2.24 所示。试样在较小的变形下突然破坏,破坏断面的法线与轴线成 45°~55° 的倾角,如图 2.25a 所示,表明试样的上、下两部分沿上述斜面因相对错动而破坏。图 2.24 中的虚线给出了铸铁拉伸时的 $\sigma$-$\varepsilon$ 曲线,从中可以看出,铸铁抗压强度极限比抗拉强度极限高出 4~5 倍。

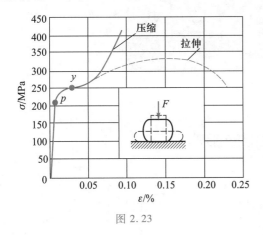

图 2.23

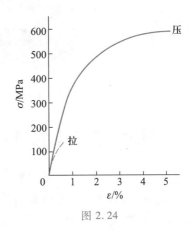

图 2.24

砖石等材料的压缩性能与灰口铸铁类似,但其断裂倾角更大,应变更小,通常会先发生纵向破坏,如图 2.25b 所示。

由于铸铁、混凝土、石料、玻璃等脆性材料的抗压强度远比抗拉强度高,所以宜设计成抗压构件,应尽量避免承受大的拉伸载荷,因此脆性材料的压缩试验通常比拉伸试验重要。

某些塑性金属压缩时沿斜面破裂,并不都像低碳钢那样愈压愈扁,图 2.25c 是铝青铜(延伸率 $\delta=13\%$)和硬铝($\delta=12\%$)试样压缩断裂后的情形。

2-7:
材力思政——
天生我材必有
用

(a)　　　　　　(b)　　　　　　(c)

图 2.25

拱桥结构能够将桥面载荷转化为桥拱压力，这样就能够充分利用砖石等脆性材料的高抗压性能，非常符合材料力学的基本原理，具有很好的性能。位于我国河北省赵县的赵州桥是世界现存最早、跨度最大的空腹式单孔圆弧石拱桥，全部采用石灰石建成，如图 2.26 所示。

图 2.26

## §2.5　温度和时间对材料力学性能的影响

前面两节主要讨论了材料在常温、静载下的力学性能。然而，有些构件，如导弹的金属壳体、航空发动机的叶片，需要在高温下工作；又如液态氢、液态氧贮箱，则在低温下工作。材料在高温和低温下的力学性能与常温下并不相同，且往往与作用时间的长短有关。现通过一些实验结果介绍温度和时间对材料力学性能的影响。

### 一、温度对材料力学性能的影响

为确定金属材料在高温下的性能，可对处于一定温度下的试样进行短期静载拉伸试验，例如在 15 或 20 min 内的拉断试验。图 2.27 表示在高温短期静载下，低碳钢的 $\sigma_s$、$\sigma_b$、$E$、$\delta$、$\psi$ 等随温度变化的情况。从图线可以看出，$\sigma_s$ 和 $E$ 随温度的增高而降低。在 250~300 ℃ 之前，随温度的升高，$\delta$ 和 $\psi$ 降低而 $\sigma_b$ 增加；在 250~300 ℃ 之后，随温度的升高，$\delta$ 和 $\psi$ 增加而 $\sigma_b$ 降低。

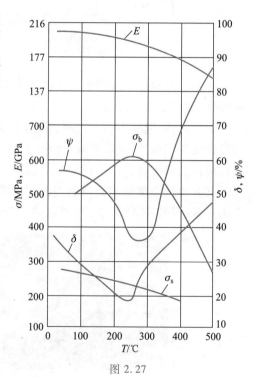

图 2.27

在低温情况下，低碳钢的 $\sigma_e$ 和 $\sigma_b$ 都有所提高，但 $\delta$ 则相应降低。这表明在低温下，低碳钢倾向于变脆。

### 二、时间对材料力学性能的影响

通常,时间对材料力学性能的影响与温度有关。在高温下,长期作用载荷将影响材料的力学性能。试验结果表明,如低于一定温度(例如对低碳钢来说,温度在 $300\sim350\ ℃$ 以下),虽长期作用载荷,材料的力学性能并无明显的变化。但如高于一定温度,且应力超过某一限度,则材料在固定应力和不变的温度下,随着时间的增长,变形将缓慢加大,这种现象称为**蠕变**。蠕变属于塑性变形,卸载后不再消失。在高温下工作的零件往往因蠕变而引起事故。例如,高温高压输送蒸气的钢管,其直径因蠕变不断增加,最终导致管壁破裂。

图 2.28 中的曲线是金属材料在不变温度和固定应力下,蠕变变形 $\varepsilon$ 随时间 $t$ 变化的典型曲线。图中点 $A$ 所对应的应变是载荷作用时立刻就得到的应变。从点 $A$ 到点 $B$ 蠕变速度 $\dfrac{\mathrm{d}\varepsilon}{\mathrm{d}t}$(即曲线的斜率)不断减小,是不稳定的蠕变阶段。从点 $B$ 到点 $C$ 蠕变速度最小,且接近于常量,是稳定的蠕变阶段。从点 $C$ 开始蠕变速度又逐渐增加,是蠕变的加速阶段。过点 $D$ 后,蠕变速度急剧加大直至断裂。

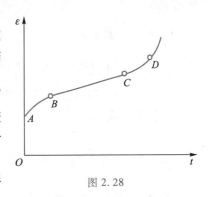

图 2.28

高温下工作的零件,在发生弹性变形后,如保持其变形总量不变,根据胡克定律,则零件内将保持一定的预紧力。随着时间的增长,因蠕变而逐渐发展的塑性变形将逐步代替原来的弹性变形,从而使零件内的预紧力逐渐降低,这种现象称为**松弛**。靠预紧力密封或连接的部件,往往因松弛而引起漏气或松脱。例如高压蒸气管凸缘的紧固螺栓,其预紧初应力常会随时间的增长而降低,出现松弛。为了保证紧密联结,防止漏气,必须定期拧紧螺栓。

随着高分子材料和复合材料在现代工程中的广泛应用,蠕变和松弛问题愈加明显和重要。

## §2.6  应力集中与材料疲劳

### 一、应力集中

由于构造和使用等方面的需要,许多构件常带有沟槽(如螺纹、导油槽、退刀槽、键槽等)、孔(在板上开孔易于固定、减重等)、阶梯和圆角(构件由粗到细的过渡圆角)等,以至于这些部位上的截面尺寸发生突然变化,如图 2.29 所示。

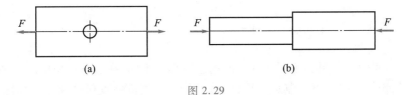

图 2.29

试验结果和理论分析表明,在外力作用下,构件内截面尺寸突然变化的附近局部区域的应力将急剧增加,而远处的应力受到的影响很小。这种因构件截面尺寸突然变化,而引起应力局部急剧增大的现象,称为**应力集中**。如图 2.29a 所示的中间开孔拉杆,在外力作用下,部件中尺寸发生突然变化的截面上的应力并不是均匀分布的,在圆孔边缘的应力 $\sigma_{max}$ 明显大于截面上的平均应力 $\sigma_n$(图 2.30)。

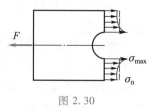

图 2.30

应力集中的程度可以用应力集中系数表示

$$K = \frac{\sigma_{max}}{\sigma_n} \tag{2.8}$$

其中,$\sigma_{max}$ 为截面上的最大局部应力,$\sigma_n$ 为名义应力,即认为应力在截面上均匀分布而求得的应力。图 2.30 中的板宽为 $b$,圆孔直径为 $d$,厚度为 $\delta$,则 $\sigma_n = \dfrac{F}{(b-d)\delta}$；$\sigma_{max}$ 可以由弹性理论或试验等方法确定。试验结果表明:截面尺寸改变越急剧、角越尖、孔越小,应力集中的程度越严重。

## 二、交变应力与材料疲劳

**交变应力**又称**循环应力**,是指随时间交替变化的应力。如图 2.31 所示连杆,在不计重力情况下,其所受载荷为交变的拉压载荷。构件因交变应力引起的破坏(失效)与静应力下的失效全然不同。

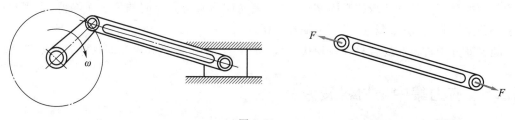

图 2.31

在长期的生产实践中,人们发现承受交变应力作用的构件,即使应力低于材料的屈服极限,经过长期重复作用之后也可能会发生突然断裂,而且即使是塑性很好的材料,也常常在没有明显塑性变形的情况下发生突然断裂。由于这种破坏经常发生在构件长期运转以后,因此人们最初误认为这是由于材料"疲劳""变脆"所致,故称这种破坏为**疲劳破坏**。

## 三、应力集中对构件强度的影响

应力集中对不同的材料和不同加载状况的影响程度不同,在工程应用中应区别对待。

一般来说,由均匀脆性材料制成的构件,应力集中现象将一直保持到最大局部应力到达强度极限之前,最后在应力集中处首先产生裂纹,若再增加拉力,裂纹就会扩展,从而导致整个构件破坏。因此,在设计脆性材料构件时应该考虑应力集中的影响。

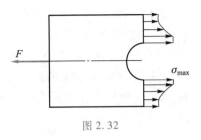

图 2.32

对于塑性材料制成的构件,应力集中对其在静载作用下的强度几乎无影响。这是因为,最大应力到达屈服极限后,材料并不会断裂,仍能够保持屈服极限的承载能力,继续施加的载荷会被其他部分承担(图 2.32),使相邻部分依次达到屈服极限,最终当整个截面都达到屈服极限时,截面达到承载极限,应力分布也趋向于均匀分布。因此,用塑性材料制成的构件,在静载情况下,可以不考虑应力集中的影响,而采用应力均匀分布计算。

对于承受交变载荷的构件,无论是由塑性材料还是由脆性材料制成,应力集中都会促使疲劳裂纹形成与扩展,因而对构件的疲劳强度影响较大。在工程设计中,应特别注意减小此类构件的应力集中。

在构件设计中应该充分考虑应力集中的影响,特别是对静载荷作用下的脆性材料构件、交变静载荷作用下的脆性和塑性材料构件等,在设计时要尽量降低应力集中的影响。典型的降低应力集中的结构设计实例,如在构件截面阶梯变化处增加倒角、在轴截面阶梯变化处设计减荷槽、在轮毂和轴的连接处设计减荷槽、轴上开孔开成通孔、对厚板的焊接边加工斜角等(图 2.33)。

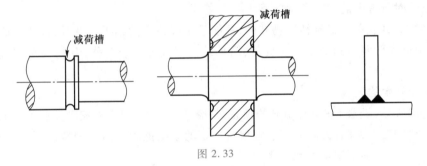

图 2.33

## §2.7　失效、许用应力与强度条件

### 一、构件失效与许用应力

构件工作时应该确保能够承载足够大的载荷。因为构件发生断裂时,其承载能力会降低,甚至降为零,从而导致灾难性后果;构件发生显著的塑性变形时,构件的形状和尺寸参数等会发生变化,从而影响构件的正常工作。因此,断裂、屈服或显著的塑性变形都是构件失效的形式。

从强度方面考虑,通常把构件失效时材料的应力称为**极限应力**,并用 $\sigma_u$ 表示。对于脆性材料,强度极限 $\sigma_b$ 为其唯一强度指标,故有 $\sigma_u = \sigma_b$;对于塑性材料,由于其屈服极限 $\sigma_s$ 小于强度极限,故通常取 $\sigma_u = \sigma_s$;对于没有明显屈服阶段的塑性材料,一般要定义名义屈服应力,故通常有 $\sigma_u = \sigma_{p0.2}$。

为了保证构件具有足够的强度,构件在外力作用下的最大工作应力必须小于材料的极限应力。理想情况下,最大工作应力无限趋近极限应力才能够充分利用材料,但由于构件设计和制造中存在各种不确定因素,构件必须具备适当的强度储备,特别是对失效将带来严重后果的构件,更应给予较大的强度储备。在强度计算中,把材料的极限应力除以一个大于1的系数 $n$,作为材料工作时所允许的最大应力,称为材料的**许用应力**,用 $[\sigma]$ 表示,$n$ 称为**安全因数**。即有

$$[\sigma] = \frac{\sigma_u}{n}$$

确定安全因数 $n$ 时,一般应综合考虑多方面的因素:

(1)材料性能方面的差异

在冶炼、加工过程中,不同批次材料的成分和强度都会有微小差异。甚至同一材料的不同部分的性能也会有微小差异。

(2)在结构或机器的使用期限内的加载次数

绝大多数结构或机器在"服役"期都要经历多次"启动(加载)—运行(载荷维持不变)—停车(卸载)"的过程。由于微损伤、老化等因素,材料的强度将随着加载和卸载次数的增加而减小。

(3)设计时所考虑的载荷类型

绝大多数设计载荷是很难精确已知的,只能是工程估算的结果。此外,使用场合的变化或变更,也会引起实际载荷的变化。动载荷、循环载荷以及冲击载荷作用时,安全因数要取得稍大些。

(4)可能发生的失效形式

脆性材料失效(断裂)前没有明显的预兆,是突然发生的,会带来灾难性后果。而塑性材料失效时有明显的变形,并且失效后还能够保持一定的承载能力。前一种情形下,一般取较大的安全因数;后一种情形下安全因数较小。

(5)分析方法的不精确性

所有工程设计方法,都以一定的假设为基础,进行简化,由此得到的计算应力只是实际应力的近似。方法的精度越高,安全因数越小。

(6)由于保养不善或其他自然因素引起的损伤

对于在腐蚀或锈蚀等难以控制甚至难以发现的条件下工作的构件,安全因数要偏大。

综上所述,选择安全因数的总原则是既安全又经济。根据不同工程部门对结构和构件的要求,正确选择安全因数是重要的工程任务。绝大多数情形下安全因数都是由工业部门乃至国家规定的。一般在静载下,对于塑性材料,按照屈服应力或名义屈服应力所规定的安全因数 $n_s$,取值为 1.2~2.5;对于脆性材料,按照强度极限所规定的安全因数 $n_b$,取值为 2.0~5.0,甚至更大。

二、强度条件

根据以上分析,为了保证拉压杆在工作时不失效,杆内最大工作应力 $\sigma_{max}$ 不得超过许用应

力$[\sigma]$,即要求

$$\sigma_{\max} = \left(\frac{F_N}{A}\right)_{\max} \leqslant [\sigma] \qquad (2.9)$$

上述判据称为拉压杆的**强度条件**或**强度准则**。其中,最大工作应力由理论计算或试验测量得到,极限应力由材料性能试验得到。对于等截面拉压杆,上式变为

$$\sigma_{\max} = \frac{F_{N,\max}}{A} \leqslant [\sigma] \qquad (2.10)$$

根据强度条件,可以对杆件进行以下三方面的计算:

(1)强度校核

当拉压杆的截面尺寸、所受载荷和许用应力已知时,应用强度条件式(2.9)或式(2.10),可以判定该杆在所受外力作用下能否安全工作。

(2)截面尺寸设计

当拉压杆所受载荷和许用应力已知,截面尺寸可以选择时,应用强度条件式(2.9)或式(2.10),可以确定该杆所需的横截面面积。例如,对于等截面直杆,横截面面积应满足

$$A \geqslant \frac{F_{N,\max}}{[\sigma]} \qquad (2.11)$$

(3)许用载荷确定

当拉压杆的许用应力和截面尺寸已知时,应用强度条件式(2.9)或式(2.10),可以确定该杆所能承受的最大许用轴力$[F_N]$,其值为

$$[F_N] = A[\sigma] \qquad (2.12)$$

需要指出的是,如果工作应力$\sigma_{\max}$超过了许用应力$[\sigma]$,但只要超过量(即$\sigma_{\max}$与$[\sigma]$之差)不大,例如,不超过许用应力的5%,在工程计算中仍然是允许的。

**例2.4** 如图2.34a所示构架,杆$BC$为钢制圆杆,杆$AB$为木杆。若$F=10$ kN,木杆$AB$的横截面面积为$A_1=10\ 000$ mm²,许用应力$[\sigma_1]=7$ MPa;钢杆的横截面面积为$A_2=600$ mm²,许用应力$[\sigma_2]=160$ MPa。试校核各杆的强度,计算构架的许用载荷$[F]$,并根据许用载荷,设计钢杆$BC$的直径。

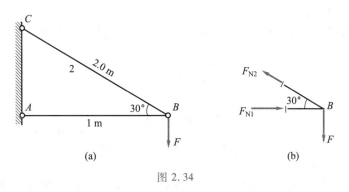

图 2.34

**解**:(1)校核两杆强度。取节点$B$为研究对象,设杆$AB$受压、$BC$受拉,轴力分别为$F_{N1}$和$F_{N2}$,受力分析如图2.34b所示。根据点$B$的平衡条件有

$$\sum F_x = 0, \quad F_{N1} - F_{N2}\cos 30° = 0$$

$$\sum F_y = 0, \quad F_{N2}\sin 30° - F = 0$$

可以解得

$$F_{N2} = 2F = 2 \times 10 \text{ kN} = 20 \text{ kN}(拉)$$

$$F_{N1} = \sqrt{3} F = 1.73 \times 10 \text{ kN} = 17.3 \text{ kN}(压)$$

代入强度条件式(2.9)

$$\sigma_1 = \frac{F_{N1}}{A_1} = \frac{17.3 \times 10^3}{10\ 000 \times 10^{-6}} \text{ Pa} = 1.73 \times 10^6 \text{ Pa} = 1.73 \text{ MPa} < [\sigma_1] = 7 \text{ MPa}$$

$$\sigma_2 = \frac{F_{N1}}{A_2} = \frac{20 \times 10^3}{600 \times 10^{-6}} \text{ Pa} = 33.3 \times 10^6 \text{ Pa} = 33.3 \text{ MPa} < [\sigma_2] = 160 \text{ MPa}$$

满足强度条件,所以两杆强度足够。

（2）求许用载荷。考虑 AB 杆的强度,应有

$$\sigma_1 = \frac{F_{N1}}{A_1} = \frac{\sqrt{3} F}{A_1} \leqslant [\sigma_1]$$

即

$$F \leqslant \frac{[\sigma_1] \times A_1}{\sqrt{3}} = \frac{7 \times 10^6 \times 10\ 000 \times 10^{-6}}{1.73} \text{ N} = 40.4 \text{ kN}$$

考虑杆 BC 的强度,应有

$$\sigma_2 = \frac{F_{N2}}{A_2} = \frac{2F}{A_2} \leqslant [\sigma_2]$$

即

$$F \leqslant \frac{[\sigma_2] \times A_2}{2} = \frac{160 \times 10^6 \times 600 \times 10^{-6}}{2} \text{ N} = 48 \text{ kN}$$

综合考虑两杆的强度,F 的最大值为许用载荷,应取两者中最小值,即 [F] = 40.4 kN。

当 [F] = 40.4 kN 时,杆 AB 将达到许用应力,但杆 BC 的强度却有余,即 BC 的面积可减小。

（3）根据许用载荷设计钢杆 BC 的直径。因为 F = 40.4 kN,由杆 BC 的强度条件

$$\sigma_2 = \frac{F_{N2}}{A_2} = \frac{2F}{\pi d^2/4} \leqslant [\sigma_2]$$

可得

$$d \geqslant \sqrt{\frac{8F}{\pi [\sigma_2]}} = \sqrt{\frac{8 \times 40.4 \times 10^3}{3.14 \times 160 \times 10^6}} \text{ m} = 2.54 \times 10^{-2} \text{ m}$$

因此杆 BC 的直径可以取为 25.4 mm。

例 2.5　如图 2.35a 所示运载火箭级间段采用杆系结构,各杆长度相同,数量为 2n,设上下级间的作用力只包含轴向力 F,杆件材料许用应力为 [σ]。试根据强度条件设计杆件的截面面积。

解:运载火箭级间段连接在上下两个圆柱壳(多级运载火箭的上下两级的承力结构一般都为薄壁圆柱壳)之间,根据圆柱壳的对称性,各杆件的轴力应该都相同。杆件处于受压状态,实际设计中应该考虑强度和稳定性的要求,本题只考虑强度条件。

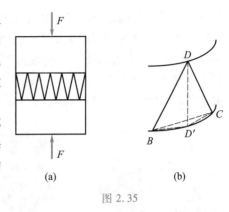

图 2.35

首先要确定空间杆件的几何关系。任取两根相邻杆 $DB$ 和 $DC$,如图 2.35b 所示。作点 $D$ 的垂线 $DD'$,垂足为 $D'$,则 $DD'$ 为级间段所在圆柱面的母线。$BD'CD$ 构成一个四面体。设圆柱壳的半径为 $R$,级间段高度为 $H$,$BD=DC=l$,$BD'=D'C=d$,$\angle BDD'=\alpha$,可得

$$d = 2R\sin\frac{\pi}{2n}, \quad \alpha = \arctan\frac{d}{H}$$

各杆的轴力为

$$F_N = \frac{F}{2n\cos\alpha}$$

根据强度准则,可得截面面积

$$A \geqslant \frac{F_N}{[\sigma]} = \frac{F}{2[\sigma]n\cos\alpha}$$

需要说明的是,由于箭体级间段实际承受的载荷不仅有轴力,还有弯矩和剪力,所以上式的结果与实际设计还有差别,只能用于初步估算。

## §2.8 连接件的实用计算

构件与构件之间常采用销、键或螺栓等连接件相连接。连接件的受力和变形一般都比较复杂,而且在很大程度上还受到加工工艺的影响,要精确分析其应力比较困难,同时也不实用。因此,工程中通常采用简化分析方法或称为**实用计算方法**。其要点是:一方面对连接件的受力与应力分布进行某些简化,从而计算出各部分的名义应力;另一方面,对同类连接件进行破坏试验,并采用同样的计算方法,由破坏载荷确定材料的极限应力。实践表明,只要简化合理,并有充分的试验依据,这种简化分析方法是可靠的。

### 一、剪切的概念及实用计算

机器中连接件经常承受剪切载荷作用,如图 2.36 所示的连接螺栓、销、铆钉,以及图 2.37所示的连接轮和轴的键。在结构设计时,通常要求连接件具有足够的抗剪切能力,但也有特例,比如安全销的设计就要求机器载荷超出允许范围时能够及时被剪断。下面以销连接为例,介绍连接件剪切强度的实用计算方法。

如图 2.38a 所示销受左右两部分的拉力作用,两个拉力大小相等、方向相反,通过接触面分别作用于销的中部和两端,作用区域相互错开但相隔很近(图 2.38b)。在两个拉力作用下,

销将产生沿 $m$-$m$ 和 $n$-$n$ 截面的相对错动趋势,当载荷增加到某一极限值时,销将在这两个截面处被剪断。这种截面沿力的方向发生相对错动的变形称为**剪切变形**,产生相对错动的截面 $m$-$m$ 和 $n$-$n$ 称为**剪切面**。剪切面位于两组相反外力的作用区域之间,并且与外力的作用线平行。某些连接件只有一个剪切面,如图 2.36a、c 和图 2.37 都是只有一个剪切面的情况,称为**单剪**;而图 2.36b、图 2.38 则是有两个剪切面的情况,称为**双剪**。

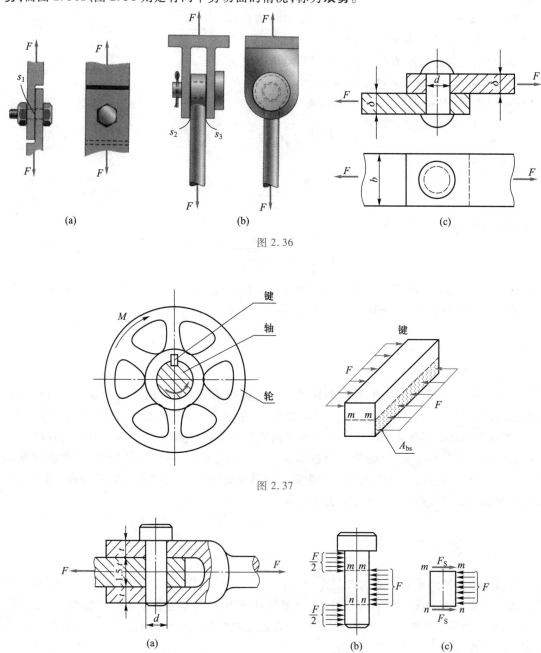

图 2.36

图 2.37

图 2.38

为进行连接件的强度分析,首先要分析剪切面上的内力。采用截面法,假想通过截面 $m-m$ 和 $n-n$ 将销钉截断为三部分,去掉上下两部分,只考虑中间部分(图2.38c)。设在截面 $m-m$ 和 $n-n$ 上作用的切向内力为 $F_s$,并且上下对称。根据平衡条件很容易求得 $F_s = \dfrac{F}{2}$。$F_s$ 与剪切面平行,并位于剪切面内,即前述剪力。需要说明的是,本例中,剪切面上的轴力为零,弯矩并不为零,但由于两个反向力的作用区域相距很近,简单分析中可以忽略弯矩对应力的影响。

剪切面上的实际应力分布非常复杂,实用计算中需要假定内力分布形式,得到名义应力。这里可以假定剪切面只有切应力,且切应力 $\tau$ 在剪切面内均匀分布,则

$$\tau = \frac{F_s}{A} \tag{2.13}$$

式中,$A$ 代表剪切面的面积。

为了保证构件在工作中不被剪断,必须使构件的名义切应力不超过材料的许用切应力,这就是剪切的强度条件。其表达式为

$$\tau = \frac{F_s}{A} \leqslant [\tau] \tag{2.14}$$

式中,$[\tau]$ 为许用切应力,其值等于剪切极限应力 $\tau_u$ 除以安全因数。如上所述,剪切极限应力 $\tau_u$ 的值,也是按照式(2.13)由剪切破坏载荷确定。

**例 2.6** 两块钢板焊接在一起,如图 2.39 所示,钢板厚度 $h = 5$ mm,焊缝的许用切应力 $[\tau] = 100$ MPa,焊缝长度 $l = 40$ mm。试求钢板所能承受的最大拉力 $[F]$。

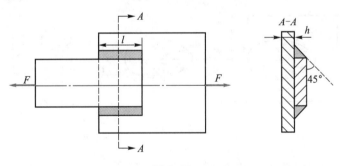

图 2.39

**解**:由图 2.39 可以看出,两钢板通过焊缝连接时,焊缝的横截面近似为等腰直角三角形,三角形的顶点为两钢板接缝顶点,顶点到外边界的最短连线为三角形的对称轴。因此,焊缝的剪切面为焊缝的对称面。剪切面上的剪力 $F_s = F/2$,剪切面面积 $A = hl\cos 45°$。由剪切强度条件可得

$$\tau = \frac{F_s}{A} \leqslant [\tau]$$

即

$$[F] = 2\cos 45° hl[\tau] = \sqrt{2} \times 5 \times 10^{-3} \times 40 \times 10^{-3} \times 100 \times 10^6 \text{ N}$$

$$= 20\sqrt{2} \text{ kN} = 28.3 \text{ kN}$$

实际应用中,考虑到焊缝两端强度较差,估算时可适当减少焊缝的有效长度,比如减少 5 mm,这时可得 $[F] \approx 25$ kN。

## 二、挤压与挤压强度条件

以图 2.40 为例可以看出,连接件与其所连接的构件之间相互接触并产生挤压作用,在二者接触面的局部区域产生较大的接触应力,称为**挤压应力**,用符号 $\sigma_{bs}$ 表示,它是垂直于接触面的正应力。当这种挤压应力过大时,将在二者接触的局部区域产生过量的塑性变形,从而导致连接结构的失效。图 2.40 显示了开孔发生塑性变形的情况,有些情况下是连接件发生塑性变形或两者都发生塑性变形。

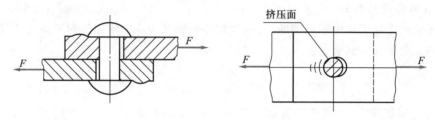

图 2.40

挤压接触面上的应力分布是比较复杂的,图 2.41 给出了销连接挤压应力沿轴向分布的示意图,实际上,沿着轴向的挤压应力也不均匀。在工程计算中,对挤压应力通常也采用简化方法。

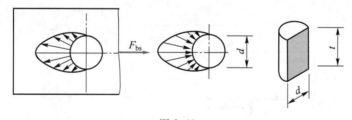

图 2.41

首先,有效挤压面简称**挤压面**,用 $A_{bs}$ 表示,它是指挤压面面积在垂直于总挤压力 $F_{bs}$ 作用线的平面上的投影。若挤压接触面是平面,如键连接,则挤压面(有效挤压面)就是该挤压接触面,如图 2.37 中的 $A_{bs}$ 区域;若挤压接触面是圆柱面,如圆柱形的铆钉、销、螺栓等的连接,则挤压接触面为半个圆柱面,挤压面(有效挤压面)是过直径的平面,如图 2.41 中的阴影部分的矩形。

其次,假定挤压应力 $\sigma_{bs}$ 在有效挤压面上均匀分布,即有

$$\sigma_{bs} = \frac{F_{bs}}{A_{bs}} \tag{2.15}$$

最后,应用相应的挤压强度条件(设计准则)

$$\sigma_{bs} = \frac{F_{bs}}{A_{bs}} \leqslant [\sigma_{bs}] \tag{2.16}$$

式中,$[\sigma_{bs}]$ 为许用挤压应力,可以从有关设计手册中查得。

例 **2.7**　如图 2.42 所示的钢板铆接件,已知钢板的拉伸许用应力$[\sigma]=100$ MPa,挤压许用应力$[\sigma_{bs}]=200$ MPa,钢板厚度$\delta=10$ mm,宽度$b=100$ mm,铆钉直径$d=20$ mm,铆钉许用切应力$[\tau]=140$ MPa,许用挤压应力$[\sigma_{bs}]=300$ MPa。若铆接件承受的载荷$F=31.4$ kN。试校核钢板与铆钉的强度。

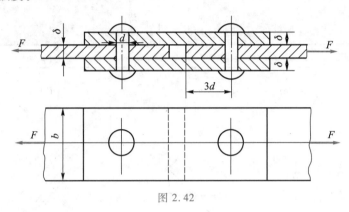

图 2.42

解:强度校核中,对钢板和铆钉分别考虑。由于结构对称,所以只需要分析左半部分或右半部分。

(1)校核钢板的强度。上下连接板的承载只为中间钢板的一半,而厚度相同,所以只需要分析中间钢板。首先校核钢板的拉伸强度。中间钢板受到的拉力为$F$,横截面轴力为$F_N=F$。考虑到铆钉孔对钢板的削弱,则有

$$\sigma=\frac{F_N}{A}=\frac{F}{(b-d)\delta}=\frac{31.4\times10^3}{80\times10\times10^{-6}} \text{ Pa}$$
$$=39.3\times10^6 \text{ Pa}=39.3 \text{ MPa}<[\sigma]=100 \text{ MPa}$$

故钢板的拉伸强度是安全的。

再校核钢板的挤压强度。中间钢板的铆钉孔受到的总挤压力$F_{bs}=F$,则有

$$\sigma_{bs}=\frac{F_{bs}}{A_{bs}}=\frac{F}{d\delta}=\frac{31.4\times10^3}{20\times10\times10^{-6}} \text{ Pa}=157\times10^6 \text{ Pa}=157 \text{ MPa}<[\sigma_{bs}]=200 \text{ MPa}$$

故钢板的挤压强度也是安全的。

(2)校核铆钉的强度。首先校核铆钉的剪切强度。在图示情形下,铆钉有两个剪切面,每个剪切面上的剪力$F_S=F/2$,于是有

$$\tau=\frac{F_S}{A}=\frac{F/2}{\pi d^2/4}=\frac{31.4/2\times10^3}{3.14\times20^2\times10^{-6}/4} \text{ Pa}=50\times10^6 \text{ Pa}=50 \text{ MPa}<[\tau]=140 \text{ MPa}$$

故铆钉的剪切强度是安全的。

再校核铆钉的挤压强度。由于铆钉的总挤压力与有效挤压面面积均与钢板相同,而且挤压许用应力比钢板的高,而钢板的挤压强度已校核是安全的,故铆钉的挤压强度是安全的,无须重复计算。

由此可见,整个连接结构的强度都是安全的。

例 **2.8**　如图 2.43a 所示为一钢板条用 9 个直径为$d$的铆钉固定在立柱上。$F$已知,$l=$

8a。试求铆钉内的最大切应力。

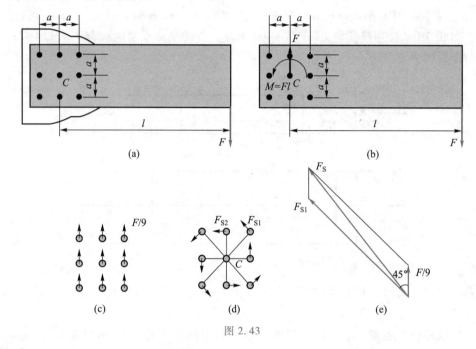

图 2.43

　　解：沿钢板条与立柱的交界面将铆钉切断，取钢板条（连同半截铆钉）为研究对象，各铆钉剪切面上的剪力向铆钉群的形心简化后必为一力 $F$ 和一力偶 $M$（图 2.43b）。

　　分析表明，若作用力通过铆钉群截面的形心 $C$，则各铆钉的受力相等；若作用一力偶，则钢板条有绕铆钉群截面形心 $C$ 转动的趋势，且任一铆钉的受力大小与其离形心 $C$ 的距离成正比，而力的方向与该铆钉至形心 $C$ 的连线相垂直。

　　因此，对于图 2.43b 所示铆钉群，通过铆钉群截面形心 $C$ 的力 $F$ 在各铆钉内引起的剪力相等，其值皆为 $F/9$，方向向上，如图 2.43c 所示。力偶 $M$ 在铆钉群引起的剪力如图 2.43d 所示，由力矩平衡可得

$$4F_{S1} \times \sqrt{2}\,a + 4F_{S2} \times a = Fl$$

$$\frac{F_{S1}}{F_{S2}} = \frac{\sqrt{2}\,a}{a}$$

从中可以解得

$$F_{S2} = \frac{Fl}{12a}, \quad F_{S1} = \frac{\sqrt{2}\,Fl}{12a}$$

　　由于各铆钉剪切面上的剪力为力 $F$ 和力偶 $M$ 引起的剪力之矢量和，因此，右上角与右下角的铆钉剪切面上的剪力最大，其总剪力为

$$F_{S} = \sqrt{F_{Sx}^2 + F_{Sy}^2} = \sqrt{(F_{S1}\sin 45°)^2 + \left(\frac{F}{9} + F_{S1}\cos 45°\right)^2}$$

$$= \sqrt{\left(\frac{\sqrt{2}\,Fl}{12a} \times \frac{\sqrt{2}}{2}\right)^2 + \left(\frac{F}{9} + \frac{\sqrt{2}\,Fl}{12a} \times \frac{\sqrt{2}}{2}\right)^2} = 1.024F$$

对应的切应力为

$$\tau_{max} = \frac{F_s}{A} = \frac{4.096F}{\pi d^2}$$

 思考题

2.1 轴向拉伸与压缩的外力与变形有何特点？试列举轴向拉伸与压缩的实例。

2.2 何谓轴力？轴力的正负符号是如何规定的？如何计算轴力？

2.3 拉压杆横截面上的正应力公式是如何建立的？该公式的应用条件是什么？何谓圣维南原理？

2.4 拉压杆斜截面上的应力公式是如何建立的？最大正应力与最大切应力各位于何截面,其值为多大？正应力、切应力与方位角的正负符号是如何规定的？

2.5 低碳钢在拉伸过程中表现为几个阶段？各有何特点？何谓比例极限、屈服应力与强度极限？何谓弹性应变与塑性应变？

2.6 何谓塑性材料与脆性材料？如何衡量材料的塑性？试比较塑性材料与脆性材料力学性能的特点？

2.7 金属材料试样在轴向拉伸与压缩时有几种破坏形式,各与何种应力直接有关？

2.8 复合材料与高分子材料的力学性能各有何特点？

2.9 何谓应力集中？何谓交变应力？应力集中对构件的强度有何影响？

2.10 何谓许用应力？安全因数的确定原则是什么？何谓强度条件？利用强度条件可以解决哪些形式的强度问题？

2.11 试指出下列概念的区别:比例极限与弹性极限,弹性变形与塑性变形,伸长率与正应变,强度极限与极限应力,工作应力与许用应力。

2.12 剪切和挤压实用计算采用什么假设？为什么？

2.13 有效挤压面面积是否与两构件的接触面面积相同？试举例说明。

2.14 挤压和压缩有何区别？分析置于地面的桌子时,桌腿和地面分别考虑什么强度？

 习题

2.1 对于图示承受轴向拉伸的锥形杆上的点 $A$,试用平衡概念分析下列四种应力状态中哪一种是正确的。

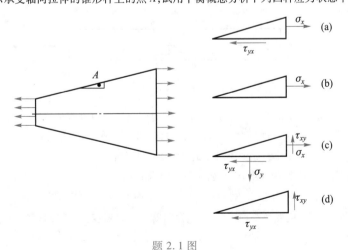

题 2.1 图

2.2　试求图示各杆横截面 1-1、2-2、3-3 上的轴力并画轴力图。

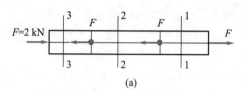

(a)

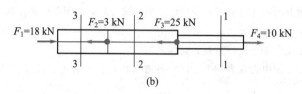

(b)

题 2.2 图

2.3　如图所示,等直杆中间部分对称开槽,试求横截面 1-1 和 2-2 上的正应力。

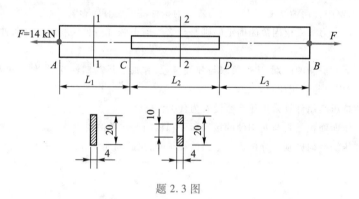

题 2.3 图

2.4　图示轴向受拉等截面杆,横截面面积 $A = 500$ mm$^2$,载荷 $F = 50$ kN。试求图示斜截面 $m-m$ 上的正应力和切应力,以及杆内的最大正应力与最大切应力。

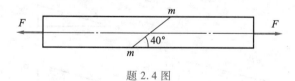

题 2.4 图

2.5　某材料的应力-应变曲线如图所示,图中还同时画出了低应变区的详图。试确定材料的弹性模量 $E$、屈服极限 $\sigma_s$、强度极限 $\sigma_b$ 与伸长率 $\delta$,并判断该材料属于何种类型(塑性或脆性材料)。

2.6　某材料的应力-应变曲线如图所示。试根据该曲线确定:

(1) 材料的弹性模量 $E$、比例极限 $\sigma_p$ 与名义屈服极限 $\sigma_{p0.2}$。

(2) 当应力增加到 $\sigma = 350$ MPa 时,材料的正应变 $\varepsilon$、弹性应变 $\varepsilon_e$ 与塑性应变 $\varepsilon_p$。

2.7　三种材料的应力-应变曲线如图所示,试说明哪种材料强度高,哪种材料塑性好,哪种材料在弹性范围内弹性模量大。

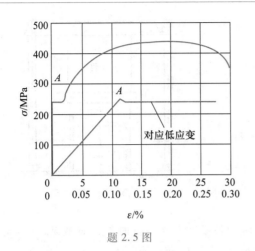
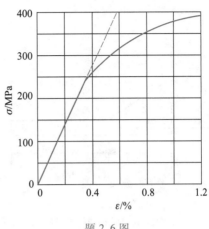

题 2.5 图 　　　　　　　　　　 题 2.6 图

2.8　如图所示三角架,杆 $AB$ 及 $BC$ 均为圆截面钢直杆,杆 $AB$ 的直径 $d_1 = 40$ mm,杆 $BC$ 的直径 $d_2 = 80$ mm,设重物所受重力 $G = 80$ kN,钢材料$[\sigma] = 160$ MPa。试问此三角架是否安全?

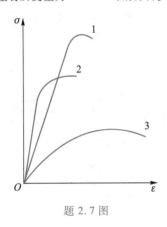
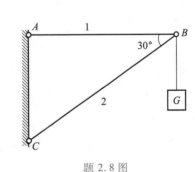

题 2.7 图 　　　　　　　　　　 题 2.8 图

2.9　如图所示,液压缸内工作油压 $p = 2$ MPa,液压缸内径 $D = 75$ mm,活塞杆直径 $d = 18$ mm。已知活塞杆材料的许用应力$[\sigma] = 40$ MPa。试校核活塞杆的强度。

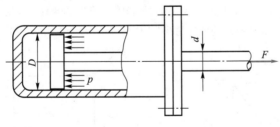

题 2.9 图

2.10　刚性杆 $AB$ 由圆截面钢杆 $CD$ 拉住,如图所示,设 $CD$ 杆直径 $d = 20$ mm,许用应力$[\sigma] = 160$ MPa。试求作用于点 $B$ 处的许用载荷$[F]$。

2.11　图示水压机,若两根立柱材料的许用应力为$[\sigma] = 80$ MPa。试校核立柱的强度。

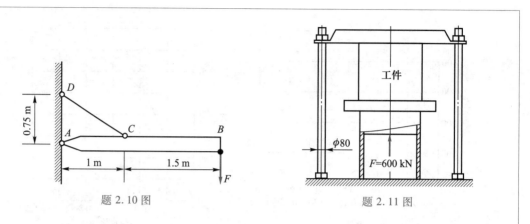

题 2.10 图                    题 2.11 图

**2.12** 图示铰接结构由杆 $AB$ 和 $AC$ 组成,杆 $AC$ 的长度为杆 $AB$ 长度的 2 倍,横截面面积均为 $A = 200 \text{ mm}^2$。两杆的材料相同,许用应力$[\sigma] = 160$ MPa。试求结构的许用载荷$[F]$。

**2.13** 承受轴力 $F_N = 160$ kN 作用的等截面直杆,若任一截面上的切应力不超过 80 MPa,试求此杆的最小横截面面积。

**2.14** 图示桁架,承受载荷 $F$ 作用,已知杆的许用应力为$[\sigma]$。若节点 $A$ 和 $C$ 间的距离给定为 $l$,为使结构重量最轻,试确定 $\theta$ 的最佳值。

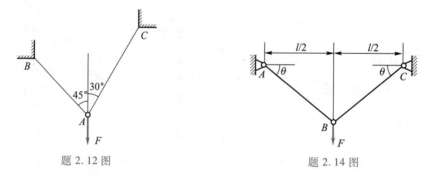

题 2.12 图                    题 2.14 图

**2.15** 图示桁架,承受载荷 $F$ 作用,已知杆的许用应力为$[\sigma]$。若节点 $B$ 和 $C$ 的位置保持不变,试确定使结构重量最轻的 $\alpha$ 值(即确定节点 $A$ 的最佳位置)。

**2.16** 图示铰接正方形结构,各杆的材料均为铸铁,其许用压应力与许用拉应力的比值$[\sigma_c]/[\sigma_t] = 3$,各杆的横截面面积均为 $A$。试求该结构的许用载荷$[F]$。

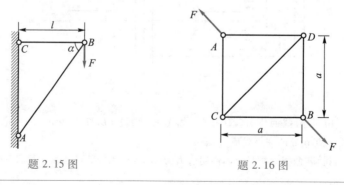

题 2.15 图                    题 2.16 图

2.17　图示横担结构,小车可在梁 $AC$ 上移动。已知小车上作用的载荷 $F=15$ kN,斜杆 $AB$ 为圆截面钢杆,钢的许用应力 $[\sigma]=170$ MPa。若载荷 $F$ 通过小车对梁 $AC$ 的作用可简化为一集中力,试确定斜杆 $AB$ 的直径 $d$。

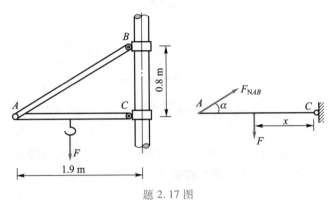

题 2.17 图

2.18　图示油缸盖与缸体采用 6 个螺栓连接。已知油缸内径 $D=350$ mm,油压 $p=1$ MPa。若螺栓材料的许用应力 $[\sigma]=40$ MPa,试求螺栓的内径。

2.19　图示结构拉杆材料为钢材,在拉杆和木材之间放一金属垫圈,该垫圈起何作用?

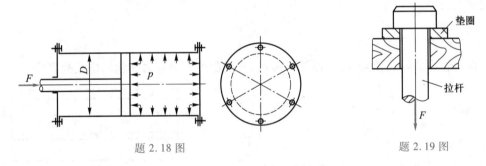

题 2.18 图　　　　　　　　　　　　　　　　题 2.19 图

2.20　车床的传动光杆装有安全联轴器,如图所示。当超过一定载荷时,安全销即被剪断。已知安全销的平均直径为 5 mm,材料为 45 钢,其抗剪强度 $[\tau_b]=370$ MPa。试求安全联轴器所能传递的最大力偶矩。

2.21　如图所示铆接结构,已知 $t=10$ mm,$b=50$ mm,$t_1=6$ mm,$F=50$ kN,铆钉和钢板材料的许用应力 $[\sigma]=170$ MPa,$[\tau]=100$ MPa,$[\sigma_{bs}]=250$ MPa。试设计铆钉直径。

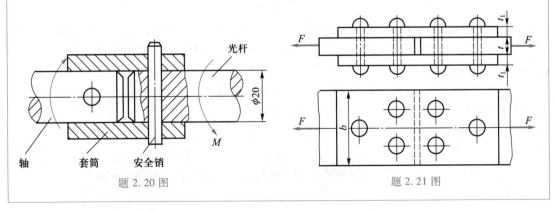

题 2.20 图　　　　　　　　　　　　　　　　题 2.21 图

# 第三章

# 轴向拉压变形

## §3.1　拉压杆的变形与叠加原理

当杆件承受轴向载荷时,其轴向与横向尺寸均发生变化。杆件沿轴线方向的变形,称为**轴向变形**;垂直于轴线方向的变形,称为**横向变形**。

### 一、拉压杆件的轴向变形

线弹性情况下,杆件在拉压时的轴向应变可以通过胡克定律来描述。即当 $\sigma \leqslant \sigma_p$ 时,杆件的轴向应变为

$$\varepsilon = \frac{\sigma}{E} \tag{a}$$

受恒定轴力的等截面直杆,如图 3.1 所示,其横截面上的应力和轴向应变分别为

$$\sigma = \frac{F}{A} = \frac{F_N}{A} \tag{b}$$

$$\varepsilon = \frac{\Delta l}{l} \tag{c}$$

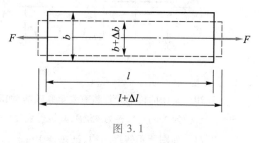

图 3.1

其中,$A$ 为变形前横截面面积,$F_N$ 为横截面上的轴力,$l$ 为杆的长度,$\Delta l$ 为杆的伸长量。将式(b)、(c)代入式(a)有

$$\Delta l = \frac{F_N l}{EA} \tag{3.1}$$

上述关系仍称为**胡克定律**,适用于等截面常轴力拉压杆件。从上式可以看出,杆件的轴向变形与轴力和杆件的长度成正比,与 $EA$ 成反比。$EA$ 反映了杆件抵抗轴向变形的能力,称为杆件的**抗拉刚度**或**拉压刚度**。

若杆件受到的轴力分段为常值(图 3.2a),或者杆件由多段等截面杆连接而成(图 3.2b),则杆件总的轴向变形可以表示为各段杆件轴向变形之和,即

$$\Delta l = \sum_{i=1}^{n} \frac{F_{Ni} l_i}{E_i A_i} \tag{3.2}$$

其中,$n$ 为分段数,$F_{Ni}$、$l_i$、$E_i$、$A_i$ 分别为第 $i$ 段的轴力、长度、弹性模量和横截面面积。

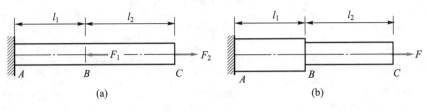

图 3.2

对更一般的情况,如考虑自重的竖杆、变截面杆等,轴力或横截面面积是轴向坐标 $x$ 的函数(图 3.3),杆件的变形是非均匀的,杆件的轴向变形可以用以下积分式表示:

$$\Delta l = \int_l \mathrm{d}l = \int_l \varepsilon(x)\,\mathrm{d}x = \int_l \frac{F_N(x)}{EA(x)}\mathrm{d}x \tag{3.3}$$

其中,$F_N(x)$、$A(x)$ 分别为截面坐标 $x$ 处的轴力和横截面面积。这里近似认为变截面杆的变形也满足平面假设。

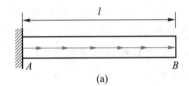 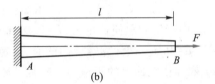

图 3.3

## 二、杆件的横向变形

如图 3.1 所示,杆件的横向正应变为

$$\varepsilon' = \frac{\Delta b}{b}$$

试验表明,通常情况下,杆件在轴向伸长(缩短)时,横向收缩(膨胀),即横向正应变 $\varepsilon'$ 与轴向正应变 $\varepsilon$ 的符号相反,且当横截面上的正应力不超过比例极限($\sigma \leqslant \sigma_p$)时,两者之比是一个常数,即

$$\mu = -\frac{\varepsilon'}{\varepsilon} \tag{3.4}$$

$\mu$ 称为**泊松比**或**横向变形系数**。泊松比是一个量纲一的量,它与弹性模量 $E$ 和剪切模量 $G$ 一样,都是表征材料性能的弹性常数。理论与试验均表明,各向同性线弹性材料的三个弹性常数只有两个是独立的,它们之间满足以下关系:

$$G = \frac{E}{2(1+\mu)} \tag{3.5}$$

因此,在工程中通常仅给出弹性模量 $E$ 和泊松比 $\mu$,其他弹性常数可以通过这两个弹性常数得到。表 3.1 给出了几种常见材料的弹性模量和泊松比。

表 3.1 常见材料的弹性模量与泊松比

| 材料名称 | 弹性模量 $E$/GPa | 泊松比 $\mu$ |
|---|---|---|
| 铸铁 | $80 \sim 160$ | $0.23 \sim 0.27$ |
| 碳钢 | $196 \sim 216$ | $0.24 \sim 0.28$ |
| 合金钢 | $206 \sim 216$ | $0.25 \sim 0.30$ |
| 铝合金 | $70 \sim 72$ | $0.26 \sim 0.34$ |
| 铜 | $100 \sim 120$ | $0.33 \sim 0.35$ |
| 木材(顺纹) | $8 \sim 12$ | — |

3-2:
知识拓展——
泊松比拓展

理论分析表明,泊松比的取值有一定限制。各向同性材料的泊松比取值应该在 $-1$ 到 $0.5$ 之间,常见的各向同性材料取值都在 $0$ 到 $0.5$ 之间。当泊松比取值为 $0.5$ 时,材料在变形过程中的总体积保持不变,这时的材料称为**不可压材料**。不可压材料只是一种理想模型,实际材料都是会产生体积变形的。

**例 3.1** 如图 3.4 所示螺栓内径 $d = 10.1$ mm,拧紧后在计算长度 $l = 80$ mm 内产生的总伸长量为 $\Delta l = 0.03$ mm。螺栓材料的弹性模量 $E = 210$ GPa,泊松比 $\mu = 0.3$。试计算螺栓内的应力、螺栓的预紧力和螺栓的横向变形。

解:(1)螺栓横截面上的正应力。螺栓的轴向正应变为

$$\varepsilon = \frac{\Delta l}{l} = \frac{0.03}{80} = 0.000\ 375$$

根据胡克定律,螺栓应力为

$$\sigma = E\varepsilon = 210 \times 10^9 \times 0.000\ 375\ \text{Pa} = 78.8 \times 10^6\ \text{Pa} = 78.8\ \text{MPa}$$

(2)螺栓的预紧力。螺栓的预紧力即为作用在螺栓横截面上的轴力,由式(2.2)可得

$$F = \sigma A = 78.8 \times 10^6\ \text{Pa} \times \pi \times (10.1 \times 10^{-3}\ \text{m})^2 / 4 = 6.3\ \text{kN}$$

(3)螺栓的横向变形。由式(3.4)可知,螺栓的横向应变为

$$\varepsilon' = -\mu\varepsilon = -0.3 \times 0.000\ 375 = -0.000\ 112\ 5$$

由此得螺栓的横向变形为

$$\Delta d = \varepsilon' d = -0.000\ 112\ 5 \times 10.1\ \text{mm} = -0.001\ 14\ \text{mm}$$

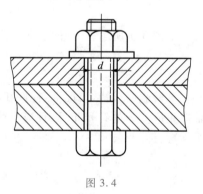

图 3.4

## 三、叠加原理

当一个线弹性杆件受到多个力作用时,杆件的变形可以按照式(3.2)或式(3.3)计算,如对图 3.2a 所示的杆件有

$$\Delta l_{AC} = \Delta l_{AB} + \Delta l_{BC} = \frac{F_{N1}l_1}{EA} + \frac{F_{N2}l_2}{EA} = \frac{(F_2 - F_1)l_1}{EA} + \frac{F_2 l_2}{EA}$$

其中,$F_{N1}$ 和 $l_1$ 表示 $AB$ 段横截面轴力和长度,$F_{N2}$ 和 $l_2$ 表示 $BC$ 段横截面轴力和长度。上式也

可以写成以下形式:

$$\Delta l_{AC} = \frac{(F_2 - F_1)l_1}{EA} + \frac{F_2 l_2}{EA} = -F_1 \frac{l_1}{EA} + F_2\left(\frac{l_1}{EA} + \frac{l_2}{EA}\right) = \Delta l'_{AC} + \Delta l''_{AC}$$

其中,$\Delta l'_{AC} = -\dfrac{F_1 l_1}{EA}$ 和 $\Delta l''_{AC} = F_2\left(\dfrac{l_1}{EA} + \dfrac{l_2}{EA}\right)$ 的物理意义分别为杆件在力 $F_1$ 和 $F_2$ 单独作用下(图 3.5a、b)的总伸长量。

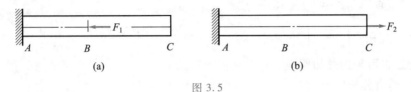

图 3.5

由此可见,几个载荷同时作用时产生的总效果,等于各个载荷单独作用时产生的效果的总和。此原理称为**叠加原理**。叠加原理仅适用于线性问题,它是线性问题的一种普适性原理,只需要在线弹性、小变形的假设情况下就能够应用,它不仅可用于计算变形,也可用于内力、应力、应变等其他物理量的计算。在后面的扭转、弯曲以及组合加载问题中都会应用叠加原理求解问题。

由叠加原理可以推出比例变形关系。已知杆件在载荷 $F_N(x)$ 下的变形为 $\Delta l$,则应用叠加原理可知在载荷 $kF_N(x)$ 作用下,只要杆件的变形依然满足线弹性和小变形的假设,则杆件的变形为 $k\Delta l$,其中,$k$ 为比例系数。这样,对线性问题我们只需要知道单位载荷作用下的应力和变形,就可以得到大小不同但分布曲线相同的任意载荷作用下的变形,也可以由一些简单的加载情况推得复杂加载情况的应力和变形。通过一些已知解,采用叠加原理快速得到更复杂的解,是求解线性材料力学问题的一个重要技巧。

例 3.2    如图 3.6a 所示涡轮叶片,当涡轮等速旋转时承受离心力作用。涡轮叶片的横截面面积为 $A$,弹性模量为 $E$,单位体积的质量为 $\rho$,涡轮的角速度为 $\omega$。试计算叶片上的正应力与轴向变形。

解:(1)受力分析。首先建立参考坐标系,坐标原点取为涡轮盘轴心,坐标轴 $x$ 取叶片轴线方向,如图 3.6a 所示。叶片参考系为非惯性系,离心惯性力可以看作外力。在坐标 $x=\xi$ 处取长度为 $\mathrm{d}\xi$ 的微段,该微段所受的外力为

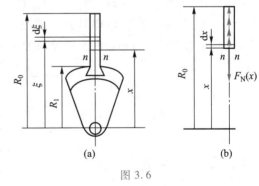

图 3.6

$$\mathrm{d}F = a(\xi)\,\mathrm{d}m = (\xi\omega^2)(\rho A\,\mathrm{d}\xi) = \omega^2 \rho A \xi\,\mathrm{d}\xi$$

(2)内力和应力。取叶片上半部分为研究对象,如图 3.6b 所示,由截面法可得 $x$ 处横截面上的轴力为

$$F_N(x) = \int_x^{R_0} \mathrm{d}F = \omega^2 \rho A \int_x^{R_0} \xi\,\mathrm{d}\xi = \omega^2 \rho A \frac{(R_0^2 - x^2)}{2}$$

由式(2.2)可得 $x$ 处横截面上的应力

$$\sigma(x) = \frac{F_N(x)}{A} = \omega^2 \rho \frac{(R_0^2 - x^2)}{2}$$

（3）变形分析。微段 $\mathrm{d}x$ 的变形可以表示为

$$\mathrm{d}l = \varepsilon(x)\mathrm{d}x = \frac{\sigma(x)}{E}\mathrm{d}x = \frac{F_N(x)}{EA}\mathrm{d}x = \omega^2 \rho \frac{(R_0^2 - x^2)}{2E}\mathrm{d}x$$

叶片的总变形为各微段 $\mathrm{d}x$ 的变形之和，即

$$\Delta l = \int_{R_1}^{R_0} \mathrm{d}l = \int_{R_1}^{R_0} \omega^2 \rho \frac{(R_0^2 - x^2)}{2E}\mathrm{d}x = \frac{\omega^2 \rho}{6E}(2R_0^3 - 3R_0^2 R_1 + R_1^3)$$

另外，此题也可采用叠加原理求解。具体步骤如下：

（1）叶片受力分析同上。

（2）$\mathrm{d}F$ 单独作用时的受力与变形分析。在 $x = \xi$ 处的 $\mathrm{d}F$ 单独作用时，由截面法可得 $x$ 处横截面上的轴力为

$$\mathrm{d}F_N = \begin{cases} \mathrm{d}F, & x < \xi \\ 0, & x \geqslant \xi \end{cases}$$

相应地由式(2.2)可得 $x$ 处横截面上的应力

$$\mathrm{d}\sigma = \frac{\mathrm{d}F_N}{A} = \begin{cases} \mathrm{d}F/A, & x < \xi \\ 0, & x \geqslant \xi \end{cases}$$

微段 $\mathrm{d}x$ 的轴向应变为

$$\mathrm{d}\varepsilon = \frac{\mathrm{d}\sigma}{E} = \frac{\mathrm{d}F_N}{EA} = \begin{cases} \mathrm{d}F/(EA), & x < \xi \\ 0, & x \geqslant \xi \end{cases}$$

叶片变形

$$\mathrm{d}(\Delta l) = \int_{R_1}^{R_0} \mathrm{d}\varepsilon(x)\mathrm{d}x = \int_{R_1}^{\xi} \frac{\mathrm{d}F}{EA}\mathrm{d}x = \frac{\mathrm{d}F}{EA}(\xi - R_1) = \frac{\omega^2 \rho}{E}(\xi - R_1)\xi\mathrm{d}\xi$$

（3）应用叠加原理，求得叶片上的正应力与轴向变形。将所有 $\mathrm{d}F$ 的作用效果叠加在一起，得叶片上的正应力与轴向变形分别为

$$\sigma = \int_x^{R_0} \mathrm{d}\sigma = \int_x^{R_0} \omega^2 \rho \xi \mathrm{d}\xi = \frac{\omega^2 \rho}{2}(R_0^2 - x^2)$$

$$\Delta l = \int_{R_1}^{R_0} \mathrm{d}(\Delta l) = \int_{R_1}^{R_0} \frac{\omega^2 \rho}{E}(\xi - R_1)\xi\mathrm{d}\xi = \frac{\omega^2 \rho}{6E}(2R_0^3 - 3R_0^2 R_1 + R_1^3)$$

## §3.2 桁架的节点位移

桁架是由二力杆铰接，外力作用在节点的结构模型。桁架的变形通常用节点的位移来表示。一个平面桁架可能包含 $N$ 个节点，$M$ 个杆，设其中某个杆的两端节点编号分别为 $i$ 和 $j$，杆长为 $l_0$，与水平方向夹角为 $\theta$（图 3.7）。在坐标系 $Oxy$ 中，初始状态节点 $i$ 和 $j$ 的坐标为 $(x_{i0}, y_{i0})$ 和 $(x_{j0}, y_{j0})$，变形后坐标为 $(x_i, y_i)$ 和 $(x_j, y_j)$，节点 $i$ 位移可以表示为

$$\boldsymbol{u}_i = \begin{pmatrix} u_{xi} \\ u_{yi} \end{pmatrix} = \begin{pmatrix} x_i - x_{i0} \\ y_i - y_{i0} \end{pmatrix} \tag{3.6}$$

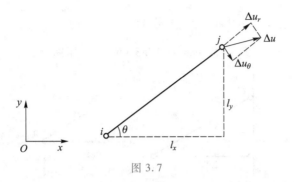

图 3.7

二力杆两节点的位移差为

$$\Delta \boldsymbol{u} = \boldsymbol{u}_j - \boldsymbol{u}_i = \begin{pmatrix} \Delta u_x \\ \Delta u_y \end{pmatrix} = \begin{pmatrix} u_{xj} - u_{xi} \\ u_{yj} - u_{yi} \end{pmatrix} \tag{3.7}$$

二力杆的初始长度为

$$l_0 = \sqrt{(x_{j0} - x_{i0})^2 + (y_{j0} - y_{i0})^2} = \sqrt{l_{x0}^2 + l_{y0}^2} = \sqrt{l_0^2 \cos^2 \theta_0 + l_0^2 \sin^2 \theta_0}$$

变形后长度为

$$l = \sqrt{(x_j - x_i)^2 + (y_j - y_i)^2} = \sqrt{(x_{j0} - x_{i0} + u_{xj} - u_{xi})^2 + (y_{j0} - y_{i0} + u_{yj} - u_{yi})^2}$$

$$= \sqrt{(l_{x0} + \Delta u_x)^2 + (l_{y0} + \Delta u_y)^2}$$

杆的伸长量为

$$\Delta l = l - l_0 = \sqrt{(l_{x0} + \Delta u_x)^2 + (l_{y0} + \Delta u_y)^2} - l_0$$

从而有

$$(\Delta l + l_0)^2 = (l_{x0} + \Delta u_x)^2 + (l_{y0} + \Delta u_y)^2$$

化简后有

$$\Delta l^2 + 2l_0 \Delta l = \Delta u_x^2 + \Delta u_y^2 + 2l_{x0} \Delta u_x + 2l_{y0} \Delta u_y$$

考虑在小变形情况下 $\Delta l$ 和 $\Delta u$ 都为小量,可以忽略二阶小量,从而有

$$\Delta l = \Delta u_x \frac{l_{x0}}{l_0} + \Delta u_y \frac{l_{y0}}{l_0}$$

即

$$\Delta l = \Delta u_x \cos \theta + \Delta u_y \sin \theta \tag{3.8}$$

上式也可以通过几何关系来说明。在图 3.7 中,节点相对位移 $\Delta \boldsymbol{u}$ 可以沿杆轴线方向和垂直轴线方向分解为两部分 $\Delta u_r$ 和 $\Delta u_\theta$,其中 $\Delta u_r$ 会导致杆件伸缩,即 $\Delta l = \Delta u_r$;而 $\Delta u_\theta$ 会导致杆件转动。

通过前面的分析可以看出,对桁架变形的求解既可以通过代数方法也可以通过几何方法进行。相比而言,代数方法处理形式规范,适合于处理复杂问题以及计算机编程;而几何方法则比较直观、简洁、灵活,适于手工求解和用于定性分析。

**例 3.3** 如图 3.8a 所示桁架,杆 1、2 材料为钢质,$E = 200$ GPa,横截面面积 $A_1 = 200$ mm²,$A_2 = 250$ mm²,杆 1 长 $l_1 = 2$ m。试求 $F = 10$ kN 时,节点 $A$ 的位移。

**解**:(1)求轴力。采用节点法计算两杆的轴力。由节点 $A$ 的平衡条件(图 3.8b)可得杆 1、杆 2 的轴力分别为

$$F_{N1} = \frac{F}{\sin \theta} = 20 \text{ kN} \qquad (拉伸)$$

$$F_{N2} = F_{N1} \cos \theta = 17.3 \text{ kN} \qquad (压缩)$$

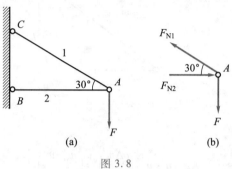

图 3.8

（2）计算变形。由式（3.1）可得

$$\Delta l_1 = \frac{F_{N1} l_1}{EA_1} = \frac{20 \times 10^3 \times 2 \times 10^3}{200 \times 10^3 \times 200} \text{ mm} = 1 \text{ mm}$$

$$\Delta l_2 = \frac{F_{N2} l_2}{EA_2} = \frac{17.3 \times 10^3 \times 1.73 \times 10^3}{200 \times 10^3 \times 250} \text{ mm} = 0.6 \text{ mm}$$

（3）求点 A 位移。加载前，两杆通过铰节点 A 相连，加载后，两杆尽管发生变形，依然通过铰节点 A 相连。因此，变形后的点 A 是分别以点 C 和点 B 为圆心，以 CD 和 BE 为半径所作圆弧的交点 A″。由于变形很小，上述弧线可近似地用切线代替，于是过点 D 和点 E，分别作 CD 和 BE 的垂线，其交点 A′ 即可视为 A 的新位置（图 3.9）。

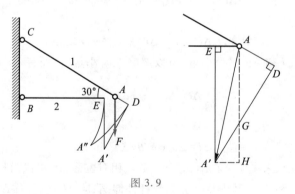

图 3.9

因此，点 A 的水平位移和垂直位移分别为

$$\Delta_{Ax} = AE = \Delta l_2 = 0.6 \text{ mm}$$

$$\Delta_{Ay} = AH = AG + FH = \frac{\Delta l_1}{\sin 30°} + \frac{\Delta l_2}{\tan 30°} = \frac{1}{0.5} \text{ mm} + \frac{0.6}{0.577} \text{ mm} = 3.04 \text{ mm}$$

在上例中，节点 A 的位移也可采用代数方法求解。具体步骤如下：

前两步同上，但根据正负号定义有

$$\Delta l_1 = 1 \text{ mm}, \quad \Delta l_2 = -0.6 \text{ mm}$$

设点 $A$ 位移为 $(\Delta_{Ax},\Delta_{Ay})$ ,点 $B$、$C$ 位移为 0,代入式(3.8)有

$$\Delta l_1 = \Delta_{Ax}\cos(-30°)+\Delta_{Ay}\sin(-30°)$$

$$\Delta l_2 = \Delta_{Ax}\cos 0°+\Delta_{Ay}\sin 0°$$

求解代数方程有

$$\Delta_{Ax} = -0.6 \text{ mm}, \quad \Delta_{Ay} = -3.04 \text{ mm}$$

负号表明点 $A$ 位移方向为左下方,与前面结果一致。

应该强调指出,在小变形条件下,通常可按结构原有几何形状和尺寸计算支座反力和内力,也可采用以切线代替圆弧的方法确定位移。利用小变形概念,可以使许多问题的分析计算大为简化。实际上从式(3.8)的推导可以看出,通过应用小变形假设得到的方程为线性方程,而线性问题才可以应用上一节给出的叠加原理。

## §3.3 拉压与剪切应变能

构件在变形过程中,外力做功一部分会转化为热能耗散掉,一部分会贮存在物体内部,在变形恢复时这部分能量会释放出来。在理想的弹性模型中,变形中的外力功将全部转化为可释放的能量。构件因变形而贮存的能量,称为**应变能**或**变形能**,用 $V_\varepsilon$ 表示。应变能可以归类于机械能中的弹性势能。

由能量守恒定律可知,在弹性阶段,由载荷为零开始缓慢加载,贮存在构件内的应变能 $V_\varepsilon$ 在数值上等于外力所做的功 $W$,即在弹性阶段有

$$V_\varepsilon = W \tag{3.9}$$

### 一、轴向拉压应变能

杆件轴向加载的力-位移曲线如图 3.10 所示,加载过程中载荷从零开始缓慢地增加。当杆件在伸长为 $\Delta l$ 时,在载荷 $F$ 的基础上再增加 $\mathrm{d}F$,则杆件继续伸长 $\mathrm{d}(\Delta l)$,外力所做的功可以表述为图中阴影部分的面积,忽略高阶小量有

$$\mathrm{d}W = F\mathrm{d}(\Delta l)$$

当载荷增大至 $F_1$ 时,总的外力功可以表示为

$$W = \int_0^{\Delta l_1}\mathrm{d}W = \int_0^{\Delta l_1}F\mathrm{d}(\Delta l) \tag{3.10}$$

即外力功可以表示为 $F-\Delta l$ 曲线下的面积。显然,当 $\sigma \leqslant \sigma_\mathrm{p}$ 时,有

$$W = \frac{1}{2}F\Delta l \tag{3.11}$$

对于长度 $l$ 内轴力恒为 $F_\mathrm{N}$ 的等截面均质直杆,$F=F_\mathrm{N}$,$\Delta l = \dfrac{F_\mathrm{N}l}{EA}$。故由式(3.9)和式(3.11)可知,其应变能为

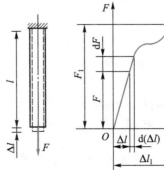

图 3.10 轴向拉伸应变能

$$V_\varepsilon = W = \frac{1}{2}F\Delta l = \frac{F_N^2 l}{2EA} \qquad (3.12)$$

从上式可以看出，$V_\varepsilon$ 恒为正值。

## 二、拉压应变能密度

构件内部某点的受力可以采用微体进行描述，对处于单向应力状态的微体（图 3.11），在线弹性情况中应力–应变关系满足胡克定律。这时，微体受力 $F = \sigma \mathrm{d}x\mathrm{d}z$，伸长 $\Delta l = \varepsilon \mathrm{d}y$，根据式（3.11）可得微体的应变能为

$$\mathrm{d}V_\varepsilon = \frac{(\sigma \mathrm{d}x\mathrm{d}z)(\varepsilon \mathrm{d}y)}{2} = \frac{\sigma\varepsilon}{2}\mathrm{d}x\mathrm{d}y\mathrm{d}z$$

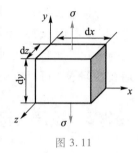

图 3.11

在构件内部，某点处单位体积内贮存的应变能称为应变能密度或比能，用 $v_\varepsilon$ 表示，单位为 $\mathrm{J/m^3}$。这样，可得到拉压应变能密度为

$$v_\varepsilon = \frac{\mathrm{d}V_\varepsilon}{\mathrm{d}x\mathrm{d}y\mathrm{d}z} = \frac{\sigma\varepsilon}{2} \qquad (3.13)$$

将胡克定律代入上式有

$$v_\varepsilon = \frac{\sigma^2}{2E} \qquad (3.14)$$

将比例极限 $\sigma_p$ 代入上式得到 $v_{\varepsilon p} = \frac{\sigma_p^2}{2E}$，$v_{\varepsilon p}$ 称为**回弹模量**，它可以度量线弹性范围内材料吸收能量的能力。

物体内总的应变能可以表示为物体内各部分应变能之和，因此，拉压应变能也可用下式计算：

$$V_\varepsilon = \int_V \mathrm{d}V_\varepsilon = \int_V \frac{\sigma^2}{2E}\mathrm{d}x\mathrm{d}y\mathrm{d}z \qquad (3.15)$$

## 三、剪切应变能密度

对于纯剪切应力状态下的微体（图 3.12），在切应力 $\tau$ 作用下，发生切应变 $\gamma$，微体上下面的剪力为

$$\mathrm{d}F_S = \tau \mathrm{d}x\mathrm{d}z$$

上下面的相对错动距离为

$$\Delta = \gamma \mathrm{d}y$$

利用式（3.11）和剪切胡克定律，可得体内贮存的应变能为

$$\mathrm{d}V_\varepsilon = \frac{\mathrm{d}F_S \Delta}{2} = \frac{(\tau \mathrm{d}x\mathrm{d}z)(\gamma \mathrm{d}y)}{2} = \frac{\tau\gamma}{2}\mathrm{d}x\mathrm{d}y\mathrm{d}z$$

由此可得到剪切应变能密度

$$v_\varepsilon = \frac{\tau\gamma}{2} \qquad (3.16)$$

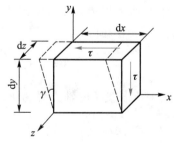

图 3.12

将剪切胡克定律代入上式得

$$v_\varepsilon = \frac{\tau^2}{2G} \qquad (3.17)$$

若构件内部每一点均处于纯剪切应力状态,则总的剪切应变能为

$$V_\varepsilon = \int_V \mathrm{d}V_\varepsilon = \int_V \frac{\tau^2}{2G} \mathrm{d}x\mathrm{d}y\mathrm{d}z \qquad (3.18)$$

当构件处在弹性阶段时,可以用式(3.9)来计算构件的变形或位移,这种方法称为**能量法**。能量法求解不仅适用于线性问题,而且也可以用于处理非线性问题。

例 3.4 已知条件同例 3.3,试采用能量法求节点 $A$ 的铅垂位移。

解:(1)求轴力。同例 3.3。

(2)计算应变能。桁架内部贮存的应变能等于两杆贮存的应变能之和。由式(3.12),得

$$V_\varepsilon = \frac{F_{N1}^2 l_1}{2EA_1} + \frac{F_{N2}^2 l_2}{2EA_2} = \frac{(20\times10^3)^2\times2}{2\times200\times10^9\times200\times10^{-6}}\ \mathrm{N\cdot m} + \frac{(17.3\times10^3)^2\times2\times\sqrt{3}/2}{2\times200\times10^9\times250\times10^{-6}}\ \mathrm{N\cdot m}$$
$$= 15.18\ \mathrm{N\cdot m}$$

(3)计算位移。设节点 $A$ 的铅垂位移为 $\Delta$,并与 $F$ 同向,则外力所做的功为

$$W = \frac{F\Delta}{2}$$

由能量守恒定律,贮存在构件内的应变能在数值上等于外力所做的功,由式(3.9)可得

$$V_\varepsilon = W = \frac{F\Delta}{2}$$

由此得

$$\Delta = \frac{2V_\varepsilon}{F} = \frac{2\times15.18}{10\times10^3}\ \mathrm{m} = 3.04\ \mathrm{mm}$$

$\Delta$ 为正,说明 $\Delta$ 与 $F$ 同向的假设是正确的。由于 $V_\varepsilon$ 恒为正,因此,当只有一个外载荷 $F$ 做功时,$\Delta$ 必与 $F$ 同向。需要说明的是,这里介绍的能量法只能求单一载荷作用下、载荷作用方向的位移。

例 3.5 图 3.13a 所示精密仪器底板隔振器,由圆截面钢杆、圆环截面橡皮管和钢套组成,且相互之间牢固连接。设钢杆和钢套可视为刚体,橡皮管的剪切模量为 $G$。试求钢杆的位移。

解:(1)应力分析。由于钢杆和钢套与橡皮管牢固连接,因此,当 $F$ 作用时,橡皮管内外壁相当于受到一对大小相等、方向相反的剪力作用,因此,可以考虑橡皮管内的点处于纯剪切状态。由于结构具有轴对称性质,并且轴线方向各截面的结构和受力基本相同,因此假设切应力沿高度方向均匀分布,仅为半径 $r$ 的函数,即 $\tau = \tau(r)$。取一同轴圆柱面,其应力分布如图 3.13b 所示,由力的平衡条件可得

$$\tau\times2\pi rh - F = 0$$

由此得

$$\tau = \frac{F}{2\pi rh}$$

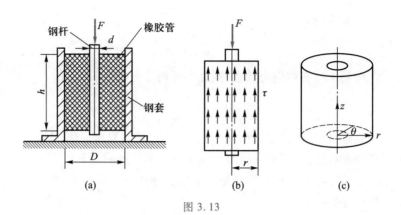

图 3.13

（2）应变能计算。可以直接应用剪切应变能密度进行计算。由式（3.18）可得

$$V_\varepsilon = \int_V \frac{\tau^2}{2G}\mathrm{d}V = \int_0^h\int_{\frac{d}{2}}^{\frac{D}{2}}\int_0^{2\pi}\frac{\tau^2}{2G}r\mathrm{d}\theta\mathrm{d}r\mathrm{d}z = \int_0^h\int_{\frac{d}{2}}^{\frac{D}{2}}\int_0^{2\pi}\frac{1}{2G}\frac{F^2}{(2\pi rh)^2}r\mathrm{d}\theta\mathrm{d}r\mathrm{d}z$$

$$= \frac{F^2}{8\pi^2h^2G}\int_0^h\int_{\frac{d}{2}}^{\frac{D}{2}}\int_0^{2\pi}\frac{1}{r}\mathrm{d}\theta\mathrm{d}r\mathrm{d}x = \frac{F^2}{4\pi hG}(\ln D - \ln d)$$

（3）变形分析。设钢杆的轴向位移为 $\Delta$，并与载荷 $F$ 同向。则由能量守恒定律可得

$$\frac{F\Delta}{2} = \frac{F^2}{4\pi hG}(\ln D - \ln d)$$

于是得

$$\Delta = \frac{F}{2\pi hG}(\ln D - \ln d)$$

## §3.4　拉压静不定问题

### 一、静不定（超静定）的基本概念

从静力学可以知道，结构的未知力（通常为支座反力）可以通过静力平衡方程求解，但静力平衡方程的个数是有限的，例如，一个平面刚体受一般力系作用时只可以列出三个平衡方程。若未知力（外力或内力）个数等于独立的平衡方程数目，且仅由平衡方程就可确定全部未知力，这类问题称为**静定问题**，相应的结构称为**静定结构**，如图 3.14 所示的结构都是静定结构。

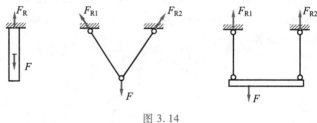

图 3.14

若未知力(外力或内力)的个数多于独立的平衡方程的数目,则仅由平衡方程便无法确定全部未知力,这类问题称为**静不定问题**或**超静定问题**,相应的结构则称为**静不定结构**或**超静定结构**,如图 3.15 所示的结构都是静不定结构。

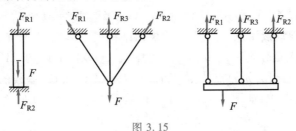

图 3.15

所有静不定结构,都可以看作在静定结构上再加上一个或几个约束,这些约束对于特定的工程要求是必要的,但对于保证结构平衡和几何不变性却是多余的,故称为**多余约束**。未知力个数与独立平衡方程数之差,称为**静不定度**。

求解静不定问题时,只靠平衡方程是不够的,必须要引入补充方程,而静不定度即为求解全部未知力所需要的补充方程的个数。

## 二、求解静不定问题的基本方法

静不定问题求解的关键是在平衡方程的基础上提供补充方程,补充方程可以通过构件的变形关系来构建,下面通过几个例题来了解补充方程的构建方法和静不定问题的求解方法。

**例 3.6** 如图 3.16a 所示三杆桁架,杆 1、2 为钢杆,弹性模量为 $E_1$,截面面积为 $A_1$;杆 3 为铜杆,弹性模量为 $E_3$,截面面积为 $A_3$。试求各杆轴力。

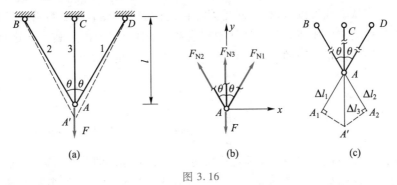

图 3.16

解:(1)静力平衡方程。设各杆轴力分别为 $F_{N1}$、$F_{N2}$、$F_{N3}$。以节点 $A$ 为研究对象,作受力图。由受力图 3.16b 可知,$A$ 点受力组成平面汇交力系,有两个独立平衡方程,即

$$\sum F_x = 0, \quad F_{N1}\sin\theta - F_{N2}\sin\theta = 0 \tag{a}$$

$$\sum F_y = 0, \quad F_{N3} + F_{N1}\cos\theta + F_{N2}\cos\theta - F = 0 \tag{b}$$

而未知的内力有三个(三杆内力),故结构为一度静不定结构。

(2)变形协调方程。由于多余约束的存在,使问题由静力学可解变为静力学不可解。但由于多余约束对结构位移或变形有着确定的限制,而位移或变形又是与力相联系的,因而多余

约束又为求解静不定问题提供了条件。

假设杆1、2和杆3没有节点 $A$ 的约束,则它们在 $F_{N1}$、$F_{N2}$ 和 $F_{N3}$ 作用下沿杆件轴线方向发生的变形分别为 $\Delta l_1$、$\Delta l_2$ 和 $\Delta l_3$,由于三杆的其中一端 $B$、$C$ 和 $D$ 没有线位移,因此,另一端分别沿各自轴线到达新位置 $A_1$、$A_2$ 和 $A'$,且 $AA_1 = \Delta l_1$,$AA_2 = \Delta l_2$,$AA' = \Delta l_3$。

但由于三杆变形前铰接于点 $A$,变形后为保证结构的连续性,三杆依然应铰接于点 $A$ 的新位置。点 $A$ 的新位置应是分别以点 $D$、$B$ 和 $C$ 为圆心,以 $DA_1$、$BA_2$ 和 $CA'$ 为半径所画圆弧的交点。根据小变形条件,也可分别过点 $A_1$、$A_2$ 和 $A'$ 作 $DA_1$、$BA_2$ 和 $CA'$ 垂线的交点来代替。根据对称性可知,此交点必为点 $A'$,如图3.16c所示。根据图3.16c中的几何关系可得

$$\Delta l_1 = \Delta l_2 = \Delta l_3 \cos \theta \tag{c}$$

这是三杆变形必须满足的关系,只有满足这一关系,三杆的变形才是相互协调的。因此,将这种几何关系称为**变形协调条件**或**变形协调方程**,它是求解静不定问题的补充条件。

(3) 物理方程。由式(3.1)可得各杆的轴力与变形之间的关系为

$$\Delta l_1 = \frac{F_{N1} l / \cos \theta}{E_1 A_1}, \quad \Delta l_3 = \frac{F_{N3} l}{E_3 A_3} \tag{d}$$

(4) 将物理方程(d)代入变形协调方程(c),得到由轴力表示的变形协调方程,即补充方程为

$$\frac{F_{N1} l}{E_1 A_1 \cos \theta} = \frac{F_{N3} l \cos \theta}{E_3 A_3} \tag{e}$$

(5) 联立求解补充方程(e)和平衡方程(a)和(b)得

$$F_{N1} = F_{N2} = \frac{F \cos^2 \theta}{\dfrac{E_3 A_3}{E_1 A_1} + 2 \cos^3 \theta}, \quad F_{N3} = \frac{F}{1 + 2 \dfrac{E_1 A_1}{E_3 A_3} \cos^3 \theta} \tag{f}$$

3-3:
材力思政——
内力按刚度分
配,能者多劳

从上式可以看出,共同受力各杆的内力分配,不仅必须满足平衡方程,还与杆件的刚度比值有关。杆件的刚度越大,则分配的内力越大。这是**静不定问题区别于静定问题的第一个特点**。相应地,各杆的应力为

$$\sigma_1 = \sigma_2 = \frac{\dfrac{F}{A_1} \cos^2 \theta}{\dfrac{E_3 A_3}{E_1 A_1} + 2 \cos^3 \theta}, \quad \sigma_3 = \frac{\dfrac{F}{A_3}}{1 + 2 \dfrac{E_1 A_1}{E_3 A_3} \cos^3 \theta} \tag{g}$$

综上所述,求解静不定问题时,需要综合考虑以下三个方面的关系:静力平衡关系、变形几何关系、物理关系,这就是求解静不定问题的基本方法。材料力学的许多基本理论,正是从这三个方面综合分析后建立的。

从例3.6的求解过程中可以看出,建立变形协调条件是静不定问题求解的一个关键环节,其主要过程如下:

(1) 根据结构和受力的实际情况,合理假定变形后节点的位置,即变形后节点的位置符合结构变形的几何可能性,而且变形后各杆的变形符号与受力图中的内力符号相符合。

(2) 从变形后的节点向变形前的各杆作垂线,垂足到变形前节点之间的距离,即为各杆的变形量。

（3）根据图中的几何关系可以建立变形协调条件。

如果三杆的刚度不对称，即 $E_1A_1 \neq E_2A_2$，或夹角 $\angle BAC$ 与 $\angle CAD$ 不同，或两种情况同时存在，则变形不对称，变形后点 $A$ 可能会到达不在 $AC$ 延长线上的某一点 $A'$，这时的变形图如图 3.17 所示[①]。从点 $A'$ 向三根杆的延长线作垂线，垂足分别为点 $E$、$G$ 和 $H$，则三杆的变形量分别为 $\Delta l_1 = AE$、$\Delta l_2 = AG$，$\Delta l_3 = AH$，过点 $A$ 作垂直于杆 3 的垂线 $IJ$，与 $A'E$ 和 $A'G$ 交于点 $I$ 和 $J$，作 $A'K \perp IJ$，从几何关系可以看出

$$IA + AJ = IK + KJ \tag{h}$$

又由图 3.17 中的各三角关系可得

$$IA = \frac{AE}{\sin \beta} = \frac{\Delta l_1}{\sin \beta}, \quad AI = \frac{AG}{\sin \alpha} = \frac{\Delta l_2}{\sin \alpha}$$

$$IK = \frac{A'K}{\tan \beta} = \frac{AH}{\tan \beta} = \frac{\Delta l_3}{\tan \beta}, \quad JI = \frac{A'K}{\tan \alpha} = \frac{AH}{\tan \alpha} = \frac{\Delta l_3}{\tan \alpha}$$

将以上四式代入式（h）得

$$\frac{\Delta l_1}{\sin \beta} + \frac{\Delta l_2}{\sin \alpha} = \frac{\Delta l_3}{\tan \beta} + \frac{\Delta l_3}{\tan \alpha}$$

化简得变形协调方程为

$$\Delta l_1 \sin \alpha + \Delta l_2 \sin \beta = \Delta l_3 \sin(\alpha + \beta) \tag{i}$$

如果仅三杆的刚度不对称，即 $E_1A_1 \neq E_2A_2$，但 $\angle BAC = \angle CAD$，则变形后点 $A$ 也不会在 $AC$ 延长线上，这种情况下，在式（i）中令 $\alpha = \beta$，则变形协调方程为 $\Delta l_1 + \Delta l_2 = 2\Delta l_3 \cos \theta$；如果三杆的刚度对称，且 $\angle BAC = \angle CAD$，则变形后点 $A$ 将会在 $AC$ 延长线上，这种情况下，在式（i）中令 $\alpha = \beta$ 和 $\Delta l_1 = \Delta l_2$，则可得变形协调方程式（c），即式（c）是式（i）的特例。

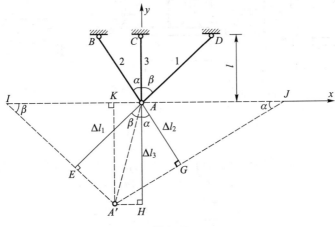

图 3.17

除了用几何关系建立变形协调方程外，也可以采用代数方法。以图 3.17 中桁架为例，在点 $A$ 建立坐标系，$AJ$ 为 $x$ 轴，$AC$ 为 $y$ 轴，则点 $B$ 坐标为 $(-l_2 \sin \alpha, l_3)$，点 $C$ 坐标为 $(0, l_3)$，点 $D$

---

① 图中为了表示清楚，放大了 $A$ 点的位移 $AA'$。

坐标为$(l_1\sin\beta, l_3)$。设 $A'$ 坐标为 $(x,y)$，则有

$$\Delta l_1 = A'D - AD = \sqrt{(l_1\sin\beta - x)^2 + (l_3 - y)^2} - l_1$$

在原点附近做泰勒展开，取线性项有

$$\Delta l_1 = -\frac{l_1\sin\beta}{l_1}x - \frac{l_3}{l_1}y = -x\sin\beta - y\cos\beta$$

同理可得

$$\Delta l_2 = x\sin\alpha - y\cos\alpha, \quad \Delta l_3 = -y$$

由以上三个方程消元后可得

$$\frac{\Delta l_2 - \Delta l_3\cos\alpha}{\sin\alpha} = \frac{\Delta l_1 - \Delta l_3\cos\beta}{-\sin\beta}$$

3-4:
材力思政——
梦溪笔谈：梵
天寺木塔

简化后可以得到与几何方法相同的变形协调方程式(i)。

另外，由式(f)和式(g)可以看出，对静不定杆系进行截面设计时，均需先设定各杆截面面积的比值，才能求出杆的内力，然后根据许用应力法设计各杆截面尺寸。但设计出的各杆截面尺寸往往不符合事先设定的比值。此时，应将某些杆件的截面尺寸加大，以符合事先设定的比值。这样，某些杆件将具有多余的强度储备，这种情况在采用许用应力法进行静不定杆系设计时是不可避免的。

**例 3.7** 图 3.18a 所示结构，$AB$ 为刚性梁，杆 1、杆 2 和杆 3 互相平行，三杆材料相同，且横截面面积之比为 $1:1:2$。载荷 $F = 30$ kN，许用应力 $[\sigma] = 160$ MPa。试确定各杆的横截面面积。

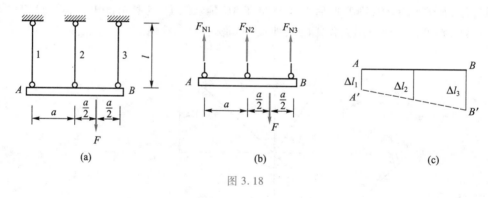

图 3.18

解：(1) 静力平衡方程。以刚性梁为对象，画受力图如图 3.18b 所示。由平衡方程得

$$\sum F_y = 0, \quad F_{N1} + F_{N2} + F_{N3} = F \tag{j}$$

$$\sum M_A = 0, \quad F_{N2} + 2F_{N3} = \frac{3}{2}F \tag{k}$$

两个平衡方程中有三个未知力，故图 3.18a 中结构为一度静不定结构。

(2) 变形协调方程。变形后结构的几何关系如图 3.18c 所示，设 $\Delta l_1$、$\Delta l_2$、$\Delta l_3$ 分别为三根杆的伸长量。根据梯形几何关系可得变形协调方程

$$\Delta l_1 + \Delta l_3 = 2\Delta l_2 \tag{l}$$

(3) 物理方程。由式(3.1)，有

$$\Delta l_i = \frac{F_{Ni} l}{EA_i}, \quad i = 1, 2, 3 \tag{m}$$

将式(m)代入式(l),并考虑 $A_1 : A_2 : A_3 = 1 : 1 : 2$,得到补充方程

$$2F_{N1} + F_{N3} = 4F_{N2} \tag{n}$$

(4)轴力计算与截面设计。联立平衡方程(j)、(k)与补充方程(n),求解线性方程组可得

$$F_{N1} = \frac{1}{14}F, \quad F_{N2} = \frac{3}{14}F, \quad F_{N3} = \frac{5}{7}F$$

由许用应力法分别设计三杆的截面为

$$A_1 = \frac{F_{N1}}{[\sigma]} = \frac{F}{14[\sigma]} = \frac{30 \times 10^3}{14 \times 160 \times 10^6} \text{ m}^2 = 1.34 \times 10^{-5} \text{ m}^2$$

$$A_2 = \frac{F_{N2}}{[\sigma]} = \frac{3F}{14[\sigma]} = \frac{3 \times 30 \times 10^3}{14 \times 160 \times 10^6} \text{ m}^2 = 4.02 \times 10^{-5} \text{ m}^2$$

$$A_3 = \frac{F_{N3}}{[\sigma]} = \frac{5F}{7[\sigma]} = \frac{5 \times 30 \times 10^3}{7 \times 160 \times 10^6} \text{ m}^2 = 1.34 \times 10^{-4} \text{ m}^2$$

但是,由于已设定 $A_1 : A_2 : A_3 = 1 : 1 : 2$,且上述轴力正是在此条件下求得的,因此,应取

$$A_1 = A_2 = 0.67 \times 10^{-4} \text{ m}^2, \quad A_3 = 1.34 \times 10^{-4} \text{ m}^2$$

否则,各杆的轴力与应力将会随之改变。

3-5:
材力思政——
三关系法中的
人生哲理

## §3.5 热应力与预应力

### 一、热应力

由物理学可知,杆件的长度将因温度的改变而发生变化。在静定结构中,由于杆件能够自由变形,故这种由于温度改变而引起的变形不会在杆件中引起内力。但在静不定结构中,当不同构件的长度变化不满足变形协调关系时,这种变形将会因受到约束而引起内力,这种内力称为**热内力**或**温度内力**,和它相应的应力称为**热应力**或**温度应力**。

**例3.8** 图3.19a为高压蒸气锅炉与原动机之间以管道连接的示意图。通过高温蒸气后,管道温度增加 $\Delta T$。已知管道材料的线膨胀系数 $\alpha$,弹性模量 $E$。试求管道热应力。

**解:**由于锅炉及原动机的刚性大,所以可近似地认为它们不允许管道伸缩。这样,管道的计算简图如图3.19b所示。当管道受热膨胀时,两端阻碍它自由伸长,即有力 $F_{RA}$ 和 $F_{RB}$ 作用于管道。根据共线力系的静力平衡方程有

$$\sum F_x = 0, \quad F_{RA} - F_{RB} = 0 \tag{a}$$

这一个方程不能确定 $F_{RA}$ 和 $F_{RB}$ 的数值,必须补充一个变形协调方程。

在建立变形协调方程时,可以这样设想:首先解除 $B$ 处的约束,允许管道自由膨胀 $\Delta l_T$;然后再在 $B$ 处施加作用力 $F_{RB}$,使 $B$ 端回到原来位置,即把管道压短 $\Delta l_N$,使之仍符合两端间管道总长不变。即

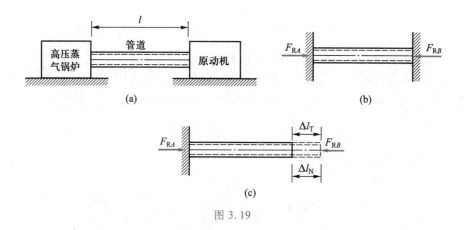

图 3.19

$$\Delta l_{\mathrm{N}} = \Delta l_{\mathrm{T}} \qquad\qquad (\,\mathrm{b}\,)$$

当杆件可以自由伸长时,温度升高 $\Delta T$ 的情况下,其伸长量为

$$\Delta l_{\mathrm{T}} = \alpha l \Delta T \qquad\qquad (\,\mathrm{c}\,)$$

而在 $F_{RB}$ 作用下,其缩短量为

$$\Delta l_{\mathrm{N}} = \frac{F_{RB} l}{EA} \qquad\qquad (\,\mathrm{d}\,)$$

将式(c)和式(d)代入式(b)得到补充方程

$$F_{RB} = EA\alpha\Delta T$$

由此得出温度应力

$$\sigma = \frac{F_{RB}}{A} = E\alpha\Delta T$$

可以看出,管道的温度应力随 $E$、$\alpha$ 和 $\Delta T$ 的增大而增大,而与管道的横截面面积无关。以钢材为例,取 $E = 200\ \mathrm{GPa}$,$\alpha = 1.2 \times 10^{-5}\ \mathrm{^\circ C^{-1}}$,$\Delta T = 100\ \mathrm{^\circ C}$,则温度应力 $\sigma = 240\ \mathrm{MPa}$。

3-6:
工程案例——
固体火箭发动
机热应力控制

从上例中可以看出,温度应力的数值可能非常大,这对管道非常不利,应该设法避免。把管道的一部分弯成如图 3.20a 所示的伸缩补偿节,就是一种常用的措施。图 3.20b 所示的野外天然气输送管道绕了个大圈,也是为了解决这一问题。又如铁道两段钢轨间预先留有适当空隙,钢桥桁架一端采用活动铰链支座等,都是为了减少或预防产生温度应力所常用的方法。

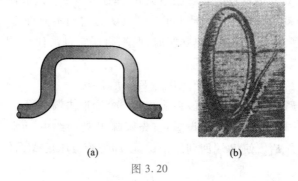

(a)　　　　　　(b)

图 3.20

## 二、装配应力

所有的结构在制造中都会存在一定的偏差。这种偏差在静定结构中只不过是造成结构整体几何形状的轻微变化,不会引起任何内力。如图 3.21 所示,杆 1 长度稍短,但这只会引起被悬挂构件的微量倾斜,在杆 1 与杆 2 中不会引起内力。

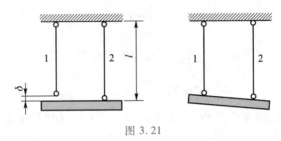

图 3.21

静不定结构则不同,尺寸的误差会给装配带来困难。这样装配后,结构虽未受到载荷作用,但各杆中已有内力,这时引起的应力称为**装配应力**,又称为**初应力**或**预应力**。如图 3.22 所示,杆 2 与杆 3 长度相同,但杆 1 长度偏短;装配时需要在杆 1 和梁 $AB$ 间施加作用力,使杆 1 伸长 $\Delta l_1$,梁 $AB$ 上升;由对称性可知,梁 $AB$ 上升引起杆 2 与杆 3 缩短相同的长度 $\Delta l_2$。这时,杆件的伸长和缩短必然带来结构的内力。

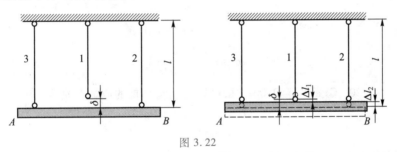

图 3.22

**例 3.9**　图 3.23 所示结构,三杆刚度 $EA$ 均相同,杆 3 的长度比应有的长度 $l$ 短 $\delta$,$\delta \ll l$。试求装配后三杆的内力。

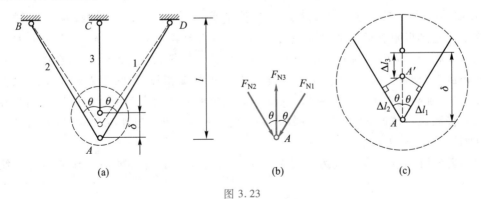

图 3.23

解：（1）平衡方程。由于 $\delta \ll l$，所以装配后的变形对整体构型尺寸的影响可以忽略不计，即变形后杆 3 与杆 1、杆 2 的夹角仍可视为 $\theta$，设杆 1 与杆 2 受压力，杆 3 受拉力，则受力分析如图 3.23b 所示，平衡方程为

$$\sum F_x = 0, \quad F_{N1}\sin\theta - F_{N2}\sin\theta = 0 \tag{e}$$

$$\sum F_y = 0, \quad F_{N3} - F_{N1}\cos\theta - F_{N2}\cos\theta = 0 \tag{f}$$

（2）变形协调方程可以通过图 3.23c 所示的几何关系建立，即

$$\Delta l_3 + \frac{\Delta l_1}{\cos\theta} = \delta \tag{g}$$

（3）物理方程。由胡克定律式（3.1），同时考虑对称性，可得

$$\Delta l_1 = \Delta l_2 = \frac{F_{N1}l}{EA\cos\theta}, \quad \Delta l_3 = \frac{F_{N3}l}{EA} \tag{h}$$

（4）联立求解。将物理方程（h）代入变形协调方程（g）得到补充方程，再与平衡方程联立求解可得

$$F_{N1} = F_{N2} = \frac{\delta EA\cos^2\theta}{l(1 + 2\cos^3\theta)}$$

$$F_{N3} = \frac{2\delta EA\cos^3\theta}{l(1 + 2\cos^3\theta)}$$

相应地，各杆的应力为

$$\sigma_1 = \sigma_2 = \frac{\delta E\cos^2\theta}{l(1 + 2\cos^3\theta)}$$

$$\sigma_3 = \frac{2\delta E\cos^3\theta}{l(1 + 2\cos^3\theta)}$$

当 $\theta = 30°$、$E = 200$ GPa、$\delta/l = 0.001$ 时，可以得到每个杆的应力分别为

$$\sigma_1 = \sigma_2 = 65.2 \text{ MPa}$$

$$\sigma_3 = 113 \text{ MPa}$$

可见，装配应力和温度应力类似，也可能有很大的幅值。

在工程中，装配应力的存在，一般是不利的，但有时也可有意识地利用装配应力来提高结构的承载能力。如图 3.24 所示的三杆桁架，设三杆的材料和截面尺寸都相同，弹性模量为 $E$，截面面积为 $A$，能够承受的最大拉力为 $F_m$。若三杆的尺寸没有偏差，如图 3.24a 所示，则杆 2 最先达到极限载荷。由例 3.9 可知，桁架的极限载荷为 $F_{max} = F_m(1 + 2\cos^3\theta)$。若三杆中的杆 2 稍短，如图 3.24b 所示，则装配应力使杆 2 受拉，杆 1、3 受压，加载中杆 2 将更早达到极限载荷，即 $F_{max} < F_m(1 + 2\cos^3\theta)$。若三杆中的杆 2 稍长，如图 3.24c 所示，则装配应力使杆 2 受压，加载过程中，杆 2 将经历从受压到受拉的变化。合理配置偏差量 $\delta$，可以使三杆同时达到极限载荷情况 $F_{max} = F_m(1 + 2\cos\theta) > F_m(1 + 2\cos^3\theta)$，当 $\theta = 45°$ 时，极限载荷最大可提高 41%。

静不定结构中会产生热应力与装配应力。这是静不定问题区别于静定问题的第二个特点。

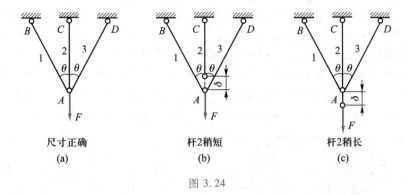

| 尺寸正确 | 杆2稍短 | 杆2稍长 |
|---|---|---|
| (a) | (b) | (c) |

图 3.24

 思考题

3.1 胡克定律的应用条件是什么？何谓拉压刚度？

3.2 如何计算作用有多个力的杆的轴向变形？何谓叠加原理？

3.3 何谓小变形？如何利用切线代替圆弧的方法确定节点的位移？

3.4 何谓应变能？如何计算轴向拉压应变能？如何利用功、能关系计算节点位移？如何计算拉压与剪切应变能密度？

3.5 何谓静定与静不定问题？试述求解静不定问题的方法与步骤。画受力图与变形图时应注意什么？与静定问题相比较，静不定问题有何特点？

3.6 何谓热应力与预应力？各自如何计算？

 习题

3.1 图示刚性横梁 $AB$，由钢丝绳并经无摩擦滑轮所支持。设钢丝绳的轴向刚度（即产生单位轴向变形所需之力）为 $k$，端点 $B$ 作用载荷 $F$。试求端点 $B$ 的铅垂位移。

3.2 如图所示，等直杆的横截面面积为 $1.5 \times 10^{-4}$ m²，材料的弹性模量 $E = 200$ GPa。试画轴力图，并求杆的总长度改变量。

3.3 两根材料相同的拉杆如图所示，试说明它们的伸长量是否相同。如果不相同，哪根变形大？为什么？

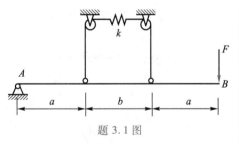

题 3.1 图

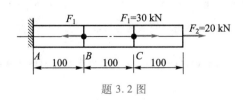

题 3.2 图

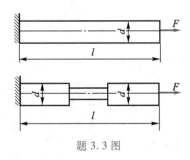

题 3.3 图

3.4 一外径 $D = 60$ mm、内径 $d = 20$ mm 的空心圆截面杆，杆长 $l = 400$ mm，两端承受轴向拉力 $F = 200$ kN 作用。若弹性模量 $E = 80$ GPa，泊松比 $\mu = 0.30$。试计算该杆外径的改变量 $\Delta D$ 及体积改变量 $\Delta V$。

3.5 图示螺栓，拧紧时产生 $\Delta l = 0.10$ mm 的轴向变形。试求预紧力 $F$，并校核螺栓的强度。已知：$d_1 = 8.0$ mm，$d_2 = 6.8$ mm，$d_3 = 7.0$ mm，$l_1 = 6.0$ mm，$l_2 = 29$ mm，$l_3 = 8.0$ mm，$E = 210$ GPa，$[\sigma] = 500$ MPa。

3.6 如图所示，杆 1 用钢管制成，弹性模量 $E_1 = 200$ GPa，横截面面积 $A_1 = 100$ mm$^2$，杆长 $l_1 = 1$ m；杆 2 用硬铝管制成，弹性模量 $E_2 = 70$ GPa，横截面面积 $A_2 = 250$ mm$^2$；载荷 $F = 10$ kN。试求节点 $A$ 的位移。

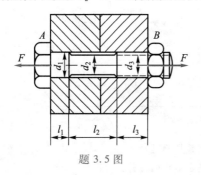

题 3.5 图

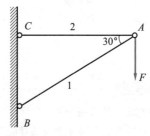

题 3.6 图

3.7 试采用能量法求上题点 $A$ 的竖直方向位移。

3.8 图示桁架，在节点 $A$ 处承受载荷 $F$ 作用。从试验中测得杆 1 与杆 2 的纵向正应变分别为 $\varepsilon_1 = 4.0 \times 10^{-4}$ 与 $\varepsilon_2 = 2.0 \times 10^{-4}$。试确定载荷 $F$ 及其方位角 $\theta$ 之值。已知杆 1 与杆 2 的横截面面积 $A_1 = A_2 = 200$ mm$^2$，弹性模量 $E_1 = E_2 = 200$ GPa。

3.9 图示为打入土中的混凝土地桩，顶端承受载荷 $F$，并由作用于地桩的摩擦力所支撑。设沿地桩单位长度的摩擦力为 $f$，且 $f = ky^2$，式中 $k$ 为常数。试求地桩的缩短量 $\delta$。已知地桩的横截面面积为 $A$，弹性模量为 $E$，埋入土中的长度为 $l$。

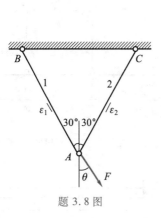

题 3.8 图

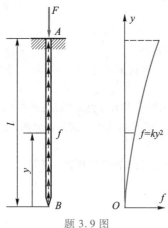

题 3.9 图

3.10 图示长度为 $l = 180$ mm 的铸铁杆，以角速度 $\omega$ 绕 $O_1O_2$ 轴等速旋转。若铸铁密度 $\rho = 7.54 \times 10^3$ kg/m$^3$，许用应力 $[\sigma] = 40$ MPa。弹性模量 $E = 160$ GPa。试根据杆的强度确定轴的许用转速，并计算许用转速下杆的两端相对伸长量。

3.11 图示桁架，在节点 $B$ 和 $C$ 作用一对大小相等、方向相反的载荷 $F$。设各杆各截面的拉压刚度均为 $EA$，试计算节点 $B$ 和 $C$ 间的相对位移 $\Delta_{BC}$。

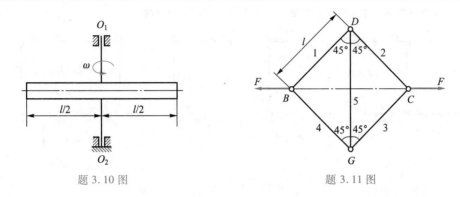

题 3.10 图                  题 3.11 图

**3.12** 图示桁架 $ABC$,在节点 $B$ 承受集中载荷 $F$ 作用。杆 1 与杆 2 的弹性模量均为 $E$,横截面面积分别为 $A_1 = 320\ \text{mm}^2$ 与 $A_2 = 2\ 580\ \text{mm}^2$。试求在节点 $B$ 和 $C$ 的位置保持不变的条件下,为使节点 $B$ 的铅垂位移最小,$\theta$ 的取值(即确定节点 $A$ 的最佳位置)。

**3.13** 图示结构,梁 $BD$ 为刚体,杆 1、杆 2 与杆 3 的横截面面积与材料均相同。在梁的中点 $C$ 承受集中载荷 $F$ 作用。试计算该点的水平与铅垂位移。已知载荷 $F = 20\ \text{kN}$,各杆的横截面面积均为 $A = 100\ \text{mm}^2$,弹性模量 $E = 200\ \text{GPa}$,梁长 $l = 1\ 000\ \text{mm}$。

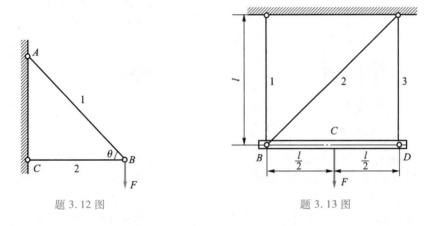

题 3.12 图                  题 3.13 图

**3.14** 如图所示桁架,试用能量法求载荷作用点沿载荷作用方向的位移。设各杆各截面的拉压刚度均为 $EA$。

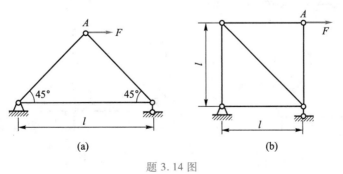

(a)                  (b)

题 3.14 图

3.15 试判断图示三个结构中哪些是静不定结构,并求出静不定度。

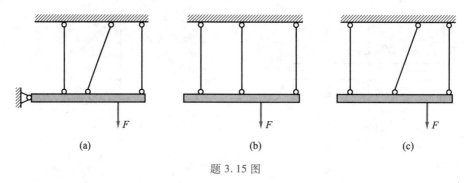

(a) (b) (c)

题 3.15 图

3.16 如图所示,等截面直杆在 $C$、$D$ 截面处受轴向力作用,试求该杆各段内的轴力。

3.17 图示桁架,杆 $BC$ 的实际长度比设计尺寸稍短,误差为 $\Delta$。如使杆端 $B$ 与节点 $G$ 强制地连接在一起,试计算各杆的轴力。设各杆各截面的拉压刚度均为 $EA$。

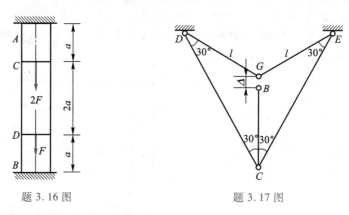

题 3.16 图 题 3.17 图

3.18 图示桁架,三杆的横截面面积、弹性模量与许用应力均相同,分别为 $A$、$E$ 与 $[\sigma]$,试确定该桁架的许用载荷 $[F]$。为了提高许用载荷之值,现将杆 3 的设计长度 $l$ 变为 $l+\Delta$。试问当 $\Delta$ 为何值时许用载荷 $[F]_{max}$ 最大?并求 $[F]_{max}$。

3.19 图示结构的横梁 $AB$ 可视为刚体,杆 1、2 和 3 的横截面面积均为 $A$,各杆的材料相同,许用应力为 $[\sigma]$。试求许用载荷 $[F]$。

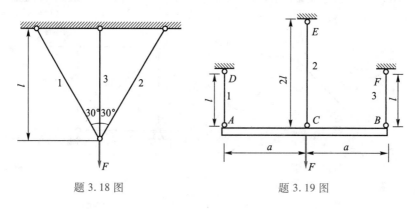

题 3.18 图 题 3.19 图

3.20　图示结构的杆 $AB$ 为刚性杆，$A$ 处为铰接，杆 $AB$ 由钢杆 $BE$ 与铜杆 $CD$ 吊起。已知杆 $CD$ 的长度为 1 m，横截面面积为 500 mm$^2$，铜的弹性模量 $E=100$ GPa；杆 $BE$ 的长度为 2 m，横截面面积为 250 mm$^2$，钢的弹性模量 $E=200$ GPa。试求杆 $CD$ 和杆 $BE$ 中的应力以及杆 $BE$ 的伸长量。

3.21　由两种材料黏结成的阶梯形杆如图所示，上端固定，下端与地面留有空隙 $\Delta=0.08$ mm。铜杆的 $A_1=40$ cm$^2$，$E_1=100$ GPa，$\alpha_1=16.5\times10^{-6}$ ℃$^{-1}$；钢杆的 $A_2=20$ cm$^2$，$E_2=200$ GPa，$\alpha_2=12.5\times10^{-6}$ ℃$^{-1}$，在两段交界处作用有力 $F$。试求：

（1）$F$ 为多大时空隙消失。

（2）当 $F=500$ kN 时，各段内的应力。

（3）当 $F=500$ kN 且温度再上升 20 ℃时，各段内的应力。

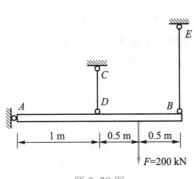

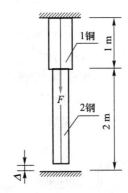

题 3.20 图　　　　　　　　　　　题 3.21 图

3.22　图示结构，杆 1、2 刚度 $EA$ 相同，$AB$ 可视为刚体，点 $A$ 为固定铰支座，杆 1 的长度短了 $\delta$，装配后受力 $F$，同时温度升高 $\Delta T$。试求二杆的内力。

3.23　图示车轮由轮心及轮缘组成。为使轮缘紧箍在轮心上，制造时将轮缘内径 $d_2$ 做得比轮心外径 $d_1$ 小一个微量 $\delta$，然后加热套上，冷却后二者紧密结合。这时，轮缘与轮心间有相当大的分布压力 $q$，构件内部产生一定的装配应力。现在假设：轮心在 $q$ 作用下的变形可忽略不计（轮心刚度比轮缘大）；轮缘的厚度远小于轮缘的内径。轮缘

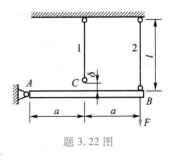

题 3.22 图

的横截面面积为 $A$，弹性模量为 $E$，试求轮缘与轮心间的分布压力 $q$ 及轮缘横截面上的平均装配应力 $\sigma$。

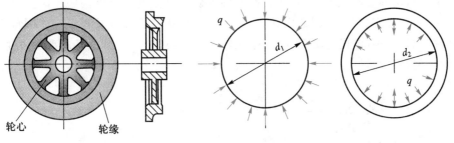

题 3.23 图

# 第四章

# 扭 · 转

## §4.1 扭转的概念与实例

在实际生活及工程应用中有许多扭转的例子,如汽车及机器的传动轴(图 4.1a)、钳工攻制螺纹用的丝锥(图 4.1b)等,它们的主要受力都有一个共同特点,那就是在杆件的两端,作用一对大小相同、方向相反的力偶,且力偶的作用面垂直于杆件的轴线。在这对力偶的作用下,杆件的各横截面绕轴线作相对旋转。杆件的这种变形形式称为**扭转变形**,它是杆件的一种基本变形形式。截面间绕轴线的相对角位移,称为**扭转角**。

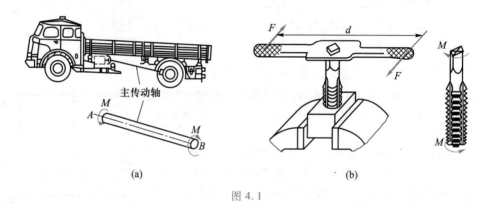

(a)　　　　　　　　　　　(b)

图 4.1

使杆件产生扭转变形的外力偶,称为**扭力偶**,其矩称为**扭力偶矩**。凡是以扭转变形为主要变形的直杆称为**轴**。

本章主要讨论轴的应力与变形,并在此基础上研究其强度与刚度问题。研究对象以等截面圆轴为主,包括实心、空心的圆截面轴,同时也研究薄壁截面轴以及矩形等非圆截面轴。对于有些杆件,如齿轮轴、电机主轴等,除发生扭转变形外,还常伴有其他基本变形发生,这类组合变形问题,将在以后讨论。

## §4.2 扭力偶矩的计算、扭矩和扭矩图

### 一、扭力偶矩的计算

工程上的传动轴,如图 4.2a 所示的轴 $BD$,通常并不直接知道作用于它某处扭力偶矩的大

小,而是只知道它的转速与该处胶带轮或齿轮所传递(输入或输出)的功率。因此,在分析或设计轴时,首先需要根据转速与功率计算轴所承受的扭力偶矩。

图 4.2

对于传动轴 $BD$,设其某轮处传递的功率为 $P$,转速为 $n$,作用在传动轴上的扭力偶矩为 $M$,且在 $dt$ 时间内使轴转过了角度 $d\varphi$(图 4.2b),那么扭力偶矩所做的功为 $dW = Md\varphi$,由功率的定义可知

$$P = \frac{dW}{dt} = \frac{Md\varphi}{dt} = M\omega = M \times 2\pi n$$

$$M = \frac{P}{2\pi n}$$

当功率单位取 kW,转速取 r/min 时,则有

$$\{M\}_{\text{N}\cdot\text{m}} = 9\,550\,\frac{\{P\}_{\text{kW}}}{\{n\}_{\text{r/min}}} \tag{4.1}$$

当功率 $P$ 的单位为马力[①](1 马力 = 735.5 W)时,则扭力偶矩 $M$ 的计算式变为

$$\{M\}_{\text{N}\cdot\text{m}} = 7\,024\,\frac{\{P\}_{\text{马力}}}{\{n\}_{\text{r/min}}} \tag{4.2}$$

另外,当转速 $n$ 的单位为 r/s 时,则式(4.1)和式(4.2)分别变为

$$\{M\}_{\text{N}\cdot\text{m}} = 159.2\,\frac{\{P\}_{\text{kW}}}{\{n\}_{\text{r/s}}} \tag{4.3}$$

$$\{M\}_{\text{N}\cdot\text{m}} = 117.1\,\frac{\{P\}_{\text{马力}}}{\{n\}_{\text{r/s}}} \tag{4.4}$$

## 二、扭矩和扭矩图

当作用于轴上的扭力偶矩都求出后,就可以用截面法研究横截面上的内力。以图 4.3a 所示圆轴为例,任取横截面 $n-n$,假想圆轴沿 $n-n$ 截面分成 $A$、$B$ 两部分,并取 $B$ 为研究对象(图 4.3b)。由平衡条件知,横截面上的分布内力必合成一力偶,且其矩的矢量方向垂直于横截面,即为扭矩,用 $T$ 表示。通常规定:矢量方向(按右手法则)与横截面外法线方向一致的扭矩为正,反之为负。按照此规定,图 4.3b 所示扭矩为正,且由平衡条件知 $T = M$。

---

① 马力为非法定单位,不推荐使用。

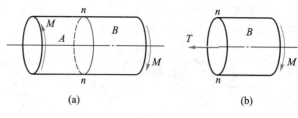

图 4.3

对于图 4.3，我们很容易知道轴上各截面的扭矩均为 $T$。但一般情况下，轴各横截面上的扭矩并不相同，为了清楚地表示扭矩沿轴线的变化情况，通常采用图线的方式。表示扭矩沿轴线的变化情况的图线，称为**扭矩图**，其画法与轴力图类似。

例 4.1　图 4.2a 中主动轮 $A$ 输入功率 $P_A = 80$ kW，从动轮 $B$、$C$、$D$ 输出功率分别为 30 kW、25 kW 和 25 kW，轴的转速为 300 r/min。试画出轴的扭矩图。

解：按照式(4.1)，计算各轮上的扭力偶矩

$$M_A = 9\ 550 \times \frac{80}{300}\ \text{N} \cdot \text{m} = 2\ 546.4\ \text{N} \cdot \text{m}$$

$$M_B = 9\ 550 \times \frac{30}{300}\ \text{N} \cdot \text{m} = 954.9\ \text{N} \cdot \text{m}$$

$$M_C = M_D = 9\ 550 \times \frac{25}{300}\ \text{N} \cdot \text{m} = 795.75\ \text{N} \cdot \text{m}$$

圆轴 $BD$ 的受力状态如图 4.4a 所示，从图中可以看出，轴在 $BA$、$AC$ 和 $CD$ 三段内各截面上

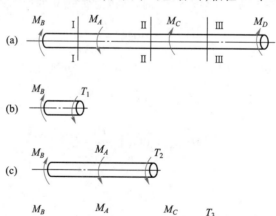

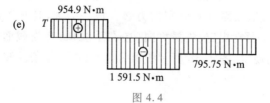

图 4.4

的扭矩是不相等的,在三段内分别取三个截面Ⅰ-Ⅰ、Ⅱ-Ⅱ和Ⅲ-Ⅲ,利用截面法分析各段横截面上的内力。

在 BA 段内,取Ⅰ-Ⅰ截面左边部分为研究对象,并设Ⅰ-Ⅰ截面上的扭矩为 $T_{\mathrm{I}}$,且设为正方向,如图 4.4b 所示,由力的平衡条件得

$$M_B - T_{\mathrm{I}} = 0, \quad T_{\mathrm{I}} = 954.9 \ \mathrm{N \cdot m}$$

同理可求出截面Ⅱ-Ⅱ和Ⅲ-Ⅲ上的扭矩为

$$T_{\mathrm{II}} = -1\ 591.5 \ \mathrm{N \cdot m}, \quad T_{\mathrm{III}} = -795.75 \ \mathrm{N \cdot m}$$

负号表明截面上的扭矩方向与所设的相反,即扭矩为负。

根据所得各截面上的扭矩,即可画出轴的扭矩图(图 4.4e)。

## §4.3　圆轴扭转时的应力

前面用截面法得出,圆轴扭转时横截面上的内力为一扭矩,现进一步研究圆杆横截面上的应力。

### 一、试验与假设

用易于变形的材料做成一等截面圆轴,并在其表面等间距画上纵线与圆周线,如图 4.5a 所示。然后在轴两端施加一对大小相等、方向相反的扭转力偶,使其发生扭转变形。从试验中观察到:各圆周线绕轴线作相对旋转,但其形状、大小及相邻圆周线的间距不变;在小变形情况下,纵线都倾斜了同一角度,但仍近似地是一条直线;纵线与圆周线形成的矩形错动成平行四边形。

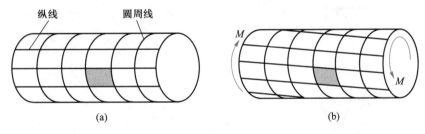

图 4.5

根据上述现象,采用由表及里的分析方法对轴内变形作出如下假设:圆轴发生扭转变形后,横截面仍然保持平面,其形状、大小以及横截面间的距离保持不变;横截面内直径依旧保持为直线,只是绕中心转过同样的角度。综合这两点可以形象地描述为:圆轴扭转时,各横截面如同刚性圆片,仅绕轴线作相对旋转。这就是圆周扭转的**平面假设**。以平面假设为基础导出的圆轴扭转应力-应变公式,符合试验结果,且与弹性力学中的精确理论解一致,这都足以说明假设是正确的。

4-1:
概念显化——
圆轴扭转平面
假设

下面,根据此假设,综合考虑几何、物理与静力学三个方面的关系,建立圆轴扭转时横截面上的应力公式。

## 二、扭转应力的一般公式

### 1. 几何关系

首先以相距 $dx$ 的两横截面从轴中截出一段,如图 4.6a 所示,然后以夹角无限小的两个径向纵截面,从这一段中切取一楔形体 $O_1O_2abcd$ 来分析。根据平面假设,若左边横截面的扭转角为 $\varphi$,那么右端截面的扭转角为 $\varphi+d\varphi$,因此在截出的楔形体中,$O_2ab$ 相对平面 $O_1cd$ 的转角为 $d\varphi$,如图 4.6b 所示。轴表面的矩形 $abcd$ 变为平行四边形 $a'b'cd$,距轴线为 $\rho$ 处的矩形 $efgh$ 变为平行四边形 $e'f'gh$,也就是说,它们都在垂直于半径的平面内发生剪切变形,设矩形 $efgh$ 的切应变为 $\gamma_\rho$,那么由切应变的定义可知它为直角 $\angle ghe$ 的改变量,由图 4.6b 中的几何关系有

$$\gamma_\rho \approx \tan\gamma_\rho = \frac{ee'}{eh} = \frac{ee'}{O_1O_2} = \frac{\rho d\varphi}{dx}$$

即

$$\gamma_\rho = \rho\frac{d\varphi}{dx} \tag{a}$$

显然,$\gamma_\rho$ 发生在垂直于 $O_2a$ 的平面内。在式(a)中,$\dfrac{d\varphi}{dx}$ 是扭转角 $\varphi$ 沿轴线 $x$ 方向的变化率,由平面假设可知,对于给定的截面,它是常量。故式(a)表明,横截面上任意点的切应变与该点距圆心的距离成正比。

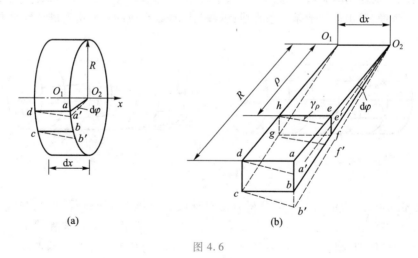

(a)　　　　　　　　　　　　(b)

图 4.6

### 2. 物理关系

由于切应变是垂直于半径的矩形两侧相对错动而引起的,所以与它对应的切应力的方向也垂直于半径。以 $\tau_\rho$ 表示横截面上距圆心为 $\rho$ 处的切应力,由剪切胡克定律可知,在剪切比例极限内,切应力与切应变成正比,所以有

$$\tau_\rho = G\gamma_\rho \tag{b}$$

将式(a)代入式(b),可得

$$\tau_\rho = G\rho \frac{\mathrm{d}\varphi}{\mathrm{d}x} \tag{c}$$

这说明截面上的切应力沿截面半径线性变化,且由切应力互等定理可知,在纵截面上也有大小相等的切应力。图4.7给出了圆轴横截面和纵截面上的切应力分布。

### 3. 静力关系

在受扭转的圆轴上任取一横截面(图4.8),设它上面的扭矩为$T$,在此截面上取一个距圆心$O$为$\rho$的微面积$\mathrm{d}A$,那么它上面的切向力为$\tau_\rho \mathrm{d}A$,它对轴线的矩等于它对$O$点的矩$\rho\tau_\rho\mathrm{d}A$。由扭矩$T$的定义可知,它为横截面上所有面积上的切向力对$O$点之矩的代数和,因此,写成积分的形式为

$$T = \int_A \rho \tau_\rho \mathrm{d}A \tag{d}$$

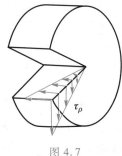

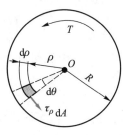

图4.7　　　　　　　　　　　　　　图4.8

将式(c)代入上式,并注意到在给定截面上$\dfrac{\mathrm{d}\varphi}{\mathrm{d}x}$是常量,于是可得

$$T = \int_A \rho \tau_\rho \mathrm{d}A = G \frac{\mathrm{d}\varphi}{\mathrm{d}x} \int_A \rho^2 \mathrm{d}A \tag{e}$$

令$I_\mathrm{p} = \int_A \rho^2 \mathrm{d}A$,从而有

$$\frac{\mathrm{d}\varphi}{\mathrm{d}x} = \frac{T}{GI_\mathrm{p}} \tag{4.5}$$

上式是计算圆轴扭转变形的基本公式。其中,$I_\mathrm{p}$称为圆截面对圆心$O$的极惯性矩,对一确定截面来说它是一常数。

将式(4.5)代入式(c)得

$$\tau_\rho = \frac{T\rho}{I_\mathrm{p}} \tag{4.6}$$

即圆轴扭转时的切应力公式。需要注意的是,式(4.5)和式(4.6)是以平面假设为基础导出的,试验结果表明,只有横截面不变的圆轴,平面假设才是正确的。所以这些公式只适合于等截面圆轴。对于圆截面沿轴线变化缓慢的锥形杆,这些公式也近似适用。此外,导出公式时用到胡克定律,因此,使用这些公式时,横截面上的最大切应力不得超过材料的剪切比例极限。

### 三、最大扭转切应力

当要考察轴扭转时的强度时,一般需要找出最大切应力。由式(4.6)可知,在 $\rho = R$,即圆截面边缘各点处,切应力最大,其值为

$$\tau_{\max} = \frac{TR}{I_p} \tag{4.7}$$

令 $W_p = \dfrac{I_p}{R}$,可得

$$\tau_{\max} = \frac{T}{W_p} \tag{4.8}$$

其中,$W_p$ 是一个仅与圆截面尺寸有关的量,称为**抗扭截面系数**。

对于如图 4.8 所示的实心圆轴

$$I_p = \int_A \rho^2 dA = \int_0^{2\pi} \int_0^{\frac{D}{2}} \rho^3 d\rho d\theta = \frac{\pi D^4}{32} \tag{4.9}$$

式中,$D$ 为圆截面的直径。由抗扭截面系数的定义可得

$$W_p = \frac{I_p}{R} = \frac{\pi D^3}{16} \tag{4.10}$$

对于如图 4.9 所示的空心圆轴,平面假设同样成立,其切应力公式与实心圆轴的相同,只是由于截面空心部分没有应力,计算极惯性矩 $I_p$ 和抗扭截面系数 $W_p$ 时有差别。由极惯性矩和抗扭截面系数的定义可得

$$I_p = \frac{\pi}{32}(D^4 - d^4) = \frac{\pi D^4}{32}(1 - \alpha^4) \tag{4.11}$$

$$W_p = \frac{\pi D^3}{16}(1 - \alpha^4) \tag{4.12}$$

式中,$D$ 和 $d$ 分别为空心圆截面的外径和内径,$\alpha = d/D$。

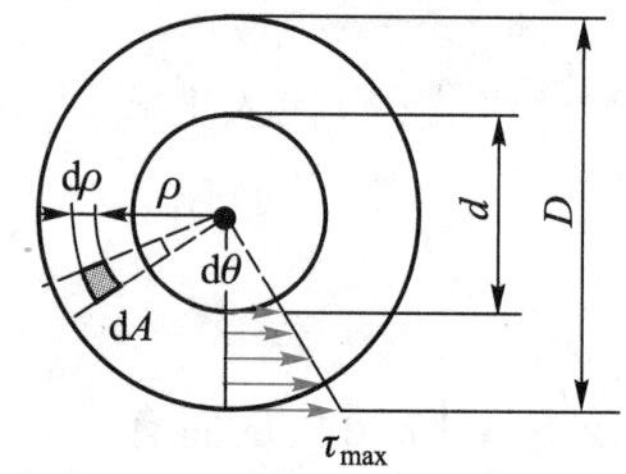

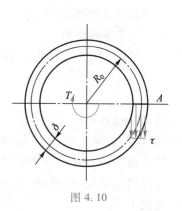

图 4.9

### 四、薄壁圆管的扭转切应力

对于受扭转的薄壁圆管,可按空心圆截面轴进行计算。但由于管壁很薄,切应力沿截面壁厚方向变化很小,可以设扭转切应力沿壁厚均匀分布,如图 4.10 所示。于是利用切应力与扭矩间的静力关系有

$$T = \int_A \rho \tau dA = \int_0^{2\pi} \int_{R_0 - \frac{\delta}{2}}^{R_0 + \frac{\delta}{2}} \rho^2 \tau d\rho d\theta$$

从而可得

$$\tau = \frac{T}{2\pi R_0^2 \delta \left(1 + \dfrac{\delta^2}{12 R_0^2}\right)}$$

图 4.10

由于 $\dfrac{\delta^2}{12R_0^2}\ll1$，略去小量后得

$$\tau=\frac{T}{2\pi R_0^2\delta} \tag{4.13}$$

即薄壁圆管的扭转切应力计算公式。当 $\dfrac{\delta}{R_0}$ 足够小时 $\left(\leqslant\dfrac{1}{10}\right)$，上式足够精确，最大误差不超过 5.53%。

## §4.4 圆轴扭转强度

### 一、扭转失效与扭转极限应力

圆截面试样在扭转试验机进行扭转试验时，试验机在试验过程中可以同时记录下作用于圆轴上的扭力偶矩以及它两端截面的相对扭转角，得到圆轴扭转全过程的扭力偶矩-扭转角图。

试验结果表明：对塑性材料，横截面上的最大切应力低于剪切比例极限时，扭转角与扭力偶矩成正比，然后试样会发生屈服，这时，试样表面的横向和纵向会出现滑移线（图4.11a），当扭力偶矩继续增大时，试样最后沿横截面剪断（图4.11b）。对于脆性材料，试样变形始终很小，一直到最后断裂，断面是与轴线约成45°的螺旋面（图4.11c）。

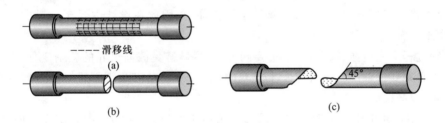

图 4.11

上述试验现象表明，对于受扭圆轴，失效的标志将仍为屈服与断裂。试样扭转屈服时横截面上的最大切应力，称为材料的**扭转屈服极限** $\tau_s$；试样扭转断裂时横截面上的最大切应力，称为材料的**扭转强度极限** $\tau_b$，塑性材料的扭转屈服极限 $\tau_s$ 与脆性材料的扭转强度极限 $\tau_b$，统称为**材料的扭转极限应力** $\tau_u$。

### 二、圆轴扭转强度条件

将材料的扭转极限应力 $\tau_u$ 除以安全因数，得到材料的许用切应力

$$[\tau]=\frac{\tau_u}{n} \tag{4.14}$$

圆轴扭转时,其内部各点的微体处于纯剪切应力状态,轴内各点的切应力不能大于$[\tau]$,即$\tau_{\max} \leqslant [\tau]$。由于各截面尺寸有可能发生变化,且各截面上的扭矩也有可能不同,因此,为校核受扭圆轴的强度,需要找出每个截面上的最大切应力,然后再取它们的最大值,作为整根圆轴上的最大切应力。即圆轴扭转强度条件为

$$\tau_{\max} = \left( \frac{T}{W_{\mathrm{p}}} \right)_{\max} \leqslant [\tau] \tag{4.15}$$

对于等截面圆轴,各截面的抗扭截面系数相同,则式(4.15)变为

$$\tau_{\max} = \frac{T_{\max}}{W_{\mathrm{p}}} \leqslant [\tau] \tag{4.16}$$

注意,这里的$T_{\max}$为扭矩绝对值的最大值。

### 三、圆轴合理截面与减缓应力集中

实心圆轴的扭转切应力沿径向分布如图4.7所示,其最大切应力在圆截面边缘,当最大值达到$[\tau]$时,圆心附近各点处的切应力仍很小,轴的材料没有充分利用,而且由于它们所构成的微剪力$\tau_{\rho}\mathrm{d}A$离圆心近,力臂小,这些材料所承担的扭矩也小。因此,从充分利用材料的角度来说,宜将材料放置在离圆心较远的部位,即做成空心的(图4.9)。显然,平均半径越大,壁厚$\delta$越小,即$R_0/\delta$越大,切应力分布越均匀,材料的利用率越高。因此,通常一些要求较高的轴应做成空心的,以减轻轴的重量,提高材料利用率。

同时也要注意到,当$R_0/\delta$过大时,管壁太薄,又会引起另一种形式的失效——稳定性失效,即受扭时将会出现皱褶现象,从而降低了抗扭能力,因此在设计中要充分考虑这两方面的因素,折中出一合理截面。

设计轴过程中还应注意的另一个重要问题是,尽量避免截面尺寸的急剧变化,以减缓应力集中。对于必须要求轴的截面尺寸发生突变的地方,一般在粗细两段的交接处配置适当尺寸的过渡圆角,以减缓应力集中。

**例4.2**  对例4.1中的传动轴$BD$,设其许用切应力为$[\tau] = 50$ MPa。试设计两种轴,比较其重量。

(a) 实心圆截面轴(直径$d_0$)。

(b) 空心圆截面轴($\alpha = d/D = 0.9$)。

解:(1) 由图4.4e可知,轴$BD$横截面上的最大扭矩为

$$|T|_{\max} = |T_{\mathrm{II}}| = 1\ 591.5\ \mathrm{N} \cdot \mathrm{m}$$

(2) 对实心圆截面轴,$W_{\mathrm{p}} = \dfrac{\pi d_0^3}{16}$,由

$$\tau_{\max} = \frac{|T|_{\max}}{W_{\mathrm{p}}} \leqslant [\tau]$$

可得

$$d_0 \geqslant \sqrt[3]{\frac{16 |T|_{\max}}{\pi [\tau]}} = \sqrt[3]{\frac{16 \times 1\ 591.5}{\pi \times 50 \times 10^6}}\ \mathrm{m} = 0.054\ 526\ \mathrm{m}$$

取 $d_0 = 54.53$ mm。

（3）对空心圆截面轴，$W_p = \dfrac{\pi D^3}{16}(1-\alpha^4)$，由

$$\tau_{\max} = \frac{|T|_{\max}}{W_p} \leqslant [\tau]$$

可得

$$D \geqslant \sqrt[3]{\frac{16|T|_{\max}}{\pi(1-\alpha^4)[\tau]}} = \sqrt[3]{\frac{16 \times 1\,591.5}{\pi \times (1-0.9^4) \times 50 \times 10^6}}\ \text{m} = 0.077\,826\ \text{m}$$

取 $D = 77.83$ mm，那么 $d = 0.9D = 70.05$ mm。

（4）重量比较。上述空心与实心圆轴的长度与材料相同，所以，二者的重量比 $\beta$ 等于其横截面面积之比，即

$$\beta = \frac{\dfrac{\pi(D^2-d^2)}{4}}{\dfrac{\pi d_0^2}{4}} = \frac{D^2-d^2}{d_0^2} = \frac{77.83^2-70.05^2}{54.53^2} = 0.386\,9$$

这说明，采用空心圆轴时，其重量只有实心圆轴的 38.69%，这与前面理论分析是一致的。

例 4.3　图 4.12a 所示圆柱密圈螺旋弹簧，沿弹簧轴线承受拉力 $F$ 作用。所谓密圈螺旋弹簧，是指螺旋升角 $\alpha$ 很小（$\leqslant 5°$）的弹簧。设弹簧中径为 $D$，弹簧丝的直径为 $d$，试分析弹簧丝横截面上的应力并建立相应的强度条件。

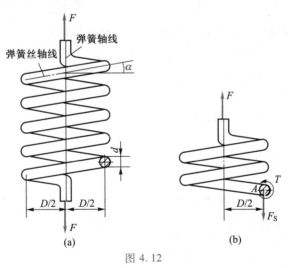

图 4.12

解：（1）利用截面法求弹簧丝横截面上的内力。以通过弹簧轴线的平面将弹簧丝切断，并选择其上部为研究对象（图 4.12b）。由于螺旋升角 $\alpha$ 很小，因此所截截面可以近似看作弹簧丝的横截面。于是，由平衡条件可知，弹簧丝横截面上的内力可合成为一剪力 $F_S$ 及扭矩 $T$，且

$$F_S = F$$

$$T = \frac{FD}{2}$$

（2）分别计算两种内力对应的应力。假设与剪力 $F_s$ 相应的切应力 $\tau'$ 沿横截面均匀分布（图 4.13a），与扭矩 $T$ 相应的切应力 $\tau''$ 分布如图 4.13b 所示，最大切应力按式（4.8）计算。从而有

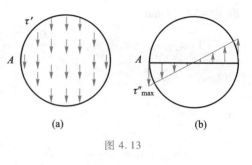

图 4.13

$$\tau' = \frac{4F_s}{\pi d^2} = \frac{4F}{\pi d^2}$$

$$\tau''_{max} = \frac{FD}{2} \frac{16}{\pi d^3} = \frac{8FD}{\pi d^3}$$

（3）根据叠加原理，横截面上任一点处的总切应力等于切应力 $\tau'$ 与 $\tau''$ 的矢量和，因此，最大切应力发生在截面内侧 $A$ 处，其值为

$$\tau_{max} = \tau''_{max} + \tau' = \frac{8FD}{\pi d^3}\left(1 + \frac{d}{2D}\right) \tag{4.17}$$

当 $D \gg d$（如 $D/d \geqslant 10$）时，有 $d/(2D) \ll 1$，可以忽略剪力的影响，此时式（4.17）变为

$$\tau_{max} = \tau''_{max} = \frac{8FD}{\pi d^3} \tag{4.18}$$

当 $D/d < 10$，或对计算精度要求较高时，不仅剪力的影响不能忽略，而且还应考虑弹簧曲率的影响，这时根据弹性理论可以得出如下近似公式：

$$\tau_{max} = \frac{8FD}{\pi d^3} \frac{4m+2}{4m-3} \tag{4.19}$$

式中，$m = D/d$。

（4）强度条件。弹簧丝危险点处于纯剪切状态，强度条件为

$$\tau_{max} \leqslant [\tau]$$

式中，$[\tau]$ 为弹簧丝的许用切应力。

## §4.5  圆轴扭转变形与刚度计算

### 一、圆轴扭转变形公式

圆轴扭转变形的大小，用横截面间绕轴线转过的相对角位移即扭转角 $\varphi$ 来表示。由式（4.5）可知，微段 $dx$ 的扭转变形为

$$d\varphi = \frac{T}{GI_p} dx$$

因此，对于长为 $l$ 的圆截面轴，两端截面间的相对扭转角为

$$\varphi = \int_l \frac{T}{GI_p} dx \tag{4.20}$$

对于等截面圆轴，当扭矩 $T$ 为常数时，上式积分为

$$\varphi = \frac{Tl}{GI_p} \tag{4.21}$$

上式表明,扭转角与扭矩 $T$ 和轴长 $l$ 成正比,与 $GI_p$ 成反比。因此,$GI_p$ 代表了圆轴截面抵抗扭转变形的能力,称为圆截面的**扭转刚度**或**抗扭刚度**。

对于在各段 $T$ 不相同的轴(图 4.2),或 $GI_p$ 不相同的阶梯轴,我们应该分段计算各段的扭转角,然后按照代数相加,得到两端截面的相对扭转角

$$\varphi = \sum_{i=1}^{n} \frac{T_i l_i}{G_i I_{pi}} \tag{4.22}$$

其中,$T_i$ 是第 $i$ 段轴横截面上的扭矩,$l_i$ 和 $G_i I_{pi}$ 分别是第 $i$ 段轴的长度与横截面的扭转刚度。

需要说明的是,式(4.20)~(4.22)对实心与空心圆轴皆适用。

另外,可以证明,长为 $l$、扭矩 $T$ 为常数的等截面薄壁圆管(图 4.10)的扭转变形为

$$\varphi = \frac{Tl}{2\pi G R_0^3 \delta} \tag{4.23}$$

## 二、圆轴扭转刚度条件

在绪论中我们提到过,构件除了有强度失效外,还有刚度失效,圆轴也是如此。下面建立圆轴扭转时的刚度条件。

所谓刚度条件,就是在圆轴扭转时,要对其扭转变形的大小提出一定的要求。在工程实际中,通常是限制扭转角沿轴线的变化率 $\mathrm{d}\varphi/\mathrm{d}x$(或单位长度内的扭转角),使其不能超过某一规定的许用值 $[\theta]$,$[\theta]$ 称为单位长度许用扭转角,其单位一般为 $(°)/m$。由式(4.5)可以得到圆轴扭转刚度条件

$$\left(\frac{\mathrm{d}\varphi}{\mathrm{d}x}\right)_{\max} = \left(\frac{T}{GI_p}\right)_{\max} \leqslant [\theta] \tag{4.24}$$

对于等截面圆轴,刚度条件为

$$\frac{T_{\max}}{GI_p} \leqslant [\theta] \tag{4.25}$$

注意,这里的 $T_{\max}$ 与强度条件式(4.16)中的一样,为其绝对值的最大值。另外,$\mathrm{d}\varphi/\mathrm{d}x$ 的单位为 $rad/m$,而 $[\theta]$ 的单位一般为 $(°)/m$,要注意单位的换算与统一。

对于一般转动轴,$[\theta]$ 规定为 $0.5~1(°)/m$;对于精密机械轴,$[\theta]$ 规定为 $0.15~0.5(°)/m$。对于精密度较低的轴,$[\theta]$ 规定为 $1~2.5(°)/m$。各类轴 $[\theta]$ 的具体值可根据有关设计标准或规范确定。

**例 4.4** 对例 4.1 中的传动轴 $BD$,设其剪切模量 $G = 80$ GPa,许用切应力为 $[\tau] = 50$ MPa,单位长度许用扭转角 $[\theta] = 0.5(°)/m$。试设计实心圆轴的直径 $d_0$。

**解:**(1)由例 4.2 的结果可知,利用强度条件,传动轴的直径必须满足 $d_0 \geqslant 54.53$ mm。

(2)刚度条件要求。由图 4.4e 可知,轴 $BD$ 横截面上的最大扭矩为 $|T|_{\max} = 1\,591.5$ N·m,由刚度条件

$$\left(\frac{\mathrm{d}\varphi}{\mathrm{d}x}\right)_{\max} = \frac{|T|_{\max}}{GI_p} = \frac{|T_2|}{G \times \dfrac{\pi d^4}{32}} \leqslant [\theta] \times \frac{\pi}{180°}$$

得

$$d_0 \geq \sqrt[4]{\dfrac{32\,|\,T_2\,|}{\pi G[\,\theta\,]\times\dfrac{\pi}{180°}}} = \sqrt[4]{\dfrac{32\times1\,591.5}{\pi\times80\times10^9\times0.5\times\dfrac{\pi}{180°}}}\ \text{m} = 0.069\,42\ \text{m} = 69.42\ \text{mm}$$

（3）根据强度条件和刚度条件对轴径的要求可知，需按刚度条件确定圆轴直径，即取

$$d_0 = 69.42\ \text{mm}$$

**例 4.5**　如图 4.14 所示小锥度锥形杆,设两端的直径分别为 $d_1$ 和 $d_2$,长度为 $l$,$d_1$ 端固支,沿轴线作用均匀分布的扭力偶矩,单位长度上扭力偶矩的大小(集度)为 $m$。试计算两端截面的相对扭转角。

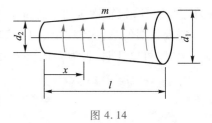

图 4.14

**解:**设距左端为 $x$ 的任意横截面的直径为 $d(x)$,按比例关系可得

$$d(x) = d_2\left(1 + \frac{d_1 - d_2}{d_2}\,\frac{x}{l}\right)$$

此横截面上的极惯性矩为

$$I_{\mathrm{p}} = \frac{\pi[\,d(x)\,]^4}{32} = \frac{\pi d_2^4}{32}\left(1 + \frac{d_1 - d_2}{d_2}\,\frac{x}{l}\right)^4$$

同一横截面上的扭矩为

$$T = mx$$

在 $x$ 处沿轴向取一微段 $\mathrm{d}x$,则 $\mathrm{d}x$ 段两端的扭转角为

$$\mathrm{d}\varphi = \frac{T}{GI_{\mathrm{p}}}\mathrm{d}x = \frac{32mx}{\pi G d_2^4\left(1 + \dfrac{d_1 - d_2}{d_2}\,\dfrac{x}{l}\right)^4}\mathrm{d}x$$

积分可得两端截面的相对转角为

$$\varphi = \frac{32m}{\pi G d_2^4}\int_0^l \frac{x\,\mathrm{d}x}{\left(1 + \dfrac{d_1 - d_2}{d_2}\,\dfrac{x}{l}\right)^4} = \frac{16ml^2}{3\pi G d_1^2 d_2^2}\left(1 + 2\frac{d_2}{d_1}\right)$$

**例 4.6**　设有 $A$、$B$ 两个凸缘的圆轴(图 4.15a),在扭转力偶矩 $M$ 作用下发生了扭转变形。这时把一个薄壁圆筒与轴的凸缘焊接在一起,然后解除 $M$(图 4.15b)。设轴和筒的抗扭刚度分别是 $G_1 I_{\mathrm{p1}}$ 和 $G_2 I_{\mathrm{p2}}$,试求轴和筒横截面上的扭矩。

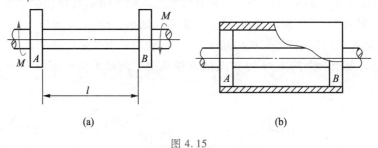

(a)　　　　　　　　　　　　(b)

图 4.15

**解**:由于筒与轴的凸缘焊接在一起,外加扭力偶矩 $M$ 解除后,圆轴必然力图恢复其扭转变形,而圆筒则阻抗其恢复。这就使得在轴和筒横截面上分别出现扭矩 $T_1$ 和 $T_2$。设想用一横截面将轴与筒切开(图 4.16a),因这时已无外力偶矩作用,平衡方程为

$$T_1 - T_2 = 0 \tag{a}$$

仅由上式不能解出两个扭矩,所以这是一个一度静不定问题,需要补充一个变形协调方程。

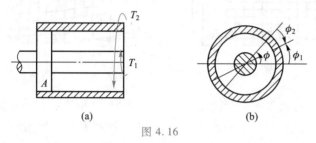

图 4.16

设焊接前轴在扭力偶矩 $M$ 作用下的扭转角为 $\phi$(图 4.16b),则

$$\phi = \frac{Ml}{G_1 I_{p1}} \tag{b}$$

即凸缘 $B$ 相对于凸缘 $A$ 转过的角度。在筒与轴相焊接并解除 $M$ 后,因受筒的阻抗,轴的上述变形不可能完全恢复。设轴恢复的扭转角为 $\phi_2$(图 4.16b),那么 $\phi_2$ 即为筒两端的扭转角,而此时圆轴的剩余扭转角为 $\phi_1$,它们分别为

$$\phi_1 = \frac{T_1 l}{G_1 T_{p1}}, \quad \phi_2 = \frac{T_2 l}{G_2 T_{p2}} \tag{c}$$

由以上分析容易知道

$$\phi_1 + \phi_2 = \phi \tag{d}$$

将式(b)和式(c)代入式(d)得

$$\frac{T_1 l}{G_1 T_{p1}} + \frac{T_2 l}{G_2 I_{p2}} = \frac{Ml}{G_1 T_{p1}} \tag{e}$$

由式(a)、(e)解出

$$T_1 = T_2 = \frac{M G_2 I_{p2}}{G_1 I_{p1} + G_2 I_{p2}}$$

# *§4.6  非圆截面轴扭转

圆轴是最常见的受扭杆件,在以前各节对圆截面轴进行了讨论。但在工程实际中,有些受扭杆件的横截面并非圆形。如农业机械中有时采用方轴作为传动轴,又如曲轴的曲柄承受扭转,而其截面是矩形。

## 一、自由扭动与限制扭转

试验与分析表明,非圆截面轴扭转时,横截面不再保持平面而发生翘曲。取

4-2:
概念显化——
矩形截面轴扭
转

一矩形截面轴,如图4.17a所示,在其表面等距地画上横线和纵线。在受到扭力偶矩作用后,发现横向周线已变为空间曲线,这表明横截面发生翘曲,平面假设不再成立,如图4.17b所示。这是非圆截面轴与圆截面轴相区别的一个特点。

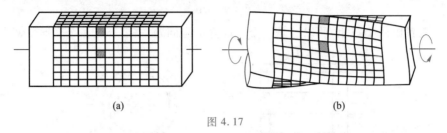

(a) (b)

图 4.17

另一方面,当非圆截面仅在轴两端受到大小相等、方向相反的扭力偶矩作用,各截面均可自由翘曲时,横截面上只有切应力而无正应力,纵向纤维的长度无变化,这种扭转称为**自由扭转**。当非圆截面轴横截面翘曲受到限制,如在轴的一端固定或在轴的中间又施加一扭力偶矩,这时某些横截面不能自由翘曲,或使各段截面翘曲程度不同,那么由于横截面间变形协调的要求,使得横截面上不仅存在切应力,而且存在正应力,即各横截面间的翘曲要受到相互约束,这种扭转称为**约束扭转**或**限制扭转**。

弹性理论中的精确分析表明,对于一般非圆实体轴,限制扭转引起的正应力很小,实际计算可以忽略不计;至于薄壁杆,限制扭转与自由扭转的差别较大,这种问题将在薄壁结构力学中研究。本书中仅讨论自由扭转问题。

## 二、边界及角点切应力

可以证明,杆件扭转时,横截面边界上各点的切应力都与截面边界相切;而在边界角点处,它的切应力为零(图4.18b)。

边界上各点的切应力若不与边界相切,总可以分解为边界切线方向的分量 $\tau_t$ 及法向分量 $\tau_n$(图4.18a)。然后在边界上取一微体,则根据切应力互等定理,$\tau_n$ 应与杆件自由表面上的切应力 $\tau_n'$ 相等。但在自由表面不可能有切应力 $\tau_n'$,即 $\tau_n' = \tau_n = 0$。这就证明了在截面边界上各点的切应力,只有边界切线方向的分量 $\tau_t$。

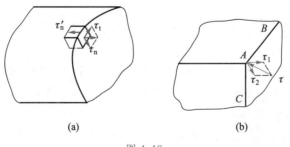

(a) (b)

图 4.18

对于横截面上的角点,分两种情况说明。对于三正交面(两个自由面和一个横截面)的交点,在角点处取一微体,截面上的切应力可分解为与两个边界相垂直的两个分量 $\tau_1$ 和 $\tau_2$,同样它们分别与轴表面上的 $\tau_1'$ 和 $\tau_2'$ 相等,而 $\tau_1'=\tau_2'=0$,从而有 $\tau_1=\tau_2=0$,因此横截面上的角点处切应力 $\tau=0$。当自由面为不垂直的两个面时,只需将 $\tau$ 分解为横截面内垂直于两面的法线方向分量 $\tau_1$ 和 $\tau_2$,同样可证明 $\tau=0$(图 4.18b)。

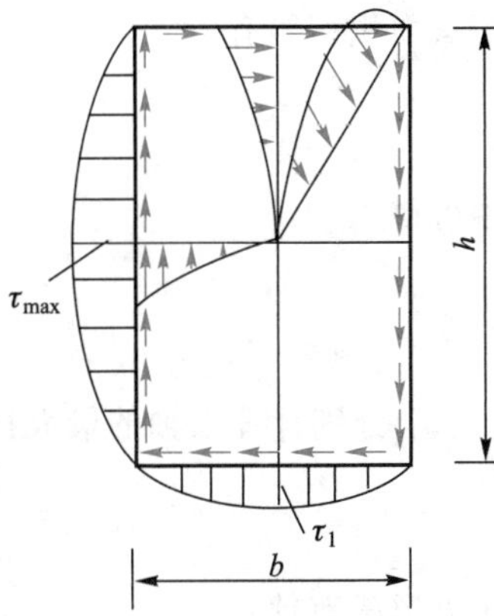

### 三、矩形截面轴

非圆截面杆的自由扭转,一般在弹性力学中讨论。根据弹性力学分析,横截面上的切应力分布如图 4.19 所示,边缘各点的切应力形成与边界相切的顺流,四个角点上的切应力为 0,最大切应力发生于矩形长边的中点,其大小为

$$\tau_{\max}=\frac{T}{\alpha hb^2} \tag{4.26}$$

短边上的最大切应力也发生在其中点,且其大小为

$$\tau_1=\gamma\tau_{\max} \tag{4.27}$$

而轴的扭转变形为

$$\varphi=\frac{\tau l}{GI_t}=\frac{Tl}{G\beta hb^3} \tag{4.28}$$

在这三式中,$h$ 和 $b$ 分别代表矩形截面长边和短边的长度;$GI_t$ 为非圆截面轴的抗扭刚度,而 $\alpha$、$\beta$ 和 $\gamma$ 是与比值 $h/b$ 有关的量,其大小如表 4.1 所示。

表 4.1　矩形截面杆自由扭转的系数 $\alpha$、$\beta$ 和 $\gamma$

| $h/b$ | 1.0 | 1.2 | 1.5 | 2.0 | 2.5 | 3.0 | 4.0 | 6.0 | 8.0 | 10.0 | $\infty$ |
|---|---|---|---|---|---|---|---|---|---|---|---|
| $\alpha$ | 0.208 | 0.219 | 0.231 | 0.246 | 0.258 | 0.267 | 0.282 | 0.299 | 0.307 | 0.313 | 0.333 |
| $\beta$ | 0.141 | 0.166 | 0.196 | 0.229 | 0.249 | 0.263 | 0.281 | 0.299 | 0.307 | 0.313 | 0.333 |
| $\gamma$ | 1.00 | 0.930 | 0.858 | 0.796 | 0.767 | 0.753 | 0.745 | 0.743 | 0.743 | 0.743 | 0.743 |

从表中可以看出,当 $l/b\geqslant10$ 时,$\alpha$ 和 $\beta$ 均接近 $\frac{1}{3}$。此时截面变成狭长矩形,相应地,横截面上的最大切应力和扭转变形公式变为

$$\tau_{\max}=\frac{3T}{hb^2} \tag{4.29}$$

$$\varphi=\frac{3Tl}{Ghb^3} \tag{4.30}$$

其横截面上的切应力的分布规律如图 4.20 所示。

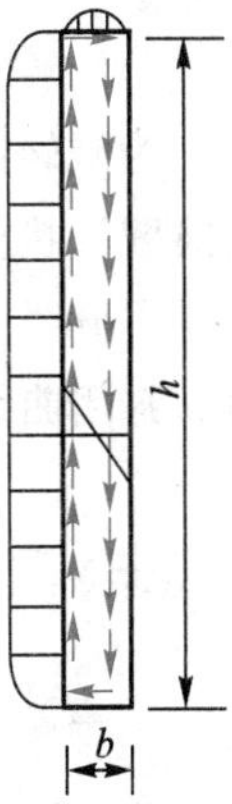

例 4.7　材料、横截面面积与长度均相同的三根轴,截面分别为圆形、正方形和矩形,且矩形截面的长宽比为 $2:1$。若作用在三轴两端的扭力偶矩 $M$ 也相同,试计算三轴的最大扭转切应力及扭转变形之比。

解:(1) 设圆形截面直径为 $d$,正方形截面的边长为 $a$,矩形截面的长和宽分别为 $h$ 和 $b$,则

由三者面积相等有

$$\frac{\pi d^2}{4} = a^2 = bh$$

从中可得

$$a = \frac{\sqrt{\pi}}{2}d, \quad b = \frac{\sqrt{\pi}}{2\sqrt{2}}d, \quad h = \frac{\sqrt{\pi}}{\sqrt{2}}d$$

（2）分别计算三轴的最大扭转切应力及扭转变形。对圆形截面轴

$$\tau_{c,max} = \frac{16M}{\pi d^3} = 5.093\frac{M}{d^3}, \quad \varphi_c = \frac{32Ml}{\pi Gd^4} = 10.186\frac{Ml}{Gd^4}$$

对正方形截面轴

$$\tau_{s,max} = \frac{M}{\alpha_1 a^3} = \frac{M}{0.208a^3} = \frac{M}{d^3} = 6.9072\frac{M}{d^3}$$

$$\varphi_s = \frac{Ml}{G\beta_1 a^4} = \frac{Ml}{0.141Ga^4} = \frac{Ml}{Gd^4} = 11.497\frac{Ml}{Gd^4}$$

对矩形截面轴

$$\tau_{r,max} = \frac{M}{\alpha_2 hb^2} = \frac{M}{0.246hb^2} = 8.2593\frac{M}{d^3}$$

$$\varphi_r = \frac{Ml}{G\beta_2 hb^3} = \frac{Ml}{0.229Ghb^3} = 14.158\frac{Ml}{Gd^4}$$

（3）轴的最大扭转切应力及扭转变形之比为

$$\tau_{c,max} : \tau_{s,max} : \tau_{r,max} = 1 : 1.356 : 1.622$$

$$\varphi_c : \varphi_s : \varphi_r = 1 : 1.29 : 1.39$$

可见，无论是扭转强度还是扭转刚度，圆形截面轴均比正方形截面轴强，而正方形截面轴又比矩形截面轴强。

## *§4.7 薄壁杆扭转

为减轻结构重量，在航空航天等工程上常采用各种轧制型钢，如工字钢、槽钢等，同时也常使用薄壁管状杆件，这类杆件的壁厚远小于截面的其他两个尺寸，称为**薄壁杆件**。薄壁杆横截面的壁厚平分线，称为**截面中心线**。截面中心线为封闭曲线的薄壁杆，称为**闭口薄壁杆**；截面中心线为非封闭曲线的薄壁杆，称为**开口薄壁杆**。本节讨论闭口薄壁杆和开口薄壁杆的自由扭转。

### 一、闭口薄壁杆的扭转应力

关于闭口薄壁杆，仅讨论横截面只有内外两个边界的单孔管状杆件，壁厚沿截面中心线可以变化，且杆件的内外表面无轴向剪切载荷。在此情况下，闭口薄壁杆的扭转切应力分布与薄壁圆管的扭转切应力分布类似，一般可以作如下假设：横截面上各点处的扭转切应力沿壁厚均匀分布，其方向则平行于该壁厚处的周边切线或截面中心线的切线。下面根据此假设，结合静

力学条件确定扭转切应力沿截面中心线的变化规律。

设自由扭转闭口薄壁杆横截面上扭矩为 $T$,如图 4.21a 所示。用相距 $dx$ 的两个横截面以及垂直于截面中心线的任意两个纵截面,从薄壁杆切取一部分 abcd,如图 4.21b 所示。设横截面上点 $a$ 处的壁厚为 $\delta_1$,切应力为 $\tau_1$;点 $b$ 处的壁厚为 $\delta_2$,切应力为 $\tau_2$。则根据切应力互等定理可知,纵截面 ad 与 bc 上的切应力也分别等于 $\tau_1$ 和 $\tau_2$,由于考虑自由扭转,横截面上没有正应力,因此由单元体的轴向平衡方程

$$\tau_1\delta_1 dx - \tau_2\delta_2 dx = 0$$

得

$$\tau_1\delta_1 = \tau_2\delta_2$$

在以上取单元体过程中,由于 $a$、$b$ 两点是任取的,可见在横截面上任意点,切应力与壁厚的乘积不变,即

$$\tau\delta = C \tag{4.31}$$

其中,$C$ 为常数;乘积 $\tau\delta$ 称为**剪流**,代表沿截面中心线单位长度上的剪力。由此可见,当闭口薄壁截面杆扭转时,截面中心线上各点处的剪流数值相同,且同一截面上,厚度越小处,切应力越大。这一关系也确定了切应力沿中心线的分布规律。

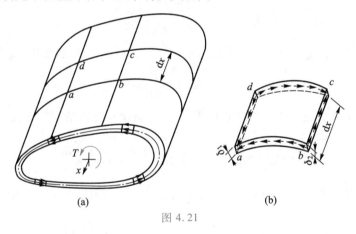

图 4.21

在截面中心线上取微分长度 $ds$,那么在 $ds$ 上作用的微剪力等于剪流与 $ds$ 的乘积,即 $\tau\delta ds$ (图 4.22a),它对截面内任一点 $O$ 的微内力矩为

$$dT = \rho\tau\delta ds$$

其中,$\rho$ 为 $O$ 点到 $ds$ 段截面中心线切线的垂直距离。则由静力平衡关系有

$$T = \oint \rho\tau\delta ds = \tau\delta\oint \rho ds$$

由图 4.22a 中几何关系可知,$\rho ds$ 等于阴影部分面积的 2 倍,因此,$\oint \rho ds = 2\Omega$,其中,$\Omega$ 为截面中心线所围的面积(图 4.22b),从而有

$$T = 2\tau\delta\Omega$$

进而

$$\tau = \frac{T}{2\delta\Omega} \tag{4.32}$$

截面上的最大切应力发生在截面最薄处,设该处厚度为 $\delta_{\min}$,则最大切应力为

$$\tau_{\max} = \frac{T}{2\Omega\delta_{\min}} \tag{4.33}$$

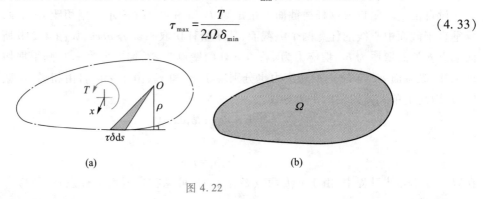

图 4.22

## 二、闭口薄壁杆的扭转变形

设自由扭转闭口薄壁杆横截面上任意点处切应力为 $\tau$,则该点应变能密度为

$$v_\varepsilon = \frac{\tau^2}{2G}$$

在杆件内取轴向长度为 $\mathrm{d}x$、厚度为 $\delta$、沿截面中心线长度为 $\mathrm{d}s$ 的微体,其应变能为

$$\mathrm{d}V_\varepsilon = v_\varepsilon\delta\mathrm{d}s\mathrm{d}x = \frac{\tau^2}{2G}\delta\mathrm{d}s\mathrm{d}x$$

将式(4.32)代入上式并在整个杆件体积内积分,则得整个杆件内的应变能为

$$V_\varepsilon = \int_l\oint\frac{\tau^2}{2G}\delta\mathrm{d}s\mathrm{d}x = l\oint\frac{\tau^2}{2G}\delta\mathrm{d}s = \frac{T^2 l}{8\Omega^2 G}\oint\frac{1}{\delta}\mathrm{d}s$$

设薄壁杆的扭转角为 $\varphi$,则在线弹性范围内,扭矩 $T$ 所做的功为 $W = \frac{1}{2}T\varphi$,则由能量守恒定律可知

$$\frac{T\varphi}{2} = \frac{T^2 l}{2GI_t}$$

其中,$I_t = \dfrac{4\Omega^2}{\oint\dfrac{\mathrm{d}s}{\delta}}$。由此可得

$$\varphi = \frac{Tl}{GI_t} \tag{4.34}$$

## 三、开口薄壁杆的扭转

与狭长矩形截面杆的扭转切应力相似,一般开口薄壁杆件扭转切应力的分布如图 4.23 所示,切应力沿周边形成"环流"。其最大切应力和扭转变形的计算可以借助狭长矩形的计算公

式,此时只需将开口薄壁截面看成各狭长矩形的组合即可。如设开口薄壁截面由 $n$ 个狭长矩形组成,而每一狭长矩形的长度和厚度分别为 $h_i$ 和 $\delta_i$,那么其最大切应力和扭转变形为

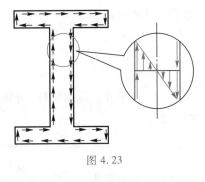

$$\tau_{\max} = \frac{3T\delta_{\max}}{\sum\limits_{i=1}^{n} h_i \delta_i^3} \quad (4.35)$$

$$\varphi = \frac{3Tl}{G \sum\limits_{i=1}^{n} h_i \delta_i^3} \quad (4.36)$$

图 4.23

由于截面中心线两侧对称位置处的微剪力 $\tau\mathrm{d}A$ 形成微力偶,因此开口截面也能抗扭。但由于 $\tau\mathrm{d}A$ 之间的力偶臂很小,因此,开口薄壁结构抗扭性能差,截面易产生翘曲,一般不作为抗扭构件。如果实在必要时,一般要采取局部加强措施,如图 4.24 所示,以加强其强度和刚度。

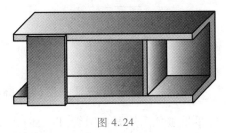

图 4.24

**例 4.8** 图 4.25 所示为相同尺寸的闭口钢管和开口钢管,承受相同扭矩 $T$。设平均直径为 $d$,壁厚为 $t$,试比较两者的强度与刚度。

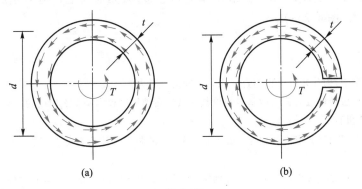

图 4.25

**解**:(1) 对闭口薄壁圆环,其截面中线围的面积 $A = \dfrac{\pi d^4}{4}$,中线长度 $s = \pi d$,$I_t = \dfrac{4A^2 t}{s}$,则最大扭转切应力为

$$\tau_{a,\max} = \frac{T}{2At} = \frac{T}{2\dfrac{\pi d^2}{4}t} = \frac{2T}{\pi d^2 t}$$

单位长度扭转角为

$$\varphi_a = \frac{T\pi d}{4G\left(\dfrac{\pi d^2}{4}\right)t} = \frac{4T}{G\pi d^3 t}$$

（2）对于开口薄壁圆环，可将其展成一长度为 $h = \pi d$、宽度为 $t$ 的狭长矩形，则最大扭转切应力为

$$\tau_{b,max} = \frac{3T}{\pi dt^2}$$

单位长度扭转角为

$$\varphi_b = \frac{3T}{\pi Gdt^3}$$

（3）开口钢管和闭口钢管的最大扭转切应力和单位长度扭转角之比为

$$\frac{\tau_{b,max}}{\tau_{a,max}} = \frac{3d}{2t}$$

$$\frac{\varphi_b}{\varphi_a} = \frac{3}{4}\left(\frac{d}{t}\right)^2$$

若 $d = 10t$，则 $\dfrac{\tau_{b,max}}{\tau_{a,max}} = 15$，$\dfrac{\varphi_b}{\varphi_a} = 75$。可见，无论是强度还是刚度，开口截面圆管都比闭口截面圆管弱得多，故工程中的受扭杆件应尽量避免采用开口圆管，以及防止闭口圆管产生裂缝。这两种截面在扭转强度和扭转刚度上相差如此之大，原因在于截面上的切应力分布不同。在开口截面上，中心线两侧的切应力方向相反，微元面积上切应力组成的微内力形成力偶时力臂极小（图 4.25b），而在闭口截面上，切应力沿壁厚均匀分布，微元面积上切应力组成的微内力对截面中心的力臂较大（图 4.25a）。

 **思考题**

4.1　在变速箱中，为什么低速轴的直径比高速轴的直径大？

4.2　推导圆轴扭转切应力公式的基本假设是什么？在推导过程中是怎么应用的？它们为什么不能应用于非圆截面杆的扭转？

4.3　横截面面积相同的空心圆轴与实心圆轴，哪一个的强度和刚度较好？工程中一般为什么使用实心轴较多？

4.4　等截面圆轴上同时作用有多个扭力偶矩，则最大扭力偶矩作用的截面是危险截面，此话对否？为什么？

4.5　低碳钢圆试件受扭时，由切应力互等定理可知其每点在纵、横截面上所受的切应力相等。为什么试样总是沿横截面被剪断？

4.6　为提高圆轴的抗扭刚度，有人建议采用以下几种做法：（1）采用优质钢代替普通钢；（2）增大轴的直径；（3）用空心轴代替实心轴。试分析哪些做法较为合理。

### 习题

4.1 试画出图示各轴的扭矩图,并指出最大扭矩值。

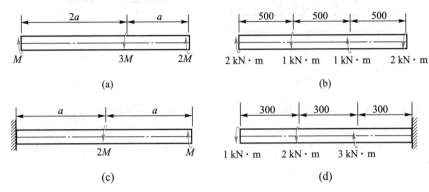

(a)

(b)

(c)

(d)

题 4.1 图

4.2 图示钻探机的转速 $n = 180$ r/min,输入功率为 $P = 10$ kW,钻杆深入土层的深度 $l = 40$ m。设土层对钻杆的阻力偶矩沿钻杆均匀分布,其集度为 $m$。试画钻杆的扭矩图。

4.3 直径为 50 mm 的圆轴,受到扭矩 $T = 2$ kN·m 的作用。试求距轴心 20 mm 处的切应力,并求轴横截面上的最大切应力。

4.4 外径为 60 mm、内径为 40 mm 的圆轴,受到扭矩 $T = 2$ kN·m 的作用。试求距轴心 25 mm 处的切应力,并求轴横截面上的最大和最小切应力。

4.5 从直径为 300 mm 的实心轴中镗出一个直径为 150 mm 的通孔而成为空心轴,试问最大切应力增大了百分之几?

4.6 图示直径为 $d$ 的圆截面轴受到扭矩 $T$ 作用,其材料的 $\tau$-$\gamma$ 关系可用 $\tau = C\gamma^{1/m}$ 表示,式中的 $C$ 与 $m$ 为由试验测定的已知常数。试建立扭转切应力公式,并画横截面上的切应力分布图。

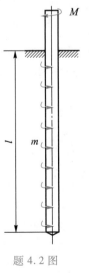

题 4.2 图

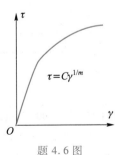

题 4.6 图

4.7 在图 a 所示圆轴内,用横截面 $ABC$、$DEF$ 与径向纵截面 $ADFC$ 切出单元体 $ABCDEF$(图 b)。试绘截面 $ABC$、$DEF$ 与 $ADFC$ 上的应力分布图,并说明该单元体是如何平衡的。

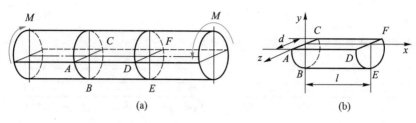

题 4.7 图

4.8    图示等圆截面杆上承受的扭矩为 $T$。试求 1/4 截面上(图中阴影部分)内力系合力的大小、方向和作用点。

4.9    发电量为 15 000 kW 的水轮机主轴如图所示。$D = 550$ mm,$d = 300$ mm,正常转速 $n = 250$ r/min。材料的许用切应力 $[\tau] = 50$ MPa。试校核水轮机主轴的强度。

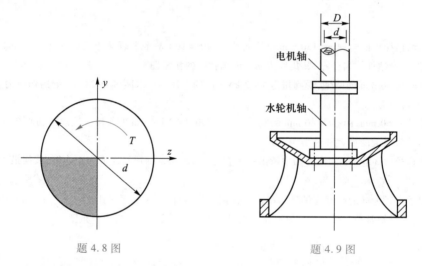

题 4.8 图                                题 4.9 图

4.10    图示阶梯形圆轴,$AB$ 段为实心部分,直径 $d_1 = 40$ mm;$BC$ 段为空心部分,内径 $d = 50$ mm,外径 $D = 60$ mm。扭力偶矩 $M_A = 0.8$ kN·m,$M_B = 1.8$ kN·m,$M_C = 1$ kN·m。已知材料的许用切应力为 $[\tau] = 80$ MPa,试校核轴的强度。

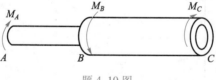

题 4.10 图

4.11    图示某传动轴,转速 $n = 300$ r/min,轮 1 为主动轮,输入功率 $P_1 = 50$ kW,轮 2、轮 3 与轮 4 为从动轮,输出功率分别为 $P_2 = 10$ kW,$P_3 = P_4 = 20$ kW。

(1)试画轴的扭矩图,并求轴的最大扭矩。

(2)若许用切应力 $[\tau] = 80$ MPa,试确定轴径 $d$。

(3)若将轮 1 与轮 3 的位置对调,轴的最大扭矩变为何值?

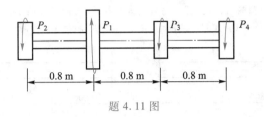

题 4.11 图

4.12　直径 $D = 100$ mm 的轴，由两段连接而成，连接处加凸缘，并在 $D_0 = 200$ mm 的圆周上布置 8 个螺栓紧固，如图所示。已知轴在扭转时的最大切应力为 70 MPa，螺栓的许用切应力 $[\tau] = 60$ MPa，试求螺栓所需直径 $d$。

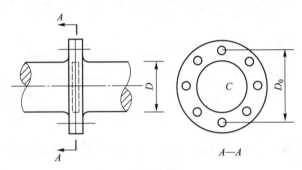

题 4.12 图

4.13　圆柱螺旋弹簧由直径 $d = 3.7$ mm 的钢丝绕成，弹簧中径 $D = 38$ mm，许用切应力 $[\tau] = 400$ MPa。试求弹簧的轴向许用载荷。

4.14　材料相同的一根空心圆轴（内外径之比为 $\alpha$）和一根实心圆轴，它们的横截面面积相同，承受的扭矩也相同。试分别比较这两根轴的最大切应力和单位长度扭转角。

4.15　一电机轴的直径 $d = 40$ mm，转速 $n = 1\,400$ r/min，功率为 30 kW，剪切模量 $G = 80$ GPa。试求此轴的最大切应力和单位长度扭转角。

4.16　某圆截面钢轴，转速 $n = 250$ r/min，所传功率 $P = 60$ kW，许用切应力 $[\tau] = 40$ MPa，单位长度的许用扭转角 $[\theta] = 0.8(°)/m$，剪切模量 $G = 80$ GPa。试确定轴径。

4.17　某汽车传动的万向轴是由无缝钢管制成，内外径分别为 85 mm 和 90 mm，传递的最大扭矩为 1 500 N·m。已知许用切应力 $[\tau] = 60$ MPa，单位长度的许用扭转角 $[\theta] = 2(°)/m$。剪切模量 $G = 80$ GPa。试校核此轴的强度与刚度。

4.18　一实心圆钢轴，直径 $d = 100$ mm，受外力偶矩 $M_1$ 和 $M_2$ 作用，如图所示。若轴的许用切应力 $[\tau] = 80$ MPa；900 mm 长度内的许用扭转角 $[\varphi] = 0.014$ rad，试求极限情况下 $M_1$ 和 $M_2$ 的取值。已知 $G = 80$ GPa。

4.19　图示等截面圆轴两端固定，离右端为 $a$ 的截面处作用有扭力偶矩 $M = 12$ kN·m，轴的直径为 80 mm。试求轴内最大切应力。

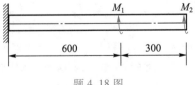

题 4.18 图

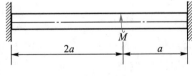

题 4.19 图

4.20　图示两等截面圆轴两端固定,各作用有两大小相等、方向如图所示的扭力偶矩 $M=8$ kN·m,轴的直径为 100 mm,剪切模量 $G=80$ GPa。试分别求图 a、图 b 两种情况下支座反力偶及中间截面处的转角。

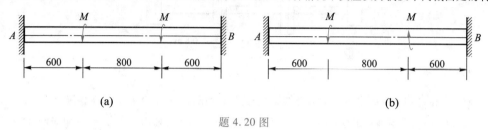

(a)　　　　　　　　　　　　　　(b)

题 4.20 图

4.21　图示两端固定的阶梯圆轴,承受扭力偶矩 $M$ 作用。为使轴的重量最轻,试确定轴径 $d_1$ 与 $d_2$。已知许用切应力为 $[\tau]$。

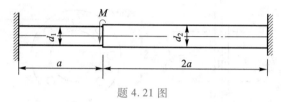

题 4.21 图

4.22　图示两圆截面轴两端固定,$m$ 为分布力偶矩的集度,试求支座反力偶矩。设扭转刚度 $GI_p$ 为常数。

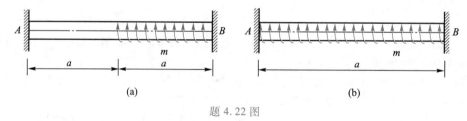

(a)　　　　　　　　　　　　　　(b)

题 4.22 图

4.23　图示两端固定的阶梯圆杆 $AB$,在 $C$ 截面处受一扭力偶矩 $M$ 作用。试导出使两端约束力偶矩数值上相等时 $a/l$ 的表达式。

4.24　图示圆轴一段为实心,一段为空心,两端固定,受扭力偶矩 $M_1$ 和 $M_2$ 作用,外径 $D=20$ cm,空心段内径 $d=12$ cm,$a=20$ cm,$b=30$ cm,$c=80$ cm。欲使固定端处的支座反力偶矩 $M_A$ 和 $M_B$ 的大小及方向均相同,试问 $M_1$ 与 $M_2$ 应取怎样的比值?

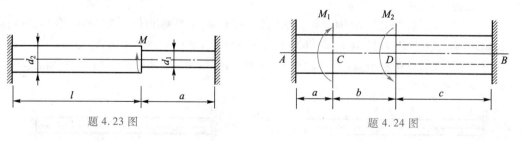

题 4.23 图　　　　　　　　　　　题 4.24 图

4.25　有①、②两根钢管,其外径和内径分别为 $D_1=40$ mm、$d_1=35$ mm 和 $D_2=30$ mm、$d_2=25$ mm,另有一实心铜杆③,直径为 $d_3=20$ mm,三杆长度相同。将此三杆同心地套在一起,且在两端用刚性平板牢固地连接在一起。现在两端钢板上施加一对扭力偶矩 $M$ 的作用,试求三杆横截面上扭矩的大小。已知钢的剪切模量是铜的剪切模量的 2.288 倍。

4.26  图示组合轴,由圆截面钢轴与铜圆管并借两端刚性平板连接成一体。该轴承受扭力偶矩 $M =$ 100 N·m 作用,试校核其强度。设钢与铜的许用切应力分别为 $[\tau_s] = 80$ MPa 与 $[\tau_c] = 20$ MPa,剪切模量分别为 $G_s = 80$ GPa 与 $G_c = 40$ GPa。

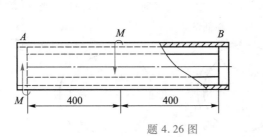

题 4.26 图

4.27  图示两端固定的圆截面杆,在截面 $B$ 上作用扭力偶矩 $M$,在截面 $C$ 上有扭转刚度为 $c$(N·m/rad) 的弹簧约束。试求两端的反作用力偶矩。

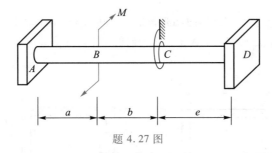

题 4.27 图

4.28  截面尺寸为 150 mm ×45 mm 的矩形截面钢轴,长度为 1 m,两端作用有 2 N·m 的扭力偶矩。(1)试求轴中的最大切应力,并指出产生于截面何处。(2)已知 $G = 80$ GPa,试求总扭转角。

4.29  图示 90 mm ×60 mm 的矩形截面轴,承受扭力偶矩 $M_1$ 与 $M_2$ 的作用,且 $M_1 = 1.6\ M_2$,已知许用应力 $[\tau] = 60$ MPa,剪切模量 $G = 80$ GPa。试求 $M_2$ 的许用值及截面 $A$ 的扭转角。

4.30  图示工字形薄壁截面杆,长度为 2 m,两端受 0.2 kN·m 的扭力偶矩作用。设 $G = 80$ GPa,试求此杆的最大切应力及杆单位长度的扭转角。

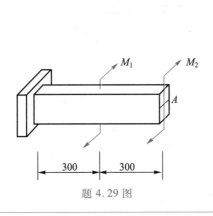

题 4.29 图

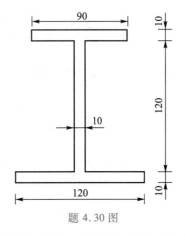

题 4.30 图

4.31　图示半椭圆形闭口薄壁杆，$a = 200$ mm，$b = 160$ mm，$\delta_1 = 3$ mm，$\delta_2 = 4$ mm，$T = 6$ kN·m。试求最大扭转切应力。

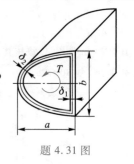

题 4.31 图

4.32　图 a 所示等厚度薄壁圆管，内、外壁的半径分别为 $R_1$ 与 $R_2$，壁厚 $\delta = R_2 - R_1$。因加工原因，圆管内壁轴线与外壁轴线间存在偏差 $e$（图 b）。若图 a、b 所示圆管的许用扭力偶矩分别为 $[T_0]$ 与 $[T]$，试建立二者间的关系式，并计算当偏差 $e = \delta/10$ 与 $e = \delta/2$ 时，许用扭力偶矩的降低量。

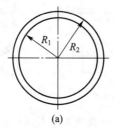
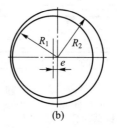

(a)　　　　　　(b)

题 4.32 图

4.33　图示两个截面尺寸完全相同的正方形薄壁管，边长 $a = 80$ mm，厚度 $t = 3$ mm，其中一个是开口的，另一个是闭口的，试确定它们在承受大小完全相同的扭矩时的最大切应力之比及单位长度扭转角之比。

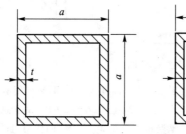
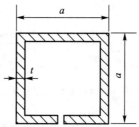

题 4.33 图

4.34　图示闭口薄壁杆件，两端固定，沿长度方向作用有均布扭力偶矩 $m$。已知许用切应力 $[\tau] = 60$ MPa，试确定 $m$ 的许用值。

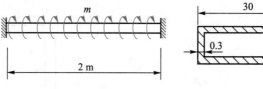

题 4.34 图

# 第五章

# 弯 曲 内 力

## §5.1 弯曲的概念和实例

在工程实际和日常生活中,常常会遇到许多发生弯曲变形的杆件。例如,楼面梁(图 5.1a)、阳台挑梁(图 5.1b)、土压力作用下的挡土墙(图 5.1c)及桥式起重机的钢梁(图 5.1d)等。这类杆件的受力特点是:在轴线平面内受到外力偶或垂直于轴线方向的力。变形特点是:杆的轴线弯曲成曲线。这种形式的变形称为**弯曲变形**。以弯曲变形为主的杆件通常称为**梁**。

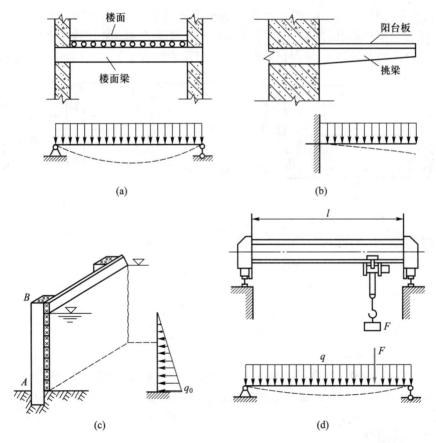

图 5.1

若梁的轴线弯曲后是一条与载荷共面的平面曲线,称为**平面弯曲**。在工程中经常使用的梁,其横截面多数具有对称轴,对称轴与梁轴线构成了梁的纵向对称平面(图 5.2a)。当所有外力均作用在该纵向对称平面内时,由对称性可知,梁的轴线必将弯曲成一条位于该对称面内的平面曲线,如图 5.2 所示,这种情形也称为**对称弯曲**。对称弯曲是工程实际中常见的一种平面弯曲。若梁不具有纵向对称面,或者梁虽具有纵向对称面但外力并不作用在纵向对称面内,一般情况下,梁将发生**非平面弯曲**。平面弯曲是弯曲问题中最简单而且最基本的情况。本章以平面弯曲为主,讨论梁横截面上的内力计算。

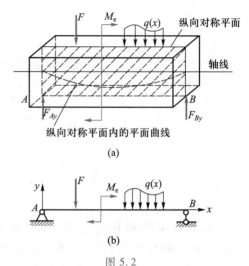

图 5.2

## §5.2 梁的计算简图

梁的支承条件和梁上作用的载荷种类有各种不同的情况,比较复杂。为了便于分析和计算,对梁应进行必要的简化,用其计算简图(图 5.3b 和图 5.4b)来代替。确定梁的计算简图时,应尽量符合梁的实际情况,在保证计算结果足够精确的前提下,尽可能使计算过程简单。

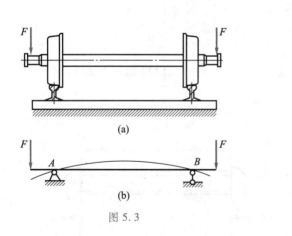

图 5.3

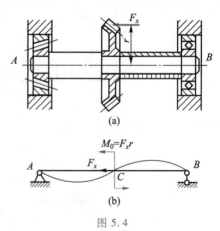

图 5.4

### 一、梁的简化

首先是梁本身的简化。由于梁的截面形状和尺寸对内力的计算并无影响,通常可用梁的轴线来代替实际的梁。例如,图 5.3a 所示的火车轮轴,在计算时就以其轴线 *AB* 来表示(图 5.3b)。

### 二、载荷的简化

作用在梁上的载荷通常可以简化为以下三种类型。

（1）集中载荷

对图 5.3a 所示的火车轮轴,车体的重量通过轴承作用于轮轴的两端,该作用力与轮轴的接触长度与轮轴的长度相比很小,可视为载荷集中作用于一点,这种载荷称为**集中载荷**,或**集中力**,如图 5.3b 所示载荷 $F$。集中载荷的单位为 N(牛)或 kN(千牛)。

（2）分布载荷

图 5.1d 所示起重机大梁的电葫芦及起吊的重物,也是集中力。但是该大梁的自重,连续地作用在整个大梁的长度上,可将其简化为**分布载荷**。这时,梁上任一点的受力用载荷集度 $q$ 表示,其单位为 kN/m 或 N/m。

（3）集中力偶

图 5.4a 所示的锥齿轮,只讨论与轴平行的集中力 $F_x$。当我们研究轴 AB 的变形时,由于该力 $F_x$ 是直接作用在齿轮上的,有必要将 $F_x$ 平移到轴上。于是,作用在锥齿轮上的力 $F_x$ 等效于一个沿梁 AB 的轴向外力 $F_x$ 和一个作用在梁 AB 纵向平面内的力偶矩 $M_0 = F_x r$ (图 5.4b)。集中力偶矩的常用单位为 N·m 或 kN·m。

### 三、约束的简化

作用在梁上的外力,除载荷外还有**支座反力**和**支座反力矩**(常简称为**支反力**和**支反力矩**),为了叙述方便,支反力和支反力矩统称为支反力。为了分析支反力,必须先对梁的约束进行简化。梁的支座按它对梁在载荷作用面内约束作用的不同,可以简化为以下三种常见的形式。

（1）活动铰支座

活动铰支座的力学模型如图 5.4b 所示支座 B。活动铰支座 B 只限制截面 B 垂直于支座支承面方向的位移。因此,支座对梁 AB 的右端仅有一个垂直于支座支撑面方向的支反力。结构中的滑动轴承、径向滚动轴承和桥梁下的滚轴支座等,都可简化为可动支座。

（2）固定铰支座

若梁在某截面处有一固定铰支座,它将限制该截面沿任意方向的位移。因此,固定铰支座有两个支反力,通常表示为沿梁轴方向和垂直方向的两个支反力。一般地,止推轴承和桥梁下的固定支座等,都可简化为固定铰支座,如图 5.4b 中的支座 A 所示。

（3）固定端

图 5.5a 表示车床上的车刀及其刀架。车刀的一端用螺钉压紧固定于刀架上,使车刀压紧部分对刀架既不能有相对的移动,也不能有相对的转动,这种约束即可简化为固定端支座,如图 5.5b 中梁 AB 的 B 端所示。固定端的约束力为一个支反力矩和一对相互垂直的支反力。

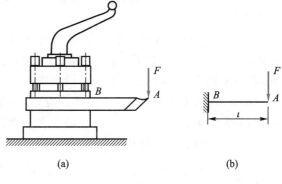

(a)　　　　　　　　(b)

图 5.5

### 四、梁的类型

经过对梁的载荷和支座的简化,便可以得到梁的计算简图。若梁的全部支反力可以用其平衡条件求出,这种梁称为**静定梁**。静定梁一般有三种基本形式。

（1）简支梁

梁的两端分别由一个固定铰支座和一个活动铰支座支承的梁称为**简支梁**,如图 5.2b 和图 5.4b 所示的梁 $AB$。

（2）外伸梁

梁由一个固定铰支座和一个活动铰支座支承,梁的一端或两端伸出支座外的梁称为**外伸梁**,如图 5.3b 所示的火车轮轴。梁在两支座之间的长度称为跨度。

（3）悬臂梁

梁的一端为固定端支座,另一端为自由端的梁称为**悬臂梁**,如图 5.5b 所示的车刀 $AB$。

梁的支反力不能完全由其平衡条件确定的梁,称为**静不定梁**。必须强调指出,梁的静定与否是根据梁的计算简图分析支反力而定的,而梁的简化,应尽量符合梁的实际受力情况。如图 5.3a 所示的火车轮轴和图 5.1d 所示的起重机大梁,工作时这些梁如向左或向右偏移,总会有一端的轨道能起到阻碍梁偏移的作用。因此,可将梁两端的约束简化为一个固定铰支座和一个活动铰支座。但若机械地认为梁的两端都是轨道,应全部简化为固定铰支座,则这些梁就是静不定梁了。不但在进行受力分析时比静定梁复杂,更主要的是,这种简化和梁的实际受力情况不相符合,分析时会带来很大的误差。

## §5.3　剪力和弯矩

梁的强度和刚度分析,在材料力学中占有重要的地位。而进行梁的强度和刚度分析,必须首先了解梁上各截面的内力情况。

### 一、截面法求梁的内力

当作用在梁上的全部外力(包括载荷和支反力)均为已知时,任一横截面上的内力可由截面法确定。

现以图 5.6a 所示的简支梁为例。首先由平衡方程求出约束力 $F_A$ 和 $F_B$。取点 $A$ 为坐标轴 $x$ 的原点,根据求内力的截面法,可计算任一横截面 $m-m$ 上的内力。基本步骤为:①用假想的截面 $m-m$ 把梁截为两段,取其中一段为研究对象;②画出所取研究对象的受力图;③由研究对象的平衡方程,求出截面内力。具体分析如下:假如取左段为研究对象。根据物体系统平衡的原理,梁整体平衡,取出一部分也应满足平衡条件。因此,若左段满足平衡条件,$m-m$ 截面内一定存在竖向内力 $F_S$ 与外力 $F_A$ 平衡,由平衡方程

$$\sum F_y = 0, \quad F_A - F_S = 0$$

可得

$$F_S = F_A \tag{a}$$

内力 $F_S$ 称为截面的**剪力**。另外,由于 $F_A$ 与 $F_S$ 构成一力偶,因而,可断定 $m$-$m$ 截面内一定存在一个与其平衡的内力偶,对 $m$-$m$ 截面的形心 $C$ 取矩,建立平衡方程

$$\sum M_C = 0, \quad M - F_A x = 0$$

可得

$$M = F_A x \tag{b}$$

内力偶矩 $M$,称为截面的**弯矩**。由此可以确定,梁弯曲时截面内力有两项——剪力和弯矩。

根据作用与反作用原理,如取右段为研究对象,用相同的方法也可以求得 $m$-$m$ 截面上的内力。但要注意,其数值与式(a)和式(b)中的内力相等,但方向和转向却与其相反,如图 5.6c 所示。

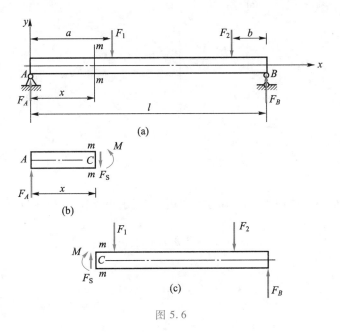

图 5.6

## 二、梁内力的符号

为了使取左段梁或右段梁所计算的同一截面上的内力,不仅可以数值上相等,而且正负号也相同,先对剪力、弯矩的符号做如下规定:截面上的剪力相对所取的研究对象上任一点均产生顺时针转动趋势,这样的剪力为正的剪力(图 5.7a),反之为负的剪力(图 5.7b);截面上的弯矩使得所取研究对象下部受拉为正(图 5.7c),反之为负(图 5.7d)。

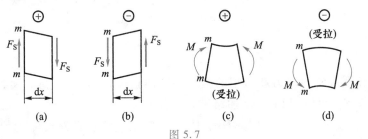

图 5.7

　　**例 5.1**　梁的计算简图如图 5.8a 所示。已知 $F_1$、$F_2$，且 $F_2>F_1$，以及尺寸 $a$、$b$、$l$、$c$ 和 $d$。试求梁在点 $E$、$F$ 处横截面上的剪力和弯矩。

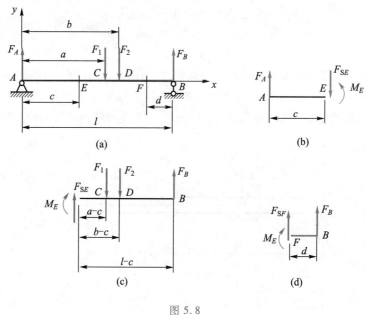

图 5.8

　　**解：**为求梁横截面上的内力——剪力和弯矩，首先求出支反力 $F_A$ 和 $F_B$（图 5.8a）。由平衡方程

$$\sum M_A = 0, \quad F_B l - F_1 a - F_2 b = 0$$

和

$$\sum M_B = 0, \quad -F_A l + F_1(l-a) + F_2(l-b) = 0$$

解得

$$F_A = \frac{F_1(l-a) + F_2(l-b)}{l}, \quad F_B = \frac{F_1 a + F_2 b}{l}$$

　　当计算横截面 $E$ 上的剪力 $F_{SE}$ 和弯矩 $M_E$ 时，将梁沿横截面 $E$ 假想地截开，研究其左段梁，并假定 $F_{SE}$ 和 $M_E$ 均为正向，如图 5.8b 所示。由梁段的平衡方程

$$\sum F_y = 0, \quad F_A - F_{SE} = 0$$

可得

$$F_{SE} = F_A$$

由

$$\sum M_E = 0, \quad M_E - F_A c = 0$$

可得

$$M_E = F_A c$$

　　结果为正，说明假定的剪力和弯矩的指向和转向正确，即均为正值。读者可以从右段梁（图 5.8c）来计算 $F_{SE}$ 和 $M_E$ 以验算上述结果。

　　计算横截面 $F$ 上的剪力 $F_{SF}$ 和弯矩 $M_F$ 时，将梁沿横截面 $F$ 假想地截开，研究其右段梁，并

假定 $F_{SF}$ 和 $M_F$ 均为正向,如图 5.8d 所示。由平衡方程

$$\sum F_y = 0, \quad F_{SF} + F_B = 0$$

可得

$$F_{SF} = -F_B$$

由

$$\sum M_F = 0, \quad -M_F + F_B d = 0$$

可得

$$M_F = F_B d$$

$F_{SF}$ 结果为负,说明与假定的指向相反;$M_F$ 结果为正,说明假定的转向正确。将 $F_A$ 和 $F_B$ 代入上述各式即可确定 $E$、$F$ 截面的内力值。

### 三、求指定截面内力的简便方法

由例 5.1 可以看出,由截面法算得的某一截面内力,实际上可以由截面一侧的梁段上外力(包括已知外力或外力偶及支反力)确定。因此,可以得到如下求指定截面内力的简便方法。

任一截面的剪力等于该截面一侧所有外力在梁轴垂线上投影的代数和,即

$$F_S = \sum_{i=1}^{n} F_i \tag{c}$$

任一截面的弯矩等于该截面一侧所有外力和力偶对该截面形心之矩的代数和,即

$$M = \sum_{i=1}^{n} M_i \tag{d}$$

需要指出:代数和中外力或力矩(力偶矩)的正负号与剪力和弯矩的正负号规定一致。如例 5.1 中 $F_{SE}$ 可直接写成截面 $E$ 左侧竖向外力代数和,即 $F_{SE} = F_A$,之所以 $F_{SE}$ 是正的,是因为 $F_A$ 对截面 $E$ 产生顺时针转动,故为正值。同样截面 $E$ 左侧梁段上所有力或力偶对截面 $E$ 形心矩的代数和为 $M_E = F_A c$,$M_E$ 是正的,是因为左侧梁段上 $F_A$ 对截面 $E$ 形心的力矩使得左侧梁段下部受拉,故为正值。可见,如果取梁某截面左侧的梁段为研究对象,则向上的力和顺时针转向的力偶在该截面处引起的剪力和弯矩均为正值,向下的力和逆时针转向的力偶在该截面处引起的剪力和弯矩均为负值。

从上述分析可以看出,简便方法求内力的优点是无须切开截面、取研究对象、进行受力分析以及列出平衡方程,而可以根据截面一侧梁段上的外力直接写出截面的剪力和弯矩。这种方法大大简化了求内力的计算步骤,但要特别注意代数和中外力或力(力偶)矩的正负号。下面通过例题来熟悉简便方法。

例 5.2 如图 5.9 所示为一在整个长度上受线性分布载荷作用的悬臂梁。已知最大载荷集度 $q_0$,几何尺寸如图所示。试求点 $C$ 处横截面上的剪力和弯矩。

解:当求悬臂梁横截面上的内力时,若取包含自由端的截面一侧的梁段来计算,则不必求

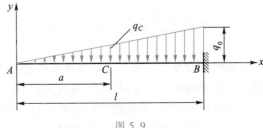

图 5.9

出支反力。用求内力的简便方法,可直接写出横截面 $C$ 上的剪力 $F_{SC}$ 和弯矩 $M_C$。

$$F_{SC} = \sum_{i=1}^{n} F_i = -\frac{q_C}{2}a$$

$$M_C = -\frac{q_C}{2}a \times \frac{1}{3}a = -\frac{q_C}{6}a^2$$

由三角形比例关系,可得 $q_C = \frac{a}{l}q_0$,则

$$F_{SC} = -\frac{q_0 a^2}{2l}$$

$$M_C = -\frac{q_0 a^3}{6l}$$

可见,简便方法求内力,计算过程非常简单。

## §5.4 剪力方程和弯矩方程 剪力图和弯矩图

通过弯曲内力的分析可以看出,在一般情况下,梁的横截面上的剪力和弯矩是随横截面的位置而变化的。设横截面的位置用其沿梁轴线 $x$ 上的坐标表示,则梁的各个横截面上的剪力和弯矩可以表示为坐标 $x$ 的函数,即

$$F_s = F_s(x)$$

$$M = M(x)$$

它们分别称为**剪力方程**和**弯矩方程**。在建立剪力方程和弯矩方程时,一般是以梁的左端为坐标 $x$ 的原点。有时,为了方便计算,也可将坐标 $x$ 的原点取在梁的右端或梁的其他位置。

在工程实际中,为了简明而直观地表明梁的各截面上剪力 $F_s$ 和弯矩 $M$ 的大小变化情况,需要绘制剪力图和弯矩图。可仿照轴力图或扭矩图的作法,以截面沿梁轴线的位置为横坐标 $x$,以截面上的剪力 $F_s$ 或弯矩 $M$ 数值为对应的纵坐标,选定比例尺绘制剪力图和弯矩图。对水平梁,绘图时将正值的剪力画在 $x$ 轴的上方;至于弯矩,则画在梁的受压一侧,也就是正值的弯矩画在 $x$ 轴的上方。

由剪力方程和弯矩方程,特别是根据剪力图和弯矩图,可以确定梁的剪力和弯矩的最大值,以及最大剪力和弯矩所在的截面,这些截面称为危险截面。因此,剪力方程和弯矩方程,以及剪力图和弯矩图是梁的强度计算和刚度计算的重要依据。下面介绍作剪力图和弯矩图的两种方法。

### 一、按内力方程作内力图

按照内力方程作内力图是绘制梁剪力图和弯矩图的基本方法。首先根据截面法分别写出梁的剪力方程和弯矩方程,然后由剪力方程、弯矩方程可以判断内力图的形状,进而通过确定几个截面的内力值,即可绘出内力图。这也是数学中作函数 $y = f(x)$ 的图形所用的方法。

下面通过例题说明用剪力方程和弯矩方程绘制剪力图和弯矩图的方法。

**例5.3** 如图5.10a所示的悬臂梁,自由端处受一集中载荷 $F$ 作用。试作梁的剪力图和弯矩图。

**解:**为计算方便,将坐标原点取在梁的右端。利用求内力的简便方法,考虑任意截面 $x$ 的右侧梁段,则可写出任意横截面上的剪力和弯矩方程

$$F_S(x) = F, \quad 0 < x < l \qquad (a)$$

$$M(x) = -Fx, \quad 0 \leqslant x < l \qquad (b)$$

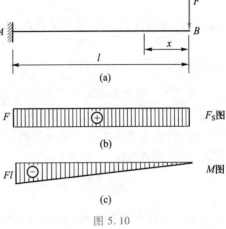

由式(a)可见,剪力图与 $x$ 无关,是常值,即水平直线,只需确定线上一点,如 $x=0$ 处,$F_S=F$,即可画出剪力图(图5.10b)。

由式(b)可知,弯矩是 $x$ 的一次函数,弯矩图是一条斜直线,因此,只需确定线上两点,如 $x=0$ 处,$M=0$,$x=l$ 处,$M=-Fl$,即可绘出弯矩图(图5.10c)。

图5.10

**例5.4** 如图5.11a所示的简支梁,在全梁上受集度为 $q$ 的均布载荷作用。试作梁的剪力图和弯矩图。

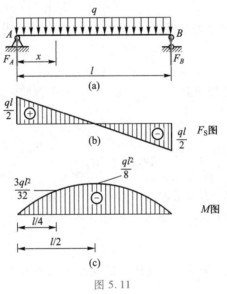

图5.11

**解:**对于简支梁,需先计算其支反力。由于载荷及支反力均对称于梁跨的中点,因此,两支反力(图5.11a)相等

$$F_A = F_B = \frac{ql}{2}$$

任意横截面 $x$ 处的剪力和弯矩方程可写成

$$F_S(x) = F_A - qx = \frac{ql}{2} - qx, \quad 0 < x < l$$

$$M(x) = F_A x - qx \times \frac{x}{2} = \frac{qlx}{2} - \frac{qx^2}{2}, \quad 0 \leqslant x \leqslant l$$

由上式可知,剪力图为直线,弯矩图为抛物线。仿照例5.3中的绘图过程,即可绘出剪力图和弯矩图(图5.11b和图5.11c)。直线确定线上两点,而抛物线需要确定三个点以上。

由内力图可见,梁在跨中横截面上的弯矩值为最大,$M_{max} = \dfrac{ql^2}{8}$,而该截面上的剪力$F_S = 0$;两支座内侧横截面上的剪力值为最大,$|F_S|_{max} = \dfrac{ql}{2}$。

**例5.5** 如图5.12a所示的简支梁在点$C$处受集中载荷$F$作用。试作梁的剪力图和弯矩图。

**解:**首先由平衡方程$\sum M_B = 0$和$\sum M_A = 0$分别算得支反力(图5.12a)

$$F_A = \frac{Fb}{l}, \quad F_B = \frac{Fa}{l}$$

由于梁在点$C$处有集中载荷$F$的作用,显然,在集中载荷两侧的梁段,其剪力和弯矩方程均不相同,故需将梁分为$AC$和$CB$两段,分别写出其剪力和弯矩方程。

对于梁$AC$段,其剪力和弯矩方程为

$$F_S(x) = F_A, \quad 0 < x < a \tag{a}$$
$$M(x) = F_A x, \quad 0 \leqslant x \leqslant a \tag{b}$$

对于梁$CB$段,剪力和弯矩方程为

$$F_S(x) = F_A - F = -\frac{F(l-b)}{l} = -\frac{Fa}{l}, \quad a < x < l \tag{c}$$

$$M(x) = F_A x - F(x-a) = \frac{Fa}{l}(l-x), \quad a \leqslant x \leqslant l \tag{d}$$

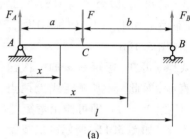

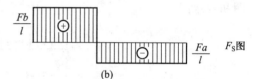

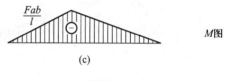

图5.12

由(a)、(c)两式可知,左、右两梁段的剪力图各为一条平行于$x$轴的直线。由(b)、(d)两式可知,左、右两段的弯矩图各为一条斜线。根据这些方程绘出的剪力图和弯矩图如图5.12b和图5.12c所示。

由图可见,在$b > a$的情况下,梁$AC$段任一横截面上的剪力值为最大,$|F_S|_{max} = \dfrac{Fb}{l}$;而集中载荷作用处横截面上的弯矩为最大,$M_{max} = \dfrac{Fab}{l}$;在集中载荷作用处左、右两侧截面上的剪力值不相等。

**例5.6** 图5.13a所示的简支梁在点$C$处受矩为$M_e$的集中力偶作用。试作梁的剪力图和弯矩图。

**解:**由于梁上只有一个外力偶作用,因此与之平衡的约束力也一定构成一反力偶,即$A$、$B$处的约束力为

$$F_A = \frac{M_e}{l}, \quad F_B = \frac{M_e}{l}$$

由于力偶不影响剪力,故全梁可由一个剪力方程表示,即

$$F_S(x) = F_A = \frac{M_e}{l}, \quad 0 < x < l \tag{a}$$

而弯矩则要分段建立。

AC 段:

$$M(x) = F_A = \frac{M_e}{l}x, \quad 0 \leq x < a \tag{b}$$

CB 段:

$$M(x) = F_A x - M_e = -\frac{M_e}{l}(l-x), \quad a < x \leq l \tag{c}$$

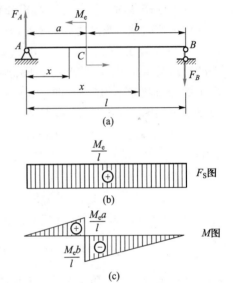

图 5.13

由式(a)可知,整个梁的剪力图是一条平行于 $x$ 轴的直线。由(b)、(c)两式可知,左、右两梁段的弯矩图各为一条斜线。根据各方程的适用范围,可分别绘出梁的剪力图和弯矩图(图 5.13b 和图 5.13c)。由图可见,在集中力偶作用处左、右两侧截面上的弯矩值有突变。若 $b > a$,则最大弯矩发生在集中力偶作用处的右侧横截面上, $M_{max} = \frac{M_e b}{l}$ (负值)。

由以上各例题所求得的剪力图和弯矩图,可以归纳出如下规律:

(1)在集中力或集中力偶作用处,梁的内力方程应分段建立。推广而言,在梁上外力不连续处(即在集中力、集中力偶作用处和分布载荷开始或结束处),梁的弯矩方程和弯矩图应该分段。

(2)在梁上集中力作用处,剪力图有突变,若从左向右画图,则遇到向上的集中力时,剪力图向上突变;在梁上受集中力偶作用处,弯矩图有突变,若从左向右画图,则遇到顺时针方向的集中力偶时,弯矩图向上突变。剪力(弯矩)的突变值等于左、右两侧剪力(弯矩)代数差的绝对值,并且突变值等于突变截面上所受的外力(集中力或集中力偶)值。

如例 5.5 中图 5.12b 所示,在集中力作用的截面 $C$ 为剪力的突变截面,该截面剪力的突变值 $= \left| \frac{Fb}{l} - \left( -\frac{Fa}{l} \right) \right| = |F|$;又如例 5.6 中图 5.13c 所示,在集中力偶作用的截面 $C$ 为弯矩的突变截面,该截面弯矩的突变值 $= \left| \frac{M_e a}{l} - \left( -\frac{M_e b}{l} \right) \right| = |M_e|$。

(3)集中力作用截面处弯矩图上有尖角;集中力偶作用截面处剪力图无变化。

(4)全梁的最大剪力和最大弯矩可能发生在全梁或各段梁的边界截面,或极值点的截面处。

## 二、利用剪力、弯矩与载荷间的微分关系作内力图

利用剪力、弯矩与载荷间的微分关系可以更方便快捷地作内力图。这三者之间的关系在

上述例题中已经可以看到。如例5.3的图5.10中,$AB$段内载荷为零,则剪力图是水平线,弯矩图是一斜线;而在例5.4的图5.11中,$AB$段内的载荷集度$q(x)$为常数,则对应的剪力图就是斜线,而弯矩图则是二次曲线。由此可以推断,载荷、剪力及弯矩三者之间一定存在着必然联系。下面具体推导出这三者间的关系。

(1) $q(x)$、$F_s(x)$和$M(x)$间的关系

设梁受载荷作用如图5.14a所示,建立坐标系如图所示,并规定:分布载荷的集度$q(x)$向上为正,向下为负。在有分布载荷的梁段上取一微段$dx$,设坐标为$x$处横截面上的剪力和弯矩分别为$F_s(x)$和$M(x)$,该处的载荷集度为$q(x)$,在$x+dx$处横截面上的剪力和弯矩分别为$F_s(x)+dF_s(x)$和$M(x)+dM(x)$。又由于$dx$是微小的一段,所以可认为$dx$段上的分布载荷是均匀的,即$q(x)$等于常值,则$dx$段梁受力如图5.14b所示,根据平衡方程

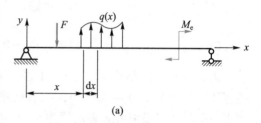

(a)

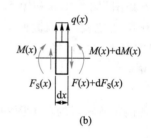

(b)

图5.14

$$\sum F_y = 0, \quad F_s(x) - [F_s(x) + dF_s(x)] + q(x)dx = 0$$

得到

$$\frac{dF_s(x)}{dx} = q(x) \tag{5.1}$$

对截面$x+dx$形心取矩并建立平衡方程

$$\sum M_C = 0, \quad [M(x) + dM(x)] - M(x) - F_s(x)dx - \frac{q(x)}{2}(dx)^2 = 0$$

略去上式中的二阶无穷小量$(dx)^2$,则可得到

$$\frac{dM(x)}{dx} = F_s(x) \tag{5.2}$$

将式(5.2)代入式(5.1),又可得

$$\frac{d^2 M(x)}{dx^2} = q(x) \tag{5.3}$$

以上三式即为载荷集度$q(x)$、剪力$F_s(x)$和弯矩$M(x)$三者之间的关系式。

(2) 内力图的特征

由式(5.1)可见,剪力图上某点处的切线斜率等于该点处载荷集度的大小;由式(5.2)可见,弯矩图上某点处的斜率等于该点处剪力的大小;由式(5.3)可见,弯矩图的凹向取决于载荷集度的正负号。

下面通过式(5.1)、式(5.2)和式(5.3)讨论几种特殊情况。

① 当$q(x)=0$时,由式(5.1)、式(5.2)可知:$F_s(x)$一定为常量,$M(x)$是$x$的一次函数,即没有均布载荷作用的梁段上,剪力图为水平直线,弯矩图为斜线。

② 当$q(x)$为常数时,由式(5.1)、式(5.2)可知:$F_s(x)$是$x$的一次函数,$M(x)$是$x$的二次函数,即有均布载荷作用的梁段上剪力图为斜线,弯矩图为二次抛物线。

③ 当$q(x)$为$x$的一次函数时,由式(5.1)、式(5.2)可知:$F_s(x)$是$x$的二次函数,$M(x)$是

$x$ 的三次函数,即线性分布载荷作用的梁段上剪力图为抛物线,弯矩图为三次曲线。

（3）极值的讨论

由前面分析可知,当梁上作用均布载荷时,梁的弯矩图为抛物线,这就存在曲线的凹向和极值位置的问题。如何判断极值的凹向呢？数学中它是由曲线的二阶导数来判断的。假如曲线方程为 $y=f(x)$,则当 $y''>0$ 时,有极小值;当 $y''<0$ 时,有极大值。仿照数学的方法来确定弯矩图的极值凹向。则当 $M''(x)=q(x)>0$ 时,弯矩图有极小值;当 $M''(x)=q(x)<0$ 时,弯矩图有极大值。也就是说,当 $q(x)$ 方向向上作用时,$M(x)$ 图有极小值;当 $q(x)$ 方向向下作用时,$M(x)$ 图有极大值,具体形式如图 5.15 所示。

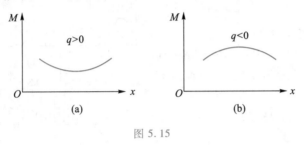

图 5.15

下面讨论极值的位置。在式（5.2）中,令 $M'(x)=F_{S}(x)=0$,即可确定弯矩图极值的位置 $x$。由此可得:剪力为零的截面即为弯矩的极值截面。或者说,弯矩的极值截面上剪力一定为零。

应用 $q(x)$、$F_{S}(x)$ 和 $M(x)$ 间的关系,可检验所作剪力图或弯矩图的正确性,或直接作梁的剪力图和弯矩图。现将有关 $q(x)$、$F_{S}(x)$ 和 $M(x)$ 间的关系以及剪力图和弯矩图的一些特征汇总整理,见表 5.1,以供参考。

表 5.1　梁在几种载荷作用下剪力图与弯矩图的特征

| 一段梁上的外力的情况 | 向下的均布载荷 | 无载荷 | 集中力 $F$ $C$ | 集中力偶 $M_e$ $C$ |
|---|---|---|---|---|
| 剪力图上的特征 | 由左至右向下斜线 ⊕ 或 ⊖ | 一般为水平直线 ⊕ 或 ⊖ | 在 $C$ 处突变 $C$ $F$ | 在 $C$ 处无变化 $C$ |
| 弯矩图上的特征 | 开口向下的抛物线的某段 或 | 一般为斜线 或 | 在 $C$ 处有尖角 或 或 | 在 $C$ 处突变 $C$ $M_e$ |
| 最大弯矩所在截面的可能位置 | 在 $F_{S}=0$ 的截面 | | 在剪力突变的截面 | 在紧靠点 $C$ 的某一侧的截面 |

（4）作内力图的步骤

① 分段（集中力、集中力偶、分布载荷的起点和终点处要分段）。

② 判断各段内力图形状（利用表 5.1）。

③ 确定控制截面内力（各段分界处的截面）。

④ 画出内力图。

⑤ 校核内力图（突变截面和端面的内力）。

例 5.7　试用剪力、弯矩与载荷间的微分关系作如图 5.16a 所示静定梁的剪力图和弯矩图。

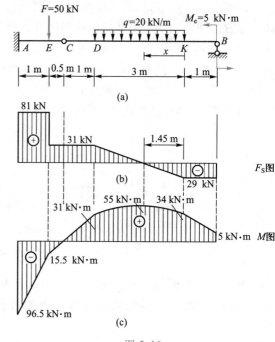

图 5.16

解：已求得梁的支反力为

$$F_A = 81 \text{ kN}, \quad F_B = 29 \text{ kN}, \quad M_{RA} = 96.5 \text{ kN} \cdot \text{m}$$

由于梁上外力将梁分为 4 段，需分段绘制剪力图和弯矩图。

（1）绘制剪力图。因 $AE$、$ED$、$KB$ 三段梁上无分布载荷，即 $q(x) = 0$，该三段梁上的 $F_S$ 图为水平直线。应当注意，在支座 $A$ 及截面 $E$ 处有集中力作用，$F_S$ 图有突变，要分别计算集中力作用处的左、右两侧截面上的剪力值。各段分界处的剪力值为

$AE$ 段：$F_{SA右} = F_{SE左} = F_A = 81 \text{ kN}$

$ED$ 段：$F_{SE右} = F_{SD} = F_A - F = 81 \text{ kN} - 50 \text{ kN} = 31 \text{ kN}$

$DK$ 段：$q(x)$ 等于负常量，$F_S$ 图应为向右下方倾斜的直线，因截面 $K$ 上无集中力，则可取右侧梁段来研究，截面 $K$ 上的剪力为

$$F_{SK} = -F_B = -29 \text{ kN}$$

$KB$ 段：$F_{SB左} = -F_B = -29 \text{ kN}$

还需求出 $F_S = 0$ 的截面位置。设该截面距 $K$ 为 $x$，于是在截面 $x$ 上的剪力为零，即

$$F_{Sx} = -F_B + qx = 0$$

得

$$x = \frac{F_B}{q} = \frac{29 \times 10^3}{20 \times 10^3} \text{ m} = 1.45 \text{ m}$$

由以上各段的剪力值并结合微分关系，便可绘出剪力图如图 5.16b 所示。

（2）绘制弯矩图。因 $AE$、$ED$、$KB$ 三段梁上 $q(x) = 0$，故三段梁上的 $M$ 图应为斜线。各段分界处的弯矩值为

$$M_A = -M_{RA} = -96.5 \text{ kN} \cdot \text{m}$$

$$M_E = -M_{RA} + F_A \times 1 \text{ m} = -96.5 \times 10^3 \text{ N} \cdot \text{m} + (81 \times 10^3) \times 1 \text{ N} \cdot \text{m}$$

$$= -15.5 \times 10^3 \text{ N} \cdot \text{m} = -15.5 \text{ kN} \cdot \text{m}$$

$$M_D = -96.5 \times 10^3 \text{ N} \cdot \text{m} + (81 \times 10^3) \times 2.5 \text{ N} \cdot \text{m} - (50 \times 10^3) \times 1.5 \text{ N} \cdot \text{m}$$

$$= 31 \times 10^3 \text{ N} \cdot \text{m} = 31 \text{ kN} \cdot \text{m}$$

$$M_{B左} = M_e = 5 \text{ kN} \cdot \text{m}$$

$$M_K = F_B \times 1 \text{ m} + M_e = (29 \times 10^3) \times 1 \text{ N} \cdot \text{m} + 5 \times 10^3 \text{ N} \cdot \text{m}$$

$$= 34 \times 10^3 \text{ N} \cdot \text{m} = 34 \text{ kN} \cdot \text{m}$$

显然,在 ED 段的中间铰 C 处的弯矩 $M_C = 0$。

DK 段:该段梁上 $q(x)$ 为负常量,M 图为向上凸的二次抛物线。在 $F_S = 0$ 的截面上弯矩有极限值,其值为

$$M_{极值} = F_B \times 2.45 \text{ m} + M_e - \frac{q}{2} \times (1.45 \text{ m})^2$$

$$= (29 \times 10^3) \times 2.45 \text{ N} \cdot \text{m} + 5 \times 10^3 \text{ N} \cdot \text{m} - \frac{20 \times 10^3}{2} \times 1.45^2 \text{ N} \cdot \text{m}$$

$$= 55 \times 10^3 \text{ N} \cdot \text{m} = 55 \text{ kN} \cdot \text{m}$$

根据以上各段分界处的弯矩值和在 $F_S = 0$ 处的 $M_{极值}$,并根据微分关系,便可绘出该梁的弯矩图,如图 5.16c 所示。

### 三、按叠加原理作弯矩图

当梁在载荷作用下为小变形时,其跨长的改变可略去不计。因而,在求梁的支反力、剪力和弯矩时,均可按其原始尺寸进行计算,而得到的结果均与梁上载荷呈线性关系。在这种情况下,当梁受几个载荷共同作用时,某一横截面上的弯矩就等于梁在各项载荷单独作用下同一横截面上弯矩的代数和。如图 5.17a 所示,悬臂梁在集中载荷 F 和均布载荷 q 共同作用下,在距 A 端为 x 的任意横截面上的弯矩为

$$M(x) = Fx - \frac{qx^2}{2}$$

$M(x)$ 中的第一项是集中载荷 F 单独作用下梁的弯矩,第二项是均布载荷 q 单独作用下梁的弯矩 $-\frac{qx^2}{2}$。

由于弯矩可以叠加,故弯矩图也可以叠加。即可分别作出各项载荷单独作用下梁的弯矩图(图 5.17c 和图 5.17e),然后将其相应的纵坐标叠加,即得梁在所有载荷共同作用下的弯矩图(图 5.17f)。

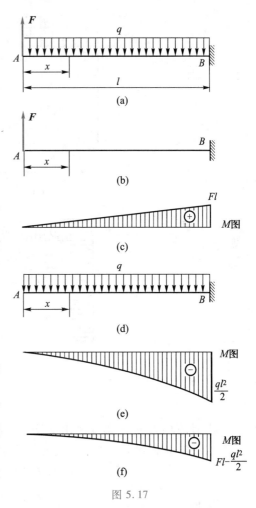

图 5.17

## §5.5　平面刚架与曲杆的内力

### 一、平面刚架的内力

平面刚架是由在同一平面内、不同取向的杆件,通过杆件相互刚性连接而组成的结构。平面刚架各杆的内力,除了剪力和弯矩外,还有轴力。作内力图的步骤与前述相同,但因刚架是由不同取向的杆件组成,为了能表示内力沿各杆轴线的变化规律,习惯上按下列约定。

(1) 弯矩图:画在各杆的受压一侧,不注明正负号。

(2) 轴力图和剪力图:可画在刚架的任一侧,但须注明正负号。

**例 5.8**　图 5.18a 所示为一悬臂刚架,受力如图所示。试作刚架的内力图。

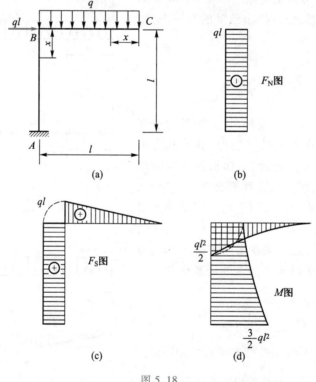

图 5.18

解:计算内力时,一般应先求支反力。但对于悬臂梁或悬臂刚架,可以取包含自由端部分为研究对象,这样就可以不求支反力。下面分别列出各段杆的内力方程。

$$BC\ 段:\quad \left.\begin{array}{l} F_{N}(x) = 0 \\ F_{S}(x) = qx \\ M(x) = \dfrac{qx^{2}}{2} \end{array}\right\} (0 \leqslant x \leqslant l)$$

$$BA \text{ 段：} \quad \left. \begin{aligned} F_N(x) &= -ql \\ F_S(x) &= ql \\ M(x) &= \frac{ql^2}{2} + qlx \end{aligned} \right\} (0 \leqslant x \leqslant l)$$

根据各段的内力方程，即可绘出轴力、剪力和弯矩图，如图 5.18b、图 5.18c 和图 5.18d 所示。画图时注意轴力图和剪力图可画在刚架的任一侧，但须注明正负号。弯矩图须画在各杆的受压一侧，其中 BC 段下侧受压，BA 段右侧受压。弯矩图不再标注正负号。

## 二、平面曲杆的内力

在工程中，还会遇到如图 5.19 所示的吊钩、链环等一类杆件。这种轴线为曲线的杆件称为曲杆或曲梁。轴线为平面曲线的曲杆称为平面曲杆。关于曲杆内力的正负符号，规定以引起曲杆拉伸变形的轴力 $F_N$ 为正；使曲杆轴线的曲率增加的弯矩 $M$ 为正；以剪力 $F_S$ 对所考虑的一段曲杆内任意一点取矩，若力矩为顺时针方向，则剪力 $F_S$ 为正，反之为负。

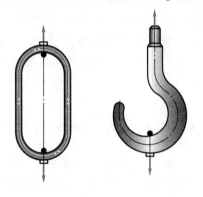

图 5.19

例 5.9 一端固定的平面曲杆，轴线为四分之一圆弧，其半径为 $R$，在自由端 $B$ 处受到铅垂载荷 $F$ 作用，如图 5.20a 所示。试求曲杆的内力，并画弯矩图。

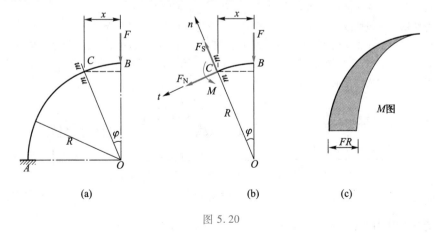

(a)　　　　　　　(b)　　　　　　　(c)

图 5.20

**解：**仍然用截面法分析曲杆的弯曲内力。对于环状曲杆,应用极坐标表示其横截面位置。取环的中心 $O$ 为极点,以 $OB$ 为极轴,并用 $\varphi$ 表示横截面的位置(图 5.20a)。在极角为 $\varphi$ 的任意横截面处假想地将曲杆切开,并选取右段 $BC$ 为研究对象,如图 5.20b 所示。在截面 $C$ 上,有弃去的曲杆的 $AC$ 段对 $BC$ 段作用的内力系,将该内力系向截面 $C$ 的形心简化,可得截面 $C$ 上的弯矩 $M$、剪力 $F_S$ 和轴力 $F_N$。根据 $BC$ 段的平衡条件

$$\sum F_n = 0, \quad F_S - F\cos\varphi = 0$$

$$\sum F_t = 0, \quad F_N + F\sin\varphi = 0$$

$$\sum M_C = 0, \quad M - FR\sin\varphi = 0$$

可以求得曲杆的剪力方程、轴力方程和弯矩方程分别为

$$F_S = F\cos\varphi$$

$$F_N = -F\sin\varphi$$

$$M = FR\sin\varphi$$

式中,n、t 分别代表 $C$ 处横截面切向和法向的坐标,如图 5.20b 所示。按照曲杆内力的符号规定,图 5.20b 中所示的截面 $C$ 的内力均为正的。

根据弯矩方程,用描点法即可绘制曲杆的弯矩图,如图 5.20c 所示。必须说明,和刚架弯矩图的绘制规定一样,曲杆的弯矩图也一律画在曲杆受压的一侧,且不再标注弯矩的正负符号,如图 5.20c 所示。由图 5.20c 可见,曲杆的最大弯矩在固定端处的截面 $A$ 上,其值为 $FR$。

## 思考题

5.1　如何计算梁的剪力和弯矩？如何确定剪力和弯矩的正负符号？剪力、弯矩符号与坐标的选择有无关系？为什么？

5.2　如何建立剪力和弯矩方程？如何绘制剪力图和弯矩图？

5.3　保留截面左侧与截面右侧写出的剪立方程、弯矩方程是否相同？根据方程求出的同一截面上的剪力、弯矩是否一样(含数值与符号)？

5.4　在横向集中力和集中力偶作用处,梁的剪力图和弯矩图各有何特点？

5.5　如何建立剪力、弯矩与分布载荷集度之间的微分关系？怎样利用这些关系绘制或校核梁的剪力图和弯矩图？

5.6　梁的某一截面上的剪力如果等于零,这个截面上的弯矩有什么特点？

5.7　弯矩图有一段曲线,从对应的剪力图怎样判断这段曲线向上凸还是向下凸？

5.8　试画出图示简支梁的内力图,并根据内力图回答：(1)若梁结构对称,载荷也对称,则剪力图、弯矩图有什么特点？(2)若梁结构对称,载荷反对称,则剪力图、弯矩图有什么特点？(3)在上述两种情况下,梁的对称截面处的内力值有什么特点？

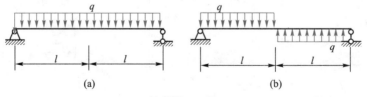

思考题 5.8 图

5.9　为什么刚架的轴力图、剪力图标正负号,弯矩图不标正负号？

习题

5.1 试求图示各梁中截面 1-1、2-2、3-3 上的剪力和弯矩,这些截面无限接近于截面 $C$ 或截面 $D$。设 $F$、$q$、$a$ 均为已知。

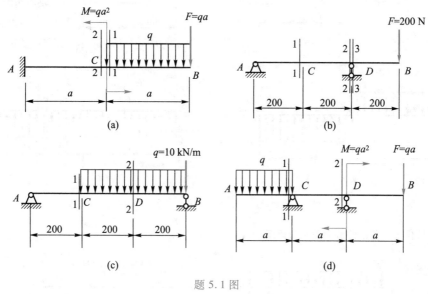

题 5.1 图

5.2 设已知图示各梁的载荷 $F$、$q$、$M_0$ 和尺寸 $a$。试列出梁的剪力方程和弯矩方程,作剪力图和弯矩图,并确定 $|F_S|_{max}$ 及 $|M|_{max}$。

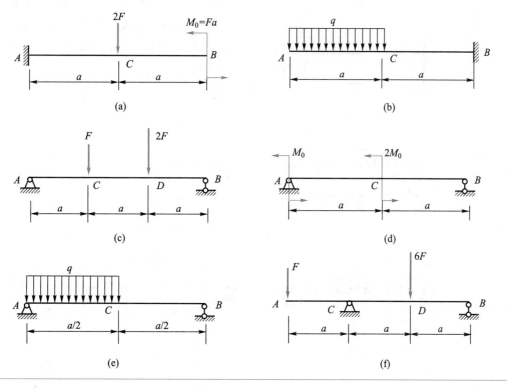

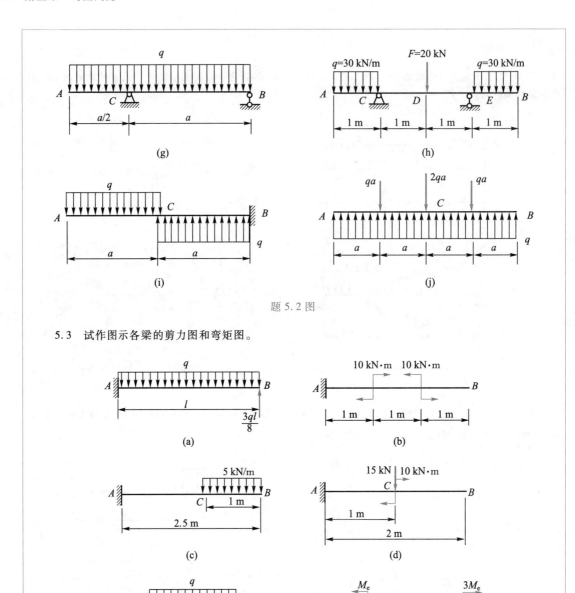

题 5.2 图

5.3 试作图示各梁的剪力图和弯矩图。

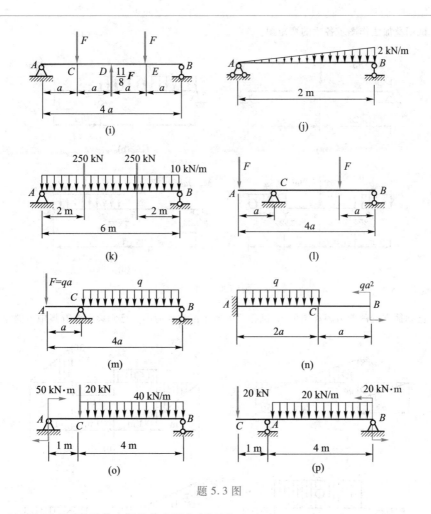

题 5.3 图

5.4　试作如图所示多跨静定梁的剪力图和弯矩图。

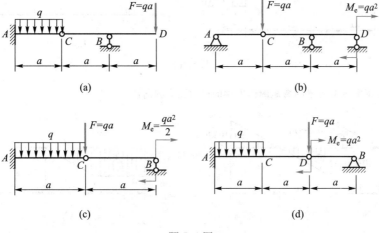

题 5.4 图

5.5 试用叠加法作图示各梁的弯矩图。

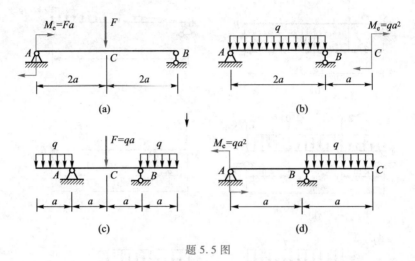

题 5.5 图

5.6 已知简支梁的剪力图如图所示,试作梁的弯矩图和载荷图。已知梁上没有集中力偶作用。

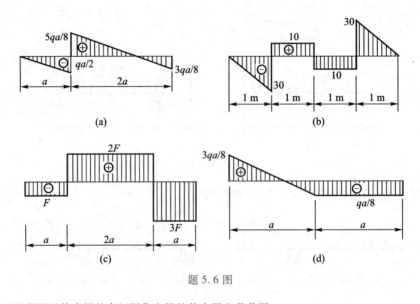

题 5.6 图

5.7 试根据图示简支梁的弯矩图作出梁的剪力图和载荷图。

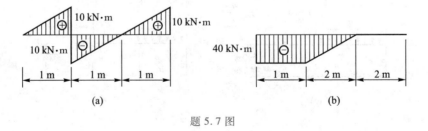

题 5.7 图

5.8　已知梁的剪力图和弯矩图如图所示,试画梁的外力图。

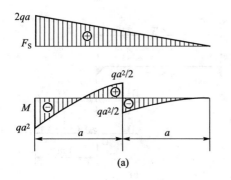

(a)

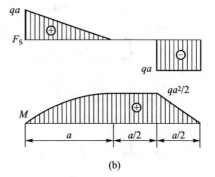

(b)

题 5.8 图

5.9　试改正图示梁的剪力图和弯矩图的错误。

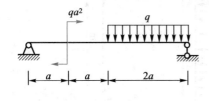

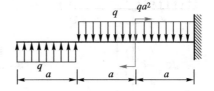

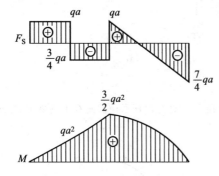

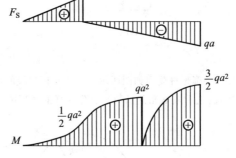

题 5.9 图

5.10　在图示桥式起重机大梁上行走的小车,其每个轮子对大梁的压力均为 $F$,试问小车在什么位置时梁内弯矩为最大? 其最大弯矩等于多少? 最大弯矩的作用截面在何处? 设小车的轮距为 $d$,大梁的跨度为 $l$。

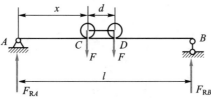

题 5.10 图

5.11 试作图示刚架的弯矩图。

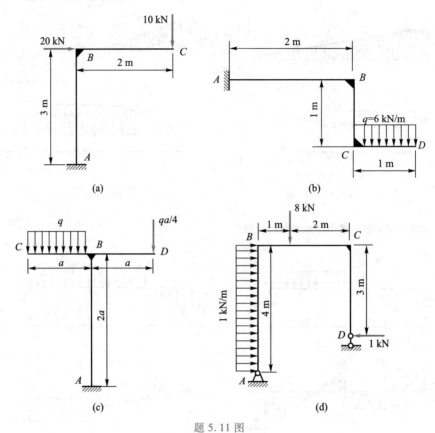

题 5.11 图

5.12 圆弧形杆受力如图所示。已知曲杆轴线的半径为 $R$,试写出任意横截面 $C$ 上的剪力、弯矩和轴力的表达式(表示成 $\varphi$ 角的函数),并作曲杆的弯矩图。

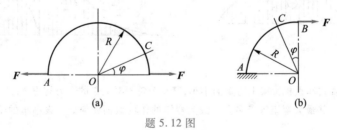

题 5.12 图

# 第六章

# 弯曲应力

## §6.1 引言

第五章讨论了梁在弯曲时的内力——剪力和弯矩。但是,要解决梁的弯曲强度问题,只了解梁的内力是不够的,还必须研究梁的弯曲应力,应该知道梁在弯曲时,横截面上有什么应力,其大小如何。

在一般情况下,横截面上有两种内力——剪力和弯矩。由于剪力是横截面上切向分布内力系的合力,所以它必然与切应力有关;而弯矩是横截面上法向分布内力系的合力偶矩,所以它必然与正应力有关。由此可见,梁横截面上有剪力 $F_S$ 时,就必然有切应力 $\tau$;有弯矩 $M$ 时,就必然有正应力 $\sigma$。为了解决梁的强度问题,本章将分别研究正应力与切应力的计算。

## §6.2 弯曲正应力

### 一、纯弯曲梁的正应力

由前节知道,正应力只与横截面上的弯矩有关,而与剪力无关。因此,首先以横截面上只有弯矩而无剪力作用的弯曲情况来讨论弯曲正应力问题。

在梁的各横截面上只有弯矩,而剪力为零的弯曲,称为**纯弯曲**。如果在梁的各横截面上,同时存在着剪力和弯矩两种内力,这种弯曲称为**横力弯曲**或**剪切弯曲**。如图 6.1 所示的简支梁中,$CD$ 段为纯弯曲,$AC$ 段和 $DB$ 段为横力弯曲。

分析纯弯曲梁横截面上正应力的方法、步骤与分析圆轴扭转时横截面上切应力一样,需要综合考虑几何、物理与静力学三个方面的关系。

**1. 几何关系**

为了研究与横截面上正应力相应的纵向线应变,首先观察梁在纯弯曲时的变形现象。为此,取一根具有纵向对称面的等直梁,如图 6.2a 所示的矩形截面梁,并在梁的侧面上画出垂直于轴线的横向线 $m-m$、$n-n$ 和平行于轴线的纵向线 $a-a$、$b-b$。然后在梁的两端加一对大小相等、方向相反的力偶 $M$,使梁产生纯弯曲。此时可以观察到如下的变形现象。

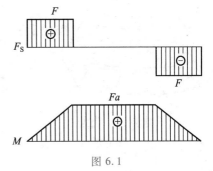

图 6.1

纵向线弯曲后变成了弧线 $a'a'$、$b'b'$，靠顶面的 $aa$ 线缩短了，靠底面的 $bb$ 线伸长了。横向线 $m\text{-}m$、$n\text{-}n$ 在梁变形后仍为直线，但相对转过了一定的角度，且仍与弯曲了的纵向线保持正交。此外，横截面的受压区域变宽，受拉区域变窄，成为马鞍形。如图 6.2b 所示。

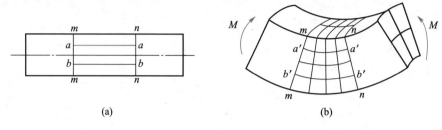

图 6.2

6-1：
概念显化——
纯弯曲梁变形
现象及假设

梁内部的变形情况无法直接观察，但可根据梁表面的变形现象对梁内部的变形进行如下假设：

（1）**平面假设**　梁所有的横截面变形后仍为平面，且仍垂直于变形后的梁的轴线。

（2）**单向受力假设**　认为梁由许许多多根纵向纤维组成，各纤维之间没有相互挤压，每根纤维均处于拉伸或压缩的单向受力状态。

根据平面假设，前面由实验观察到的变形现象已经可以推广到梁的内部。即梁在纯弯曲变形时，横截面保持平面并作相对转动，靠近上面部分的纵向纤维缩短，靠近下面部分的纵向纤维伸长。由于变形的连续性，中间必有一层纵向纤维既不伸长也不缩短，这层纤维称为**中性层**（图 6.3）。中性层与横截面的交线称为**中性轴**。由于外力偶作用在梁的纵向对称面内，因此梁的变形也应该对称于此平面，在横截面上就是对称于对称轴。所以中性轴必然垂直于对称轴，但具体位置还没确定。

考察纯弯曲梁某一微段 $\mathrm{d}x$ 的变形（图 6.4）。设弯曲变形以后，微段左、右两横截面的相对转角为 $\mathrm{d}\theta$，则距中性层为 $y$ 处的任一层纵向纤维 $bb$ 变形后的弧长为

$$b'b' = (\rho + y)\,\mathrm{d}\theta$$

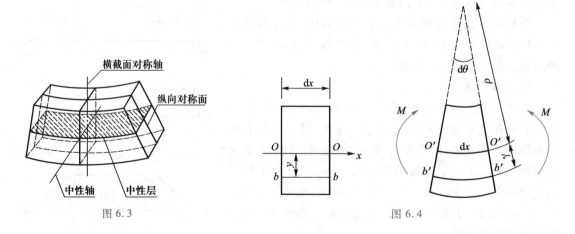

图 6.3　　　　　　　　　　　　　　　　　图 6.4

式中,$\rho$ 为中性层的曲率半径。该层纤维变形前的长度与中性层处纵向纤维 $OO$ 长度相等,又因为变形前、后中性层内纤维 $OO$ 的长度不变,故有

$$bb = OO = O'O' = \rho d\theta$$

由此得距中性层为 $y$ 处的任一层纵向纤维的正应变

$$\varepsilon = \frac{b'b' - bb}{bb} = \frac{(\rho + y)d\theta - \rho d\theta}{\rho d\theta} = \frac{y}{\rho} \tag{a}$$

式(a)表明,正应变 $\varepsilon$ 随 $y$ 按线性规律变化。

### 2. 物理关系

根据单向受力假设,且材料在拉伸及压缩时的弹性模量 $E$ 相等,则由胡克定律,得

$$\sigma = E\varepsilon = E\frac{y}{\rho} \tag{b}$$

式(b)表明,纯弯曲时的正应力按线性规律变化,横截面上中性轴处,$y = 0$,因而 $\sigma = 0$,中性轴两侧,一侧受拉应力,另一侧受压应力,与中性轴距离相等各点的正应力数值相等(图6.5)。

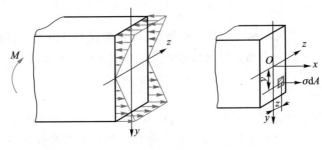

图 6.5

### 3. 静力关系

虽然已经求得了由式(b)表示的正应力分布规律,但因曲率半径 $\rho$ 和中性轴的位置尚未确定,所以不能用式(b)计算正应力,还必须由静力学关系来解决。

在图6.5中,取中性轴为 $z$ 轴,过 $z$ 轴与 $y$ 轴的交点并沿横截面外法线方向的轴为 $x$ 轴,作用于微面积 $dA$ 上的法向微内力为 $\sigma dA$。在整个横截面上,各微面积上的微内力构成一个空间平行力系。由静力学关系可知,应满足 $\sum F_x = 0$,$\sum M_y = 0$,$\sum M_z = 0$ 三个平衡方程。

由于所讨论的梁横截面上没有轴力,$F_N = 0$,故由 $\sum F_x = 0$,得

$$F_N = \int_A \sigma dA = 0 \tag{c}$$

将式(b)代入式(c),得

$$\int_A \sigma dA = \int_A E\frac{y}{\rho}dA = \frac{E}{\rho}\int_A y dA = \frac{E}{\rho}S_z = 0$$

式中,$E/\rho$ 恒不为零,故必有静矩 $S_z = \int_A y dA = 0$,由附录A知道,只有当 $z$ 轴通过截面形心时,静矩 $S_z$ 才等于零。由此可得结论:**中性轴 $z$ 通过横截面的形心**。这样就完全确定了中性轴在横截面上的位置。

由于所讨论的梁横截面上没有内力偶 $M_y$,因此由 $\sum M_y = 0$,得

$$M_y = \int_A z\sigma \mathrm{d}A = 0 \tag{d}$$

将式(b)代入式(d),得

$$\int_A z\sigma \mathrm{d}A = \frac{E}{\rho}\int_A yz\mathrm{d}A = \frac{E}{\rho}I_{yz} = 0$$

式中,由于 $y$ 轴为对称轴,故 $I_{yz}=0$,平衡方程 $\sum M_y = 0$ 自然满足。

纯弯曲时各横截面上的弯矩 $M$ 均相等。因此,由 $\sum M_z = 0$,得

$$M = \int_A y\sigma \mathrm{d}A \tag{e}$$

将式(b)代入式(e),得

$$M = \int_A yE\frac{y}{\rho}\mathrm{d}A = \frac{E}{\rho}\int_A y^2\mathrm{d}A = \frac{E}{\rho}I_z \tag{f}$$

由式(f)得

$$\frac{1}{\rho} = \frac{M}{EI_z} \tag{6.1}$$

式中,$1/\rho$ 为中性层的曲率,$EI_z$ 称为梁的**抗弯刚度**,弯矩相同时,梁的抗弯刚度越大,梁的曲率越小。最后,将式(6.1)代入式(b),导出横截面上的弯曲正应力公式为

$$\sigma = \frac{My}{I_z} \tag{6.2}$$

6-2:
知识拓展——
梁的发展历
史——武际可

式中,$M$ 为横截面上的弯矩,$I_z$ 为横截面对中性轴的惯性矩,$y$ 为横截面上待求应力的 $y$ 坐标。应用此公式时,也可将 $M$、$y$ 均代入绝对值,$\sigma$ 是拉应力还是压应力可根据梁的变形情况直接判断。以中性轴为界,梁的凸出一侧为拉应力,凹入一侧为压应力。

以上分析中,虽然把梁的横截面画成矩形,但在导出公式的过程中,并没有使用矩形的几何性质。所以,只要梁横截面有一个对称轴,而且载荷作用于对称轴所在的纵向对称面内,式(6.1)和式(6.2)就适用。

由式(6.2)可见,横截面上的最大弯曲正应力发生在距中性轴最远的点上。用 $y_{max}$ 表示最远点至中性轴的距离,则最大弯曲正应力为

$$\sigma_{max} = \frac{My_{max}}{I_z}$$

上式可改写为

$$\sigma_{max} = \frac{M}{W_z} \tag{6.3}$$

其中

$$W_z = \frac{I_z}{y_{max}} \tag{6.4}$$

称为**抗弯截面系数**,是仅与截面形状及尺寸有关的几何量,量纲为 $L^3$。高度为 $h$、宽度为 $b$ 的矩形截面梁,其抗弯截面系数为

$$W_z = \frac{bh^3/12}{h/2} = \frac{bh^2}{6}$$

直径为 $D$ 的圆形截面梁的抗弯截面系数为

$$W_z = \frac{\pi D^4/64}{D/2} = \frac{\pi D^3}{32}$$

工程中常用的各种型钢,其抗弯截面系数可从附录 B 的型钢规格表中查得。当横截面对中性轴不对称时,其最大拉应力及最大压应力将不相等。用式(6.3)计算最大拉应力时,可在式(6.4)中取 $y_{max}$ 等于最大拉应力点至中性轴的距离;计算最大压应力时,在式(6.4)中应取 $y_{max}$ 等于最大压应力点至中性轴的距离。

## 二、横力弯曲梁的正应力

工程中的梁,大多数发生横力弯曲变形。这时,因截面上不仅有弯矩还有剪力,所以横截面上除有正应力外还有切应力。关于弯曲切应力,将在下节中专门讨论。下面分析横力弯曲时正应力的计算。

6-3
概念显化——
横力弯曲梁的
正应力

推导纯弯曲的正应力计算公式(6.2)时,引用了两个假设。一个是平面假设;另一个是纵向纤维之间无正应力的假设。横力弯曲时,由于横截面上存在切应力而且并非均匀分布,所以,弯曲时横截面将发生翘曲,如图 6.6 所示,这势必使横截面不能再保持为平面。特别是当剪力 $F_S$ 随截面位置变化时,相邻两截面的翘曲程度也不一样,这时,截面上除有因弯矩而产生的正应力外,还将产生附加正应力。另外,分布载荷作用下的横力弯曲,纵向纤维之间也是存在正应力的。弹性理论分析表明,对于横力弯曲时的细长梁,即截面高度 $h$ 远小于跨度 $l$ 的梁,横截面的上述附加正应力和纵向纤维间的正应力都是非常微小的。用纯弯曲时梁横截面上的正应力计算公式(6.2),即

$$\sigma = \frac{My}{I_z}$$

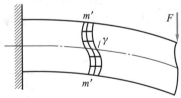

来计算细长梁横力弯曲时的正应力,与梁内的真实应力相比,并不会引起很大的误差,能够满足工程问题所要求的精度。所以,对横力弯曲时的细长梁,仍可以用式(6.2)计算梁的横截面上的弯曲正应力。

图 6.6

## 三、弯曲正应力强度条件及其应用

梁在弯曲时,横截面上的应力一部分点为拉应力,另一部分点为压应力。对于低碳钢等这一类塑性材料,其抗拉和抗压能力相同,为了使截面上的最大拉应力和最大压应力同时达到许用应力,常将这种梁做成矩形、圆形和工字形等对称于中性轴的截面。因此,弯曲正应力的强度条件为

$$\sigma_{max} = \left(\frac{M}{W_z}\right)_{max} \leqslant [\sigma] \tag{6.5}$$

对等截面梁,最大弯曲正应力发生在最大弯矩所在截面上,这时弯曲正应力强度条件为

$$\sigma_{max} = \frac{M_{max}}{W_z} \leqslant [\sigma] \tag{6.6}$$

式(6.5)、式(6.6)中,$[\sigma]$为许用弯曲正应力。弯曲时,梁的横截面上正应力不是均匀分布的。弯曲正应力强度条件只是以离中性轴最远的各点的应力为依据。因此,材料的弯曲许用正应力比轴向拉伸或压缩时的许用正应力取得略高些。但在一般的正应力强度计算中,均近似地采用轴向拉伸或压缩时的许用正应力来代替弯曲许用正应力。

对于抗拉与抗压性能不同的材料,如铸铁等脆性材料,则要求梁的最大拉应力和最大压应力都不超过各自的许用值。其强度条件为

$$(\sigma_t)_{max} = \frac{M y_t}{I_z} \leqslant [\sigma_t], \quad (\sigma_c)_{max} = \frac{M y_c}{I_z} \leqslant [\sigma_c] \tag{6.7}$$

式中,$y_t$和$y_c$分别表示梁上拉应力最大点和压应力最大点的$y$坐标。$[\sigma_t]$和$[\sigma_c]$分别为材料的许用拉应力和许用压应力。

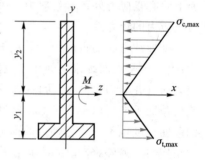

对于铸铁这类抗压性能明显优于抗拉性能的材料,工程上常将此种材料的梁的横截面做成如T形等对中性轴不对称的截面(图6.7),并使中性轴偏向受拉一侧,以使横截面上的最大拉应力明显低于最大压应力。

根据梁的正应力强度条件式(6.5)、(6.6)和式(6.7),可对梁进行强度校核、截面设计以及确定许可载荷等强度计算。

图 6.7

**例6.1** 图6.8a所示的楼板主梁欲用两根工字钢制成。已知钢的许用弯曲正应力$[\sigma]=160\ MPa$,试选择工字钢的型号。

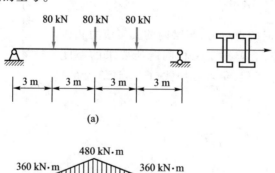

(a)

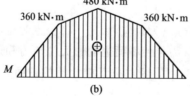

(b)

图 6.8

解:先作简支梁的弯矩图(图 6.8b),可知 $M_{max}=480$ kN·m,发生在梁的跨中截面处。

根据梁的正应力强度条件式(6.6),$\sigma_{max}=\dfrac{M_{max}}{W_z}\le[\sigma]$,可得

$$W_z\ge\frac{M_{max}}{[\sigma]}=\frac{480\times10^6}{160}\ \text{mm}^3=3\times10^6\ \text{mm}^3$$

每一根工字钢的抗弯截面系数为

$$W_z'=\frac{1}{2}W_z=1.5\times10^6\ \text{mm}^3=1\ 500\ \text{cm}^3$$

由附录 B 型钢规格表可查得 No.45b 工字钢 $W_z$ 为

$$W_z=1\ 500\ \text{cm}^3$$

故所选工字钢型号为 No.45b。

例 6.2  图 6.9a 所示外伸梁采用铸铁制成,截面为 T 字形,已知梁的载荷 $F_1=10$ kN,$F_2=4$ kN,铸铁的许用应力$[\sigma_t]=30$ MPa,$[\sigma_c]=100$ MPa。截面的尺寸如图所示,试校核此梁的强度。

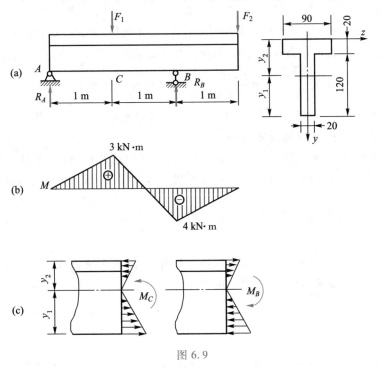

图 6.9

解:(1) 计算梁的支反力并作弯矩图。根据梁 $AB$ 的平衡条件,求得支反力为

$$F_{RA}=3\ \text{kN},\quad F_{RB}=11\ \text{kN}$$

作梁 $AB$ 的弯矩图如图 6.9b 所示。可以看到在梁的截面 $C$ 上有最大正弯矩

$$M_C=3\ \text{kN}\cdot\text{m}$$

在截面 $B$ 上有梁的最大负弯矩

$$M_B=-4\ \text{kN}\cdot\text{m}$$

(2) 确定截面形心位置并计算形心惯性矩。T 字形截面尺寸如图 6.9a 所示,以 $y$-$z$ 为参

考坐标系,确定截面形心的位置。由

$$y_C = \frac{20 \times 90 \times 10 + 120 \times 20 \times 80}{20 \times 90 + 120 \times 20} \text{ mm} = 50 \text{ mm}$$

T 字形截面对其形心轴 $z_C$ 的惯性矩为

$$I_{z_C} = \left[ \frac{90 \times 20^3}{12} + 90 \times 20 \times 40^2 \right] \text{ mm}^4 + \left[ \frac{20 \times 120^3}{12} + 120 \times 20 \times 30^2 \right] \text{ mm}^4 = 7.98 \times 10^{-6} \text{ m}^4$$

(3)分别校核铸铁梁的拉伸和压缩强度。T 形截面对中性轴不对称,同一截面上的最大拉应力和压应力并不相等。在截面 $B$ 上,弯矩是负的,最大拉应力发生于上边缘各点,最大压应力发生于下边缘各点,故

在截面 $B$

$$(\sigma_t)_{max} = \frac{M_B y_2}{I_z} = \frac{4 \times 10^3 \times 50 \times 10^{-3}}{7.98 \times 10^{-6}} \text{ Pa} = 25.1 \text{ MPa} < [\sigma_t]$$

$$(\sigma_c)_{max} = \frac{M_B y_1}{I_z} = \frac{4 \times 10^3 \times 90 \times 10^{-3}}{7.98 \times 10^{-6}} \text{ Pa} = 45.1 \text{ MPa} < [\sigma_c]$$

在截面 $C$,虽然弯矩 $M_C$ 的绝对值小于 $M_B$,但 $M_C$ 是正弯矩,最大拉应力发生于截面的下边缘各点,而这些点到中性轴的距离却比较远,因而就有可能发生比截面 $B$ 还要大的拉应力,其值为

$$(\sigma_t)_{max} = \frac{M_C y_1}{I_z} = \frac{3 \times 10^3 \times 90 \times 10^{-3}}{7.98 \times 10^{-6}} \text{ Pa} = 33.8 \text{ MPa} > [\sigma_t]$$

所以,最大拉应力是在截面 $C$ 的下边缘各点处,并已超过材料的许用拉应力。所以,该铸铁梁的强度不满足要求,即该梁是不安全的。

由例 6.2 可见,当截面上的中性轴为非对称轴,且材料的抗拉、抗压许用应力数值不等时,最大正弯矩、最大负弯矩所在的两个截面均可能成为危险截面,因而均应进行强度校核。

## §6.3 弯曲切应力

横力弯曲时,梁横截面上的内力除弯矩外还有剪力,因而在横截面上除正应力外还有切应力。本节按梁截面的形状,分几种情况讨论弯曲切应力。

### 一、矩形截面梁的切应力

设图 6.10a 所示矩形截面梁发生对称弯曲,任意截面上的剪力 $F_S$ 与截面的对称轴 $y$ 重合,如图 6.10b 所示。现分析横截面内距中性轴为 $y$ 处的某一横线 $ss'$ 上的切应力分布情况。

根据切应力互等定理可知,在截面两侧边缘的 $s$ 和 $s'$ 处,切应力的方向一定与截面的侧边相切,即与剪力 $F_S$ 的方向一致。而由对称关系知,横线中点处切应力的方向也必然与剪力 $F_S$ 的方向相同。因此可近似认为横线 $ss'$ 上各点处切应力都平行于剪力 $F_S$。由以上分析,我们对切应力的分布规律做以下两点假设:

(1)横截面上各点切应力的方向均与剪力 $F_S$ 的方向平行。

(2)切应力沿截面宽度均匀分布。

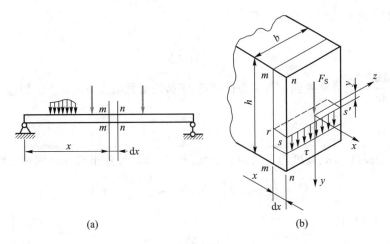

图 6.10

现以横截面 $m\text{-}m$ 和 $n\text{-}n$ 从图 6.10a 所示梁中取出长为 $\mathrm{d}x$ 的微段,如图 6.11a 所示。设作用于微段左、右两侧横截面上的剪力为 $F_\mathrm{S}$,弯矩分别为 $M$ 和 $M+\mathrm{d}M$,再用距中性层为 $y$ 的 $rs$ 截面取出一部分 $mnsr$,如图 6.11b 所示。该部分的左右两个侧面 $mr$ 和 $ns$ 上分别作用有由弯矩 $M$ 和 $M+\mathrm{d}M$ 引起的正应力 $\sigma_{mr}$ 及 $\sigma_{ns}$。除此之外,两个侧面上还作用有切应力 $\tau$。根据切应力互等定理,截出部分顶面 $rs$ 上也作用有切应力 $\tau'$,其值与距中性层为 $y$ 处横截面上的切应力 $\tau$ 数值相等,如图 6.11b、c 所示。设截出部分 $mnsr$ 的两个侧面 $mr$ 和 $ns$ 上的法向微内力 $\sigma_{mr}\mathrm{d}A$ 和 $\sigma_{ns}\mathrm{d}A$ 合成的在 $x$ 轴方向的法向内力分别为 $F_\mathrm{N1}$ 及 $F_\mathrm{N2}$,则 $F_\mathrm{N2}$ 可表示为

$$F_\mathrm{N2} = \int_{A_1}\sigma_{ns}\mathrm{d}A = \int_{A_1}\frac{M+\mathrm{d}M}{I_z}y'\mathrm{d}A = \frac{M+\mathrm{d}M}{I_z}\int_{A_1}y'\mathrm{d}A = \frac{M+\mathrm{d}M}{I_z}S_z^* \qquad (\,\mathrm{a}\,)$$

式中,$A_1$ 为截出部分 $mnsr$ 的侧面 $ns$ 或 $mr$ 的面积,以下简称为部分面积,$S_z^*$ 为 $A_1$ 对中性轴的静矩。同理

$$F_\mathrm{N1} = \frac{M}{I_z}S_z^* \qquad (\,\mathrm{b}\,)$$

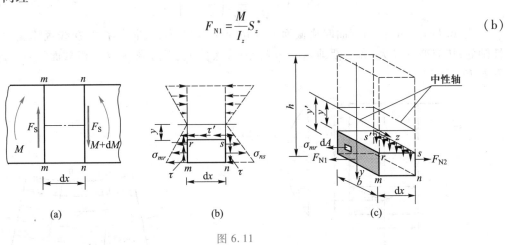

图 6.11

考虑截出部分 $mnsr$ 的平衡,如图 6.11c 所示。由 $\sum F_x = 0$,得

$$F_\mathrm{N2} - F_\mathrm{N1} - \tau'b\mathrm{d}x = 0 \qquad (\,\mathrm{c}\,)$$

将式(a)及式(b)代入式(c),化简后得

$$\tau' = \frac{dM}{dx}\frac{S_z^*}{I_z b}$$

注意到上式中$\frac{dM}{dx} = F_S$,并注意到$\tau'$与$\tau$数值相等,于是矩形截面梁横截面上的切应力计算公式为

$$\tau = \frac{F_S S_z^*}{I_z b} \tag{6.8}$$

对于给定的高度为$h$、宽度为$b$的矩形截面(图6.12),计算出部分面积对中性轴的静矩为

$$S_z^* = \int_{A_1} y_1 dA = \int_y^{h/2} b y_1 dy_1 = \frac{b}{2}\left(\frac{h^2}{4} - y^2\right)$$

将上式代入式(6.8),得

$$\tau = \frac{F_S}{2I_z}\left(\frac{h^2}{4} - y^2\right) \tag{6.9}$$

由式(6.9)可见,切应力沿截面高度按抛物线规律变化。当$y = \pm h/2$时,$\tau = 0$,即截面的上、下边缘线上各点的切应力为零。当$y = 0$时,切应力$\tau$有极大值,这表明最大切应力发生在中性轴上,其值为

$$\tau_{max} = \frac{F_S h^2}{8I_z}$$

将$I_z = bh^3/12$代入上式,得

$$\tau_{max} = \frac{3}{2}\frac{F_S}{bh} \tag{6.10}$$

可见,矩形截面梁横截面上的最大切应力为平均切应力$F_S/(bh)$的1.5倍。

根据剪切胡克定律,由式(6.9)可知切应变

$$\gamma = \frac{\tau}{G} = \frac{F_S}{2GI_z}\left(\frac{h^2}{4} - y^2\right) \tag{6.11}$$

式(6.11)表明,横力弯曲时横截面上的切应变沿截面高度同样按抛物线规律变化。在中性轴处,切应变$\gamma$最大;离中性轴越远,$\gamma$越小;在梁的上、下边缘,$\gamma = 0$。横截面将发生翘曲,如图6.13所示。

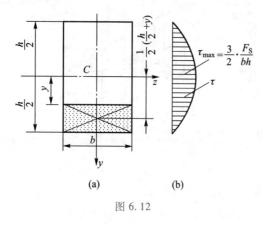

图6.12

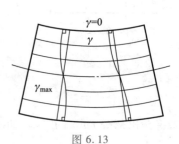

图6.13

对于剪力 $F_S$ 保持为常量的横力弯曲,相邻各横截面上对应点的切应变相等,因而各横截面翘曲情况相同。纵向纤维的长度不会因截面翘曲而改变,所以也不会再有附加的正应力。即截面翘曲并不改变按平面假设得到的正应力。

对于剪力 $F_S$ 随截面位置变化的横力弯曲,相邻各横截面上对应点的切应变不相等,因而各横截面翘曲情况也不一样。这样,纵向纤维的长度会因截面翘曲而改变,从而引起附加的正应力。但对于一般工程中使用的细长梁,这种附加正应力的影响较小,常常忽略不计。

## 二、工字形截面梁的切应力

工字形截面由上、下翼缘及腹板构成,如图 6.14a 所示。现分别研究腹板及翼缘上的切应力。

### 1. 工字形截面腹板部分的切应力

腹板是狭长矩形,因此,关于矩形截面梁切应力分布的两个假设完全适用。用相同的方法,必然导出相同的应力计算公式

$$\tau = \frac{F_S S_z^*}{I_z d} \tag{6.12}$$

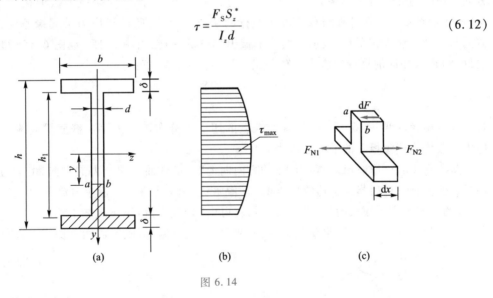

图 6.14

式(6.12)与式(6.8)形式完全相同,式中 $d$ 为腹板厚度。

计算出部分面积 $A_1$ 对中性轴的静矩

$$S_z^* = \frac{1}{2}\left(\frac{h}{2}+\frac{h_1}{2}\right)b\left(\frac{h}{2}-\frac{h_1}{2}\right)+\frac{1}{2}\left(\frac{h_1}{2}+y\right)d\left(\frac{h_1}{2}-y\right)$$

代入式(6.12)整理,得

$$\tau = \frac{F_S}{8I_z d}\left[b(h^2-h_1^2)+4d\left(\frac{h_1^2}{4}-y^2\right)\right] \tag{6.13}$$

由式(6.13)可见,工字形截面梁腹板上的切应力 $\tau$ 按抛物线规律分布,如图 6.14b 所示。以 $y=0$ 及 $y=\pm h_1/2$ 分别代入式(6.13)得中性层处的最大切应力及腹板与翼缘交界处的最小切应力,分别为

$$\tau_{max} = \frac{F_S}{8I_z d}\left[bh^2-(b-d)h_1^2\right]$$

$$\tau_{min} = \frac{F_S}{8I_z d}\left[bh^2-bh_1^2\right]$$

由于工字形截面的翼缘宽度 $b$ 远大于腹板厚度 $d$，即 $b \gg d$，所以由以上两式可以看出，$\tau_{max}$ 与 $\tau_{min}$ 实际上相差不大。因而，可以认为腹板上切应力大致是均匀分布的。若以图 6.14b 中应力分布图的面积乘以腹板宽度 $d$，可得腹板上的剪力 $F_{S1}$。计算结果表明，$F_{S1}$ 等于 $(0.95 \sim 0.97)F_S$。可见，横截面上的剪力 $F_S$ 绝大部分由腹板承受。因此，工程上通常将横截面上的剪力 $F_S$ 除以腹板面积近似得出工字形截面梁腹板上的切应力为

$$\tau = \frac{F_S}{h_1 d} \tag{6.14}$$

**2. 工字形截面翼缘部分的切应力**

现进一步讨论翼缘上的切应力分布问题。在翼缘上有两个方向的切应力：平行于剪力 $F_S$ 方向的切应力和平行于翼缘边缘线的切应力。平行于剪力 $F_S$ 的切应力数值极小，无实际意义，通常忽略不计。在计算与翼缘边缘平行的切应力时，可假设切应力沿翼缘厚度大小相等，方向与翼缘边缘线相平行，根据在翼缘上截出部分的平衡，由图 6.15b 或图 6.15c 可以得出与式 (6.8) 形式相同的翼缘切应力计算公式

$$\tau = \frac{F_S S_z^*}{I_z \delta} \tag{6.15}$$

式中 $\delta$ 为翼缘厚度，图 6.15d 中绘有翼缘上的切应力分布图。工字形截面梁翼缘上的最大切应力一般均小于腹板上的最大切应力。

从图 6.15d 可以看出，当剪力 $F_S$ 的方向向上时，横截面上切应力的方向，由下边缘的外侧向里，通过腹板，最后指向上边缘的外侧，好像水流一样，故称为"切应力流"。所以，在根据剪力 $F_S$ 的方向确定了腹板的切应力方向后，就可由"切应力流"确定翼缘上切应力的方向。对于其他的 L 形、T 形和 Z 形等薄壁截面，也可利用"切应力流"来确定截面上切应力方向。

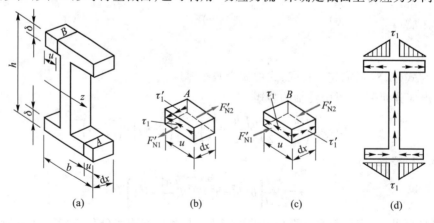

图 6.15

### 三、圆形截面梁的切应力

在圆形截面梁的横截面上,除中性轴处切应力与剪力平行外,其他点的切应力并不平行于剪力。距中性轴为 $y$ 处长为 $b$ 的弦线 $AB$ 上各点的切应力如图 6.16 所示。根据切应力互等定理,弦线两个端点处的切应力必与圆周相切,且切应力作用线交于 $y$ 轴的某点 $p$。弦线中点处切应力作用线由对称性可知也通过 $p$ 点。因而可以假设 $AB$ 线上各点切应力作用线都通过同一点 $p$,并假设各点沿 $y$ 方向的切应力分量 $\tau_y$ 相等,则可沿用前述方法计算圆截面梁的切应力分量 $\tau_y$,求得 $\tau_y$ 后,根据已设定的总切应力方向即可求得总切应力 $\tau$。

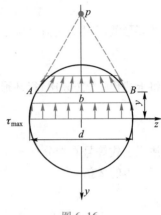

图 6.16

圆形截面梁切应力分量 $\tau_y$ 的计算公式与矩形截面梁切应力计算公式形式相同

$$\tau_y = \frac{F_S S_z^*}{I_z b} \tag{6.16}$$

式中,$b$ 为弦线长度,$b = 2\sqrt{R^2 - y^2}$,$S_z^*$ 仍表示弦线 $AB$ 以上部分面积 $A_1$ 对中性轴的静矩。

圆形截面梁的最大切应力发生在中性轴上,且中性轴上各点的切应力分量 $\tau_y$ 与总切应力 $\tau$ 大小相等、方向相同,其值为

$$\tau_{\max} = \frac{4}{3} \frac{F_S}{\pi R^2} \tag{6.17}$$

由式(6.17)可见,圆形截面的最大切应力 $\tau_{\max}$ 为平均切应力 $\dfrac{F_S}{\pi R^2}$ 的 4/3 倍。

### 四、环形截面梁的切应力

图 6.17 所示为一环形截面梁,已知壁厚 $t$ 远小于平均半径 $R$,现讨论其横截面上的切应力。环形截面内、外圆周线上各点的切应力与圆周线相切。由于壁厚很小,可以认为沿圆环厚度方向切应力均匀分布并与圆周切线相平行。据此即可用研究矩形截面梁切应力的方法分析环形截面梁的切应力。在环形截面梁上截取 $dx$ 长的微段,并用与纵向对称平面夹角 $\theta$ 相同的两个径向平面在微段中截取出一部分,由于对称性,两个面上的切应力相等。考虑截出部分的平衡,可得环形截面梁切应力的计算公式

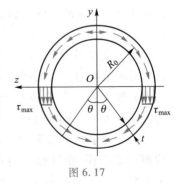

图 6.17

$$\tau(y) = \frac{F_S S_z^*}{2 t I_z} \tag{6.18}$$

式中，$t$ 为环形截面的厚度。

环形截面的最大切应力发生在中性轴处。计算出半圆环对中性轴的静矩

$$S_z^* = \int_{A_1} y \mathrm{d}A \approx 2\int_0^{\pi/2} R\cos\theta t R \mathrm{d}\theta = 2R^2 t$$

及环形截面对中性轴的惯性矩

$$I_z = \int_A y^2 \mathrm{d}A \approx \int_0^{2\pi} R^2 \cos^2\theta t R \mathrm{d}\theta = \pi R^3 t$$

将上式代入式(6.18)得环形截面最大切应力

$$\tau_{\max} = \frac{F_{\mathrm{S}}(2R^2 t)}{2t\pi R^3 t} = \frac{F_{\mathrm{S}}}{\pi R t} \tag{6.19}$$

注意上式等号右端分母 $\pi Rt$ 为环形横截面面积的一半，可见环形截面梁的最大切应力为平均切应力的 2 倍。

### 五、弯曲切应力强度条件

梁在受横力弯曲时，横截面上既存在正应力又存在切应力。横截面上最大的正应力位于横截面边缘线上，一般来说，该处切应力为零。有些情况下，该处即使有切应力其数值也较小，可以忽略不计。所以，梁弯曲时，最大正应力作用点可视为处于单向应力状态，最大正应力的计算不受横截面上切应力的影响。因此，梁的弯曲正应力强度计算仍然以式(6.5)、式(6.6)或式(6.7)的强度条件为依据。

一般来说，梁横截面上的最大切应力发生在中性轴处，而该处的正应力为零。因此，最大切应力作用点处于纯剪切应力状态。这时弯曲切应力强度条件为

$$\tau_{\max} = \left(\frac{F_{\mathrm{S}} S_z^*}{I_z b}\right)_{\max} \leqslant [\tau] \tag{6.20}$$

对等截面梁，最大切应力发生在最大剪力所在的截面上。弯曲切应力强度条件为

$$\tau_{\max} = \frac{F_{\mathrm{S,max}} S_{z,\max}^*}{I_z b} \leqslant [\tau] \tag{6.21}$$

许用切应力 $[\tau]$ 通常取纯剪切时的许用切应力。

对于梁来说，要满足抗弯强度要求，必须同时满足弯曲正应力强度条件和弯曲切应力强度条件。也就是说，影响梁的强度的因素有两个：一为弯曲正应力，一为弯曲切应力。对于细长的实心截面梁或非薄壁截面的梁来说，横截面上的正应力往往是主要的，切应力通常只占次要地位。如图 6.18 所示的受均布载荷作用的矩形截面梁，其最大弯曲正应力为

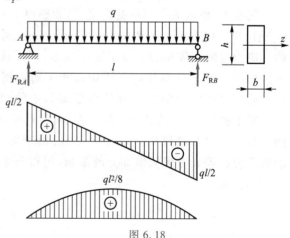

图 6.18

$$\sigma_{max} = \frac{M_{max}}{W_z} = \frac{\dfrac{ql^2}{8}}{\dfrac{bh^2}{6}} = \frac{3ql^2}{4bh^2}$$

而最大弯曲切应力为

$$\tau_{max} = \frac{3}{2}\frac{F_{S,max}}{A} = \frac{3}{2}\frac{\dfrac{ql}{2}}{bh} = \frac{3ql}{4bh}$$

二者比值为

$$\frac{\sigma_{max}}{\tau_{max}} = \frac{\dfrac{3ql^2}{4bh}}{\dfrac{3ql}{4bh}} = \frac{l}{h}$$

即该梁横截面上的最大弯曲正应力与最大弯曲切应力之比等于梁的跨度 $l$ 与截面高度 $h$ 的比。当 $l \gg h$ 时,最大弯曲正应力将远大于最大弯曲切应力。因此,一般对于细长的实心截面梁或非薄壁截面梁,只要满足了正应力强度条件,无须再进行切应力强度计算。但是,对于薄壁截面梁或梁的弯矩较小而剪力却很大的情形,在进行正应力强度计算的同时,还需检查切应力强度条件是否满足。

另外,对某些薄壁截面(如工字形、T 形等)梁,在其腹板与翼缘连接处,同时存在相当大的正应力和切应力。这样的点也需进行强度校核,将在第九章进行讨论。

**例 6.3** 简支梁 $AB$ 如图 6.19a 所示。$l=2$ m,$a=0.2$ m。梁上的载荷为 $q=10$ kN/m,$F=200$ kN。材料的许用应力为 $[\sigma]=160$ MPa,$[\tau]=100$ MPa。试选择适用的工字钢型号。

**解**:计算梁的支反力,然后作剪力图和弯矩图,如图 6.19b、c 所示。

根据最大弯矩选择工字钢型号,$M_{max}=45$ kN·m,由弯曲正应力强度条件,有

$$W_z = \frac{M_{max}}{[\sigma]} = \frac{45 \times 10^3}{160 \times 10^6} \text{ m}^3 = 281 \text{ cm}^3$$

查型钢规格表,选用 No.22a 工字钢,其 $W_z = 309$ cm³。校核梁的切应力。由型钢规格表数据可得,$\dfrac{I_z}{S_z^*} = 18.9$ cm,腹板厚度 $d=0.75$ cm。由剪力图知 $F_{S,max}=210$ kN,代入切应力强度条件

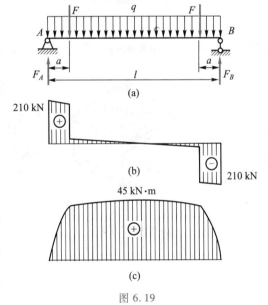

图 6.19

$$\tau_{max} = \frac{F_{S,max}S_z^*}{I_z b} = \frac{210 \times 10^3}{18.9 \times 10^{-2} \times 0.75 \times 10^{-2}} \text{ Pa} = 148 \text{ MPa} > [\tau]$$

$\tau_{max}$ 超过 $[\tau]$ 很多,应重新选择更大的截面。现以 No.25b 工字钢进行试算。由型钢规格表数

据可得，$\dfrac{I_z}{S_z^*} = 21.27 \text{ cm}$，$d = 1 \text{ cm}$。再次进行切应力强度校核

$$\tau_{\max} = \dfrac{210 \times 10^3}{21.27 \times 10^{-2} \times 1 \times 10^{-2}} \text{ Pa} = 98.7 \text{ MPa} < [\tau]$$

因此，要同时满足正应力和切应力强度条件，应选用型号为 25b 的工字钢。

## §6.4 复合梁

上节讨论的弯曲问题中，梁均由一种材料制成。而在工程实际中，常会遇到由两种或两种以上不同材料制成的组合梁的弯曲问题，如双金属梁（恒温器中使用的梁）、塑料涂层管以及钢板木梁（图 6.20a~c）。近年来出现了许多其他类型的复合梁，其主要目的是节省材料并减轻重量。例如，夹层梁（sandwich beams）具有重量轻、强度与刚度高的特点，并被广泛应用于航空航天业（图 6.20d~f）。我们所熟悉的物体，如滑雪板、门、墙板、书架以及纸板箱等，也是采用夹层结构制造的。一般将由两种及两种以上材料制成的梁称为复合梁（composite beams）。

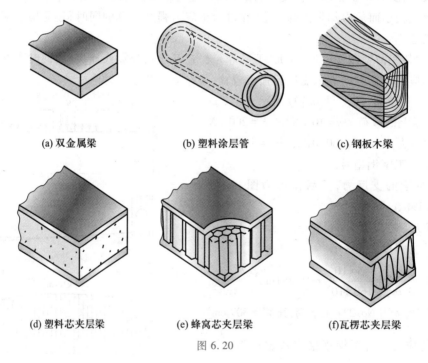

(a) 双金属梁  (b) 塑料涂层管  (c) 钢板木梁

(d) 塑料芯夹层梁  (e) 蜂窝芯夹层梁  (f) 瓦楞芯夹层梁

图 6.20

### 一、复合梁的应力分析

下面以图 6.21a 所示的两种材料组成的矩形截面梁为例，研究梁在对称纯弯曲时横截面上的正应力。设梁由材料①与材料②组成，其弹性模量分别为 $E_1$ 和 $E_2$，且 $E_2 = nE_1$。相应的横

截面面积分别为 $A_1$ 和 $A_2$。梁发生纯弯曲,横截面上的弯矩为 $M$。当梁的两种材料的接触部分紧密结合,在弯曲变形过程中无相对错动时,则梁横截面可视为整体。试验表明,平面假设与单向受力假设依然成立。

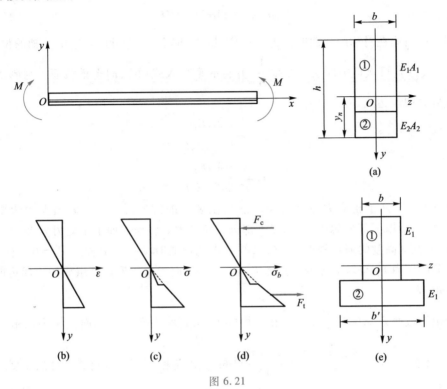

图 6.21

取截面的对称轴和中性轴分别为 $y$ 轴和 $z$ 轴(图 6.21a)。由平面假设可知,横截面上各点处的纵向线应变沿截面高度呈线性规律变化(图 6.21b),任一点 $y$ 处的纵向线应变为

$$\varepsilon = \frac{y}{\rho} \tag{a}$$

式中,$\rho$ 为中性层的曲率半径。当梁的材料均处于线弹性范围时,由单向受力假设可知,横截面上材料①与②部分均处于单向应力状态,弯曲正应力分别为

$$\left.\begin{aligned} \sigma_1 &= E_1 \frac{y}{\rho} \\ \sigma_2 &= E_2 \frac{y}{\rho} \end{aligned}\right\} \tag{b}$$

在两种材料的交界处,材料①与②部分 $y$ 坐标相同,应力有突变,$\dfrac{\sigma_2}{\sigma_1} = \dfrac{E_2}{E_1} = n$,即

$$\sigma_2 = n\sigma_1 \tag{c}$$

在交界处材料②部分的应力是材料①部分的 $n$ 倍,正应力沿截面高度的变化规律如图 6.21c 所示。

设横截面内材料①和材料②所占的面积分别为 $A_1$ 和 $A_2$,则由横截面上正应力所形成的法

向分布内力系的简化结果(即内力的静力学关系)得

$$\int \sigma_1 dA + \int \sigma_2 dA = F_N = 0 \tag{d}$$

$$\int_A y\sigma_1 dA + \int y\sigma_2 dA = M \tag{e}$$

与同一材料梁在对称纯弯曲时的推导相仿,将式(b)代入式(d),确定中性轴的位置;再将式(b)代入式(e),可求得中性层的曲率$\frac{1}{\rho}$,并将曲率代入式(b),即得横截面上材料①与②部分弯曲正应力的表达式

$$\sigma_1 = -\frac{MyE_1}{E_1 I_1 + E_2 I_2} \tag{6.22}$$

$$\sigma_2 = -\frac{MyE_2}{E_1 I_1 + E_2 I_2} \tag{6.23}$$

现由图6.21c所示正应力沿截面高度的变化规律进行分析。当横截面上的弯矩为正值时,截面上中性轴以上部分为压应力,以下部分为拉应力。将横截面上正应力 $\sigma$ 乘以截面宽度 $b$,可得 $\sigma b$ 沿截面高度的变化规律(图6.21d)。由纯弯曲时横截面上轴力 $F_N = 0$ 可知,其中性轴以上部分的压力 $F_c$ 与以下部分的拉力 $F_t$ 数值相等,而指向相反。其组成的力偶矩即为横截面上的弯矩 $M$。

对于矩形截面梁,$EI = E\dfrac{bh^3}{12}$,与 $E$ 和 $b$ 均成正比,若将组合梁的截面变换为仅由材料①构成的截面,由 $E_2 I_2 = nE_1 b \dfrac{4y_1^3 + h^3}{12} = E_1 b' \dfrac{4y_1^3 + h^3}{12}$ 可知,仅需将横截面上材料②部分的宽度变换为

$$b' = nb = \frac{E_2}{E_1}b \tag{6.24}$$

其正应力与宽度的乘积 $\sigma b$ 沿截面高度的变化规律将仍然与图6.21d所示相同。显然,按式(6.24)折算所得截面(图6.21e)的中性轴(即其水平形心轴)与两种材料的实际截面的中性轴相重合。于是,两种材料的组合梁可变换为同一材料的均质梁进行计算。图6.21e所示同一材料的截面相当于两种材料的实际截面,称为**相当截面**。应当注意,应用相当截面,按同一材料梁算出的横截面上的正应力 $\sigma$,对于材料①部分,即为实际的应力,而对材料②部分(变换宽度部分),必须将其乘以两材料弹性模量之比值 $E_2/E_1$,才是实际截面上的应力。

**例6.4**　T形截面梁的横截面尺寸如图6.22a所示。设截面在纵向对称面内承受负值的弯矩 $M$,而其翼缘和腹板的材料不同,弹性模量分别为 $E_1$ 和 $E_2$,且 $E_1 < E_2$。试推导折算宽度的计算公式,并计算截面上的应力。

**解:**(1) 折算宽度计算公式

要将截面折算成为同一材料的相当截面,可将翼缘的宽度或腹板的宽度进行折算。现折算翼缘的宽度,为此,设折算后的翼缘宽度为 $b'$(图6.22b),据式(6.24)得

$$b' = \frac{E_1}{E_2}b \tag{a}$$

上式即为折算宽度的计算公式。

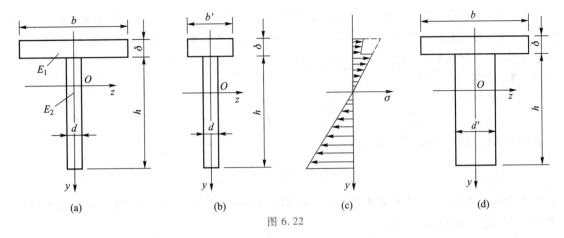

图 6.22

由折算宽度即可得出相当截面的形状和尺寸。当 $E_1 < E_2$ 时,则 $b' < b$,相当截面如图 6.22b 所示。

(2) 应力计算

为计算截面上的应力,需确定其形心轴,即相当截面的中性轴。然后,计算相当截面对该中性轴的惯性矩,称为相当惯性矩,并用 $I^*$ 表示。将其代入对称纯弯曲梁的正应力和曲率公式,即得相当截面梁的正应力和变形后的曲率分别为

$$\sigma' = \frac{My}{I^*} \tag{b}$$

和

$$\frac{1}{\rho} = \frac{M}{E_2 I^*} \tag{c}$$

由于相当截面已折算为腹板的材料,故式(c)中应取用腹板材料的弹性模量 $E_2$。

由式(b)算出的正应力是相当截面梁横截面上的正应力 $\sigma'$。对于翼缘部分的正应力 $\sigma$,根据两种材料的交界处应力关系可知

$$\sigma = \frac{E_1}{E_2} \sigma' \tag{6.25}$$

经上式换算后,原截面上正应力沿其高度变化的规律将如图 6.22c 所示。由于原梁和相当截面梁的变形完全相同,故式(c)也表达了原梁的变形,而无须再作任何换算。

上述按相当截面的计算方法,对于其他形状截面的两种材料组合梁也完全适用,只需将截面高度维持不变,而将其宽度按式(a)折算,即可得到相当于一种材料的相当截面。

需注意,在计算相当截面时,将原来的截面折算为哪一种材料的相当截面,对于最后的计算结果并无影响。例如,对于上述的 T 形截面梁,如果将原截面折算成为与翼缘同一材料的相当截面,则在 $E_2 > E_1$ 的情况下,其形状将如图 6.22d 所示,但最后的应力和变形的计算结果仍然不变。

## 二、夹层梁应力的近似计算

对于具有双对称轴的矩形横截面,且由两种线弹性材料制成的夹层梁(图 6.23a),可使用上节方法来分析其弯曲情况。然而,工程中常用的夹层梁,表层材料(材料①)的弹性模量远大

于芯层材料(材料②)的弹性模量,芯层的正应力远小于表层的正应力,如图 6.23b 所示。工程分析中,通常假设芯层中的正应力为零。这一假设就相当于认为芯层的弹性模量 $E_2$ 为零。在这些条件下,根据材料②的弯曲正应力公式(6.23),可得 $\sigma_{x2}=0$;根据材料①的弯曲正应力公式(6.23),可得

$$\sigma_{x1}=-\frac{My}{I_1} \tag{a}$$

$I_1$ 为两个表层对中性轴的惯性矩,且

$$I_1=\frac{b}{12}(h^3-h_c^3) \tag{b}$$

其中,$b$ 为梁的宽度,$h$ 为梁的整体厚度,$h_c$ 为芯层的厚度。注意 $h_c=h-2t$,其中,$t$ 为各表层的厚度,应力分布如图 6.23b 所示。

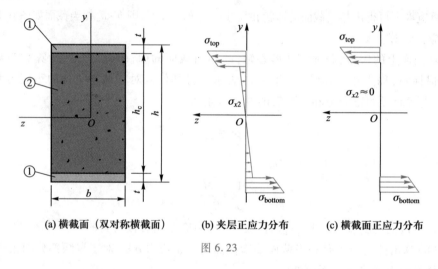

(a) 横截面（双对称横截面）　　(b) 夹层正应力分布　　(c) 横截面正应力分布

图 6.23

该夹层梁中的最大正应力发生在横截面的顶部和底部,其位置分别为 $y=h/2$ 和 $-h/2$。因此,根据式(6.22),可得

$$\sigma_{top}=-\frac{Mh}{2I_1} \tag{6.26}$$

$$\sigma_{bottom}=\frac{Mh}{2I_1} \tag{6.27}$$

如果弯矩 $M$ 为正,则上表层受压而下表层受拉。这两个方程偏于保守,因为它们所给出的表层中的应力要大于根据式(a)所得到的应力。进一步,为简化计算,若表层材料①厚度非常薄,还可假设应力沿表层厚度方向均匀分布,得

$$\sigma_{top}=-\frac{4M}{b(h^2-h_c^2)} \tag{6.28}$$

$$\sigma_{bottom}=\frac{4M}{b(h^2-h_c^2)} \tag{6.29}$$

进一步,由于与芯层的厚度相比,若各表层较薄(即如果与 $h_c$ 相比 $t$ 非常小),由 6.3 节工字形截面切应力公式可知,横截面上则可忽略各表层中的切应力,假设芯层承受所有的切应

力。在这种条件下,芯层中的平均切应力和平均切应变分别为

$$\tau_{\text{aver}} = \frac{F_{\text{S}}}{bh_{\text{c}}}, \qquad \gamma_{\text{aver}} = \frac{F_{\text{S}}}{bh_{\text{c}}G_{\text{c}}} \tag{6.30}$$

其中,$F_{\text{S}}$ 为作用在横截面上的剪力,$G_{\text{c}}$ 为芯层材料的剪切模量。(虽然最大切应力和最大切应变要大于平均值,但在设计中通常使用平均值。)

例 6.5 图 6.24 所示夹层梁的表层为铝合金,芯层为塑料。该梁横截面上的弯矩 $M=3.0$ kN·m。其各表层的厚度 $t=5$ mm、弹性模量 $E_1=72$ GPa,塑料芯层的厚度 $h_{\text{c}}=150$ mm、弹性模量 $E_2=800$ MPa。该梁的总体尺寸为 $h=160$ mm、$b=200$ mm。试分别利用以下理论来求解表层和芯层中的最大拉伸和压缩应力:(1)复合梁的一般理论;(2)夹层梁的近似理论。

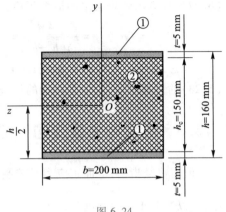

图 6.24

解:由于横截面是双对称的,因此,中性轴(图 6.24 中的 $z$ 轴)就位于高度的中点处。表层对中性轴的惯性矩为

$$I_1 = \frac{b}{12}(h^3 - h_{\text{c}}^3) = \frac{200 \text{ mm}}{12} \times [(160 \text{ mm})^3 - (150 \text{ mm})^3] = 12.017 \times 10^6 \text{ mm}^4$$

塑料芯层对中性轴的惯性矩为

$$I_2 = \frac{b}{12}h_{\text{c}}^3 = \frac{200 \text{ mm}}{12} \times (150 \text{ mm})^3 = 56.250 \times 10^6 \text{ mm}^4$$

(1)根据式(6.22)和式(6.23)计算正应力。首先计算这两个方程中的分母项(即该复合梁的抗弯刚度)

$$E_1I_1 + E_2I_2 = 72 \text{ GPa} \times 12.017 \times 10^6 \text{ mm}^4 + 800 \text{ MPa} \times 56.250 \times 10^6 \text{ mm}^4 = 910\ 200 \text{ N} \cdot \text{m}^2$$

根据式(6.22),可求得铝合金表层中的最大拉伸和压缩应力为

$$(\sigma_1)_{\text{max}} = \pm \frac{M(h/2)(E_1)}{E_1I_1 + E_1I_2}$$

$$= \pm \frac{3.0 \text{ kN} \cdot \text{m} \times 80 \text{ mm} \times 72 \text{ GPa}}{910\ 200 \text{ N} \cdot \text{m}^2} = \pm 19.0 \text{ MPa}$$

根据式(6.23),计算塑料芯层中的最大拉伸和压缩应力为

$$(\sigma_2)_{\text{max}} = \pm \frac{M(h_{\text{c}}/2)(E_2)}{E_1I_1 + E_2I_2}$$

$$= \pm \frac{3.0 \text{ kN} \cdot \text{m} \times 75 \text{ mm} \times 800 \text{ MPa}}{910\ 200 \text{ N} \cdot \text{m}^2} = \pm 0.198 \text{ MPa}$$

各表层中的最大应力是芯层中的最大应力的 96 倍,这主要是因为铝合金的弹性模量比塑料的弹性模量大 90 倍。

(2)根据夹层梁的近似理论来计算正应力。近似理论忽略了芯层中的正应力,并假设各表层传递全部的弯矩。根据式(6.26)和式(6.27),就可计算出各表层中的最大正应力分别为

$$(\sigma_1)_{\max} = \pm \frac{Mh}{2I_1} = \pm \frac{3.0 \text{ kN} \cdot \text{m} \times 80 \text{ mm}}{12.017 \times 10^6 \text{mm}^4} = \pm 20.0 \text{ MPa}$$

正如预期的那样,近似理论给出的各表层中的应力略高于复合梁的一般理论所给出的应力。

(3) 根据夹层梁的近似理论,且假设表层应力均匀分布来计算正应力,根据式(6.26)和式(6.27),计算出各表层中的最大正应力分别为

$$(\sigma_1)_{\max} = \pm \frac{4M}{b(h^2 - h_c^2)} = \pm \frac{3.0 \text{ kN} \cdot \text{m} \times 4}{200 \text{ mm} \times (160^2 - 150^2) \text{mm}^2} = \pm 19.35 \text{ MPa}$$

可见,基于应力均匀分布假设给出的表层正应力值略小于夹层梁理论公式(6.27)和式(6.28)的计算结果,大于复合梁的一般理论所给出的应力。

## §6.5 提高弯曲强度的一些措施

前面曾经指出,弯曲正应力是控制抗弯强度的主要因素。因此,讨论提高梁抗弯强度的措施,应以弯曲正应力强度条件为主要依据。由 $\sigma_{\max} = \dfrac{M_{\max}}{W_z} \leqslant [\sigma]$ 可以看出,为了提高梁的强度,可以从以下三方面考虑。

### 一、合理安排梁的支座和载荷

从正应力强度条件可以看出,在抗弯截面系数 $W_z$ 不变的情况下,$M_{\max}$ 越小,梁的承载能力越高。因此,应合理地安排梁的支承及加载方式,以降低最大弯矩值。如图 6.25a 所示简支梁,受均布载荷 $q$ 作用,梁的最大弯矩为 $M_{\max} = \dfrac{1}{8}ql^2$。

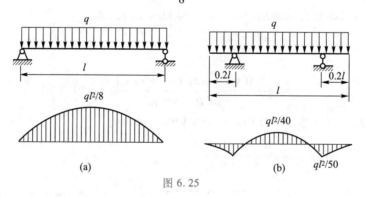

图 6.25

如果将梁两端的铰支座各向内移动 $0.2l$,如图 6.25b 所示,则最大弯矩变为 $M_{\max} = \dfrac{1}{40}ql^2$,仅为前者的 1/5。

由此可见,在可能的条件下,适当地调整梁的支座位置,可以降低最大弯矩值,提高梁的承载能力。例如,门式起重机的大梁(图 6.26a),锅炉筒体(图 6.26b)等,就是采用上述措施,以达到提高强度节省材料的目的。

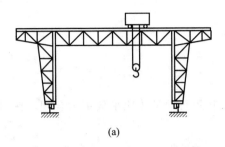
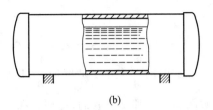

(a)                    (b)

图 6.26

再如,图 6.27a 所示的简支梁 *AB*,在集中力 *F* 作用下梁的最大弯矩为

$$M_{\max} = \frac{1}{4}Fl$$

如果在梁的中部安置一长为 $l/2$ 的辅助梁 *CD*(图 6.27b),使集中载荷 *F* 分散成两个 *F/2* 的集中载荷作用在 *AB* 梁上,此时梁 *AB* 内的最大弯矩为

$$M_{\max} = \frac{1}{8}Fl$$

如果将集中载荷 *F* 靠近支座,如图 6.27c 所示,则梁 *AB* 上的最大弯矩为

$$M_{\max} = \frac{5}{36}Fl$$

由上例可见,使集中载荷适当分散和使集中载荷尽可能靠近支座均能达到降低最大弯矩的目的。

## 二、采用合理的截面形状

由正应力强度条件可知,梁的抗弯能力还取决于抗弯截面系数 $W_z$。为提高梁的抗弯强度,应找到一个合理的截面形式,以达到既提高强度又节省材料的目的。

比值 $\dfrac{W_z}{A}$ 可作为衡量截面是否合理的尺度,$\dfrac{W_z}{A}$ 值越大,截面越趋于合理。如图 6.28 所示的尺寸及材料完全相同的两个矩形截面悬臂梁,由于安放位置不同,抗弯能力也不同。竖放时

$$\frac{W_z}{A} = \frac{\dfrac{bh^2}{6}}{bh} = \frac{h}{6}$$

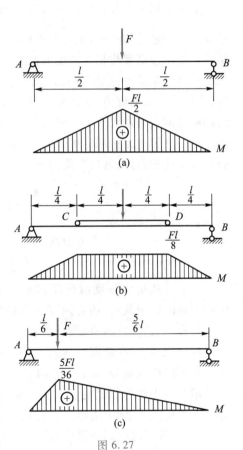

图 6.27

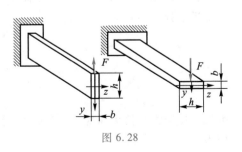

图 6.28

平放时

$$\frac{W_z}{A} = \frac{\dfrac{b^2 h}{6}}{bh} = \frac{b}{6}$$

当 $h > b$ 时,竖放时的 $\dfrac{W_z}{A}$ 大于平放时的 $\dfrac{W_z}{A}$,因此,矩形截面梁竖放比平放更为合理。在房屋建筑中,矩形截面梁几乎都是竖放的,道理就在于此。

表 6.1 列出了几种常用截面的 $\dfrac{W_z}{A}$ 值,由此看出,工字形截面和槽形截面最为合理,而圆形截面是其中最差的一种,从弯曲正应力的分布规律来看,也容易理解这一事实。以图 6.29 所示截面面积及高度均相等的矩形截面及工字形截面为例,说明如下:梁横截面上的正应力是按线性规律分布的,离中性轴越远,正应力越大。工字形截面有较多面积分布在距中性轴较远处,作用着较大的应力,而矩形截面有较多面积分布在中性轴附近,作用着较小的应力。因此,当两种截面上的最大应力相同时,工字形截面上的应力所形成的弯矩将大于矩形截面上的弯矩。即在许用应力相同的条件下,工字形截面抗弯能力较大。同理,圆形截面由于大部分面积分布在中性轴附近,其抗弯能力就更差了。

表 6.1　几种常用截面的 $W_z/A$ 值

| 截面形状 | 矩形 | 圆形 | 槽钢 | 工字钢 |
|---|---|---|---|---|
| $\dfrac{W_z}{A}$ | $0.167h$ | $0.125d$ | $(0.27 \sim 0.31)h$ | $(0.27 \sim 0.31)h$ |

以上是从抗弯强度的角度讨论问题。工程实际中选用梁的合理截面,还必须综合考虑刚度、稳定性,以及结构、工艺等方面的要求,才能最后确定。

在讨论截面的合理形状时,还应考虑材料的特性。对于抗拉和抗压强度相等的材料,如各种钢材,宜采用对称于中性轴的截面,如圆形、矩形和工字形等。这种横截面上、下边缘最大拉应力和最大压应力

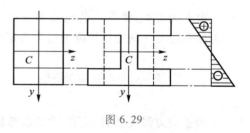

图 6.29

数值相同,可同时达到许用应力值。对抗拉和抗压强度不相等的材料,如铸铁,则宜采用非对称于中性轴的截面,如图 6.30 所示。我们知道铸铁之类的脆性材料,抗拉能力低于抗压能力,所以在设计梁的截面时,应使中性轴偏于受拉应力一侧,通过调整截面尺寸,如能使 $y_1$ 和 $y_2$ 之比接近下列关系:

$$\frac{\sigma_{t,\max}}{\sigma_{c,\max}} = \frac{\dfrac{M_{\max} y_1}{I_z}}{\dfrac{M_{\max} y_2}{I_z}} = \frac{y_1}{y_2} = \frac{[\sigma_t]}{[\sigma_c]}$$

则最大拉应力和最大压应力可同时接近许用应力,式中 $[\sigma_t]$ 和 $[\sigma_c]$ 分别表示拉伸和压缩许用应力。

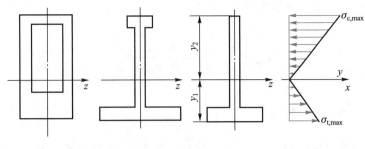

图 6.30

### 三、采用等强度梁

横力弯曲时,梁的弯矩是随截面位置而变化的,若按式(6.6)设计成等截面的梁,则除最大弯矩所在截面外,其他各截面上的正应力均未达到许用应力值,材料强度得不到充分发挥。为了减少材料消耗、减轻重量,可把梁制成截面随截面位置变化的变截面梁。若截面变化比较平缓,前述弯曲应力计算公式仍可近似使用。当变截面梁各横截面上的最大弯曲正应力相同,并与许用应力相等时,即

$$\sigma_{max} = \frac{M(x)}{W(x)} = [\sigma]$$

时,称为**等强度梁**。等强度梁的抗弯截面系数随截面位置的变化规律为

$$W_z(x) = \frac{M(x)}{[\sigma]} \tag{6.31}$$

由式(6.31)可见,确定了弯矩随截面位置的变化规律,即可求得等强度梁横截面的变化规律,下面举例说明。

设图 6.31a 所示受集中力 $F$ 作用的简支梁为矩形截面的等强度梁,若截面高度 $h$ 为常量,则宽度 $b$ 为截面位置 $x$ 的函数,$b = b(x)$,矩形截面的抗弯截面系数为

$$W_z(x) = \frac{b(x)h^2}{6}$$

弯矩方程式为

$$M(x) = \frac{F}{2}x, \quad 0 \leqslant x \leqslant \frac{l}{2}$$

将以上两式代入式(6.31),化简后得

$$b(x) = \frac{3F}{h^2[\sigma]}x \tag{a}$$

可见,截面宽度 $b(x)$ 为 $x$ 的线性函数。由于约束与载荷均对称于跨度中点,因而截面形状也对跨度中点对称(图 6.31b)。在左、右两个端点处截面宽度 $b(x) = 0$,这显然不能满足抗剪强度要求。为了能够承受切应力,梁两端的截面应不小于某一最小宽度

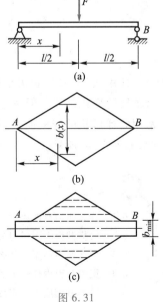

图 6.31

$b_{\min}$，如图 6.31c 所示。由弯曲切应力强度条件

$$\tau_{\max} = \frac{3}{2} \frac{F_{S,\max}}{A} = \frac{3}{2} \frac{\dfrac{F}{2}}{b_{\min} h} \leqslant [\tau]$$

得

$$b_{\min} = \frac{3F}{4h[\tau]} \tag{b}$$

若设想把这一等强度梁分成若干狭条，然后叠置起来，并使其略微拱起，这就是载重车辆上经常使用的钢板弹簧，如图 6.32 所示。

若上述矩形截面等强度梁的截面宽度 $b$ 为常数，而高度 $h$ 为 $x$ 的函数，即 $h = h(x)$，用完全相同的方法可以求得

$$h(x) = \sqrt{\frac{3Fx}{b[\sigma]}} \tag{c}$$

$$h_{\min} = \frac{3F}{4b[\tau]} \tag{d}$$

按式(c)和式(d)确定的梁形状如图 6.33a 所示。如把梁做成图 6.33b 所示的形式，就是厂房建筑中广泛使用的"鱼腹梁"。

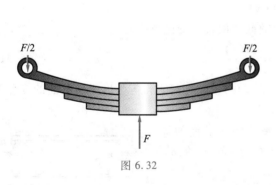

图 6.32

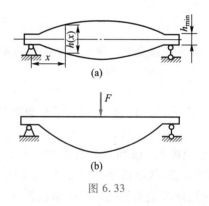

图 6.33

使用式(6.31)，也可求得圆形截面等强度梁的截面直径沿轴线的变化规律。但考虑到加工的方便及结构上的要求，常用阶梯形状的变截面梁(阶梯轴)来代替理论上的等强度梁，如图 6.34 所示。

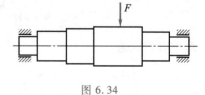

图 6.34

## 思考题

6.1　什么叫纯弯曲梁段？什么叫横力(剪切)弯曲梁段？

6.2　梁横截面上正应力公式推导时作了什么假设？

6.3　什么叫中性层？什么叫中性轴？如何确定中性轴的位置？

6.4　梁横截面中性轴上的正应力是否一定为零？切应力是否一定为最大？试举例说明。

6.5　梁的最大应力一定发生在内力最大的横截面上吗？为什么？

6.6　梁的横截面上中性轴两侧的正应力的合力之间有什么关系？这两个力最终合成的结果是什么？

6.7　有水平对称轴截面的梁与无水平对称轴截面的梁上的最大拉、压应力计算方法是否相同？

6.8　型钢为何要做成工字形、槽形？对抗拉和抗压强度不相等的材料为什么要采用 T 形截面？

6.9　梁的切应力公式与正应力公式推导过程有何不同？

6.10　截面形状尺寸完全相同的两简支梁，一为钢梁，一为木梁，当梁上的载荷相同时，两梁中的最大正应力是否相同？两梁中的最大切应力是否相同？

6.11　圆环形截面的内、外径之比为 $\alpha = \dfrac{d}{D}$，按下式计算其抗弯截面系数是否正确？

$$W_z = \frac{\pi D^3}{32}(1 - \alpha^3)$$

6.12　为什么钢丝绳总是用许多细钢丝组合制成，而不用一根圆钢条制成？

6.13　是否弯矩最大的截面，就是梁的最危险截面？

6.14　梁在横力弯曲时，矩形、工字形、圆形和圆环形截面上切应力是怎样分布的？最大的切应力发生在什么地方？

6.15　提高梁的弯曲强度有哪些措施？

 **习题**

6.1　图 a 所示钢梁（$E = 2.0 \times 10^5$ MPa）具有图 b、c 所示两种截面形式。试分别求出两种截面形式下梁中性层的曲率半径，最大拉、压应力及其所在位置。

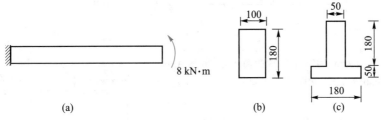

题 6.1 图

6.2　处于纯弯曲情况下的矩形截面梁，高为 120 mm，宽为 60 mm，绕水平形心轴弯曲。如梁最外层纤维中的正应变 $\varepsilon = 7 \times 10^{-4}$，试求该梁的曲率半径。

6.3　直径 $d = 3$ mm 的高强度钢丝，绕在直径 $D = 600$ mm 的轮缘上，已知材料的弹性模量 $E = 200$ GPa，试求钢丝绳横截面上的最大弯曲正应力。

6.4　试求图示梁指定截面 $a$-$a$ 上指定点 $D$ 处的正应力，及梁的最大拉应力 $\sigma_{\mathrm{t,max}}$ 和最大压应力 $\sigma_{\mathrm{c,max}}$。

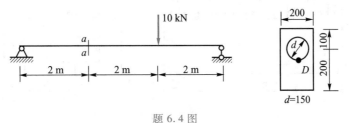

题 6.4 图

6.5　图示两梁的横截面,其上均受绕水平中性轴转动的弯矩。若横截面上的最大正应力为 40 MPa,试问:

(1) 当矩形截面挖去虚线内面积时,弯矩减小百分之几?

(2) 工字形截面腹板和翼缘上,各承受总弯矩的百分之几?

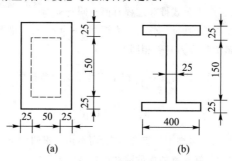

题 6.5 图

6.6　图示一矩形截面悬臂梁,具有如下三种截面形式:(a) 整体;(b) 两块上、下叠合;(c) 两块并排。试分别计算梁的最大正应力,并画出正应力沿截面高度的分布规律。

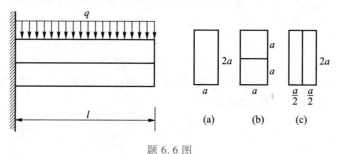

题 6.6 图

6.7　图示截面为 No.45a 工字钢的简支梁,测得 $A$、$B$ 两点间的伸长为 0.012 mm。试问施加于梁上的 $F$ 力多大?设 $E = 200$ GPa。

6.8　图示一槽形截面悬臂梁,长为 6 m,受 $q = 5$ kN/m 的均布载荷作用。试求距固定端为 0.5 m 处的截面上,距梁顶面 100 mm 处 $b$-$b$ 线上的切应力及 $a$-$a$ 线上的切应力。

6.9　一梁由两个 No.18b 槽钢背靠背组成一整体,如图所示。在梁的 $a$-$a$ 截面上,剪力为 18 kN、弯矩为 55 kN·m。试求 $b$-$b$ 截面中性轴以下 40 mm 处的正应力和切应力。

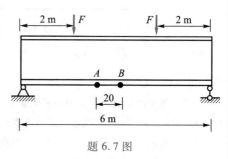

题 6.7 图

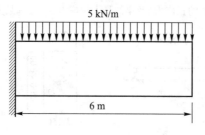

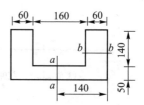

题 6.8 图

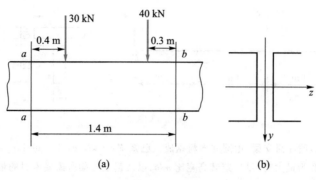

题 6.9 图

6.10　一等截面直木梁，因翼缘宽度不够，在其左右两边各粘合一条截面为 50 mm×50 mm 的木条，如图所示。若此梁危险截面上受有竖直向下的剪力 20 kN，试求黏结层中的切应力。

6.11　图示一矩形截面悬臂梁，在全梁上受集度为 $q$ 的均布载荷作用，其横截面尺寸为 $b$、$h$，长度为 $l$。

（1）证明在距自由端为 $x$ 处的横截面上的切向分布内力 $\tau\mathrm{d}A$ 的合力等于该截面上的剪力；而法向分布内力 $\sigma\mathrm{d}A$ 的合力偶矩等于该截面上的弯矩。

（2）如沿梁的中性层截出梁的下半部，如图所示。截开面上的切应力 $\tau'$ 沿梁长度的变化规律如何？该面上总的水平剪力 $F'_\mathrm{S}$ 有多大？它由什么力来平衡？

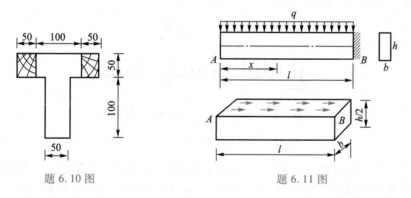

题 6.10 图　　　　　　　　　　　　题 6.11 图

6.12　图示梁的许用应力 $[\sigma]=8.5$ MPa，若单独作用 30 kN 的载荷时，梁内的应力将超过许用应力，为使梁内应力不超过许用值，试求 $F$ 的最小值。

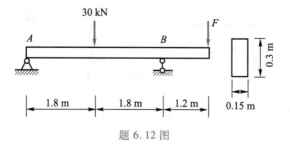

题 6.12 图

6.13　图示铸铁梁，若 $[\sigma_\mathrm{t}]=30$ MPa，$[\sigma_\mathrm{c}]=60$ MPa，试校核此梁的强度。已知 $I_z=764\times10^{-8}$ m⁴。

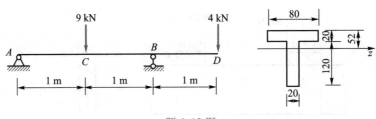

题 6.13 图

6.14 图示一矩形截面简支梁，由圆柱木料锯成。已知 $F = 8$ kN，$a = 1.5$ m，$[\sigma] = 10$ MPa。现欲使矩形截面的抗弯截面系数为最大时，试确定其高宽比 $h/b$，以及锯成此梁所需要木料的最小直径 $d$。

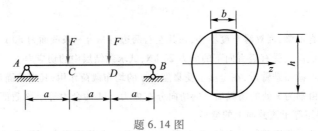

题 6.14 图

6.15 图示截面为 No.10 工字钢的梁 $AB$，$B$ 点由 $d = 20$ mm 的圆钢杆 $BC$ 支承，梁及杆的许用应力 $[\sigma] = 160$ MPa，试求许用均布载荷 $[q]$。

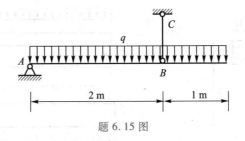

题 6.15 图

6.16 $AB$ 为叠合梁，由 25 mm×100 mm 木板若干层利用胶粘制而成，如图所示。如果木材许用应力 $[\sigma] = 13$ MPa，黏结处的许用切应力 $[\tau] = 0.35$ MPa。试确定叠合梁所需要的层数。（注：层数取 2 的倍数。）

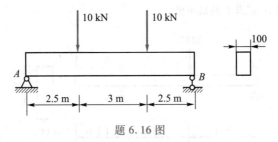

题 6.16 图

# 第七章

# 弯 曲 变 形

## §7.1 引言

### 一、工程实例

工程上,对于某些弯曲构件,除强度要求外,往往还有刚度要求,根据工作的需要,对其变形加以必要的限制。例如,机床的主轴(图7.1),若变形过大,将会影响齿轮间的正常啮合、轴与轴承的配合,从而加速齿轮和轴承的磨损,使机床产生噪声,影响其加工精度。因此,在设计主轴时,必须充分考虑刚度要求。

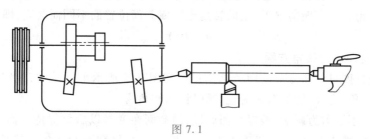

图 7.1

工程中虽然经常限制弯曲变形,但在某些情况下,常常又利用弯曲变形来满足工作的要求,例如,钢板弹簧(图7.2)应有较大的变形,才可以更好地起缓冲作用。弹簧扳手(图7.3)要有明显的弯曲变形,才可以使测得的力矩更为准确。

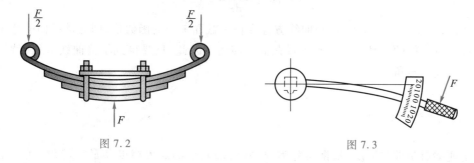

图 7.2                          图 7.3

为了限制或利用构件的弯曲变形,就需要掌握计算弯曲变形的方法。本章主要讨论梁在平面弯曲时的变形计算。

## 二、挠度和转角

若在弹性范围内加载,梁的轴线在梁弯曲后变成连续光滑曲线,称为**挠曲线**。梁在平面弯曲时,其挠曲线是一条平面曲线。以变形前的梁轴线为 $x$ 轴,挠曲线平面内垂直向上的轴为 $y$ 轴(图 7.4),建立 $Oxy$ 坐标平面。对于对称弯曲,$Oxy$ 平面为梁的纵向对称面。

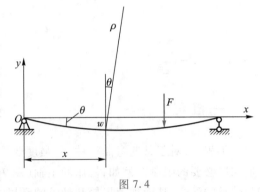

图 7.4

对于忽略剪力的细长梁,可用梁横截面形心的线位移和截面的角位移来表示梁的变形。若梁发生平面弯曲,形心的线位移可以分解为垂直于轴线的横向位移(即**挠度**)和沿轴线的纵向位移。一般来说,挠度随横截面位置变化而变化,即

$$w = w(x) \tag{7.1}$$

工程问题中,梁的挠度 $w$ 一般远小于跨度,挠曲线是一条非常平坦的曲线,任一截面的形心的纵向位移都可略去不计。因此,式(7.1)就代表**挠曲线方程**。梁的横截面绕中性轴转动的角位移 $\theta$,称为该截面的**转角**。在一般情况下,梁的转角也随横截面位置的不同而改变,即

$$\theta = \theta(x) \tag{7.2}$$

式(7.2)称为梁弯曲时的**转角方程**。

挠度和转角是度量弯曲变形的两个基本量。在图 7.4 所示坐标系中,规定向上的挠度为正,向下的挠度为负。逆时针的转角为正,顺时针的转角为负。

梁弯曲时,若不计剪力影响,根据平面假设,横截面在变形以后仍保持平面,弯曲变形前垂直于轴线($x$ 轴)的横截面,变形后仍垂直于挠曲线。所以,横截面的转角 $\theta$ 就是 $y$ 轴与挠曲线法线的夹角。它应等于挠曲线的倾角,即等于 $x$ 轴与挠曲线切线的夹角(图 7.4)。在小变形情况下,倾角 $\theta$ 很小,故有

$$\theta \approx \tan \theta = \frac{\mathrm{d}w}{\mathrm{d}x} = w'(x) \tag{7.3}$$

由式(7.1)和式(7.3)可见,挠曲线方程在任一截面 $x$ 处的函数值,即为该截面的挠度。挠曲线上任一点切线的斜率等于该点处横截面的转角。因此,只要得到了挠曲线方程,就很容易求出梁的挠度和转角。

## 三、梁的刚度条件

为了使梁有足够的刚度,根据实际需要,常常限制梁的最大挠度及最大转角(或指定截面的挠度及转角)。故刚度条件可表示为

$$|w|_{\max} \leqslant [w]$$
$$|\theta|_{\max} \leqslant [\theta] \tag{7.4}$$

式中,$|w|_{\max}$ 与 $|\theta|_{\max}$ 为梁的最大挠度与最大转角,$[w]$ 与 $[\theta]$ 为规定的许可挠度和许可转角。其

值根据具体工作条件来确定,可从机械设计手册中查得。例如,一般用途的轴$[w]=(0.000\ 3\sim$
$0.000\ 5)l$,其中$l$为梁的跨度;传动轴在安装齿轮处$[\theta]=0.001$ rad。

## §7.2  挠曲线的近似微分方程

在建立纯弯曲正应力计算公式时,曾导出曲率公式

$$\frac{1}{\rho}=\frac{M}{EI_z}$$

若不计剪力对弯曲变形的影响,上式也可用于横力弯曲情况。横力弯曲时,弯矩$M$及曲率半径
$\rho$均为坐标$x$的函数,上式可改写为

$$\frac{1}{\rho(x)}=\frac{M(x)}{EI_z} \qquad (\text{a})$$

式(a)表明,挠曲线上任意一点的曲率与该处横截面上的弯矩成正比,与抗弯刚度成反比。

另一方面,挠曲线为$Oxy$坐标系内的一条平面曲线$w=f(x)$,其上任意一点的曲率可表
示为

$$\frac{1}{\rho(x)}=\pm\frac{\dfrac{\mathrm{d}^2w}{\mathrm{d}x^2}}{\left[1+\left(\dfrac{\mathrm{d}w}{\mathrm{d}x}\right)^2\right]^{3/2}} \qquad (\text{b})$$

由式(a)和式(b)得

$$\pm\frac{\dfrac{\mathrm{d}^2w}{\mathrm{d}x^2}}{\left[1+\left(\dfrac{\mathrm{d}w}{\mathrm{d}x}\right)^2\right]^{3/2}}=\frac{M(x)}{EI_z} \qquad (7.5)$$

式(7.5)称为挠曲线微分方程。工程实际中梁的变形一般都很小,挠曲线是一非常平坦的曲
线,转角$\theta=\dfrac{\mathrm{d}w}{\mathrm{d}x}$也是一个非常小的角度。可见,式(7.5)中等号左端分母中$\left(\dfrac{\mathrm{d}w}{\mathrm{d}x}\right)^2$项与1相比可
以略去不计。因此,式(7.5)可简化为

$$\pm\frac{\mathrm{d}^2w}{\mathrm{d}x^2}=\frac{M(x)}{EI_z} \qquad (\text{c})$$

式中,正负号与弯矩的符号规定及所取坐标系有关。根据§5.2中关于弯矩的符号规定,在
图7.5所示坐标系下,弯矩$M$与二阶导数$\dfrac{\mathrm{d}^2w}{\mathrm{d}x^2}$的符号总是一致的。因此,式(c)左端应取正号,即

$$\frac{\mathrm{d}^2w}{\mathrm{d}x^2}=\frac{M(x)}{EI_z} \qquad (7.6)$$

式(7.6)称为挠曲线近似微分方程。

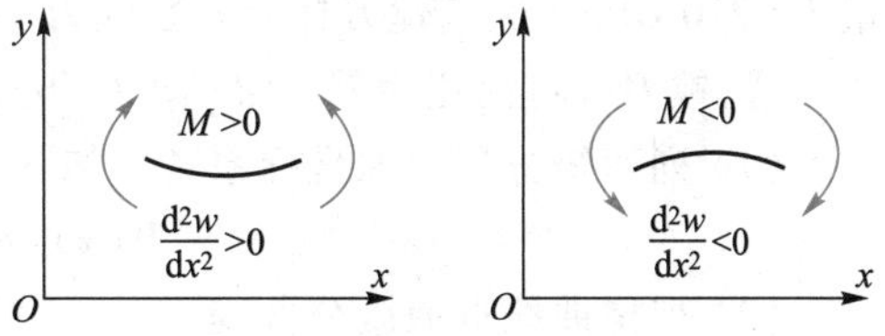

有些技术部门,在分析梁变形时,常采用$y$轴
向下的坐标系,在这种情况下,挠曲线近似微分

图 7.5

方程为

$$\frac{d^2 w}{dx^2} = -\frac{M(x)}{EI_z}$$

## §7.3　用积分法求弯曲变形

挠曲线近似微分方程式(7.6)的通解可用积分法求得,将式(7.6)连续积分两次,得

$$\theta = \frac{dw}{dx} = \int \frac{M(x)}{EI_z} \, dx + C \tag{7.7}$$

$$w = \int\left(\int \frac{M(x)}{EI_z} dx\right) \, dx + Cx + D \tag{7.8}$$

式中,$C$、$D$ 为积分常数,其值可根据给定的具体梁的已知变形条件确定。当梁的弯矩方程需要分段描述时,或梁的抗弯刚度分段变化时,挠曲线近似微分方程也应分段建立,并分段进行积分。

确定积分常数时,可以作为定解条件的已知变形条件包括两类:一类是位于梁支座处的截面,其挠度和转角或为零或为已知。例如,铰链支座处挠度为零,固定端处挠度与转角均为零,铰链与弹性支座相连处的挠度等于弹性支座本身的变形量,等等。这类条件通常称为**边界条件**。此外,当弯矩或抗弯刚度不连续,以至梁的挠曲线微分方程需要分段积分时,还需利用挠曲线在分段截面处的连续光滑条件才能确定全部积分常数。因为挠曲线是一条连续光滑的曲线,不应有图 7.6a、b 所表示的不连续和不光滑的情况。即在挠曲线的任一点上,有唯一确定的挠度和转角。挠曲线在分段截面处应满足连续光滑条件,简称为梁位移的**连续条件**。当梁有中间铰链时,其左、右截面的挠度相等,即在中间铰链处可以列出挠度的连续条件。一般来说,在梁上总能找出足够的边界条件及连续条件来确定积分常数。

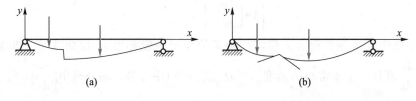

图 7.6

挠曲线近似微分方程通解中的积分常数确定以后,就得到了挠曲线方程及转角方程。上述求梁变形的方法称为**积分法**。下面举例说明用积分法求转角和挠度的步骤和过程。

**例 7.1**　图 7.7a 为镗刀在工件上镗孔的示意图。为保证镗孔精度,镗刀杆的弯曲变形不能过大。设径向切削力 $F = 200$ N,镗刀杆直径 $d = 10$ mm,外伸长度 $l = 50$ mm。材料的弹性模量 $E = 210$ GPa。试求镗刀杆上安装镗刀头的截面 $B$ 的转角和挠度。

**解**:镗刀杆可简化为悬臂梁(图 7.7b)。

(1)列弯矩方程。取坐标系 $Axy$ 如图所示,梁的弯矩方程为

$$M(x) = -F(l-x) = F(x-l)$$

(2)列挠曲线近似微分方程

$$EI_z w'' = M(x) = F(x-l)$$

积分得

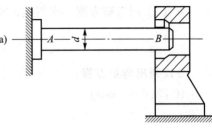

$$EI_z\theta = \frac{F}{2}x^2 - Flx + C \quad\quad (a)$$

$$EI_zw = \frac{F}{6}x^3 - \frac{Flx^2}{2} + Cx + D \quad\quad (b)$$

（3）确定积分常数。固定端处的边界条件为

$$\theta\mid_{x=0} = 0 \quad\quad (c)$$

$$w\mid_{x=0} = 0 \quad\quad (d)$$

把式（c）与式（d）分别代入式（a）与式（b），得 $C=0$，
$D=0$。

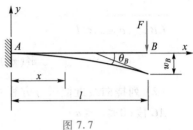

（4）确定转角方程和挠曲线方程

将 $C=0,D=0$ 代入式（a）与式（b），得梁的转角方
程与挠曲线方程式

$$\theta = \frac{F}{EI_z}\left(\frac{x^2}{2} - lx\right) \quad\quad\quad (e)$$

$$w = \frac{F}{EI_z}\left(\frac{x^3}{6} - \frac{lx^2}{2}\right) \quad\quad\quad (f)$$

图 7.7

（5）求截面 B 的转角及挠度。以 $x=l$ 代入式（e）及式（f）得

$$\theta_B = \theta\mid_{x=l} = -\frac{Fl^2}{2EI_z}$$

$$w_B = w\mid_{x=l} = -\frac{Fl^3}{3EI_z}$$

在以上两式中令 $F=200$ N，$E=210$ GPa，$l=50$ mm，$I_z = \frac{\pi d^4}{64} = \frac{\pi}{64}\times 10^4$ mm$^4$ = 491 mm$^4$，得出

$$\theta_B = -0.002\ 42\ \text{rad}$$

$$w_B = -0.080\ 8\ \text{mm}$$

$\theta_B$ 的符号为负，表示截面 B 的转角是顺时针的，$w_B$ 也为负，表示点 B 的挠度向下。

例 7.2 图 7.8 所示简支梁，受集中力 F 作用，已知抗弯刚度 $EI_z$ 为常量，试求梁的最大挠
度及两端的转角。

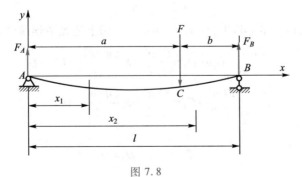

图 7.8

解：(1) 列弯矩方程。求得梁两端的支反力

$$F_A = \frac{Fb}{l}, \quad F_B = \frac{Fa}{l}$$

分段列出弯矩方程：

AC 段 $(0 \leqslant x_1 \leqslant a)$

$$M(x_1) = F_A x_1 = \frac{Fb}{l} x_1$$

CB 段 $(a \leqslant x_2 \leqslant l)$

$$M(x_2) = F_A x_2 - F(x_2 - a) = \frac{Fb}{l} x_2 - F(x_2 - a)$$

(2) 列挠曲线近似微分方程并积分

AC 段 $(0 \leqslant x_1 \leqslant a)$

$$EI_z w_1'' = \frac{Fb}{l} x_1$$

$$EI_z \theta_1 = \frac{Fb}{l} \frac{x_1^2}{2} + C_1 \tag{a}$$

$$EI_z w_1 = \frac{Fb}{l} \frac{x_1^3}{6} + C_1 x_1 + D_1 \tag{b}$$

CB 段 $(a \leqslant x_2 \leqslant l)$

$$EI_z w_2'' = \frac{Fb}{l} x_2 - F(x_2 - a)$$

$$EI_z \theta_2 = \frac{Fb}{l} \frac{x_2^2}{2} - F \frac{(x_2-a)^2}{2} + C_2 \tag{c}$$

$$EI_z w_2 = \frac{Fb}{l} \frac{x_2^3}{6} - F \frac{(x_2-a)^3}{6} + C_2 x_2 + D_2 \tag{d}$$

(3) 确定积分常数。四个积分常数 $C_1$、$D_1$、$C_2$ 及 $D_2$ 可由光滑连续性条件和边界条件确定。

光滑连续性条件

$$w_1 |_{x_1=a} = w_2 |_{x_2=a}$$
$$\theta_1 |_{x_1=a} = \theta_2 |_{x_2=a}$$

在式(a)、式(b)和式(c)、式(d)中，令 $x_1 = x_2 = a$ 并应用上述光滑连续性条件可得

$$\frac{Fb}{l} \frac{a^3}{6} + C_1 a + D_1 = \frac{Fb}{l} \frac{a^3}{6} - F \frac{(a-a)^3}{6} + C_2 a + D_2$$

$$\frac{Fb}{l} \frac{a^2}{2} + C_1 = \frac{Fb}{l} \frac{a^2}{2} - F \frac{(a-a)^2}{2} + C_2$$

由以上两式可求得

$$C_1 = C_2, \quad D_1 = D_2$$

边界条件

$$w_1 \big|_{x_1=0} = 0$$
$$w_2 \big|_{x_2=l} = 0$$

将式(b)、式(d)分别代入以上两式,得

$$D_1 = D_2 = 0$$

$$C_1 = C_2 = -\frac{Fb}{6l}(l^2-b^2)$$

(4) 求转角方程和挠度方程。将 $C_1$、$D_1$、$C_2$ 及 $D_2$ 的值代入式(a)、式(b)及式(c)、式(d),整理后得:

$AC$ 段 $(0 \leqslant x_1 \leqslant a)$

$$EI_z\theta_1 = \frac{Fb}{6l}(l^2-3x_1^2-b^2) \tag{e}$$

$$EI_zw_1 = -\frac{Fbx_1}{6l}(l^2-x_1^2-b^2) \tag{f}$$

$CB$ 段 $(a \leqslant x_2 \leqslant l)$

$$EI_z\theta_2 = -\frac{Fb}{6l}\left[(l^2-b^2-3x_2^2)+\frac{3l}{b}(x_2-a)^2\right] \tag{g}$$

$$EI_zw_2 = -\frac{Fb}{6l}\left[(l^2-b^2-x_2^2)x_2+\frac{l}{b}(x_2-a)^3\right] \tag{h}$$

(5) 两端转角及最大挠度。在式(e)及式(g)中,分别令 $x_1=0$ 及 $x_2=l$,化简后得梁两端的转角

$$\theta_A = \theta_1 \big|_{x_1=0} = -\frac{Fab}{6EI_zl}(l+b) \tag{i}$$

$$\theta_B = \theta_2 \big|_{x_2=l} = -\frac{Fab}{6EI_zl}(l+a)$$

当 $a>b$ 时,可以断定 $\theta_B$ 为最大转角。

当 $\theta = \dfrac{\mathrm{d}w}{\mathrm{d}x} = 0$ 时,$w$ 有极值。所以要求最大挠度,应首先确定转角 $\theta$ 为零的截面位置。由式(i)可知截面 $A$ 的转角 $\theta_A$ 为负,此外,若在式(e)中令 $x_1=a$,可求得截面 $C$ 的转角为

$$\theta_C = -\frac{Fab}{3EI_zl}(a-b)$$

若 $a>b$,则 $\theta_C$ 为正。可见,从截面 $A$ 到截面 $C$,转角由负变为正,改变了符号。因此,对于光滑连续的挠曲线来说,$\theta=0$ 的截面必然出现在 $AC$ 段内。令式(e)中 $\theta=0$,得

$$\frac{Fb}{6l}(l^2-3x_1^2-b^2) = 0$$

$$x_0 = \sqrt{\frac{l^2-b^2}{3}} \tag{j}$$

$x_0$ 即为挠度取最大值截面的横坐标。以 $x_0$ 代入式(f),求得最大挠度为

$$w_{\max} = -\frac{Fb}{9\sqrt{3}EI_zl}\sqrt{(l^2-b^2)^3}$$

当集中力 $F$ 作用于跨度中点时，$a=b=\dfrac{l}{2}$，由式（j）得 $x_0=\dfrac{l}{2}$，即最大挠度发生于跨度中点。

这也可由挠曲线的对称性直接看出。另一种极端情况是，集中力 $F$ 无限接近于右端支座，以至 $b^2$ 与 $l^2$ 相比可以省略，由式（j）得

$$x_0=\frac{l}{\sqrt{3}}=0.577l$$

可见，即使在这种极端情况下，发生最大挠度的截面仍然在跨度中点附近。也就是说，挠度为最大值的截面总是靠近跨度中点，所以可以用跨度中点的挠度近似地代替最大挠度，在式（f）中令 $x_1=\dfrac{l}{2}$，求出跨度中点的挠度

$$w_{l/2}\approx-\frac{Fb}{48EI_z}3l^2=-\frac{Fbl^2}{16EI_z}$$

这时用 $w_{l/2}$ 代替 $w_{\max}$ 所引起的误差为

$$\frac{w_{\max}-w_{l/2}}{w_{\max}}=\frac{\dfrac{1}{9\sqrt{3}}-\dfrac{1}{16}}{\dfrac{1}{9\sqrt{3}}}=2.65\%$$

可见，在简支梁中，只要挠曲线无拐点，总可以用跨度中点的挠度近似代替最大挠度，并且不会引起很大误差。

## §7.4　用奇异函数法求弯曲变形

以上所述用积分法求弯曲变形，是分析梁位移的基本方法。但在工程实际中，梁上往往同时作用若干载荷，需要分段求解挠曲线的近似微分方程，并确定许多积分常数，积分法求解弯曲变形应用起来很不方便。本节所述奇异函数法采用奇异函数，建立同时适用于各梁段的弯矩通用方程，由此形成一种求解弯曲变形的方法。该方法简捷规范，特别适用于计算机编程。

### 一、弯矩通用方程

图 7.9a 所示梁 $AG$，在外力 $F$、$M_e$、$F_{Ay}$、$F_{By}$ 与均布载荷 $q$ 作用下处于平衡状态。设坐标轴 $x$ 的原点位于梁的左端 $A$，则梁段 $AB$、$BC$、$CD$、$DE$ 的弯矩方程依次为

$$M_1=F_{Ay}x,\quad 0\leqslant x<a$$

$$M_2=F_{Ay}x+M_e,\quad a<x\leqslant b$$

$$M_3=F_{Ay}x+M_e-F(x-b),\quad b\leqslant x\leqslant c$$

$$M_4=F_{Ay}x+M_e-F(x-b)-\frac{q}{2}(x-c)^2,\quad b\leqslant x\leqslant c$$

为建立弯矩的通用方程，将作用在梁 $DE$ 段的均布载荷 $q$ 延展至梁的最右端 $G$；同时，在延展部分施加等值反向均布载荷，如图 7.9b 所示，则可写出 $EG$ 段的弯矩方程

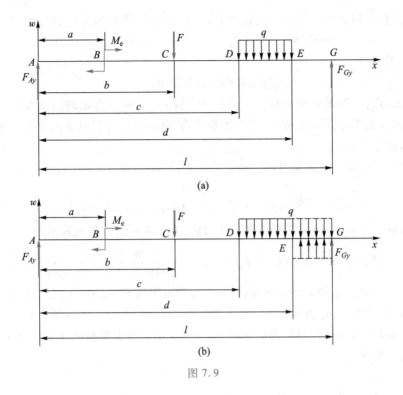

图 7.9

$$M_5 = F_{Ay}x + M_e - F(x-b) - \frac{q}{2}(x-c)^2 + \frac{q}{2}(x-d)^2, \quad d \leqslant x \leqslant l$$

为了建立弯矩的通用方程,分析上述方程后,定义奇异函数

$$F_n(x) = \langle x-a \rangle^n = \begin{cases} 0, & x \leqslant a \\ (x-a)^n, & x > a \end{cases} \quad (n \geqslant 0)$$

奇异函数也称为**麦考利函数**,其图形如图 7.10 所示。按照上述定义,不难证明

$$\int \langle x-a \rangle^n \mathrm{d}x = \frac{1}{n+1}\langle x-a \rangle^{n+1} + C \quad \frac{\mathrm{d}\langle x-a \rangle^n}{\mathrm{d}x} = n\langle x-a \rangle^{n-1}$$

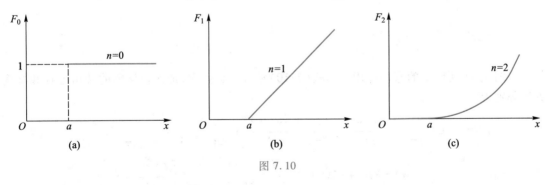

图 7.10

引入奇异函数后,图 7.9a 最右段梁 *EG* 的弯矩方程改写为

$$M = F_{Ay}x + M_e\langle x-a \rangle^0 - F\langle x-b \rangle - \frac{q}{2}\langle x-c \rangle^2 + \frac{q}{2}\langle x-d \rangle^2 \qquad (7.9)$$

则上述方程适用于任一梁段。例如对于 $BC$ 段,$x$ 的取值范围为$(a,b)$,因而

$$\langle x-a \rangle^0 = 1, \quad \langle x-b \rangle = 0, \quad \langle x-c \rangle = 0, \quad \langle x-d \rangle = 0$$

于是式(7.9)变为

$$M = F_{Ay}x + M_e = M_2$$

由此可见,式(7.9)所述方程将同时适用于各梁段,而成为弯矩的通用方程。需要注意的是,式(7.9)所示的弯矩通用方程中,向上的集中力、顺时针的力偶以及向上的分布载荷所引起的弯矩为正,反之为负。

顺便指出,利用奇异函数也可建立剪力的通用方程,例如对于图 7.9a 所示梁,其剪力通用方程为

$$F_S = F_{Ay} - F\langle x-b \rangle^0 - q\langle x-c \rangle + q\langle x-d \rangle$$

进一步,对于图 7.11 所示作用更多载荷的梁,其弯矩通用方程可表示为

$$M(x) = \sum_{i=1}^{n_m} M_{ei}\langle x-a_i \rangle^0 + \sum_{i=1}^{n_F} F_i\langle x-b_i \rangle^1 - \sum_{i=1}^{n_q} \frac{q_i\langle x-c_i \rangle^2}{2} + \sum_{i=1}^{n_q} \frac{q_i\langle x-d_i \rangle^2}{2} \quad (7.10)$$

其中,$M_{ei}$、$F_i$、$q_i$ 分别代表第 $i$ 个集中力偶、集中力和均布载荷,$n_m$、$n_F$、$n_q$ 分别代表集中力偶、集中力和均布载荷的个数,$a_i$ 表示第 $i$ 个集中力偶作用点的坐标,$b_i$ 表示第 $i$ 个集中力作用点的坐标,$c_i$ 表示第 $i$ 个均布载荷起始点的坐标,$d_i$ 表示第 $i$ 个均布载荷终止点的坐标,且 $F_1 = F_{Ay}$,$b_1 = 0$,$F_{n_F} = F_{Gy}$,$b_{n_F} = l$。

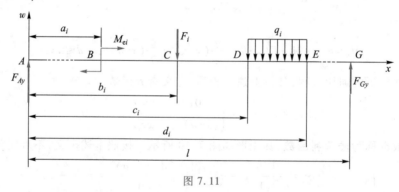

图 7.11

## 二、挠曲线的通用方程

将图 7.11 所示梁的弯矩通用方程式(7.10)相继积分两次,依次得该梁的转角方程和挠度方程分别为

$$EI\theta = EI\theta_0 + \sum_{i=1}^{n_m} \frac{M_{ei}\langle x-a_i \rangle^1}{1!} + \sum_{i=1}^{n_P} \frac{F_i\langle x-b_i \rangle^2}{2!} + \sum_{i=1}^{n_q} \frac{q_i\langle x-c_i \rangle^3}{3!} - \sum_{i=1}^{n_q} \frac{q_i\langle x-d_i \rangle^3}{3!} \quad (7.11)$$

$$EIw(x) = EIw_0 + EI\theta_0 x + \sum_{i=1}^{n_m} \frac{M_{ei}\langle x-a_i \rangle^2}{2!} + \sum_{i=1}^{n_P} \frac{F_i\langle x-b_i \rangle^3}{3!} +$$
$$\sum_{i=1}^{n_q} \frac{q_i\langle x-c_i \rangle^4}{4!} - \sum_{i=1}^{n_q} \frac{q_i\langle x-d_i \rangle^4}{4!} \quad (7.12)$$

其中,$\theta_0$ 与 $w_0$ 可根据位移边界条件确定。

以上所述分析梁位移的方法,通常称为**麦考利法**或**奇异函数法**。由于 $\theta_0$ 与 $w_0$ 分别表示梁左端($x=0$)横截面的转角与挠度,因此,该方法也称为初参数法。实际上,奇异函数法仍属于积分法,只是采用了奇异函数建立弯矩的通用方程,从而简化了分析计算。

**例7.3** 试写出图 7.12 所示等刚度外伸梁的转角方程和挠度方程,弯曲刚度 $EI$ 为常数。

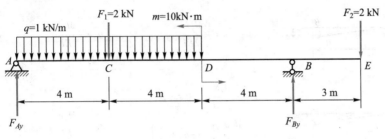

图 7.12

解:(1)求支反力

$$F_{Ay}=7 \text{ kN}, \quad F_{By}=5 \text{ kN}$$

(2)用奇异函数法写挠度方程

$$EIw(x)=EIw_0+EI\theta_0 x+\frac{7x^3}{3!}-\frac{x^4}{4!}+\frac{\langle x-8\rangle^4}{4!}-\frac{2\langle x-4\rangle^3}{3!}-\frac{10\langle x-8\rangle^2}{2!}+\frac{5\langle x-12\rangle^3}{3!}$$

且边界条件 $x=0$ 时,$w=0$,可得 $w_0=0$。

再由边界条件 $x=12$ 时,$w=0$,可得

$$EI\theta_0 \cdot 12+\frac{7\times12^3}{6}-\frac{12^4}{24}+\frac{4^4}{24}-\frac{2\times8^3}{6}-\frac{10\times4^2}{2}=0$$

即

$$\theta_0=-76/EI$$

因此,挠度方程为

$$EIw(x)=-76x+\frac{7x^3}{6}-\frac{x^4}{24}+\frac{\langle x-8\rangle^4}{24}-\frac{2\langle x-4\rangle^3}{6}-\frac{10\langle x-8\rangle^2}{2}+\frac{5\langle x-12\rangle^3}{6}$$

对 $x$ 求导后,可得转角方程

$$EI\theta(x)=-76+\frac{7x^2}{2}-\frac{x^3}{6}+\frac{\langle x-8\rangle^3}{6}-\frac{2\langle x-4\rangle^2}{2}-\frac{10\langle x-8\rangle^1}{1}+\frac{5\langle x-12\rangle^2}{2}$$

## §7.5 用叠加法求弯曲变形

积分法的优点是可以求得转角和挠度的普遍方程。但当只需求出个别特定截面的挠度或转角时,积分法就显得不够简洁。

当梁的变形很小,且材料服从胡克定律时,梁的挠度和转角如同梁上的内力一样,均为载荷的线性齐次函数。也就是说,梁的挠度和转角也可以用叠加法进行计算。当梁上同时作用有多个载荷时,在梁上任一截面处引起的转角和挠度等于各载荷单独作用时在该截面引起的

转角和挠度的代数和。为此,用积分法求得梁在某些简单载荷作用下的变形,并将结果列入表 7.1。利用这个表格,使用叠加法可以比较方便地解决一些弯曲变形问题。

表 7.1    梁在简单载荷作用下的变形

| 序号 | 梁的简图 | 挠度方程 | 端截面转角 | 最大挠度 |
|---|---|---|---|---|
| 1 | | $w = -\dfrac{M_e x^2}{2EI}$ | $\theta_B = -\dfrac{M_e l}{EI}$ | $w_B = -\dfrac{M_e l^2}{2EI}$ |
| 2 | | $w = -\dfrac{M_e x^2}{2EI},\quad 0 \leqslant x \leqslant a$ <br> $w = -\dfrac{M_e a}{EI} \times \left[ (x-a) + \dfrac{a}{2} \right],$ <br> $a \leqslant x \leqslant l$ | $\theta_B = -\dfrac{M_e a}{EI}$ | $w_B = -\dfrac{M_e a}{EI} \times \left( l - \dfrac{a}{2} \right)$ |
| 3 | | $w = -\dfrac{F x^2}{6EI}(3l-x)$ | $\theta_B = -\dfrac{Fl^2}{2EI}$ | $w_B = -\dfrac{Fl^3}{3EI}$ |
| 4 | | $w = -\dfrac{F x^2}{6EI}(3a-x),\quad 0 \leqslant x \leqslant a$ <br> $w = -\dfrac{F a^2}{6EI}(3x-a),\quad a \leqslant x \leqslant l$ | $\theta_B = -\dfrac{F a^2}{2EI}$ | $w_B = -\dfrac{F a^2}{6EI} \times (3l-a)$ |
| 5 | | $w = -\dfrac{q x^2}{24EI} \times (x^2 - 4lx + 6l^2)$ | $\theta_B = -\dfrac{q l^3}{6EI}$ | $w_B = -\dfrac{q l^4}{8EI}$ |
| 6 | | $w = -\dfrac{M_e x}{6EIl} \times (l-x)(2l-x)$ | $\theta_A = -\dfrac{M_e l}{3EI}$ <br> $\theta_B = \dfrac{M_e l}{6EI}$ | $x = \left( 1 - \dfrac{1}{\sqrt{3}} \right) l$ <br> $w_{max} = -\dfrac{M_e l^2}{9\sqrt{3}\,EI}$ <br> $w_{l/2} = -\dfrac{M_e l^2}{16EI}$ |
| 7 | | $w = -\dfrac{M_e x}{6EIl}(l^2 - x^2)$ | $\theta_A = -\dfrac{M_e l}{6EI}$ <br> $\theta_B = \dfrac{M_e l}{3EI}$ | $x = \dfrac{1}{\sqrt{3}} l$ <br> $w_{max} = -\dfrac{M_e l^2}{9\sqrt{3}\,EI}$ <br> $w_{l/2} = -\dfrac{M_e l^2}{16EI}$ |

续表

| 序号 | 梁的简图 | 挠度方程 | 端截面转角 | 最大挠度 |
|---|---|---|---|---|
| 8 | | $w = \dfrac{M_e x}{6EIl} \times (l^2 - 3b^2 - x^2)$, $0 \leqslant x \leqslant a$ $w = -\dfrac{M_e}{6EIl} \times$ $[3l(x-a)^2 - x^3 + (l^2 - 3b^2)x]$, $a \leqslant x \leqslant l$ | $\theta_A = \dfrac{M_e(l^2 - 3b^2)}{6EIl}$ $\theta_B = \dfrac{M_e(l^2 - 3a^2)}{6EIl}$ | |
| 9 | | $w = -\dfrac{Fx}{48EI} \times (3l^2 - 4x^2)$, $0 \leqslant x \leqslant l/2$ | $\theta_A = -\theta_B = -\dfrac{Fl^2}{16EI}$ | $w = -\dfrac{Fl^3}{48EI}$ |
| 10 | | $w = -\dfrac{Fbx}{6EIl} \times (l^2 - x^2 - b^2)$, $0 \leqslant x \leqslant a$ $w = -\dfrac{Fb}{6EIl} \times$ $\left[ \dfrac{l}{b}(x-a)^3 - x^3 + (l^2 - b^2)x \right]$, $a \leqslant x \leqslant l$ | $\theta_A = -\dfrac{Fab(l+b)}{6EIl}$ $\theta_B = \dfrac{Fab(l+a)}{6EIl}$ | 设 $a > b$, 在 $x = \sqrt{\dfrac{l^2 - b^2}{3}}$ 处 $w_{max} = -\dfrac{Fb(l^2-b^2)^{3/2}}{9\sqrt{3}\,EIl}$ $w_{l/2} = -\dfrac{Fb(3l^2 - 4b^2)}{48EI}$ |
| 11 | | $w = -\dfrac{qx}{24EI} \times (l^3 - 2lx^2 + x^3)$ | $\theta_A = -\theta_B = -\dfrac{ql^3}{24EI}$ | $w = -\dfrac{5ql^4}{384EI}$ |
| 12 | | $w = \dfrac{Fax}{6EIl}(l^2 - x^2)$, $0 \leqslant x \leqslant l$ $w = -\dfrac{F(x-l)}{6EI} \times$ $[a(3x-l) - (x-l)^2]$, $l \leqslant x \leqslant (l+a)$ | $\theta_A = -\dfrac{1}{2}\theta_B = \dfrac{Fal}{6EI}$ $\theta_C = -\dfrac{Fa}{6EI} \times (2l + 3a)$ | $w_C = -\dfrac{Fa^2}{3EI}(l+a)$ |
| 13 | | $w = -\dfrac{M_e x}{6EIl} \times (x^2 - l^2)$, $0 \leqslant x \leqslant l$ $w = -\dfrac{M_e}{6EI} \times (3x^2 - 4xl + l^2)$, $l \leqslant x \leqslant (l+a)$ | $\theta_A = -\dfrac{1}{2}\theta_B = \dfrac{M_e l}{6EI}$ $\theta_C = -\dfrac{M_e}{3EI}(l + 3a)$ | $w_C = -\dfrac{M_e a}{6EI} \times (2l + 3a)$ |

例 7.4 图 7.13a 所示一简支梁,受均布载荷 $q$ 及集中力 $F$ 作用。已知抗弯刚度为 $EI_z$,$F = ql$,试用叠加法求梁点 $C$ 的挠度。

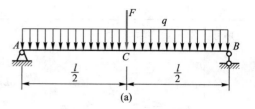

解:把梁所受载荷分解为只受均布载荷 $q$ 及只受集中力 $F$ 的两种情况(图 7.13b、c)。

均布载荷 $q$ 引起的点 $C$ 挠度为

$$(w_C)_q = -\frac{5ql^4}{384EI_z}$$

集中力 $F$ 引起的点 $C$ 挠度为

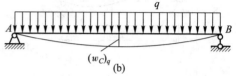

$$(w_C)_F = -\frac{Fl^3}{48EI_z} = -\frac{ql^4}{48EI_z}$$

梁在点 $C$ 的挠度等于以上两挠度的代数和

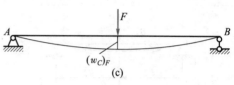

$$w_C = (w_C)_q + (w_C)_F = -\frac{5ql^4}{384EI_z} - \frac{ql^4}{48EI_z} = -\frac{13ql^4}{384EI_z}$$

图 7.13

例 7.5 一悬臂梁如图 7.14a 所示。已知梁的抗弯刚度为 $EI_z$,试求自由端 $B$ 的挠度 $w_B$。

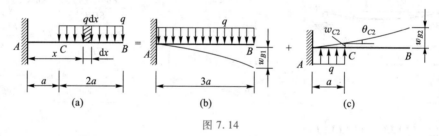

图 7.14

解:方法一

(1) 将图 7.14a 所示的梁分解为图 7.14b、c 两种形式的叠加。

(2) 由表 7.1 查得图 7.14b 中点 $B$ 的挠度

$$w_{B1} = -\frac{q(3a)^4}{8EI_z} = -\frac{81qa^4}{8EI_z}$$

(3) 由表 7.1 查得图 7.14c 中点 $C$ 的挠度与转角为

$$w_{C2} = \frac{qa^4}{8EI_z}$$

$$\theta_{C2} = \frac{qa^3}{6EI_z}$$

点 $C$ 的变形引起点 $B$ 的挠度为

$$w_{B2} = w_{C2} + \theta_{C2} \times 2a = \frac{qa^4}{8EI_z} + \frac{qa^3}{6EI_z} \times 2a = \frac{11qa^4}{24EI_z}$$

(4) 点 $B$ 的挠度

$$w_B = w_{B1} + w_{B2} = -\frac{81qa^4}{8EI_z} + \frac{11qa^4}{24EI_z} = -\frac{29qa^4}{3EI_z}$$

方法二

利用表 7.1 第四栏的公式,自由端 $B$ 由微分载荷 $\mathrm{d}F = q\mathrm{d}x$(图 7.14a)引起的挠度为

$$\mathrm{d}w_B = -\frac{\mathrm{d}Fx^2}{6EI_z}(9a-x) = -\frac{qx^2}{6EI_z}(9a-x)\,\mathrm{d}x$$

根据叠加原理,在图 7.14a 所示均布载荷作用下,自由端 $B$ 的挠度应为 $\mathrm{d}w_B$ 的积分,即

$$w_B = -\frac{q}{6EI_z}\int_a^{3a} x^2(9a-x)\,\mathrm{d}x = -\frac{29}{3}\frac{qa^4}{EI_z}$$

**例 7.6** 图 7.15a 所示的外伸梁,在其外伸端受集中力 $F$ 作用,已知梁的抗弯刚度 $EI_z$ 为常数。试求外伸端 $C$ 的挠度和转角。

**解:** 在载荷 $F$ 的作用下,全梁均产生弯曲变形。变形在点 $C$ 引起的转角和挠度,不仅与 $BC$ 段的变形有关,而且与 $AB$ 段的变形也有关。为此,欲求 $C$ 处的转角和挠度,可先分别求出这两段梁的变形在点 $C$ 引起的转角和挠度,然后将其叠加,求其代数和。

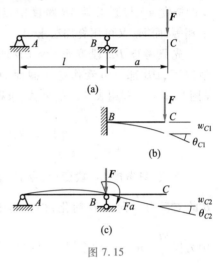

图 7.15

(1)先只考虑 $BC$ 段变形。令 $AB$ 段不变形,在这种情况下,由于挠曲线的光滑连续,$B$ 截面既不允许产生挠度,也不能出现转角。于是,此时 $BC$ 段可视为悬臂梁,如图 7.15b 所示。在集中力 $F$ 作用下,点 $C$ 的转角和挠度可由表 7.1 查得

$$\theta_{C1} = -\frac{Fa^2}{2EI_z}$$

$$w_{C1} = -\frac{Fa^3}{3EI_z}$$

(2)再只考虑 $AB$ 段变形。此时 $BC$ 段不变形,由于点 $C$ 的集中力 $F$ 作用,使 $AB$ 段引起变形,与将 $F$ 向点 $B$ 简化为一个集中力 $F$ 和一个集中力偶 $Fa$(图 7.15c),使 $AB$ 段引起的变形是完全相同的。这样,只需讨论图 7.15c 所示梁的变形即可。由于点 $B$ 处的集中力直接作用在支座 $B$ 上,不引起梁 $AB$ 的变形,因此,只需讨论集中力偶 $Fa$ 对梁 $AB$ 的作用。由表 7.1 查得

$$\theta_B = -\frac{Fal}{3EI_z}$$

该转角在点 $C$ 处引起的转角和挠度分别为

$$\theta_{C2} = \theta_B = -\frac{Fal}{3EI_z}$$

$$w_{C2} = a\tan\theta_B \approx a\theta_B = -\frac{Fa^2l}{3EI_z}$$

(3)梁在点 $C$ 处的挠度和转角。由叠加法得

$$\theta_C = \theta_{C1} + \theta_{C2} = -\frac{Fa^2}{2EI_z} - \frac{Fal}{3EI_z} = -\frac{Fa^2}{2EI_z}\left(1 + \frac{2}{3}\frac{l}{a}\right)$$

$$w_C = w_{C1} + w_{C2} = -\frac{Fa^3}{3EI_z} - \frac{Fa^2l}{3EI_z} = -\frac{Fa^2}{3EI_z}(a+l)$$

**例 7.7** 变截面梁如图 7.16a 所示,试求跨度中点 $C$ 的挠度。

**解:**由变形的对称性看出,跨度中点截面 $C$ 的转角为零,挠曲线在点 $C$ 的切线是水平的。可以把变截面梁的 $CB$ 部分看作是悬臂梁(图 7.16b),自由端 $B$ 的挠度 $w_B$ 与原来梁 $AB$ 跨度中点的挠度 $w_C$ 数值上相等,而 $w_B$ 又可用叠加法求出。

先只考虑 $DB$ 段变形,令 $CD$ 段不变形。在此情况下,$DB$ 部分可看作是在截面 $D$ 固定的悬臂梁(图 7.16c),利用表 7.1 的公式,求得 $B$ 端的挠度

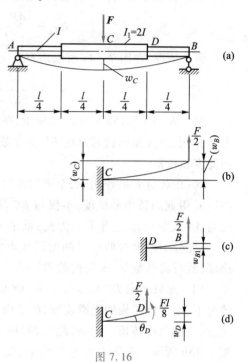

图 7.16

$$w_{B1} = \frac{\frac{F}{2}\left(\frac{l}{4}\right)^3}{3EI} = \frac{Fl^3}{384EI}$$

其次,只考虑 $CD$ 段变形,令 $DB$ 段不变形。将点 $B$ 的支反力 $\frac{F}{2}$ 向点 $D$ 简化,得一集中力 $\frac{F}{2}$ 和一个集中力偶 $\frac{Fl}{8}$。由于这两个因素引起的截面 $D$ 的转角和挠度(图 7.16d),可利用表 7.1 的公式求出

$$\theta_D = \frac{\frac{Fl}{8} \times \frac{l}{4}}{EI_1} + \frac{\frac{F}{2} \times \left(\frac{l}{4}\right)^2}{2EI_1} = \frac{3Fl^2}{64EI_1} = \frac{3Fl^2}{128EI}$$

$$w_D = \frac{\frac{Fl}{8} \times \left(\frac{l}{4}\right)^2}{2EI_1} + \frac{\frac{F}{2} \times \left(\frac{l}{4}\right)^3}{3EI_1} = \frac{5Fl^3}{768EI_1} = \frac{5Fl^3}{1\,536EI}$$

$B$ 端由于 $\theta_D$ 和 $w_D$ 而引起的挠度是

$$w_{B2} = w_D + \theta_D \times \frac{l}{4} = \frac{5Fl^3}{1\,536EI} + \frac{3Fl^2}{128EI} \times \frac{l}{4} = \frac{7Fl^3}{768EI}$$

叠加 $w_{B1}$ 和 $w_{B2}$,求出

$$w_C = -w_B = -(w_{B1} + w_{B2}) = -\frac{Fl^3}{384EI} - \frac{7Fl^3}{768EI} = -\frac{3Fl^3}{256EI}$$

## §7.6 简单静不定梁

前面讨论过的梁均为静定梁,即由独立的静力平衡方程就可以求出所有的未知力。但是,在工程实际中,为了提高梁的强度和刚度,或由于结构上的需要,往往在静定梁上再增加一个或多个约束。这样,使得梁的支反力数目超过独立的静力平衡方程的数目,仅由平衡方

程不能完全求解,这种梁称为**静不定梁**或**超静定梁**。其求解方法与拉压和扭转静不定结构的求解方法类似。

　　在图 7.17a 所示梁中,固定端 $A$ 有三个约束,可动铰支座 $B$ 有一个约束,而独立的平衡方程只有三个,故为一度静不定梁,有一个多余支反力。

　　将支座 $B$ 视为多余约束去掉后,得到一个静定悬臂梁(图 7.17b),称为**基本静定系统**或**静定基**。在静定基上加上原来的载荷 $q$ 和未知的多余支反力 $F_B$(图 7.17c),则为原静不定系统的**相当系统**。所谓"相当"就是指在原有载荷 $q$ 及多余支反力 $F_B$ 的作用下,相当系统的受力和变形与原静不定系统完全相同。

　　为了使相当系统与原静不定梁相同,相当系统在多余约束处的变形必须符合原静不定梁的约束条件,即满足**变形协调条件**。在此例中,即要求 $B$ 端的挠度等于零,即

$$w_B = 0 \qquad\qquad (a)$$

　　由叠加法或积分法可知,在外力 $q$ 和 $F_B$ 作用下,相当系统(图 7.17c)截面 $B$ 的挠度为

$$w_B = \frac{F_B l^3}{3EI_z} - \frac{ql^4}{8EI_z} \qquad (b)$$

将上述物理方程式(b)代入变形协调条件式(a),得补充方程

$$w_B = \frac{F_B l^3}{3EI_z} - \frac{ql^4}{8EI_z} = 0 \qquad (c)$$

解出

$$F_B = \frac{3ql}{8}$$

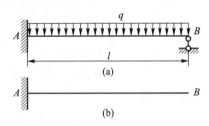

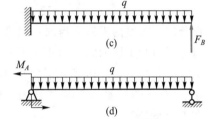

图 7.17

　　解得 $F_B$ 为正号,表示未知力的方向与图中所设方向一致,解得静不定梁的多余支反力 $F_B$ 后,其余内力、应力及变形的计算与静定梁完全相同。

　　上面的解题方法关键是比较基本静定系统与原静不定系统在多余约束处的变形,由此写出变形协调条件,因此,称为**变形比较法**。

　　应该指出,只要不是维持梁的平衡所必需的约束均可作为多余约束。所以,对于图 7.17a 所示的静不定梁来说,也可将固定端处限制截面 $A$ 转动的约束作为多余约束。这样,如果将该约束解除,并以多余支反力偶 $M_A$ 代替其作用,则原梁的基本静定系如图 7.17d 所示。而相应的变形协调条件是截面 $A$ 的转角为零,即

$$\theta_A = 0$$

由此求得的支反力与上述解答完全相同。

　　**例 7.8**　两端固定的梁,在 $C$ 处有一中间铰,如图 7.18a 所示。当梁上受集中载荷作用后,试作梁的剪力图和弯矩图。

　　**解**:如不考虑固定端和中间铰处的水平约束力,则共有 5 个支反力,即 $M_A$、$M_B$、$F_{Ay}$、$F_{By}$ 和 $F_{Cy}$。两段共有 4 个独立的平衡方程,所以是一次超静定。

　　现假想将梁在中间铰处拆开,选两个悬臂梁为基本静定梁(图 7.18b),即以 $C$ 处的铰链约束作为多余约束,相应的约束力 $F_{Cy}$ 为多余未知力。在基本静定梁 $AC$ 和 $CB$ 上作用有外力 $F$ 和

$F_{Cy}$，如图 7.18c 所示。由于梁变形后中间铰不会分开，这就是变形协调条件。设 $w_C'$ 是基本静定梁 $AC$ 在点 $C$ 的挠度，$w_C''$ 是基本静定梁 $CB$ 在点 $C$ 的挠度，由变形协调条件，两者需相等。因此，变形几何方程为

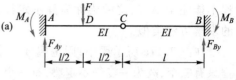

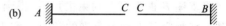

$$w_C' = w_C'' \qquad (a)$$

由表 7.1 和叠加法，得到

$$w_C' = \frac{F\left(\dfrac{l}{2}\right)^3}{3EI} + \frac{F\left(\dfrac{l}{2}\right)^2}{2EI} \times \frac{l}{2} - \frac{F_{Cy}l^3}{3EI}$$

$$w_C'' = \frac{F_{Cy}l^3}{3EI}$$

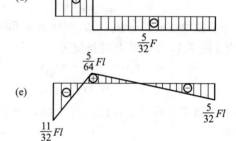

代入式（a）后，得到补充方程

$$\frac{5Fl^3}{48EI} - \frac{F_{Cy}l^3}{3EI} = \frac{F_{Cy}l^3}{3EI} \qquad (b)$$

由式（b）解得

$$F_{Cy} = \frac{5}{32}F$$

再分别由两段的平衡方程求得其余支座反力。梁的剪力图和弯矩图如图 7.18d、e 所示。

图 7.18

**例 7.9** 图 7.19 所示悬臂梁 $AD$ 和 $BE$ 的抗弯刚度同为 $EI = 24 \times 10^6 \text{ N} \cdot \text{m}^2$，由钢杆 $CD$ 连接。$CD$ 杆的长度 $l = 5$ m，横截面面积 $A = 3 \times 10^{-4} \text{ m}^2$，$E = 200$ GPa。若 $F = 50$ kN，试求悬臂梁 $AD$ 在点 $D$ 的挠度。

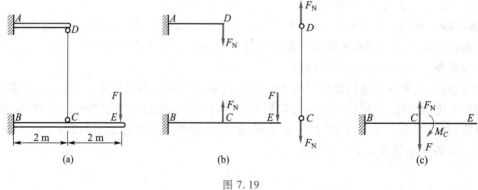

图 7.19

**解：** 本题为一次静不定问题。以杆 $CD$ 的轴力 $F_N$ 为多余约束力，得相当系统如图 7.19b 所示。设两梁的挠度以向下为正，则变形协调方程为

$$w_C - w_D = \Delta l \qquad (a)$$

由表 7.1，得

$$w_D = \frac{F_N \times 2^3 \text{ m}^3}{3EI} \qquad (b)$$

由胡克定律,得

$$\Delta l = \frac{F_{\mathrm{N}} l}{EA} \tag{c}$$

为求图 7.19b 中梁 BE 点 C 的挠度,将 F 等效平移至点 C,如图 7.19c 所示,这样做并不改变 BC 段的边界条件与受力,故有

$$w_C = \frac{(F - F_{\mathrm{N}}) \times 2^3 \ \mathrm{m}^3}{3EI} + \frac{F \times 2 \times 2^2 \ \mathrm{m}^3}{2EI} \tag{d}$$

将式(b)、(c)与式(d)代入式(a),得补充方程

$$\frac{8 \ \mathrm{m}^3 \times (F - F_{\mathrm{N}})}{3EI} + \frac{4 \ \mathrm{m}^3 \times F}{EI} - \frac{8 \ \mathrm{m}^3 \times F_{\mathrm{N}}}{3EI} = \frac{F_{\mathrm{N}} l}{EA} \tag{e}$$

由式(e)解得

$$F_{\mathrm{N}} = 0.91F$$

$$w_D = \frac{F_{\mathrm{N}} \times 2^3 \ \mathrm{m}^3}{3EI} = \frac{0.91 \times 50 \times 10^3 \times 8}{3 \times 24 \times 10^6} \ \mathrm{m} = 5.05 \times 10^{-3} \ \mathrm{m} = 5.05 \ \mathrm{mm}$$

## §7.7 提高弯曲刚度的一些措施

从挠曲线的近似微分方程及其积分可以看出,梁的弯曲变形与梁的跨度、支承情况、梁截面的惯性矩,材料的弹性模量,梁上作用载荷的类别和分布情况有关。因此,为提高梁的刚度,应从以下几方面入手。

### 一、减小梁的跨度,增加支承约束

在例 7.2 中,受集中力 F 作用时,梁的挠度与跨度 l 的三次方成正比。如跨度减小一半,则挠度减为原来的 1/8。可见,减小梁的跨度,是提高弯曲刚度的有效措施。所以工程上对镗刀杆(例 7.1)的外伸长度有一定的规定,以保证镗孔的精度要求。在跨度不能减小的情况下,可采取增加支承的方法提高梁的刚度。如前面提到的镗刀杆,若外伸部分过长,可在端部加装尾架(图 7.20),以减小镗刀杆的变形,提高加工精度。车削细长工件时,除用尾顶针外,有时还加用中心架(图 7.21)或跟刀架,以减小工件的变形,提高加工精度,减小表面粗糙度。对较长的传动轴,有时采用三支承以提高轴的刚度。应该指出,为提高镗刀杆、细长工件和传动轴的弯曲刚度而增加支承,都将使这些杆件由原来的静定梁变为静不定梁。

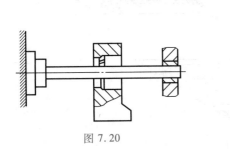

图 7.20

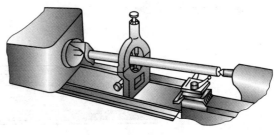

图 7.21

## 二、调整加载方式与改善结构设计

通过调整加载方式,改善结构设计,来降低梁的弯矩值,也可以提高梁的弯曲刚度。如图 7.22a 所示的简支梁,若将集中力分散成作用于全梁上的均布载荷(图 7.22b),则此时最大挠度仅为集中力 $F$ 作用时的 62.5%。如果将该简支梁的支座内移,改为外伸梁(图 7.22c),则梁的最大挠度进一步减小。

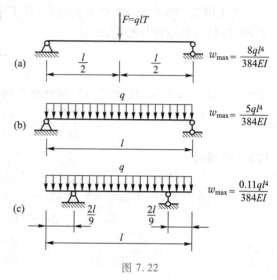

$w_{max} = \dfrac{8ql^4}{384EI}$

$w_{max} = \dfrac{5ql^4}{384EI}$

$w_{max} = \dfrac{0.11ql^4}{384EI}$

图 7.22

## 三、增大截面惯性矩

各种不同形状的截面,尽管其截面面积相等,但惯性矩却并不一定相等,所以选取合理的截面形状,增大截面惯性矩的数值,也是提高弯曲刚度的有效措施。例如,自行车车架用圆管代替实心杆,不仅增加了车架的强度,也提高了车架的抗弯刚度。工字形、槽形和 T 字形截面都比面积相等的矩形截面有更大的惯性矩。所以起重机大梁、机床的床身、立柱等多采用空心箱形件,其目的也是增加截面的惯性矩(图 7.23)。对一些原来刚度不足的构件,也可以通过增大惯性矩的措施,来提高其刚度。如工字钢梁在上、下翼缘处焊接钢板(图 7.24),将薄板冲压出一些筋条,可以提高其抗弯刚度(图 7.25)。

7-1:
知识拓展——
瓦楞纸箱

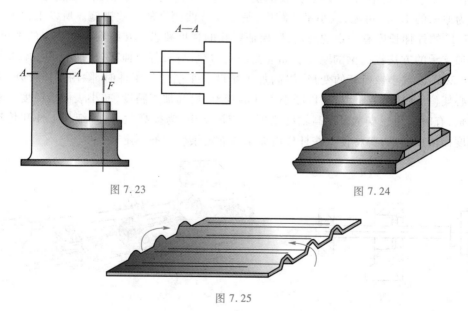

图 7.23

图 7.24

图 7.25

一般来说，提高截面惯性矩 $I$ 的数值，往往也同时提高了梁的强度。不过，在强度问题中，更准确地说，是提高弯矩较大的局部范围内的抗弯截面系数。而弯曲变形与全长内各部分的刚度都有关系，往往要考虑提高杆件全长的弯曲刚度。

7-2：
知识拓展——
Euler 梁和
Timoshenko 梁

最后指出，弯曲变形还与材料的弹性模量 $E$ 有关。对于 $E$ 值不同的材料来说，$E$ 值越大弯曲变形越小。因为各种钢材的弹性模量 $E$ 大致相同，所以为提高弯曲刚度而采用高强度钢材，并不会达到预期的效果。

## 思考题

7.1　什么是梁的挠曲线？什么是梁的挠度及截面转角？挠度及截面转角有什么关系？该关系成立的条件是什么？

7.2　用挠曲线的近似微分方程求解梁的变形时，它的近似性表现在哪里？

7.3　如何绘制挠曲线的大致形状？根据是什么？如何判断挠曲线的凹、凸与拐点的位置？梁的挠曲线形状与哪些因素有关？

7.4　如何利用积分法计算梁的位移？如何根据挠度与转角的正负判断位移的方向？最大挠度处的横截面转角是否一定为零？

7.5　用奇异函数法求梁弯曲变形的方法，是否可用于分析阶梯形截面梁或含中间铰等梁的位移，为什么？

7.6　悬臂梁在自由端受一集中力偶 $M$ 作用，其挠曲线应为一圆弧，但用积分法计算出的挠曲线方程 $w = \dfrac{Mx^2}{2EI}$ 是一条抛物线方程，为什么？

7.7　梁的横截面形状和尺寸如图所示，若在顶、底削去高度为 $\delta$ 的一小部分，梁的承载能力是提高还是降低？并求出梁具有最大承载能力时的 $\delta$ 值。

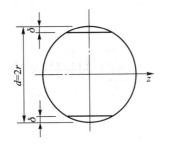
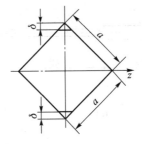

思考题 7.7 图

7.8　根据载荷及支承情况，画出下列各梁挠曲线的大致形状。

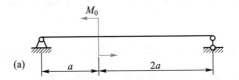
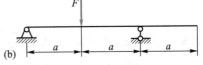

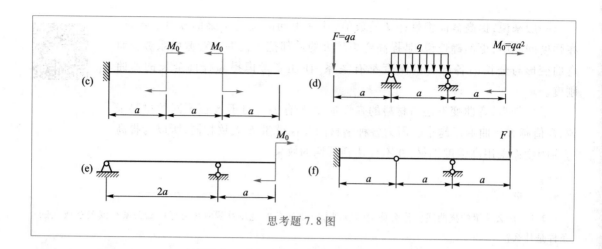

思考题 7.8 图

 习题

7.1 用积分法求图示各梁的挠曲线方程时,要分几段积分?根据什么条件确定积分常数?图 b 中梁右端支承于弹簧上,其弹簧刚度系数为 $k$。图 d 中杆 $AB$ 的拉压刚度为 $EA$。

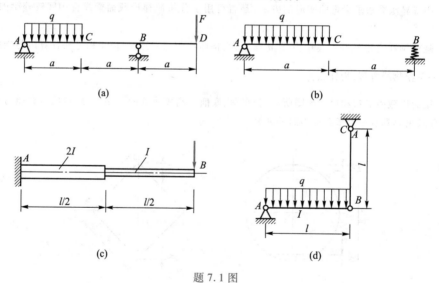

题 7.1 图

7.2 试用积分求图示各梁($EI$ 为常量)的转角方程和挠曲线方程,并求截面 $A$ 的转角和截面 $C$ 的挠度。

7.3 试用积分法求图示各梁的挠曲线方程,端截面转角 $\theta_A$ 和 $\theta_B$,跨度中点的挠度和最大挠度,设 $EI$ 为常量。

7.4 已知一直梁的近似挠曲线方程为 $w = \dfrac{q_0 x}{48EI}(l^3 - 3lx^2 + 2x^3)$,设 $x$ 轴水平向右,$y$ 轴竖直向上,试求:(1)端点($x=0, x=l$)的约束情况;(2)最大弯矩及最大剪力;(3)载荷情况,并画梁的简图。

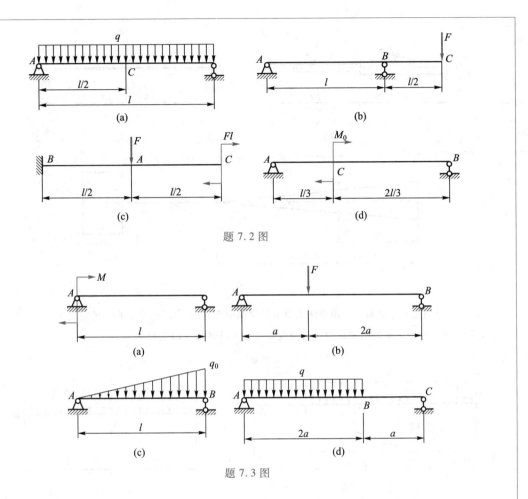

题 7.2 图

题 7.3 图

7.5 如图所示外伸梁,两端受 $F$ 作用,$EI$ 为常数,试问:(1) $\dfrac{x}{l}$ 为何值时,梁跨中点的挠度与自由端的挠度数值相等?(2) $\dfrac{x}{l}$ 为何值时,梁跨度中点挠度最大?

7.6 如图所示梁 $B$ 截面置于弹簧上,弹簧刚度系数为 $k$,试求点 $A$ 处挠度,梁的 $EI$ 为常数。

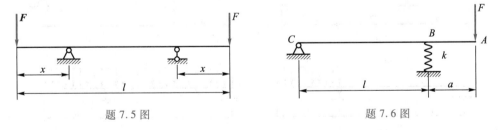

题 7.5 图　　　　　　　　　　　题 7.6 图

7.7 试用积分法求图示梁的最大挠度和最大转角。在图 b 的情况下,梁对跨度中点对称,所以可以只考虑梁的二分之一。

7.8 等强度悬臂梁如图所示,截面宽度 $b$ 保持不变,$h(x)=h(l-x)/l$,材料的弹性模量为 $E$。试用积分法求其最大挠度,并与相同材料、矩形截面 $b×h$ 的等截面悬臂梁的最大挠度相比较。

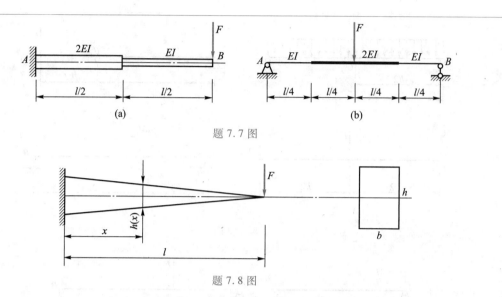

题 7.7 图

题 7.8 图

7.9    试分别用叠加法和奇异函数法求图示悬臂梁中点处的挠度 $w_C$ 和自由端的挠度 $w_B$。

7.10    试用叠加法求图示梁截面 $A$ 的挠度和截面 $B$ 的转角。$EI$ 为已知常数。

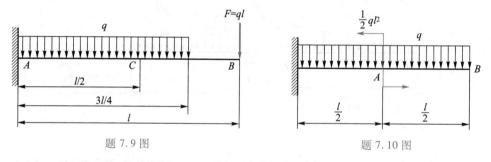

题 7.9 图                              题 7.10 图

7.11    试用叠加法求图示外伸梁外伸端的挠度和转角。

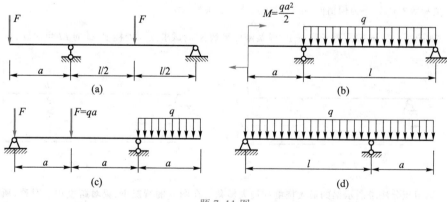

题 7.11 图

7.12    图示直角拐 $AB$ 与 $AC$ 轴刚性连接，$A$ 处为一轴承，允许轴 $AC$ 的端截面在轴承内自由转动，但不能上下移动。已知 $F = 60$ N，$E = 210$ GPa，$G = 0.4\ E$。试求截面 $B$ 的垂直位移。

7.13　图示梁右端 $C$ 由拉杆吊起。已知梁的截面为 200 mm×200 mm 的正方形,材料 $E_1 = 10$ GPa;拉杆的截面面积为 $A = 2\,500$ mm$^2$,其 $E_2 = 200$ GPa。试用叠加法求梁跨中截面 $D$ 的垂直位移。

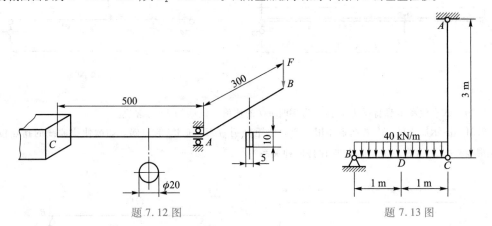

题 7.12 图　　　　　　　题 7.13 图

7.14　圆轴受力如图所示,已知 $F = 1.6$ kN,$d = 32$ mm,$E = 200$ GPa。若要求加力点的挠度不大于许用挠度 $[w] = 0.05$ mm,试校核该轴是否满足刚度要求。

7.15　图示承受均布载荷的简支梁由两根竖向放置的普通槽钢组成。已知 $l = 4$ m,$q = 10$ kN/m,材料的 $[\sigma] = 100$ MPa,许用挠度 $[w] = l/1\,000$,$E = 200$ GPa。试确定槽钢型号。

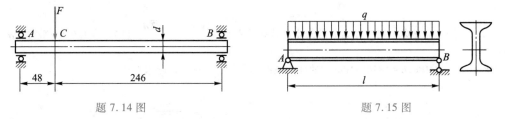

题 7.14 图　　　　　　　题 7.15 图

7.16　图示一等截面直梁的 $EI$ 已知,梁下面有一曲面,方程为 $y = -Ax^3$。欲使梁变形后刚好与该曲面密合(曲面不受力),梁上需加什么载荷?大小、方向如何?作用在何处?

7.17　简支梁如图所示。若 $E$ 为已知,试求点 $A$ 的水平位移。(提示:可认为轴线上各点,如点 $B$,在变形后无水平位移。)

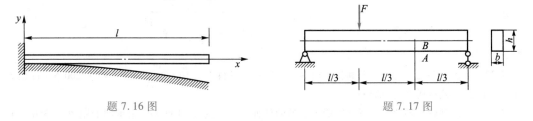

题 7.16 图　　　　　　　题 7.17 图

7.18　图示桥式起重机的最大载荷为 $F = 20$ kN。起重机大梁为 No.32a 工字钢,$E = 210$ GPa,$l = 8.76$ m,许用挠度为 $[w] = \dfrac{l}{500}$。试校核大梁的刚度。

7.19　如图所示,有两个相距为 $l/4$ 的活动载荷 $F$ 缓慢地在长为 $l$ 的等截面简支梁上移动。试确定梁中央处的最大挠度 $w_{\max}$。

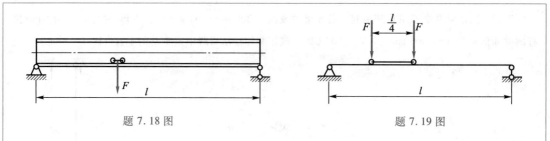

题 7.18 图                                    题 7.19 图

**7.20**　试求使图示悬臂梁 $B$ 处挠度为零时 $a/l$ 的比值。设梁的 $EI$ 为常数。

**7.21**　图示简支梁,左、右端各作用一个力偶矩分别为 $M_1$ 和 $M_2$ 的力偶。如欲使挠曲线的拐点位于离左端 $l/3$ 处,则力偶矩 $M_1$ 与 $M_2$ 应保持何种关系?

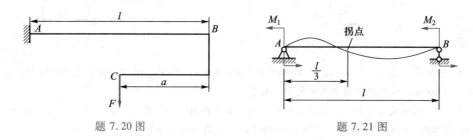

题 7.20 图                                    题 7.21 图

**7.22**　图示简支梁拟用直径为 $d$ 的圆木制成矩形截面,$b = \dfrac{d}{2}$,$h = \dfrac{\sqrt{3}\,d}{2}$。已知 $q = 1.058$ kN/m,$[\sigma] = 10$ MPa,$[\tau] = 1$ MPa,$E = 1 \times 10^4$ MPa,梁的许用挠度 $[w] = \dfrac{l}{400}$。试确定圆木直径。

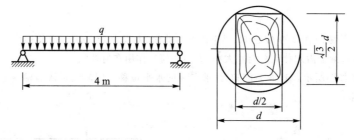

题 7.22 图

**7.23**　弹簧扳手的主要尺寸及其受力简图如图所示。材料 $E = 210$ GPa。当扳手产生 200 N·m 的力矩时,试求点 $C$(刻度所在处)的挠度。

**7.24**　磨床砂轮主轴的示意图如图所示。轴的外伸端长度为 $a = 100$ mm,轴承间的距离 $l = 350$ mm,$E = 210$ GPa,$F_y = 600$ N,$F_z = 200$ N,试求主轴外伸端的总挠度。

**7.25**　图示滚轮在吊车梁上滚动。若要使滚轮在梁上恰好成一水平路径,试问需要把梁先弯成什么形状,才能达到此要求?

**7.26**　如图所示连续梁,由梁 $AC$ 与 $CB$ 并用铰链 $C$ 连接而成。在梁 $CB$ 上作用有均布载荷 $q$,在梁 $AC$ 上作用集中载荷 $F$,且 $F = ql$,试求截面 $C$ 的挠度与截面 $A$ 的转角。二梁截面的弯曲刚度均为 $EI$。

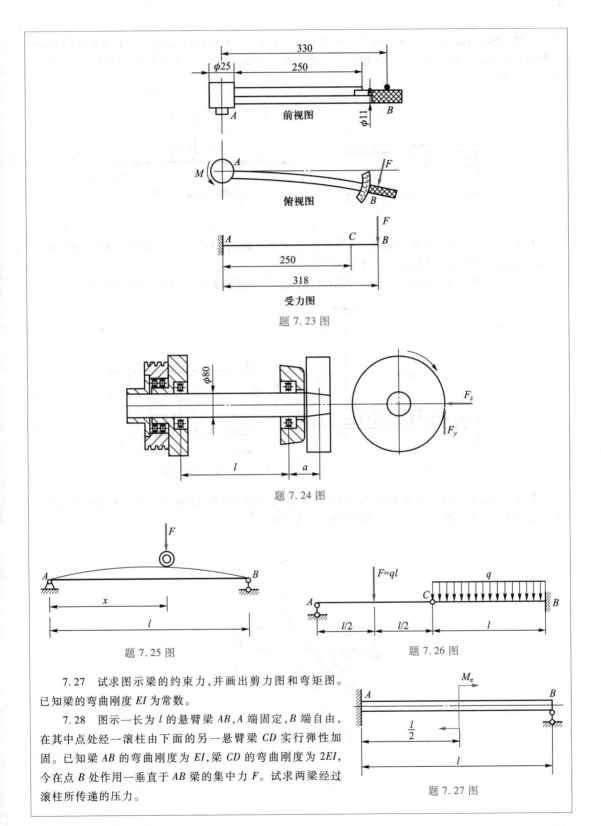

题 7.23 图

题 7.24 图

题 7.25 图

题 7.26 图

7.27 试求图示梁的约束力,并画出剪力图和弯矩图。已知梁的弯曲刚度 $EI$ 为常数。

7.28 图示一长为 $l$ 的悬臂梁 $AB$,$A$ 端固定,$B$ 端自由,在其中点处经一滚柱由下面的另一悬臂梁 $CD$ 实行弹性加固。已知梁 $AB$ 的弯曲刚度为 $EI$,梁 $CD$ 的弯曲刚度为 $2EI$,今在点 $B$ 处作用一垂直于 $AB$ 梁的集中力 $F$。试求两梁经过滚柱所传递的压力。

题 7.27 图

7.29    图示结构,悬臂梁 *AB* 与简支梁 *DG* 均用 No.18 工字钢制成,*BC* 为圆截面杆,直径 $d=20$ mm,梁与杆的弹性模量均为 $E=200$ GPa,$F=30$ kN。试计算梁 *AB* 内最大弯曲正应力与杆 *BC* 内最大正应力以及截面 *C* 的挠度 $w_c$。

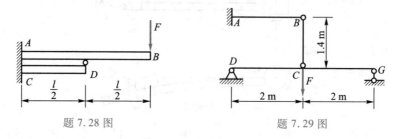

题 7.28 图                    题 7.29 图

7.30    图示受有均布载荷 *q* 的钢梁 *AB*,*A* 端固定,*B* 端用钢拉杆 *BC* 系住。已知钢梁 *AB* 的弯曲刚度 *EI* 和拉杆 *BC* 的拉伸刚度 *EA* 及尺寸 *h*、*l*,试求拉杆的内力。

7.31    试求图示 *BD* 杆的内力。已知 *AB*、*CD* 两梁的弯曲刚度均为 *EI*,杆 *BD* 的拉压刚度为 *EA*。

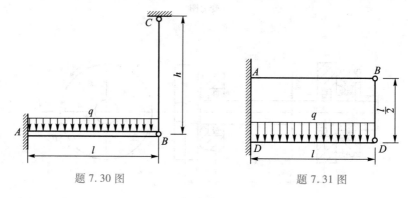

题 7.30 图                    题 7.31 图

7.32    如图所示的两梁相互垂直,并在中点相互接触。设两梁材料及长度均相同,而截面的惯性矩分别为 $I_1$ 和 $I_2$。试求两梁所受载荷之比及梁内最大弯矩之比。

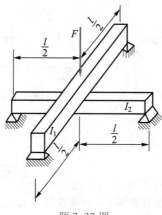

题 7.32 图

# 第八章

# 应力与应变状态分析

## §8.1 引言

前面研究轴向拉压杆件、受扭圆轴和弯曲梁的强度问题时,都是以单向应力状态和纯剪切应力状态为基础进行分析。如对横力弯曲的工字形截面梁(图 8.1)进行强度校核时,只分别对截面上最大正应力 A 处(单向应力状态)和最大切应力 B 处(纯剪切应力状态)进行正应力和切应力强度校核,但对正应力和切应力均较大的腹板与翼缘交界的 D 处,却没有进行强度校核。而且在实际构件中,有时还会遇到更为复杂的情况。如图 8.2 所示飞机螺旋桨轴既受拉,又受扭,如在轴表层用纵、横截面切取微体,则其受力状态与工字形截面上的 D 处类似。

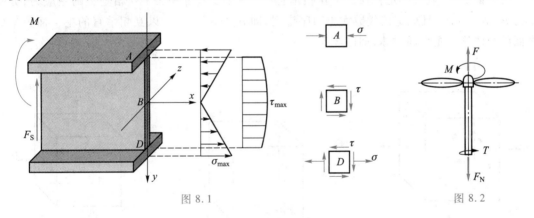

图 8.1　　　　　　　　　　　　　　　　　　　图 8.2

显然,仅仅依靠对单向应力状态和纯剪切应力状态的已有认识,尚不能解决上述强度问题,而应研究微体受力更一般的情况,以及微体内各截面的应力与各方的变形,如求出最大正应力、最大切应力、最大正应变等,为研究材料在复杂应力作用下的破坏或失效规律奠定基础。

## §8.2 一点的应力状态

### 一、一点应力状态

在构件内部,一般情况下不同的点有不同的应力,而且同一点在不同的方向面上应力也不相同。将通过一点各微截面的应力状况,称为该点的**应力状态**,它代表了一点处不同截面上的应力集合。

一点的应力状态一般采用微体法来表示,即围绕该点取一微小的正六面体——微体,如

图 8.3 所示,用微体六个面上的应力来表示该点的应力状态。一般来说,取微体的各面垂直于各坐标轴,各面上的正应力下标代表与该面垂直的坐标轴,切应力的第一个下标代表与该面垂直的坐标轴,第二个下标表示切应力的方向,如 $\sigma_x$ 表示与 $x$ 轴垂直的微元面上的正应力,$\tau_{xy}$ 表示与 $x$ 轴垂直的微元面上沿 $y$ 轴方向的切应力。

8-1:
材力思政——
应力的变与不
变

对于一个一般的微体,其各面上的应力分布满足以下两个原则:① 微体上相对坐标面上的应力大小相等,方向相反;② 微体上任意方向面上的应力均匀分布。根据这两个原则以及切应力互等定理可知,一般微体上有六个独立的应力分量,即 $\sigma_x$、$\sigma_y$、$\sigma_z$、$\tau_{xy}$、$\tau_{yz}$ 和 $\tau_{zx}$。

当一个微体的三个坐标平面上的应力为已知时,总可以用截面法求出如图 8.4 所示的任意方向面上的应力,则此时称该微体的应力状态已确定。

## 二、主平面、主应力、主方向、主平面微体

在微体中,不同方向面上的应力不同,其中切应力为零的平面称为**主平面**,主平面上的正应力称为**主应力**,主平面的法线方向称为**主方向**。

可以证明,一点处必定存在三个互相垂直的主平面,因而有三个互相垂直的主应力,分别记为 $\sigma_1$、$\sigma_2$ 和 $\sigma_3$,且规定按代数大小顺序排列,即 $\sigma_1 \geq \sigma_2 \geq \sigma_3$。以互相垂直的主平面为坐标平面的微体称为**主平面微体**,如图 8.5 所示。

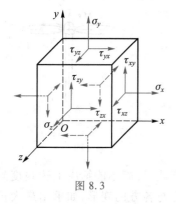

图 8.3

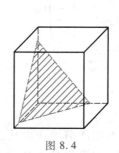

图 8.4

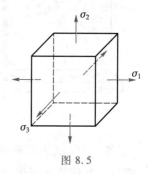

图 8.5

## 三、应力状态的分类

根据不为零的主应力个数,可将应力状态分为以下三类:

(1)**单向应力状态**——只有一个主应力不为零。如拉伸(或压缩)杆件和纯弯曲的梁,它们各点的应力状态都属于单向应力状态。

(2)**二向(平面)应力状态**——有两个主应力不为零。如发生扭转变形的圆轴和横力弯曲梁,它们大多数点(圆轴轴线和梁上下边缘上的各点除外)的应力状态都属于二向应力状态。二向应力状态是工程实际中最常见的一种应力状态。

(3)**三向(空间)应力状态**——三个主应力均不为零。需要指出的是,平面应力状态是三

向应力状态的特例,而单向应力状态和纯剪切应力状态是平面应力状态的特殊情况。

其中,单向应力状态也称为**简单应力状态**,而二向(平面)应力状态和三向(空间)应力状态统称为**复杂应力状态**。

## §8.3 二向应力状态分析的解析法

对于二向(平面)应力状态的一般微体如图 8.6 所示,在四个侧面存在应力,且其作用线均平行于微体不受力表面,这是一种常见的应力状态。一般地,这种应力状态的微体画成如图 8.7 所示的平面图形,图中与 $x$ 轴垂直的面称为 $x$ 面,其上面的正应力与切应力分别用 $\sigma_x$ 与 $\tau_x$ 来表示(由于不会混淆,为了表述的简单,切应力的下标仅用其作用面表示);与 $y$ 轴垂直的面称为 $y$ 面,其上面的正应力与切应力分别用 $\sigma_y$ 与 $\tau_y$ 来表示。现假设上述应力均为已知,研究与坐标轴 $z$ 轴平行的任意斜截面(本节以及下节中二向应力状态下的任意斜截面均指此类斜截面)上的应力。

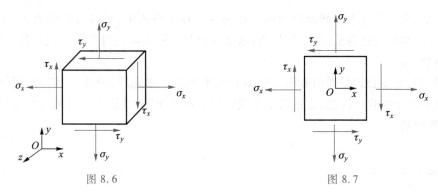

图 8.6　　　　　　　　　　图 8.7

### 一、斜截面上的应力

对于如图 8.8a 所示 $\sigma_x$、$\sigma_y$、$\tau_x$ 和 $\tau_y$ 已知的应力状态,现计算法线方向与 $x$ 轴成 $\alpha$ 角的斜截面 $ef$ 上的正应力 $\sigma_\alpha$ 和切应力 $\tau_\alpha$。

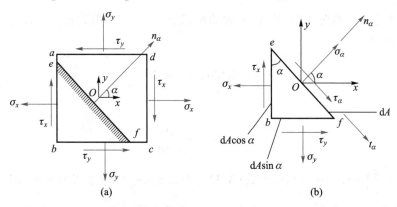

(a)　　　　　　　　　　(b)

图 8.8

首先,利用截面法,沿斜截面 $ef$ 将微体切开,并选五面体微体 $ebf$ 为研究对象,如图 8.8b 所示。设斜截面 $ef$ 的面积为 $dA$,则截面 $eb$ 和 $bf$ 的面积分别为 $dA\cos\alpha$ 和 $dA\sin\alpha$。该微体沿斜截面法向 $n_\alpha$ 与切向 $t_\alpha$ 的平衡方程分别为

$$\sigma_\alpha dA+(\tau_x dA\cos\alpha)\sin\alpha-(\sigma_x dA\cos\alpha)\cos\alpha+(\tau_y dA\sin\alpha)\cos\alpha-(\sigma_y dA\sin\alpha)\sin\alpha=0$$

$$\tau_\alpha dA-(\tau_x dA\cos\alpha)\cos\alpha-(\sigma_x dA\cos\alpha)\sin\alpha+(\tau_y dA\sin\alpha)\sin\alpha+(\sigma_y dA\sin\alpha)\cos\alpha=0$$

根据切应力互等定理可知,$\tau_x$ 与 $\tau_y$ 在数值上相等,将这一关系代入以上两式得

$$\sigma_\alpha=\sigma_x\cos^2\alpha+\sigma_y\sin^2\alpha-2\tau_x\sin\alpha\cos\alpha$$

$$\tau_\alpha=(\sigma_x-\sigma_y)\sin\alpha\cos\alpha+\tau_x(\cos^2\alpha-\sin^2\alpha)$$

利用三角函数的倍角公式可得

$$\sigma_\alpha=\frac{\sigma_x+\sigma_y}{2}+\frac{\sigma_x-\sigma_y}{2}\cos 2\alpha-\tau_x\sin 2\alpha \tag{8.1}$$

$$\tau_\alpha=\frac{\sigma_x-\sigma_y}{2}\sin 2\alpha+\tau_x\cos 2\alpha \tag{8.2}$$

此两式即二向应力状态下斜截面应力的一般公式。在此公式中,正应力以拉为正,压为负;切应力以绕受力体顺时针为正,逆时针为负;角度 $\alpha$ 以从 $x$ 轴正向逆时针转到截面外法线方向为正,反之为负。

应该指出,上述公式是采用截面法根据静力平衡条件建立的,因此,它们与材料的力学性能无关,既适用于线弹性问题,也适用于非线性与非弹性问题;既适用于各向同性材料,也适用于各向异性材料。

## 二、应力的极值

### 1. 正应力的极值

在 $\sigma_x$、$\sigma_y$、$\tau_x$ 和 $\tau_y$ 均给定的情况下,由式(8.1)可知,任意斜截面上正应力 $\sigma_\alpha$ 是 $\alpha$ 的一元函数,对 $\alpha$ 取导数得

$$\frac{d\sigma_\alpha}{d\alpha}=-2\left(\frac{\sigma_x-\sigma_y}{2}\sin 2\alpha+\tau_x\cos 2\alpha\right) \tag{a}$$

若 $\alpha=\alpha_0$ 时,能使该导数等于零,则在 $\alpha_0$ 确定的截面上,正应力取得极值。以 $\alpha_0$ 代替 $\alpha$,并令上式等于零,得到

$$\frac{\sigma_x-\sigma_y}{2}\sin 2\alpha_0+\tau_x\cos 2\alpha_0=0 \tag{b}$$

由此可得

$$\tan 2\alpha_0=-\frac{2\tau_x}{\sigma_x-\sigma_y} \tag{8.3}$$

由于 $\tan 2\left(\alpha_0+\dfrac{\pi}{2}\right)=\tan 2\alpha_0$,因此,由式(8.3)可得出相差 $\dfrac{\pi}{2}$ 的两个极值平面,即可找到两个相互垂直的极值平面,这两个面上的正应力分别取得极大值和极小值。将由式(8.3)确定的 $\alpha_0$

和 $\alpha_0+\dfrac{\pi}{2}$ 代入式(8.1),可得

$$\sigma_{\substack{\max\\\min}}=\frac{\sigma_x+\sigma_y}{2}\pm\sqrt{\left(\frac{\sigma_x-\sigma_y}{2}\right)^2+\tau_x^2}\tag{8.4}$$

同时由式(b)可以看出,当式(8.3)成立时,$\tau_{\alpha_0}=0$。这就是说,正应力取极值的面上切应力恒为零,而切应力为零的平面为主平面,因此可以知道,主应力即为正应力的极值,而且主平面是互相垂直的。

**2. 切应力的极值**

由式(8.2)可知,任意斜截面上切应力 $\tau_\alpha$ 也是 $\alpha$ 的一元函数,对 $\alpha$ 取导数并令该导数在 $\alpha=\alpha_1$ 时为零,即

$$\frac{\mathrm{d}\tau_\alpha}{\mathrm{d}\alpha}\bigg|_{\alpha_1}=2\left(\frac{\sigma_x-\sigma_y}{2}\cos 2\alpha_1-\tau_x\sin 2\alpha_1\right)=0\tag{c}$$

由此可得

$$\tan 2\alpha_1=\frac{\sigma_x-\sigma_y}{2\tau_x}\tag{8.5}$$

从中可解出相差 $\dfrac{\pi}{2}$ 的两个极值平面,这两个面上的切应力分别取得极大值和极小值。将由式(8.5)确定的 $\alpha_1$ 和 $\alpha_1+\dfrac{\pi}{2}$ 代入式(8.2),可得

$$\tau_{\substack{\max\\\min}}=\pm\sqrt{\left(\frac{\sigma_x-\sigma_y}{2}\right)^2+\tau_x^2}\tag{8.6}$$

由式(8.4)和式(8.6)可知,最大与最小切应力的数值,等于最大与最小正应力之差的一半。

由式(8.3)和式(8.5)可知

$$\tan 2\alpha_0\cdot\tan 2\alpha_1=-1$$

即最大和最小切应力所在平面与主平面的夹角为45°。

**例 8.1** 图 8.9a 所示悬臂梁上点 $A$ 的应力状态如图 8.9b 所示。试求图 8.9b 中微体在指定斜截面上的应力,并确定点 $A$ 主平面和主应力(用主平面微体表示)。

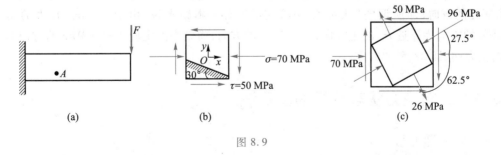

图 8.9

**解:**(1)求斜截面上的应力。建立如图 8.9b 所示的坐标系,则根据应力以及斜截面方位角的符号规定有

$$\sigma_x = -70 \text{ MPa}, \quad \sigma_y = 0, \quad \tau_x = 50 \text{ MPa}, \quad \alpha = 60°$$

将上述数据代入式(8.1)和式(8.2),分别得

$$\sigma_\alpha = \frac{\sigma_x + \sigma_y}{2} + \frac{\sigma_x - \sigma_y}{2} \cos 120° - \tau_x \sin 120°$$

$$= \frac{-70}{2} \text{MPa} + \frac{-70}{2} \cos 120° \text{MPa} - 50 \sin 120° \text{MPa}$$

$$= -60.8 \text{ MPa}$$

$$\tau_\alpha = \frac{\sigma_x - \sigma_y}{2} \sin 120° + \tau_x \cos 120°$$

$$= -\frac{70}{2} \sin 120° \text{MPa} + 50 \cos 120° \text{MPa}$$

$$= -55.3 \text{ MPa}$$

(2) 确定主平面和主应力。由式(8.3),可得

$$\tan 2\alpha_0 = -\frac{2\tau_x}{\sigma_x - \sigma_y} = -\frac{2 \times 50}{-70} = 1.429$$

解得 $\alpha_0 = 27.5°$ 或 $117.5°$,即从 $x$ 轴逆时针方向转动 $27.5°$ 和 $117.5°$ 的两个方向对应的平面即为主平面。将这两个角度代入式(8.1),可得两个主应力为

$$\sigma_{27.5°} = \frac{-70 + 0}{2} \text{MPa} + \frac{-70 - 0}{2} \cos (2 \times 27.5°) \text{MPa} - 50 \sin (2 \times 27.5°) \text{MPa}$$

$$= -96 \text{ MPa}$$

$$\sigma_{117.5°} = \frac{-70 + 0}{2} \text{MPa} + \frac{-70 - 0}{2} \cos (2 \times 117.5°) \text{MPa} - 50 \sin (2 \times 117.5°) \text{MPa}$$

$$= 26 \text{ MPa}$$

另外,也可用式(8.4)计算两个主应力,即

$$\sigma_{\substack{max \\ min}} = \frac{-70 + 0}{2} \text{MPa} \pm \sqrt{\left(\frac{-70 - 0}{2} \text{MPa}\right)^2 + \tau_x^2} = \begin{cases} 26 \text{ MPa} \\ -96 \text{ MPa} \end{cases}$$

但按此方法计算出的两个主应力需要确定各自对应的方位。可以证明,较大的主应力的方向靠近 $\sigma_x$ 和 $\sigma_y$ 中代数值较大者所在的方向,而较小的主应力的方向靠近 $\sigma_x$ 和 $\sigma_y$ 中代数值较小者所在的方向,即所谓的"大靠大,小靠小"。对于本题来说,由于 $\sigma_y > \sigma_x$,较大的主应力 26 MPa 的方向为靠近 $\sigma_y$ 的主方向,即 $117.5°$ 的方向,而较小的主应力 $-96$ MPa 的方向为靠近 $\sigma_x$ 的主方向,即 $27.5°$ 的方向。

## §8.4  二向应力状态分析的图解法

### 一、应力圆方程

由式(8.1)和式(8.2)可知,图 8.8a 中二向应力状态任意斜截面上的应力 $\sigma_\alpha$ 与 $\tau_\alpha$ 是 $\alpha$ 的一元函数,即这两式可以看作表示 $\sigma_\alpha$ 与 $\tau_\alpha$ 之间函数关系的参数方程,消除其中的参数 $\alpha$,则可

以得到 $\sigma_\alpha$ 与 $\tau_\alpha$ 之间的直接关系式。为此,将式(8.1)和式(8.2)改写成

$$\sigma_\alpha - \frac{\sigma_x + \sigma_y}{2} = \frac{\sigma_x - \sigma_y}{2}\cos 2\alpha - \tau_x \sin 2\alpha$$

$$\tau_\alpha = \frac{\sigma_x - \sigma_y}{2}\sin 2\alpha + \tau_x \cos 2\alpha$$

然后,将以上两式两边平方后相加,于是得

$$\left(\sigma_\alpha - \frac{\sigma_x + \sigma_y}{2}\right)^2 + \tau_\alpha^2 = \left(\frac{\sigma_x - \sigma_y}{2}\right)^2 + \tau_x^2$$

可以看出,上式表示在以 $\sigma$ 为横坐标轴、$\tau$ 为纵坐标轴的平面内的一个圆,

其圆心坐标为 $C\left(\dfrac{\sigma_x + \sigma_y}{2}, 0\right)$,半径为 $R = \sqrt{\left(\dfrac{\sigma_x - \sigma_y}{2}\right)^2 + \tau_x^2}$,此圆称为应力圆或莫尔

圆。其意义可理解为:一点的应力状态可用应力圆来表示,该点任意斜截面上的
正应力和切应力对应 $\sigma$-$\tau$ 坐标系中的一个定点,所有这些点的轨迹为一个圆,即应力圆;反过
来说,应力圆圆周上的任意一点的横、纵坐标代表微体上某一斜截面上的正应力和切应力。

8-2:
材力漫话——
莫尔与莫尔圆

## 二、应力圆的绘制

对于图 8.10a 所示的应力状态,可以采用两种方法绘制应力圆。

第一种方法是直接利用应力圆的圆心与半径绘制,在如图 8.10b 所示的 $\sigma$-$\tau$ 坐标系内,按

照一定的比例尺取横坐标 $\dfrac{\sigma_x + \sigma_y}{2}$,纵坐标 $0$,确定为圆心 $C$,绘制半径为 $\sqrt{\left(\dfrac{\sigma_x - \sigma_y}{2}\right)^2 + \tau_x^2}$ 的圆,即

为应力圆。此种绘制方法简单直观,但不利于应用,一般情况下采用下面第二种方法绘制。

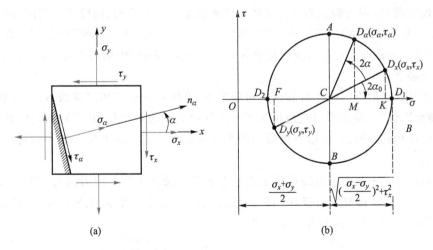

图 8.10

第二种绘制方法的过程是这样的。在如图 8.10b 所示的 $\sigma$-$\tau$ 坐标系内,选取一定的比例
尺。设与 $x$ 截面对应的点为 $D_x(\sigma_x, \tau_x)$,与 $y$ 截面对应的点为 $D_y(\sigma_y, \tau_y)$,作点 $D_x$ 和 $D_y$,并连

接 $D_x$ 和 $D_y$,与 $\sigma$ 轴交于 $C$ 点,由于 $\tau_x$ 与 $\tau_y$ 的数值相等,$D_xK$ 与 $D_yF$ 长度相等,因此连线 $D_xD_y$ 与 $\sigma$ 轴交点 $C$ 的横坐标为 $\dfrac{\sigma_x+\sigma_y}{2}$,即 $C$ 点即为圆心。又由

$$CD_x = \sqrt{CK^2 + KD_x^2} = \sqrt{(OK-CO)^2 + KD_x^2}$$
$$= \sqrt{\left(\sigma_x - \frac{\sigma_x+\sigma_y}{2}\right)^2 + \tau_x^2} = \sqrt{\left(\frac{\sigma_x-\sigma_y}{2}\right)^2 + \tau_x^2}$$

可知 $CD_x$ 即为半径。于是以 $C$ 点为圆心,以 $CD_x$ 为半径作圆,即得到相应的应力圆。

### 三、应力圆的应用

应力圆圆周上任意一点的横、纵坐标代表微体上某一斜截面上的正应力与切应力。当采用第二种绘制方法确定应力圆后,欲求 $\alpha$ 截面上的应力,只需从图 8.10b 中应力圆的 $D_x$ 点依照微体上 $\alpha$ 角相同的转向量取圆弧 $D_xD_\alpha$,使其对应的圆心角 $\angle D_xCD_\alpha = 2\alpha$,则点 $D_\alpha$ 的横、纵坐标即为 $\alpha$ 截面上按照给定比例尺下的正应力与切应力。现证明如下。

设圆心角 $\angle D_xCD_1 = 2\alpha_0$,则

$$\begin{aligned} OM &= OC+CM = OC+CD_\alpha\cos(2\alpha_0+2\alpha) = OC+CD_x\cos(2\alpha_0+2\alpha)\\ &= OC+(CD_x\cos 2\alpha_0)\cos 2\alpha - (CD_x\sin 2\alpha_0)\sin 2\alpha\\ &= OC+CK\cos 2\alpha - KD_x\sin 2\alpha\\ &= \frac{\sigma_x+\sigma_y}{2} + \frac{\sigma_x-\sigma_y}{2}\cos 2\alpha - \tau_x\sin 2\alpha = \sigma_\alpha \end{aligned}$$

同理可得 $D_\alpha M = \tau_\alpha$。这就证明了点 $D_\alpha$ 的横、纵坐标即为 $\alpha$ 截面上按照给定比例尺下的正应力与切应力。

需要说明的是,应力圆上的点与微体内的截面是一一对应的,而应力圆的圆心角为 360°。因此,$\alpha$ 仅需考虑 $[0°,180°]$ 或 $[-90°,90°]$ 即可。这是因为,$\alpha$ 与 $\alpha+180°$ 属于同一截面的两个方向,而该点同一截面上的应力应该是相等的。另外,$\alpha$ 与 $\alpha+90°$ 的两个面对应的点,位于应力圆的同一直径上。

应力圆圆周上的点与微体斜截面的对应关系,可用口诀来记忆:"**点面对应,注意基点,转向相同,转角两倍**"。应力圆直观地反映了一点处应力状态的特征,在实际应用中并不一定把应力圆看作纯粹的图解法,可以利用应力圆来理解有关一点处应力状态的一些特征。下面分别进行说明。

(1)利用图 8.10b 中应力圆可确定正应力的极值及其方位。应力圆与 $\sigma$ 轴相交于点 $D_1$ 与点 $D_2$,它们的横坐标对应正应力两极值,而且它们的纵坐标为零,说明点 $D_1$ 与点 $D_2$ 对应的截面是主平面,对应的正应力为主应力,即

$$\sigma_{\substack{D_1\\D_2}} = \sigma_{\substack{\max\\\min}} = OC \pm CD_1 = \frac{\sigma_x+\sigma_y}{2} \pm \sqrt{\left(\frac{\sigma_x-\sigma_y}{2}\right)^2 + \tau_x^2}$$

这就是式(8.4)。在应力圆上从点 $D_x$ 到点 $D_1$ 所对应的圆心角为顺时针的 $2\alpha_0$,则说明微体中主方向为从 $x$ 轴顺时针转过 $\alpha_0$ 的方向,且由图中几何关系可得

$$\tan 2\alpha_0 = -\frac{D_x K}{CK} = -\frac{\tau_x}{\dfrac{\sigma_x - \sigma_y}{2}} = -\frac{2\tau_x}{\sigma_x - \sigma_y}$$

这就是式（8.3）。由于 $D_1$ 与 $D_2$ 两点在同一条直径上，因此，最大与最小正应力所在截面相互垂直。

（2）利用图 8.10b 中应力圆可确定切应力的极值及其方位。应力圆上存在 $A$ 与 $B$ 两个极值点，在这两个点上，切应力取到极大值和极小值。即

$$\tau_A \atop B = \tau_{\max \atop \min} = \pm\sqrt{\left(\frac{\sigma_x - \sigma_y}{2}\right)^2 + \tau_x^2}$$

这就是式（8.6）。由于 $A$ 与 $B$ 两点在同一条直径上，因此，最大与最小切应力所在截面相互垂直。又由 $AB$ 垂直于 $D_1 D_2$ 可知，切应力取极值的截面与正应力取极值的截面成 45°角。

### 四、几种特殊的二向应力状态的应力圆

应力圆对于理解一点的应力状态的特征非常直观，下面简要介绍几种特殊的应力状态的应力圆。

#### 1. 单向拉伸

从图 8.11b 中应力圆可以看出，图 8.11a 中的单向拉伸应力状态下正应力的极大值出现在横截面上，大小为 $\sigma_0$，极小值出现在纵截面上，大小为 0；切应力的极值出现在 ±45°的斜截面上，绝对值为 $\sigma_0/2$，且在此斜截面上正应力的大小也为 $\sigma_0/2$。

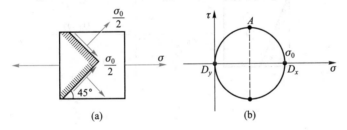

图 8.11

#### 2. 单向压缩

从图 8.12b 中应力圆可以看出，图 8.12a 中的单向压缩应力状态下正应力的极大值出现在纵截面上，大小为 0，极小值出现在横截面上，绝对值为 $\sigma_0$；切应力的极值出现在 ±45°的斜截面上，绝对值为 $\sigma_0/2$，且在此斜截面上正应力的大小为 $-\sigma_0/2$。

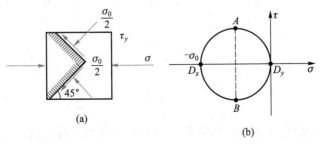

图 8.12

### 3. 纯剪切

从图 8.13b 中应力圆可以看出,图 8.13a 中的纯剪切应力状态属于二向应力状态,正应力的极值出现在 ±45° 的斜截面上,绝对值为 $\tau_0$。

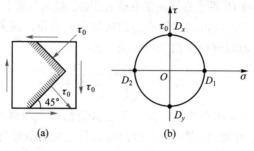

图 8.13

### 4. 两向均匀拉伸或压缩

图 8.14b 和图 8.15b 分别给出了图 8.14a 和图 8.15a 中两向均匀拉伸和均匀压缩应力状态的应力圆,从图中可以看出,两应力圆均退化为 $\sigma$ 轴上的一个点,这说明两向均匀拉伸和压缩应力状态任意斜截面上的应力对应的点均为此点,而此点对应的切应力为零,这说明两向均匀拉伸和压缩应力状态的任意斜截面都是其主平面,且各主平面上的主应力相等。

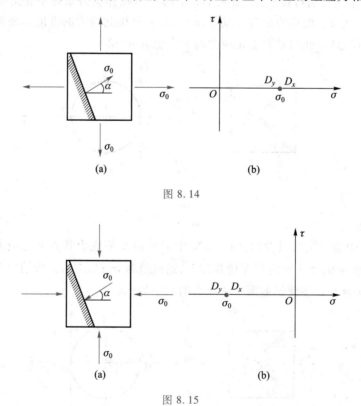

图 8.14

图 8.15

由这一结论可以推断,中面为圆形或其他任意形状的均质薄板,在周边受到压强为 $\sigma_0$ 的均布压力(拉力)时(图 8.16),其内部任取一微体的应力状态均为图 8.14a 和 8.15a 中两向均匀压缩(或拉伸)应力状态。

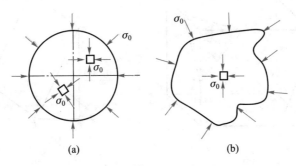

图 8.16

**例 8.2** 试用图解法求解例 8.1。

解:(1)求斜截面上的应力。首先,建立 $\sigma$-$\tau$ 坐标系,选定比例尺。由 $(-70,50)$ 与 $(0,-50)$ 分别确定 $D_x$ 和 $D_y$ 点,以 $D_x D_y$ 为直径作出应力圆,如图 8.17 所示。

为确定 $60°$ 斜截面上的应力,在应力圆上从 $D_x$ 点逆时针转过圆心角 $2\times60° = 120°$ 至 $D$ 点,所得 $D$ 点即为应力圆上 $60°$ 斜截面对应的点。按照选定的比例尺,量得 $DN = 60.8$ MPa,$DM = 55.3$ MPa。由此得 $60°$ 斜截面上的应力为

$$\sigma_{60°} = -60.8 \text{ MPa}, \quad \tau_{60°} = -55.3 \text{ MPa}$$

(2)确定主平面和主应力。应力圆与 $\sigma$ 轴交于 $D_1$、$D_2$ 点,按照选定的比例尺,量得 $OD_1 = 26$ MPa,$OD_2 = 96$ MPa,且从应力图中量得 $\angle D_x C D_1 = 125°$,$\angle D_x C D_2 = 55°$。即从 $x$ 轴顺时针方向转动 $62.5°$ 和逆时针方向转动 $27.5°$ 的两个方向对应的平面为主平面,且主应力为

$$\sigma_{-62.5°} = 26 \text{ MPa}, \quad \sigma_{27.5°} = -96 \text{ MPa}$$

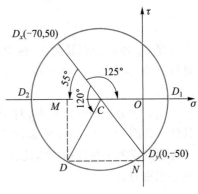

图 8.17

## §8.5 三向应力状态

前面两节研究斜截面上的应力及相应极值时,曾引进两个限制,其一是微体处于平面应力状态,其二是所取的斜截面均垂直于微体不受力的表面。本节研究三个主应力已知的三向应力状态,如图 8.18a 所示,讨论其所有斜截面上的应力计算。

首先分析与主应力 $\sigma_3$ 平行的斜截面 $abcd$ 上的应力。利用截面法,沿斜截面 $abcd$ 将微体切开,并选五面体微体为研究对象,如图 8.18b 所示。显然,斜截面 $abcd$ 上的应力 $\sigma_\alpha$ 与 $\tau_\alpha$ 仅与 $\sigma_1$ 和 $\sigma_2$ 有关,即由 $\sigma_1$ 和 $\sigma_2$ 决定。因此,在 $\sigma$-$\tau$ 平面内,与该类斜截面对应的点,必须位于 $\sigma_1$ 和 $\sigma_2$ 所确定的应力圆上。同理,与 $\sigma_2$ 平行的各截面对应的点,位于 $\sigma_1$ 与 $\sigma_3$ 所确定的应力圆上;与 $\sigma_1$ 平行的各截面对应的点,位于由 $\sigma_2$ 与 $\sigma_3$ 所确定的应力圆上,如图 8.19 所示。

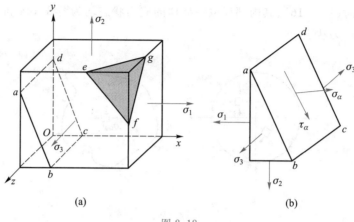

图 8.18

对于与三个主应力均不平行的任意截面 $efg$，同样由截面法可得截面 $efg$ 上的正应力与切应力分别为[①]

$$\sigma_n = \sigma_1 l_1^2 + \sigma_2 l_2^2 + \sigma_3 l_3^2 \tag{8.7}$$

$$\tau_n = \sqrt{\sigma_1^2 l_1^2 + \sigma_2^2 l_2^2 + \sigma_3^2 l_3^2 - \sigma_n^2} \tag{8.8}$$

式中，$l_1$、$l_2$ 和 $l_3$ 分别是截面 $efg$ 外法向对坐标轴 $x$、$y$ 和 $z$ 的方向余弦。利用 $\sigma_n$ 与 $\tau_n$ 的表达式可以证明，点 $(\sigma_n, \tau_n)$ 必定位于两个小圆外，而在大圆内，即图 8.19 中的三个圆所构成的阴影区域内。

从上述分析中可以看出，对于图 8.18a 中的应力状态，代表其任一截面上应力的点，要么位于三个应力圆上，要么位于三个应力圆围成的阴影区内。因此，最大与最小正应力分别为最大与最小主应力，即

$$\sigma_{max} = \sigma_1, \quad \sigma_{min} = \sigma_3 \tag{8.9}$$

而最大切应力为

$$\tau_{max} = \frac{\sigma_1 - \sigma_3}{2} \tag{8.10}$$

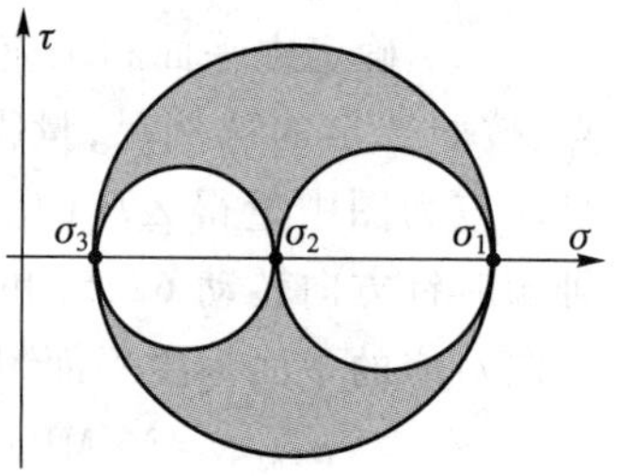

图 8.19

并且其所在斜截面与 $\sigma_2$ 平行，与 $\sigma_1$ 和 $\sigma_3$ 均成 45°。

**例 8.3** 如图 8.20a 所示应力状态，$\sigma_x = 80$ MPa，$\tau_x = 35$ MPa，$\sigma_y = 20$ MPa，$\sigma_z = -40$ MPa。试画三向应力圆，并求三个主应力和最大切应力。

**解:**（1）画三向应力圆。对于图 8.20a 所示应力状态，$\sigma_z$ 为主应力，而其他两个主应力可由 $\sigma_x$、$\sigma_y$ 和 $\tau_x$ 确定。首先，建立 $\sigma$-$\tau$ 坐标系，选定比例尺。由 $(80, 35)$ 与 $(20, -35)$ 分别确定 $D_x$ 和 $D_y$ 点，以 $D_x D_y$ 为直径作出应力圆，如图 8.20b 所示，此圆与 $\sigma$ 轴交于 $C$ 与 $D$，其横坐标分别为

$$\sigma_C = 96.1 \text{ MPa}, \quad \sigma_D = 3.9 \text{ MPa}$$

取 $E(-40, 0)$ 对应于主平面 $z$，再分别以 $ED$ 及 $EC$ 为直径画圆，即得到三向应力圆。

① 参阅刘鸿文主编《材料力学》第 6 版第 I 册，§7.5，高等教育出版社，2017。

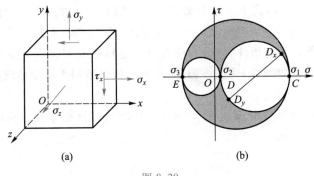

图 8.20

（2）三个主应力和最大切应力。从图中可以看出，三个主应力分别为

$$\sigma_1 = \sigma_C = 96.1\ \text{MPa}, \quad \sigma_2 = \sigma_D = 3.9\ \text{MPa}, \quad \sigma_3 = \sigma_E = -40.0\ \text{MPa}$$

最大切应力为

$$\tau_{\max} = \frac{\sigma_1 - \sigma_3}{2} = 68.1\ \text{MPa}$$

# §8.6 平面应变状态应变分析

与构件内部各点处不同截面上的应力不同一样，各点处不同方位的应变也不同，称构件内一点在不同方位的应变状况为该点处的**应变状态**。当构件内某点处的变形平行于某一平面时，则称该点处于**平面应变状态**。下面对平面应变状态进行分析。

## 一、任意方位的应变分析

如图 8.21 所示，已知某点 $O$ 处 $x$ 和 $y$ 轴方向的线应变分别为 $\varepsilon_x$ 和 $\varepsilon_y$，直角 $Oxy$ 的切应变为 $\gamma_{xy}$，现将坐标系 $Oxy$ 在其平面内绕点 $O$ 逆时针方向转过角度 $\alpha$，得到坐标系 $O\alpha\beta$。在小变形条件下，利用变形几何关系可以得到 $\alpha$ 轴方向的线应变 $\varepsilon_\alpha$ 和直角 $O\alpha\beta$ 的切应变 $\gamma_{\alpha\beta}$ 分别为[①]

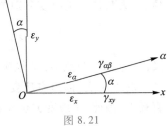

图 8.21

$$\varepsilon_\alpha = \frac{\varepsilon_x + \varepsilon_y}{2} + \frac{\varepsilon_x - \varepsilon_y}{2}\cos 2\alpha - \frac{\gamma_{xy}}{2}\sin 2\alpha \qquad (8.11)$$

$$\frac{\gamma_{\alpha\beta}}{2} = \frac{\varepsilon_x - \varepsilon_y}{2}\sin 2\alpha + \frac{\gamma_{xy}}{2}\cos 2\alpha \qquad (8.12)$$

此两式即为平面应变状态下任意方位应变的一般公式，其中正应变以拉应变为正；直角增大的切应变为正；角度 $\alpha$ 以从 $x$ 轴正向逆时针转到方位为正。

通过与平面应力状态下斜截面应力式（8.1）和式（8.2）比较可以看出，式（8.1）和式（8.2）

---

① 参阅单辉祖主编《材料力学》第 4 版第 I 册，§8-6，高等教育出版社，2016。

与式(8.11)和式(8.12)在形式上非常类似,只需将式(8.1)和式(8.2)中的 $\sigma_x$、$\sigma_y$ 和 $\tau_x$ 分别换为 $\varepsilon_x$、$\varepsilon_y$ 和 $\gamma_{xy}/2$,$\sigma_\alpha$ 和 $\tau_\alpha$ 分别换为 $\varepsilon_\alpha$ 和 $\gamma_{\alpha\beta}/2$,即可得到式(8.1)和式(8.2)。需要说明的是,应力分析是根据静力平衡条件建立的,应变分析是根据几何关系建立的,它们都与材料的力学性能(线性、弹性、各向同性)无关。但是,应变分析只适用于小变形问题,而应力分析无此限制。

另外,从式(8.12)可以看出,$\gamma_{\alpha\beta}(\alpha) = -\gamma_{\alpha\beta}(\alpha+90°)$,即互相垂直方位的切应变数值相等,但符号相反。

## 二、应变圆

从式(8.11)和式(8.12)中消除 $\alpha$,可得

$$\left(\varepsilon_\alpha - \frac{\varepsilon_x+\varepsilon_y}{2}\right)^2 + \left(\frac{\gamma_\alpha}{2}\right)^2 = \left(\frac{\varepsilon_x-\varepsilon_y}{2}\right)^2 + \left(\frac{\gamma_{xy}}{2}\right)^2$$

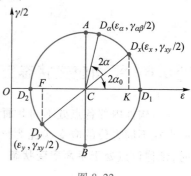

图 8.22

在 $\varepsilon-\gamma/2$ 坐标系内,此方程的轨迹是一个圆,其圆心为 $C\left(\dfrac{\varepsilon_x+\varepsilon_y}{2},0\right)$,半径 $R_\varepsilon = \sqrt{\left(\dfrac{\varepsilon_x-\varepsilon_y}{2}\right)^2 + \left(\dfrac{\gamma_{xy}}{2}\right)^2}$,此圆称为应变圆或应变莫尔圆。其画法与应力圆类似,以 $D_x\left(\varepsilon_x,\dfrac{\gamma_{xy}}{2}\right)$ 与 $D_y\left(\varepsilon_y,-\dfrac{\gamma_{xy}}{2}\right)$ 的连线为直径所画的圆即为该应变圆,如图 8.22 所示。且可以证明,将 $D_x$ 沿 $\alpha$ 方向绕点 $C$ 旋转 $2\alpha$,所得点 $D_\alpha$ 的横、纵坐标分别代表 $\varepsilon_\alpha$ 和 $\gamma_{\alpha\beta}/2$。

## 三、最大应变与主应变

从图 8.22 中可以看出,应变圆与 $\varepsilon$ 轴相交于 $D_1$ 与 $D_2$ 点,它们的横坐标对应正应变两极值,最大与最小正应变分别为

$$\varepsilon_{\substack{\max\\\min}} = OC + CD_1 = \frac{1}{2}(\varepsilon_x+\varepsilon_y) \pm \frac{1}{2}\sqrt{(\varepsilon_x-\varepsilon_y)^2+\gamma_{xy}^2} \tag{8.13}$$

又由于点 $D_1$ 与点 $D_2$ 的纵坐标为零,说明正应变取极值的方位切应变为零。切应变为零的方位上的正应变,称为**主应变**。因此,主应变即为正应变的极值,且由于点 $D_1$ 与点 $D_2$ 在同一条直径上,因此,主应变方位互相垂直。主应变方位角 $\alpha_0$ 由下式决定:

$$\tan 2\alpha_0 = -\frac{D_x K}{CK} = -\frac{\gamma_{xy}}{\varepsilon_x-\varepsilon_y} \tag{8.14}$$

而最大切应变则为

$$\gamma_{\max} = \varepsilon_{D_1} - \varepsilon_{D_2} = \sqrt{(\varepsilon_x-\varepsilon_y)^2+\gamma_{xy}^2} \tag{8.15}$$

**例 8.4**    实验中常用应变片测量应变,但由于应变片只能测量线应变,而不能测量角应变,因此,常用多个(三个或四个)应变片组成应变花来测量某处的应变。其中 0°、45°和 90°方向

的三个应变片组成直角应变花就是常用的一种,如图 8.23 所示。现若测得某点处 $0°$、$45°$ 和 $90°$ 方向的应变 $\varepsilon_{0°}$、$\varepsilon_{45°}$ 和 $\varepsilon_{90°}$,试求此点处的主应变。

解:建立如图 8.23 所示的坐标系,则有

$$\varepsilon_x = \varepsilon_{0°}, \quad \varepsilon_y = \varepsilon_{90°}$$

在式(8.11)中令 $\alpha = 45°$ 可得

$$\varepsilon_{45°} = \frac{\varepsilon_{0°} + \varepsilon_{90°}}{2} + \frac{\varepsilon_{0°} - \varepsilon_{90°}}{2}\cos 90° - \frac{\gamma_{xy}}{2}\sin 90°$$

即

$$\gamma_{xy} = \varepsilon_{0°} + \varepsilon_{90°} - 2\varepsilon_{45°}$$

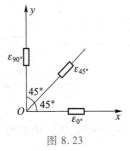

图 8.23

由式(8.13)可得

$$\varepsilon_{\substack{max \\ min}} = \frac{1}{2}\left[\varepsilon_{0°} + \varepsilon_{90°} \pm \sqrt{(\varepsilon_{0°} - \varepsilon_{90°})^2 + (\varepsilon_{0°} + \varepsilon_{90°} - 2\varepsilon_{45°})^2}\right]$$

## §8.7 复杂应力状态下的应力-应变关系

在讨论单向拉伸或压缩时,根据实验结果,曾得到各向同性材料在线弹性范围内,轴向应变和横向应变与轴向应力之间的关系为

$$\varepsilon = \frac{\sigma}{E} \tag{a}$$

$$\varepsilon' = -\mu\varepsilon = -\mu\frac{\sigma}{E} \tag{b}$$

其中,$E$ 为材料的弹性模量,$\mu$ 为泊松比。

在纯剪切情况下,试验结果表明,当切应力不超过剪切比例极限时,切应力与切应变之间的关系满足剪切胡克定律,即

$$\gamma = \frac{\tau}{G} \tag{c}$$

下面在单向应力及纯剪切这两种最基本的应力状态的基础上,讨论建立各向同性材料在复杂应力状态下的应力-应变关系。

### 一、广义胡克定律

对于图 8.24a 所示的平面应力状态,可以看成图 8.24b、c 中的两组单向拉伸应力状态与图 8.24d 中纯剪切应力状态的组合。对于各向同性材料,正应力 $\sigma_x$ 和 $\sigma_y$ 不会引起切应变 $\gamma_{xy}$,而在小变形情况下,切应力 $\tau_x$ 对正应变 $\varepsilon_x$ 和 $\varepsilon_y$ 的影响也可以不计。因此,处于平面应力状态下的微体,其正应变和切应变均可以采用叠加原理进行分析。

对于图 8.24b 中的微体,$\sigma_x$ 单独作用,其沿 $x$ 与 $y$ 方向的正应变分别为

$$\varepsilon_x' = \frac{\sigma_x}{E}, \quad \varepsilon_y' = -\mu\frac{\sigma_x}{E}$$

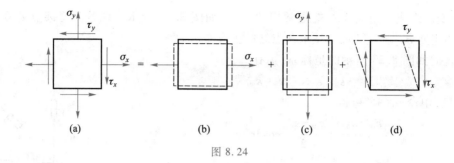

图 8.24

对于图 8.24c 中的微体,$\sigma_y$ 单独作用,其沿 $x$ 与 $y$ 方向的正应变分别为

$$\varepsilon_x'' = -\mu \frac{\sigma_y}{E}, \quad \varepsilon_y'' = \frac{\sigma_y}{E}$$

对于图 8.24d 中的微体,只有切应力作用,其切应变为

$$\gamma_{xy} = \frac{\tau_x}{G}$$

由叠加原理可知,图 8.24a 所示微体的正应变和切应变为

$$\left. \begin{array}{l} \varepsilon_x = \varepsilon_x' + \varepsilon_x'' = \dfrac{1}{E}(\sigma_x - \mu\sigma_y) \\[3mm] \varepsilon_y = \varepsilon_y' + \varepsilon_y'' = \dfrac{1}{E}(\sigma_y - \mu\sigma_x) \\[3mm] \gamma_{xy} = \dfrac{\tau_x}{G} \end{array} \right\} \tag{8.16}$$

式(8.16)就是平面应力状态下的广义胡克定律。在式(8.16)中,是由应力来表示应变,反过来,式(8.16)也可以导出由应变表示应力的广义胡克定律。即

$$\left. \begin{array}{l} \sigma_x = \dfrac{E}{1-\mu^2}(\varepsilon_x + \mu\varepsilon_y) \\[3mm] \sigma_y = \dfrac{E}{1-\mu^2}(\varepsilon_y + \mu\varepsilon_x) \\[3mm] \tau_x = G\gamma_{xy} \end{array} \right\} \tag{8.17}$$

同理,三向应力状态有

$$\left. \begin{array}{ll} \varepsilon_x = \dfrac{1}{E}[\sigma_x - \mu(\sigma_y + \sigma_z)], & \gamma_{xy} = \dfrac{\tau_{xy}}{G} \\[3mm] \varepsilon_y = \dfrac{1}{E}[\sigma_y - \mu(\sigma_z + \sigma_x)], & \gamma_{yz} = \dfrac{\tau_{yz}}{G} \\[3mm] \varepsilon_z = \dfrac{1}{E}[\sigma_z - \mu(\sigma_x + \sigma_y)], & \gamma_{xz} = \dfrac{\tau_{xz}}{G} \end{array} \right\} \tag{8.18}$$

式(8.18)就是三向应力状态下的广义胡克定律。应该强调的是,只有当材料为各向同性,且处于线弹性范围内时,式(8.16)~(8.18)才成立。

## 二、主应变与主应力的关系

当切应力不超过比例极限时,切应力与切应变成正比。因此,当切应力为零时,切应变也为零,即主应变发生在主应力方向。

若沿 $\sigma_1$、$\sigma_2$、$\sigma_3$ 方向的正应变依次为 $\varepsilon_1$、$\varepsilon_2$、$\varepsilon_3$,则由广义胡克定律可知

$$\left.\begin{aligned}\varepsilon_1 &= \frac{1}{E}\left[\sigma_1 - \mu(\sigma_2 + \sigma_3)\right] \\ \varepsilon_2 &= \frac{1}{E}\left[\sigma_2 - \mu(\sigma_3 + \sigma_1)\right] \\ \varepsilon_3 &= \frac{1}{E}\left[\sigma_3 - \mu(\sigma_1 + \sigma_2)\right]\end{aligned}\right\} \tag{8.19}$$

令平均应力 $\sigma_{av} = (\sigma_1 + \sigma_2 + \sigma_3)/3$,则式(8.19)可改写为

$$\varepsilon_1 = \frac{1}{E}\left[(1+\mu)\sigma_1 - 3\mu\sigma_{av}\right]$$

$$\varepsilon_2 = \frac{1}{E}\left[(1+\mu)\sigma_2 - 3\mu\sigma_{av}\right]$$

$$\varepsilon_3 = \frac{1}{E}\left[(1+\mu)\sigma_3 - 3\mu\sigma_{av}\right]$$

由 $\sigma_1 \geqslant \sigma_2 \geqslant \sigma_3$ 可知 $\varepsilon_1 \geqslant \varepsilon_2 \geqslant \varepsilon_3$,即最大与最小主应变方向发生在最大与最小主应力方向。又由于各向同性材料的泊松比 $0 < \mu < 1/2$,由式(8.19)的第一式可知,当第一主应力为拉应力时,最大应变 $\varepsilon_1$ 也为拉应变。

## *三、双模量材料的主应变与主应力的关系

当双模量材料结构在复杂应力状态下工作时,设微体的三个主应力分别为 $\sigma_x$、$\sigma_y$ 和 $\sigma_z$,如图 8.25 所示。

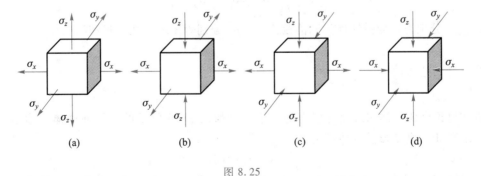

图 8.25

对于图 8.25a 所示应力状态,双模量胡克定律表达式为

$$\left.\begin{array}{l} \varepsilon_x = \dfrac{1}{E_1}\big[\,\sigma_x - \mu_1(\sigma_y + \sigma_z)\,\big] \\[3mm] \varepsilon_y = \dfrac{1}{E_1}\big[\,\sigma_y - \mu_1(\sigma_z + \sigma_x)\,\big] \\[3mm] \varepsilon_z = \dfrac{1}{E_1}\big[\,\sigma_z - \mu_1(\sigma_x + \sigma_y)\,\big] \end{array}\right\} \tag{8.20a}$$

对于图 8.25b 所示应力状态,双模量胡克定律表达式为

$$\left.\begin{array}{l} \varepsilon_x = \dfrac{\sigma_x}{E_1} - \mu_1\dfrac{\sigma_y}{E_1} - \mu_2\dfrac{\sigma_z}{E_2} \\[3mm] \varepsilon_y = \dfrac{\sigma_y}{E_1} - \mu_1\dfrac{\sigma_x}{E_1} - \mu_2\dfrac{\sigma_z}{E_2} \\[3mm] \varepsilon_z = \dfrac{\sigma_z}{E_2} - \mu_1\dfrac{\sigma_x}{E_1} - \mu_1\dfrac{\sigma_y}{E_1} \end{array}\right\} \tag{8.20b}$$

对于图 8.25c 所示应力状态,双模量胡克定律表达式为

$$\left.\begin{array}{l} \varepsilon_x = \dfrac{\sigma_x}{E_1} - \mu_2\dfrac{\sigma_y}{E_2} - \mu_2\dfrac{\sigma_z}{E_2} \\[3mm] \varepsilon_y = \dfrac{\sigma_y}{E_2} - \mu_1\dfrac{\sigma_x}{E_1} - \mu_2\dfrac{\sigma_z}{E_2} \\[3mm] \varepsilon_z = \dfrac{\sigma_z}{E_2} - \mu_2\dfrac{\sigma_y}{E_2} - \mu_1\dfrac{\sigma_x}{E_1} \end{array}\right\} \tag{8.20c}$$

对于图 8.25d 所示应力状态,双模量胡克定律表达式为

$$\left.\begin{array}{l} \varepsilon_x = \dfrac{1}{E_2}\big[\,\sigma_x - \mu_2(\sigma_y + \sigma_z)\,\big] \\[3mm] \varepsilon_y = \dfrac{1}{E_2}\big[\,\sigma_y - \mu_2(\sigma_z + \sigma_x)\,\big] \\[3mm] \varepsilon_z = \dfrac{1}{E_2}\big[\,\sigma_z - \mu_2(\sigma_x + \sigma_y)\,\big] \end{array}\right\} \tag{8.20d}$$

式中,$E_1$、$\mu_1$ 分别为拉伸弹性模量和泊松比,$E_2$、$\mu_2$ 分别为压缩弹性模量和泊松比。

四、体积胡克定律

现在讨论微体的体积改变与应力的关系。设如图 8.26 所示的主平面微体各边边长分别为 $dx$、$dy$ 和 $dz$。则变形前其体积为

$$dV = dxdydz$$

变形后,微体各边边长分别变为$(1+\varepsilon_1)dx$、$(1+\varepsilon_2)dy$ 和$(1+\varepsilon_3)dz$,于是变形后的体积为

$$dV' = (1+\varepsilon_1)(1+\varepsilon_2)(1+\varepsilon_3)dxdydz$$

展开上式并忽略高阶小量(各方向应变相对于 1 是小量),得

$$dV' = (1+\varepsilon_1+\varepsilon_2+\varepsilon_3)dxdydz$$

由此可得微体的体积变化率,即体应变为

$$\theta = \frac{dV'-dV}{dV} = \varepsilon_1+\varepsilon_2+\varepsilon_3 \quad (8.21)$$

将式(8.19)代入式(8.21)得

$$\theta = \frac{1-2\mu}{E}(\sigma_1+\sigma_2+\sigma_3) = \frac{3(1-2\mu)\sigma_{av}}{E} \quad (8.22)$$

令 $K = \dfrac{E}{3(1-2\mu)}$,则上式改写为

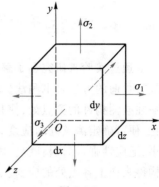

图 8.26

$$\theta = \frac{\sigma_{av}}{K} \quad (8.23)$$

此即**体积胡克定律**,其中 $K$ 为**体积弹性模量**。上式表明,体应变与平均应力成正比。

**例 8.5**  在一个体积较大的钢块上有一 20 mm×25 mm 的长方形凹座,现将一尺寸相同的长方形铝块放入其中,铝块顶面受到合力 $F=50$ kN 的均布压力作用,如图 8.27a 所示。假设铝块侧面和底面与凹座光滑接触,且钢块不变形,试求铝块的主应力。已知铝块材料常数 $E=70$ GPa,$\mu=0.3$。

**解:**铝块横截面上的压应力为

$$\sigma = -\frac{F}{A} = -\frac{50\times10^3}{20\times10^{-3}\times25\times10^{-3}} \text{ Pa} = -100\times10^6 \text{ Pa} = -100 \text{ MPa}$$

在顶面受到均布压力的作用下,铝块的横向受到钢块的约束而不能发生变形,引起了横向的应力,即铝块处于三向应力状态,如图 8.27b 所示。在图 8.27b 的坐标系中,有

$$\varepsilon_x = \varepsilon_z = 0, \quad \sigma_y = \sigma = -100 \text{ MPa} \quad (d)$$

由式(8.18)可得

$$\varepsilon_x = \frac{1}{E}[\sigma_x - \mu(\sigma_y+\sigma_z)]$$

$$\varepsilon_y = \frac{1}{E}[\sigma_y - \mu(\sigma_z+\sigma_x)]$$

$$\varepsilon_z = \frac{1}{E}[\sigma_z - \mu(\sigma_x+\sigma_y)]$$

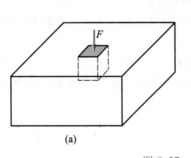
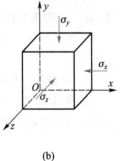

图 8.27

以上三式联立(d)可解得

$$\sigma_x = \sigma_z = \frac{\mu}{1-\mu}\sigma_y = \frac{0.3}{1-0.3}\times(-100 \text{ MPa}) = -42.86 \text{ MPa}$$

从而三个主应力为

$$\sigma_1 = \sigma_2 = -42.86 \text{ MPa}, \quad \sigma_3 = -100 \text{ MPa}$$

## §8.8 实验应力分析简介

通过实验来研究和了解结构或构件应力的方法,称为实验应力分析。目前,实验应力分析最为普遍的方法是电测法(又称电阻应变计法)。电测法是以电阻应变片为传感元件,将其粘贴在被测构件的测点处,使其随同构件变形,将构件测点处的应变转换为电阻应变片的电阻变化,便可确定测点处的应变,进而利用广义胡克定律得到其应力。电测法的特点是传感元件小,适应性强,测试精度高,因而在工程中被广泛应用。但电测法也有其局限性,只能测量受力构件表面上各点处的应变。

### 一、电阻应变片

**电阻应变片**(简称应变片)是一种电阻式的传感器,它将构件表面的应变转换成电阻的相对变化,是电测法中的关键性元件。

#### 1. 应变片的结构

应变片主要由三部分组成(图 8.28):

① 电阻丝。电阻丝是应变片的敏感元件,一般是直径为 $0.02\sim0.05\text{mm}$ 的铜丝。为提高电阻改变量,电阻丝往复绕成栅状,故也称为敏感栅。

② 基底和覆盖层。基底和覆盖层均为绝缘薄片,起定位和保护电阻丝的作用,并使电阻丝和被测构件之间绝缘。

③ 引出线。引出线为镀锡铜线,一端与应变片电阻丝连接,另一端用来连接测量导线。

应变片的主要参数包括电阻 $R$、灵敏系数 $K$、栅丝的基距 $l$ 及宽度 $b$。

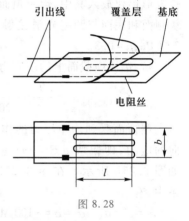

图 8.28

#### 2. 应变片工作原理

应变片主要是根据电阻丝的电阻应变效应的物理原理而工作的。根据物理学知识可知,一段金属丝的电阻可表达为

$$R = \rho \frac{l}{A}$$

其中,$\rho$ 为电阻率,$A$ 为截面面积,$l$ 为长度。金属丝在轴向受到拉伸时,其电阻增加;压缩时,其电阻减少。即电阻值随变形发生变化,这一现象称为电阻应变效应。由实验可知,应变片粘贴在构件的表面上,在一定变形范围内,应变片的电阻改变率 $\Delta R/R$ 与应变 $\varepsilon = \Delta l/l$ 成正比,即

$$\frac{\Delta R}{R} = K \cdot \varepsilon \tag{8.24}$$

式中 $K$ 为应变片的灵敏系数,它和电阻丝的材料、栅丝的尺寸形状等有关。$K$ 值在应变片出厂时由厂方标明,一般应变片 $K$ 值为 2.0 左右。

### 二、应变电桥

应变片随构件变形而发生的电阻变化 $\Delta R$，通常采用四臂电桥（惠斯通电桥）来测量。现以图 8.29 所示的直流电桥来说明。图中四个桥臂 $AB$、$BC$、$CD$ 和 $DA$ 的电阻分别为 $R_1$、$R_2$、$R_3$、$R_4$。对角节点 $A$、$C$ 为电桥输入端，输入电压为 $U$，另一对角节点 $B$、$D$ 为电桥输出端（接负载）。当负载阻抗远大于电桥的输出阻抗时，可看成负载阻抗无穷大，即 $B$、$D$ 端开路，输出电压 $\Delta U$ 为

$$\Delta U = U_{AB} - U_{AD} = I_1 R_1 - I_4 R_4 \qquad (a)$$

由欧姆定律知

$$U = I_1(R_1 + R_2) = I_4(R_4 + R_3)$$

故有

$$I_1 = \frac{U}{R_1 + R_2}, \quad I_4 = \frac{U}{R_4 + R_3} \qquad (b)$$

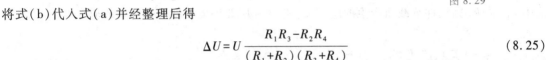

图 8.29

将式（b）代入式（a）并经整理后得

$$\Delta U = U \frac{R_1 R_3 - R_2 R_4}{(R_1 + R_2)(R_3 + R_4)} \qquad (8.25)$$

当电桥平衡时，$\Delta U = 0$，于是由上式得到电桥的平衡条件为

$$R_1 R_3 = R_2 R_4$$

若电桥的四个臂均为粘贴在构件上的四个应变片，其原始阻值都相等，即 $R_1 = R_2 = R_3 = R_4 = R$，且在构件受力前电桥保持平衡，即 $\Delta U = 0$。在构件受力后，各应变片的电阻增量分别为 $\Delta R_1$、$\Delta R_2$、$\Delta R_3$ 和 $\Delta R_4$，则由式（8.25）得电桥输出端电压为

$$\Delta U = U \frac{(R_1 + \Delta R_1)(R_3 + \Delta R_3) - (R_2 + \Delta R_2)(R_4 + \Delta R_4)}{(R_1 + \Delta R_1 + R_2 + \Delta R_2)(R_3 + \Delta R_3 + R_4 + \Delta R_4)}$$

简化上式时，分子中略去 $\Delta R_i (i = 1, 2, 3, 4)$ 的高次项，分母中因 $\Delta R_i$ 相对于 $R$ 来说数量很小，故化简分母时也可省略 $\Delta R_i$。这样可得出

$$\Delta U = \frac{U}{4} \left( \frac{\Delta R_1}{R} - \frac{\Delta R_2}{R} + \frac{\Delta R_3}{R} - \frac{\Delta R_4}{R} \right) \qquad (8.26)$$

根据式（8.24），式（8.26）可写成

$$\Delta U = \frac{U}{4} K (\varepsilon_1 - \varepsilon_2 + \varepsilon_3 - \varepsilon_4) \qquad (8.27)$$

令 $\varepsilon_r = \varepsilon_1 - \varepsilon_2 + \varepsilon_3 - \varepsilon_4$，式（8.27）可进一步写成

$$\Delta U = \frac{U}{4} K \varepsilon_r \qquad (8.28)$$

由式（8.27）和式（8.28）可知，输出电压 $\Delta U$ 与 $\varepsilon_r$ 成比例关系。应变仪就是根据输出电压的大小，标定出 $\varepsilon_r$ 的值并进行显示，即应变仪的读数为 $\varepsilon_r$。由此可知，应变电桥的一个重要性质：**相邻桥臂的应变相减，相对桥臂的应变相加**。

上述四个桥臂皆为电阻应变片的情况，称为**全桥测量电路**。有时电桥四个桥臂中只有 $R_1$

和 $R_2$ 是粘贴于构件上的电阻应变片,其余两臂为电阻应变仪内部的标准电阻,这种情况称为**半桥双臂测量电路**。按照同样的推导方法,可以得出

$$\Delta U = \frac{U}{4}\left(\frac{\Delta R_1}{R} - \frac{\Delta R_2}{R}\right) = \frac{U}{4}K(\varepsilon_1 - \varepsilon_2) \tag{8.29}$$

需要指出的是,应变片电阻丝的电阻会随温度发生改变,且电阻丝与构件的线膨胀系数存在差异。故粘贴在构件上的应变片,其应变值除包含构件因承载产生的应变之外,还包含温度变化产生的应变。消除应变片温度影响的措施称为温度补偿,最常用的补偿办法是桥路补偿。由式(8.27)和式(8.29)可知,采用全桥和半桥双臂测量电路进行应变测量时,温度的影响已被消除。

此外,还有一种常用的测量电路,只有 $R_1$ 是粘贴在构件上的电阻应变片,即只有 $R_1$ 参与变形。$R_2$ 粘贴在温度补偿块(与构件同温度同材质的小型块状结构物)上,称为**温度补偿片**。其余两桥臂仍为电阻应变仪内部的标准电阻,这种情况称为**半桥单臂测量电路**。此时有

$$\Delta U = \frac{U}{4}K(\varepsilon_1 - \varepsilon_2) = \frac{U}{4}K \cdot [(\varepsilon_{1F} + \varepsilon_T) - \varepsilon_T] = \frac{U}{4}K\varepsilon_{1F} \tag{8.30}$$

式中 $\varepsilon_{1F}$ 是 $R_1$ 因构件承载而产生的应变,$\varepsilon_T$ 是构件所处环境温度变化产生的应变。

### 三、基于实测应变的应力分析

电测法是通过电阻应变片来测量受力构件在自由表面上某些点处的应变的。在应变测量中,往往先测定测点处沿几个方向的线应变,然后确定该点处的最大线应变,进而确定该点处的最大正应力。

#### 1. 单向应力状态

当构件的测点处于单向应力状态时,只需在测点处沿主应力方向(即主应变方向)粘贴一个电阻应变片,然后由电阻应变仪测定其应变 $\varepsilon$,并按胡克定律($\sigma = E\varepsilon$)求得其正应力,也即测点处的主应力。例如,图 8.30a 所示构件 $CD$ 段的轴向应力,则可采用图 8.30b 所示布片方式进行测定。

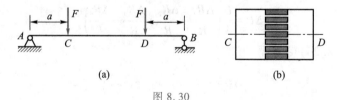

(a)　　　　　　　　　　　(b)

图 8.30

#### 2. 主应力方向已知的平面应力状态

若构件的测点处于平面应力状态,且其主应力方向(即主应变方向)已知,则可在测点处沿两个主应力方向粘贴电阻应变片,测得相应的两个主应变 $\varepsilon_a$ 和 $\varepsilon_b$。然后,应用平面应力状态下的广义胡克定律,可得测点处相应的两个主应力为

$$\sigma_a = \frac{E}{1-\mu^2}(\varepsilon_a + \mu\varepsilon_b)$$

$$\sigma_b = \frac{E}{1-\mu^2}(\varepsilon_b + \mu\varepsilon_a)$$

注意,主应力的序号应根据 $\sigma_a$ 和 $\sigma_b$ 与 0 的大小关系,按代数值 $\sigma_1 \geqslant \sigma_2 \geqslant \sigma_3$ 的规定进行排序。

### 3. 主应力方向未知的平面应力状态

若构件的测点处于平面应力状态,而其主应力方向未知。对于此种情况,无法直接测定该点处的两个主应变。可通过应变花(多枚应变片粘贴在同一位置)测定该点处任意三个方向的线应变,据此确定主应变及其方向。常用的应变花有直角应变花和等角应变花,如图 8.31 所示。

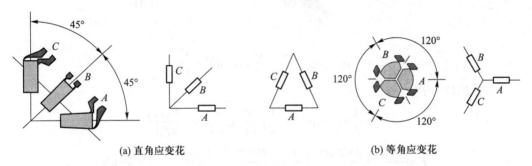

(a) 直角应变花                          (b) 等角应变花

图 8.31

测量与分析步骤如下:

(1)测出三个方向的正应变,利用式(8.11)确定坐标平面内的线应变和切应变 $\varepsilon_x$、$\varepsilon_y$ 和 $\gamma_{xy}$;

$$\varepsilon_\alpha = \frac{\varepsilon_x + \varepsilon_y}{2} + \frac{\varepsilon_x - \varepsilon_y}{2}\cos 2\alpha - \frac{\gamma_{xy}}{2}\sin 2\alpha$$

(2)确定主应变及其方向

$$\varepsilon_{\substack{max\\min}} = \frac{\varepsilon_x + \varepsilon_y}{2} \pm \sqrt{\left(\frac{\varepsilon_x - \varepsilon_y}{2}\right)^2 + \left(\frac{\gamma_{xy}}{2}\right)^2}, \quad \tan 2\alpha_0 = -\frac{\gamma_{xy}}{\varepsilon_x - \varepsilon_y}$$

(3)确定主应力及主方向

对于线弹性各向同性材料,主应变和主应力的方向一致,且

$$\sigma_{max} = \frac{E}{1-\mu^2}(\varepsilon_{max} + \mu\varepsilon_{min}), \quad \sigma_{min} = \frac{E}{1-\mu^2}(\varepsilon_{min} + \mu\varepsilon_{max})$$

**例 8.6** 如图 8.32a 所示截面为 20 mm×40 mm 矩形的拉杆受力 $F$ 作用。已知:$E = 200$ GPa,$\mu = 0.3$,$\varepsilon_u = 270 \times 10^{-6}$。求力 $F$ 的大小。

**解:**(1)应力状态分析

由图可知,拉杆发生单向拉伸变形,构件上各点处于单向应力状态。在点 $B$ 取一微体,对图示坐标系有

$$\sigma_x = 0, \quad \sigma_y = \sigma = \frac{F}{A}, \quad \tau_x = 0, \quad \varepsilon_u = \varepsilon_{60°} = \frac{1}{E}(\sigma_u - \mu\sigma_v)$$

(2)计算斜截面上的应力

$$\sigma_u = \sigma_{60°} = \frac{\sigma_x + \sigma_y}{2} + \frac{\sigma_x - \sigma_y}{2}\cos 120° = \frac{3F}{4A}$$

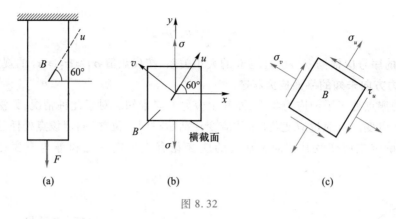

图 8.32

$$\sigma_v = \sigma_{150°} = \frac{\sigma}{2} - \frac{\sigma}{2}\cos 300° = \frac{F}{4A}$$

（3）计算拉力 $F$

$$\varepsilon_u = \frac{1}{E}(\sigma_u - \mu\sigma_v) = \frac{1}{E}\left(\frac{3F}{4A} - \mu\frac{F}{4A}\right) = \frac{(3-\mu)F}{4EA}$$

$$F = \frac{4EA\varepsilon_u}{3-\mu} = \frac{4\times200\times10^9\times20\times40\times10^{-6}\times270\times10^{-6}}{3-0.3}\ \text{N} = 64\ \text{kN}$$

## *§8.9　复杂应力状态下的应变能与畸变能

### 一、复杂应力状态下的应变能密度

考虑图 8.25 所示的主平面微体,当 $\sigma_1$、$\sigma_2$ 和 $\sigma_3$ 按照一定的比例从零开始增大到其最终值[①]时,在线弹性范围内 $\sigma_1$、$\sigma_2$ 和 $\sigma_3$ 分别与 $\varepsilon_1$、$\varepsilon_2$ 和 $\varepsilon_3$ 成正比。因此,微体上外力 $\sigma_1 dydz$、$\sigma_2 dzdx$ 和 $\sigma_3 dxdy$ 分别在所发生的位移 $\varepsilon_1 dx$、$\varepsilon_2 dy$ 和 $\varepsilon_3 dz$ 上所做的功,即微体的应变能为

$$\mathrm{d}W = \mathrm{d}V_\varepsilon = \frac{\sigma_1 dydz \cdot \varepsilon_1 dx}{2} + \frac{\sigma_2 dzdx \cdot \varepsilon_2 dy}{2} + \frac{\sigma_3 dxdy \cdot \varepsilon_3 dz}{2}$$

由此得单位体积内的应变能即应变能密度为

$$v_\varepsilon = \frac{1}{2}(\sigma_1\varepsilon_1 + \sigma_2\varepsilon_2 + \sigma_3\varepsilon_3) \tag{8.31}$$

将广义胡克定律式(8.19)代入上式得

$$v_\varepsilon = \frac{1}{2E}[\sigma_1^2 + \sigma_2^2 + \sigma_3^2 - 2\mu(\sigma_1\sigma_2 + \sigma_2\sigma_3 + \sigma_3\sigma_1)] \tag{8.32}$$

### 二、畸变能密度

当作用在微体三个主方向的主应力 $\sigma_1$、$\sigma_2$ 和 $\sigma_3$ 不相等时,相应的主应变 $\varepsilon_1$、$\varepsilon_2$ 与 $\varepsilon_3$ 也不

---

① 　按照其他方式加载时,所做的功相同。

相等,这使得微体三个方向的边长变化率也不相同,如原来为正方体的微体将变成长方体,可见微体的变形一般不仅表现为体积的改变,还会存在形状的改变。这样微体内的应变能也可以分为两部分:一部分为因体积改变而储存的应变能,相应的应变能密度称为**体积改变能密度**,用 $v_v$ 表示;另一部分为因形状改变而储存的应变能,相应的应变能密度称为**畸变能密度**,用 $v_d$ 表示。现分别研究它们的计算方法以及与应变能密度的关系。

如图 8.33a 所示,任意三向应力状态的三个主应力 $\sigma_1$、$\sigma_2$ 和 $\sigma_3$ 均可分解为两部分,一部分为三个方向均承受平均应力

$$\sigma_{av} = \frac{1}{3}(\sigma_1 + \sigma_2 + \sigma_3)$$

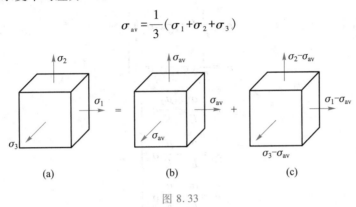

图 8.33

在这种情况下(图 8.33b),微体处于三向等值拉伸或压缩状态,三个方向的边长变化率相同,且任意斜截面上均没有切应力,因此微体的形状不变,仅体积发生变化,于是此状态下的应变能密度即为体积改变能密度。将三个方向的应力 $\sigma_{av}$ 代入式(8.32),可得

$$v_v = \frac{1-2\mu}{6E}(\sigma_1 + \sigma_2 + \sigma_3)^2 \tag{8.33}$$

另一部分三个方向分别承受 $\overline{\sigma}_1 = \sigma_1 - \sigma_{av}$、$\overline{\sigma}_2 = \sigma_2 - \sigma_{av}$ 和 $\overline{\sigma}_3 = \sigma_3 - \sigma_{av}$,称为给定应力状态 $\sigma_i(i=1,2,3)$ 的**应力偏量**(图 8.32c),其平均应力 $\overline{\sigma}_{av} = 0$,从而有体应变 $\overline{\theta} = 0$,因此体积不变,仅形状发生改变,此状态下微体的应变能密度即为畸变能密度。将 $\overline{\sigma}_1 = \sigma_1 - \sigma_{av}$,$\overline{\sigma}_2 = \sigma_2 - \sigma_{av}$,$\overline{\sigma}_3 = \sigma_3 - \sigma_{av}$ 代入式(8.32),可得

$$v_d = \frac{1+\mu}{6E}\left[(\sigma_1 - \sigma_2)^2 + (\sigma_2 - \sigma_3)^2 + (\sigma_3 - \sigma_1)^2\right] \tag{8.34}$$

可以验证

$$v_\varepsilon = v_d + v_v \tag{8.35}$$

即应变能密度 $v_\varepsilon$ 等于畸变能密度 $v_d$ 与体积改变能密度 $v_v$ 之和。

## *§8.10　双模量材料圆轴纯扭转

众所周知,铸铁、混凝土等材料都具有拉压弹性模量不同的双模量特性。已有试验证明双模量材料纯剪切状态时体应变是不为零的。§4.3 研究各向同性材料圆轴纯扭转所作的平面假设,对研究双模量材料圆轴纯扭转已不适用,现进一步研究双模量材料圆轴纯扭转。

### 一、双模量材料剪切弹性模量

在实际工程中,由于结构受力多以平面应力状态居多,所以这里仅以双模量材料结构的平面应力状态为例,讨论其应力与应变关系。

对于图 8.34 所示双模量材料平面应力状态微体,由式(8.20)可知其应力与应变关系分别为

$$\left.\begin{aligned}\varepsilon_x &= \frac{1}{E_1}(\sigma_x - \mu_1\sigma_y)\\[2mm]\varepsilon_y &= \frac{1}{E_1}(\sigma_y - \mu_1\sigma_x)\end{aligned}\right\} \tag{8.36}$$

$$\left.\begin{aligned}\varepsilon_x &= \frac{\sigma_x}{E_1} - \frac{\mu_2}{E_2}\sigma_y\\[2mm]\varepsilon_y &= \frac{\sigma_y}{E_2} - \frac{\mu_1}{E_1}\sigma_x\end{aligned}\right\} \tag{8.37}$$

$$\left.\begin{aligned}\varepsilon_x &= \frac{\sigma_x}{E_2} - \frac{\mu_1}{E_1}\sigma_y\\[2mm]\varepsilon_y &= \frac{\sigma_y}{E_1} - \frac{\mu_2}{E_2}\sigma_x\end{aligned}\right\} \tag{8.38}$$

$$\left.\begin{aligned}\varepsilon_x &= \frac{1}{E_2}(\sigma_x - \mu_2\sigma_y)\\[2mm]\varepsilon_y &= \frac{1}{E_2}(\sigma_y - \mu_2\sigma_x)\end{aligned}\right\} \tag{8.39}$$

式中,$E_1$、$\mu_1$ 为拉伸弹性模量、泊松比,$E_2$、$\mu_2$ 为压缩弹性模量、泊松比。

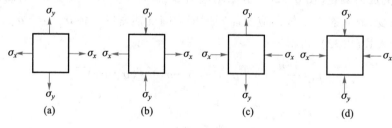

图 8.34

图 8.35a 所示双模量材料圆轴扭转时,其内任一点(轴线上的点除外)处于如图 8.35b 所示纯剪切应力状态,所以由式(4.7)、式(8.4)可以得到

$$\tau = \frac{M_n d}{2I_p} = \frac{16M_n}{\pi d^3} \tag{8.40a}$$

$$\sigma_{\substack{1\\3}} = \frac{\sigma_x + \sigma_y}{2} \pm \sqrt{\left(\frac{\sigma_x - \sigma_y}{2}\right)^2 + \tau_x^2} = \pm\sqrt{\tau^2} = \pm\tau, \quad \sigma_2 = 0 \tag{8.40b}$$

式中,$d$ 为圆轴直径。

利用式(8.37)或式(8.38)及式(8.40)可以求得

$$\varepsilon_1 = \tau\left(\frac{1}{E_1} + \frac{\mu_2}{E_2}\right), \quad \varepsilon_3 = -\tau\left(\frac{1}{E_2} + \frac{\mu_1}{E_1}\right) \tag{8.41}$$

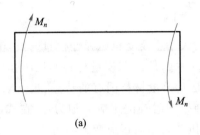 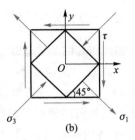

图 8.35

由式(8.11)可得

$$\varepsilon_1 = \frac{\varepsilon_x + \varepsilon_y}{2} + \frac{\varepsilon_x - \varepsilon_y}{2}\cos 90° + \frac{\gamma_{xy}}{2}\sin 90° \tag{8.42}$$

$$\varepsilon_3 = \frac{\varepsilon_x + \varepsilon_y}{2} + \frac{\varepsilon_x - \varepsilon_y}{2}\cos 90° - \frac{\gamma_{xy}}{2}\sin 90° \tag{8.43}$$

由式(8.13)可得

$$\varepsilon_1 = \frac{\varepsilon_x + \varepsilon_y}{2} + \sqrt{\left(\frac{\varepsilon_x - \varepsilon_y}{2}\right)^2 + \left(\frac{\gamma_{xy}}{2}\right)^2} \tag{8.44}$$

$$\varepsilon_3 = \frac{\varepsilon_x + \varepsilon_y}{2} - \sqrt{\left(\frac{\varepsilon_x - \varepsilon_y}{2}\right)^2 + \left(\frac{\gamma_{xy}}{2}\right)^2} \tag{8.45}$$

式(8.42)与式(8.43)相减,再利用式(8.41)可得

$$\gamma_{xy} = \tau\left(\frac{1+\mu_1}{E_1} + \frac{1+\mu_2}{E_2}\right) \tag{8.46}$$

由于 $\gamma_{xy} = \tau/G$,所以双模量材料剪切模量为

$$G = \frac{E_1 E_2}{E_1(1+\mu_2) + E_2(1+\mu_1)} \tag{8.47}$$

式(8.42)与式(8.43)相加,再利用式(8.41)可得

$$\varepsilon_1 + \varepsilon_3 = \varepsilon_x + \varepsilon_y = \tau\left(\frac{1-\mu_1}{E_1} + \frac{\mu_2-1}{E_2}\right) \tag{8.48}$$

由式(8.42)与式(8.43)相减和由式(8.44)与式(8.45)相减的差均为 $\varepsilon_1 - \varepsilon_3$,可得

$$\sqrt{(\varepsilon_x - \varepsilon_y)^2 + \gamma_{xy}^2} = \gamma_{xy} \tag{8.49}$$

从而有 $\varepsilon_x = \varepsilon_y$。再由式(8.48)可以求得

$$\varepsilon_x = \varepsilon_y = \frac{\tau}{2}\left(\frac{1-\mu_1}{E_1} - \frac{1-\mu_2}{E_2}\right) \tag{8.50}$$

### 二、双模量圆轴扭转时的平面假设

对式(8.50)进行分析可以知道,图 8.36a 所示双模量材料圆轴纯扭转时,轴向正应变是不为零的,而为式(8.50)中的 $\varepsilon_x = \dfrac{\tau}{2}\left(\dfrac{1-\mu_1}{E_1} - \dfrac{1-\mu_2}{E_2}\right)$。

双模量材料圆轴纯扭转时轴向正应变的大小主要受拉压弹性模量、拉压泊松比的影响,双模量材料圆轴纯扭转时轴向正应变不为零的原因是:"双模量材料的拉压弹性模量、拉压泊松比均不相等,即 $E_1 \neq E_2$,$\mu_1 \neq \mu_2$"。所以,这是双模量材料固有的特点,也是双模量材料与各向同性材料不同之处。而各向同性材料圆轴纯扭转时轴向正应变却为零,在式(8.50)中令 $E_1 = E_2$、$\mu_1 = \mu_2$ 时也证实了各向同性材料圆轴纯扭转时轴向正应变为零的结论。

由于扭转的平面假设是研究圆轴纯扭转的基础,所以本节对双模量材料圆轴纯扭转时的应力与应变计算结果进行分析,提出双模量材料圆轴纯扭转时的平面假设:"双模量材料圆轴扭转变形前原为平面的横截面,变形后仍保持为平面,形状不变,半径仍保持为直线。"

 **思考题**

8.1 何谓一点应力状态? 研究一点应力状态的意义是什么?

8.2 试举出单向应力状态、二向应力状态、三向应力状态的工程实例。

8.3 最大正应力所在面上的切应力是否一定为零? 最大切应力所在面上的正应力是否也一定为零?

8.4 一点的主方向最少有几个? 最多有几个?

8.5 一个二向应力状态与另一个二向应力状态叠加的结果是什么应力状态?

8.6 若某点处于平面应力状态下,该处的变形是否处于平面应变状态?

8.7 弹性体受力后某一方向若有应力,则该方向是否一定有应变? 某一方向若有应变,则该方向是否一定有应力?

8.8 试举出微体体积不变或形状不变的应力状态。是否存在微体体积与形状都不变的应力状态(不包含零应力状态)?

 **习题**

8.1 在图示应力状态中,试用解析法求出指定斜截面上的应力。并求正应力的极值及其方位。

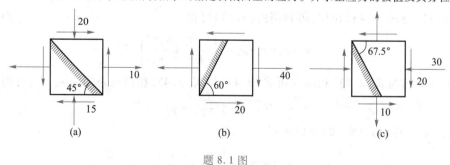

题 8.1 图

8.2　试用图解法解题 8.1。

8.3　0.1 m×0.5 m 的矩形截面木梁,受力如图所示,木纹与梁轴成 20°角。试用解析公式法求截面 $a$-$a$ 上 $A$、$B$ 两点处木纹面上的应力。

8.4　一点处两相交平面上的应力如图所示,试求 $\sigma$ 值。

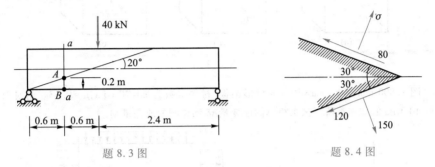

题 8.3 图　　　　　　　　　　题 8.4 图

8.5　微体如图所示,已知 $\sigma_y = -2\tau_{xy} = -4\tau_\alpha$。试证明 $\sigma_x/\sigma_y = 3/2$;$\sigma_\alpha/\sigma_x = 1/2$。

8.6　图示悬臂梁,承受载荷 $F = 20$ kN 作用,试绘出微体 $A$、$B$ 与 $C$ 的应力状态图,并确定它们主应力的大小及方位。

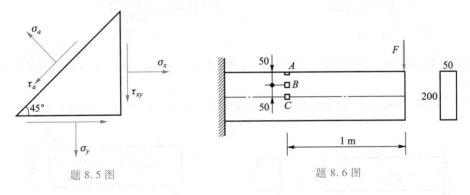

题 8.5 图　　　　　　　　　　题 8.6 图

8.7　某点两平面上的应力如图所示,试求其主应力的大小。

8.8　受力构件某一点处的应力状态如图所示。试确定主应力的大小和主平面的位置,并在微体上绘出主平面位置及主应力方向。

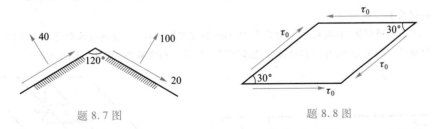

题 8.7 图　　　　　　　　　　题 8.8 图

8.9　已知应力状态如图所示,试画三向应力圆,并求主应力与最大切应力。

8.10　构件表面某点粘贴了如图所示**等角应变花**,测得三个方位的正应变分别为 $\varepsilon_{0°}$、$\varepsilon_{60°}$ 和 $\varepsilon_{120°}$。试求该处的主应变及所在方向。

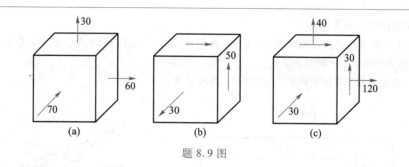

题 8.9 图

8.11　图示 800 mm×600 mm×10 mm 矩形铝板,材料常数为 $E = 70$ GPa,$\mu = 0.33$。两对面分别承受 80 MPa 和 -40 MPa 的均布载荷。试求板厚的改变量 $\Delta\delta$ 和体积的改变量 $\Delta V$。

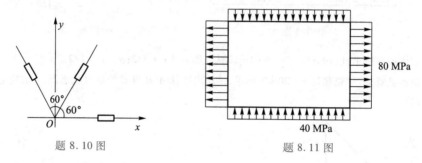

题 8.10 图　　　　　　　　　　　　　题 8.11 图

8.12　图示矩形截面拉杆受轴向拉力 $F$,若 $h$、$b$ 和材料 $E$、$\mu$ 均已知,试求杆表面 45°方向线段 $AB$ 的改变量 $\Delta_{AB}$。

8.13　图示一受扭圆轴材料 $E = 200$ GPa,$\mu = 0.28$。现测得 $\varepsilon_{45°} = 650 \times 10^{-6}$,试求扭转力矩 $M_e$。

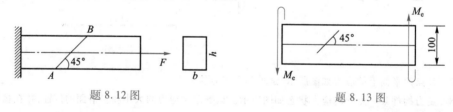

题 8.12 图　　　　　　　　　　　　　题 8.13 图

8.14　现测得图示矩形截面梁表面点 $K$ 处 $\varepsilon_{-45°} = 50 \times 10^{-6}$。已知材料的 $E = 200$ GPa,$\mu = 0.25$,试求作用在梁上的载荷 $F$。

8.15　图示槽形刚体,其内放置一边长为 10 mm 的立方体铝块,铝块顶面承受合力为 3 kN 的均布载荷。试求铝块的三个主应力,并求铝块体积的改变量。铝块材料常数为 $E = 70$ GPa,$\mu = 0.33$。

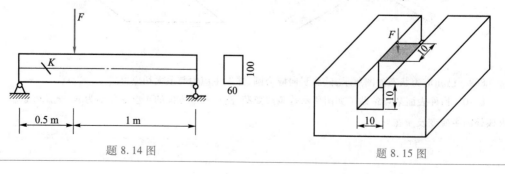

题 8.14 图　　　　　　　　　　　　　题 8.15 图

8.16 已知受力构件表面某点处的应变分量：$\varepsilon_x = 80 \times 10^{-5}$，$\varepsilon_y = -20 \times 10^{-5}$，$\gamma_{xy} = -80 \times 10^{-5}$。材料的 $E = 210$ GPa，$\mu = 0.3$。试求该点的主应力及其方向。

8.17 已知受力构件表面某点处沿三个方向的正应变为：$\varepsilon_{0°} = 450 \times 10^{-6}$、$\varepsilon_{45°} = 350 \times 10^{-6}$ 和 $\varepsilon_{90°} = 100 \times 10^{-6}$，材料的 $E = 200$ GPa，$\mu = 0.3$。试求该点处的应力 $\sigma_x$、$\sigma_y$ 与 $\tau_x$。

8.18 试利用纯剪切应力状态下的广义胡克定律证明：各向同性材料弹性常数之间满足 $G = \dfrac{E}{2(1+\mu)}$。

8.19 试证明各向同性材料弹性常数之间满足 $E = \dfrac{9KG}{3K+G}$。

8.20 受力物体内一点处的应力状态如图所示，试求微体的体积改变能密度和形状改变能密度。设 $E = 200$ GPa，$\mu = 0.3$。

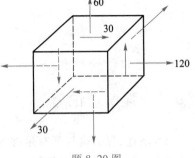

题 8.20 图

# 第九章

# 强度理论及其应用

## §9.1 强度理论概述

如前所述,保证构件具有足够的强度,是材料力学的主要任务之一,而不同的材料因强度不足而引起的失效现象是不同的。一般情况下,塑性材料以出现屈服现象、发生塑性变形为失效的标志;而脆性材料失效现象则是突然断裂。在单向受力情况下,塑性材料屈服和脆性材料断裂时横截面上的应力,即屈服极限 $\sigma_s$ 和强度极限 $\sigma_b$ 可由试验测定,它们统称为极限应力 $\sigma_u$,由此可建立强度条件

$$\sigma \leqslant [\sigma]$$

其中,许用应力 $[\sigma] = \sigma_u/n$,$n$ 为安全因数。由此可见,单向应力的失效状态和强度条件是以试验为基础的。同样,扭转和连接件的切应力失效状态和强度条件也是以试验为基础的。

但实际构件危险点的应力状态往往不是单向的。而应力组合的方式和相互之间的比值又有多种可能,如对于图 9.1a 所示的二向应力状态,$\sigma_1$ 与 $\sigma_2$ 之间的比值有无数多种,对它们一一进行试验,测得各种比值下的极限应力,显然是不现实的,而如图 9.1b、c 所示还有其他更为复杂的应力组合。因此,对复杂应力状态的强度问题,有必要依据部分试验结果,经过推理,推测材料的失效原因,从而建立强度条件。

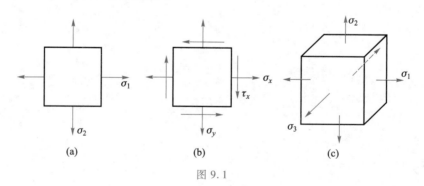

图 9.1

众多工程、日常生活及试验中的失效现象表明,尽管失效现象比较复杂,但经过归纳,材料在静载荷作用下强度失效的主要形式还是屈服和断裂两种形式。因此,人们在长期的生产活动中,综合分析材料的失效现象和资料,对强度失效提出了各种假设或学说,这类假设或学说通常称为**强度理论**。

这些假设或学说(强度理论)认为,材料之所以按照某种方式(断裂或屈服)失效,是应力、应变或应变能等因素中某一因素引起的。而且认为,无论是简单或复杂应力状态,引起失效的

因素是相同的。这样,利用强度理论,便可由简单应力状态的试验结果,建立复杂应力状态的强度条件。

强度理论既然是推测强度失效原因的一些假说,它是否正确,适用于什么情况,必须由生产实践来检验。经常是适用于某种材料的强度理论,并不适用于另一种材料,而在某一种条件下适用的理论,并不适用于另一种条件。这里主要介绍最大拉应力理论、最大拉应变理论、最大切应力理论和畸变能理论四种常用的强度理论及莫尔强度理论。它们都是在常温、静载荷下,适用于均匀、连续、各向同性材料的强度理论。当然,强度理论远不止这几种,而且,现有的各种强度理论还不能说已经圆满地解决所有的固体强度问题,仍有待发展。

## §9.2 四种常用强度理论

远在 17 世纪,人们主要使用砖、石与灰口铸铁等脆性材料,观察到的破坏现象也多属脆性断裂,从而提出的强度理论也是关于脆性断裂的各种假设或学说,主要包括最大拉应力理论与最大拉应变理论。19 世纪末叶,工程中大量使用钢等塑性材料,人们常常也会观察到的塑性屈服这种失效现象,进而在对塑性变形机理有了较多认识的基础上,相继提出了以屈服或显著塑性变形为失效标志的强度理论,主要包括最大切应力理论与畸变能理论。下面分别介绍这四种强度理论。

### 一、有关断裂的两种强度理论

#### 1. 最大拉应力理论(第一强度理论)

意大利科学家伽利略于 1638 年在《关于两门新科学的对话》一书中首先提出最大正应力理论,后来修正为最大拉应力理论,由于它是最早提出的强度理论,所以也称为第一强度理论。这一理论认为,**引起材料断裂的主要因素是最大拉应力。而且认为,不论材料处于何种应力状态,只要最大拉应力 $\sigma_1$ 达到材料单向拉伸断裂时的最大拉应力即强度极限 $\sigma_b$,材料即发生断裂。** 按照此理论,材料的断裂准则为

$$\sigma_1 = \sigma_b \tag{9.1}$$

相应的强度条件为

$$\sigma_1 \leqslant \frac{\sigma_b}{n} = [\sigma] \tag{9.2}$$

试验表明,脆性材料在二向或三向拉伸断裂时,最大拉应力理论与试验结果相当接近;而当存在压应力时,则只要当最大压应力绝对值不超过最大拉应力,或者超过不多,最大拉应力理论与试验结果也大致相近。

#### 2. 最大拉应变理论(第二强度理论)

法国科学家马里奥特(E. Mariotte)在 1682 年提出最大线应变理论,后修正为最大拉应变理论,也称为第二强度理论。这一理论认为,**引起材料断裂的主要因素是最大拉应变。而且认为,不论材料处于何种应力状态,只要最大拉应变 $\varepsilon_1$ 达到单向拉伸断裂时的最大拉应变 $\varepsilon_{1u}$,材料即发生断裂。** 按照此理论,材料断裂准则为

$$\varepsilon_1 = \varepsilon_{1u} \tag{a}$$

对于脆性材料,从开始受力直到断裂,其应力-应变关系近似符合胡克定律,所以复杂应力状态下的最大拉应变为

$$\varepsilon_1 = \frac{1}{E}\left[\sigma_1 - \mu(\sigma_2 + \sigma_3)\right] \tag{b}$$

而材料在单向拉伸断裂时的最大拉应变为

$$\varepsilon_{1u} = \frac{\sigma_b}{E} \tag{c}$$

将式(b)、式(c)代入式(a),得主应力表示的最大拉应变理论断裂准则

$$\sigma_1 - \mu(\sigma_2 + \sigma_3) = \sigma_b \tag{9.3}$$

相应的强度条件为

$$\sigma_1 - \mu(\sigma_2 + \sigma_3) \leqslant [\sigma] \tag{9.4}$$

式中,$\sigma_1$、$\sigma_2$ 和 $\sigma_3$ 是危险点的主应力,$[\sigma]$ 是单向拉伸时材料的许用应力。

试验表明,脆性材料在双向拉伸、压缩状态下且压应力绝对值超过拉应力时,最大拉应变理论与试验结果大致符合。砖、石等材料试样,压缩时之所以沿纵向截面断裂,也可由此理论进行解释。

## 二、有关屈服的两种强度理论

### 1. 最大切应力理论(第三强度理论)

这一理论首先由库仑(C. A. Coulomb)于 1773 年针对剪断的情况提出,后来特雷斯卡(H. Tresca)将它引用到材料屈服的情况,也称为第三强度理论。最大切应力理论认为,**引起材料屈服的主要因素是最大切应力。而且认为,不论材料处于何种应力状态,只要最大切应力 $\tau_{max}$ 达到材料单向拉伸屈服时的最大切应力值 $\tau_s$,材料即发生屈服**。按照此理论,材料的屈服准则为

$$\tau_{max} = \tau_s \tag{d}$$

由式(8.10)可知,复杂应力状态下的最大切应力为

$$\tau_{max} = \frac{\sigma_1 - \sigma_3}{2} \tag{e}$$

而单向拉伸屈服时,三个主应力分别为 $\sigma_1 = \sigma_s$、$\sigma_2 = 0$ 和 $\sigma_3 = 0$,代入式(e)得

$$\tau_s = \frac{\sigma_s}{2} \tag{f}$$

将式(e)与式(f)代入式(d),得主应力表示的最大切应力理论屈服准则

$$\sigma_1 - \sigma_3 = \sigma_s \tag{9.5}$$

相应的强度条件为

$$\sigma_1 - \sigma_3 \leqslant [\sigma] \tag{9.6}$$

对于塑性材料,最大切应力理论与试验结果接近,因此在工程中得到广泛应用。例如,低碳钢拉伸时沿与轴线成 45°的方向出现滑移线,这是材料内部沿这一方向滑移的痕迹。根据这一理论得到的屈服准则和强度条件,形式简单,概念明确,目前广泛应用于航空航天、机械等工

业中。但该理论没考虑 $\sigma_2$ 的作用,而试验表明,$\sigma_2$ 对材料的屈服确实存在一定的影响。为此,又有人提出了畸变能理论。

**2. 畸变能理论(第四强度理论)**

意大利学者贝尔特拉米(E. Beltrami)首先以总应变能密度作为判断材料是否发生屈服破坏的指标,但是在三向等值压缩下,材料很难达到屈服状态。这种情况的总应变能密度可以很大,但单元体只有体积改变而无形状改变,因而形状改变能密度为零。因此,波兰学者休伯(M. T. Huber)于1904年提出了畸变能密度理论,后来由德国的米泽斯(R. Von Mises)作出进一步的解释和发展。这一理论也称为第四强度理论。畸变能理论认为,**引起材料屈服的主要因素是畸变能密度**。而且认为,**不论材料处于何种应力状态,只要畸变能密度 $v_d$ 达到材料单向拉伸屈服时的畸变能密度值 $v_{ds}$,材料即发生屈服**。按照此理论,材料的屈服准则为

$$v_d = v_{ds} \tag{g}$$

由式(8.27)可知,复杂应力状态下的畸变能密度为

$$v_d = \frac{1+\mu}{6E}\left[(\sigma_1-\sigma_2)^2+(\sigma_2-\sigma_3)^2+(\sigma_3-\sigma_1)^2\right] \tag{h}$$

而单向拉伸屈服时,三个主应力分别为 $\sigma_1=\sigma_s$、$\sigma_2=0$ 和 $\sigma_3=0$,代入式(h)得

$$v_{ds} = \frac{1+\mu}{3E}\sigma_s^2 \tag{i}$$

将式(h)与式(i)代入式(g),得主应力表示的畸变能理论屈服准则

$$\frac{1}{\sqrt{2}}\sqrt{(\sigma_1-\sigma_2)^2+(\sigma_2-\sigma_3)^2+(\sigma_3-\sigma_1)^2} = \sigma_s \tag{9.7}$$

相应的强度条件为

$$\frac{1}{\sqrt{2}}\sqrt{(\sigma_1-\sigma_2)^2+(\sigma_2-\sigma_3)^2+(\sigma_3-\sigma_1)^2} \leqslant [\sigma] \tag{9.8}$$

人们对第三强度理论和第四强度理论的适用情况也进行了一些试验研究。对于图9.2a中的二向应力状态,图9.2b给出了第三强度理论与第四强度理论屈服准则曲线和钢、铜、镍屈服时极限应力的试验数据点。从图中可以看出,第四强度理论比第三强度理论更符合实验结果。但第三强度理论偏于安全,而且从数学表达式上看,第三强度理论更简单,因此,第三与第四强度理论在工程中均得到广泛应用。

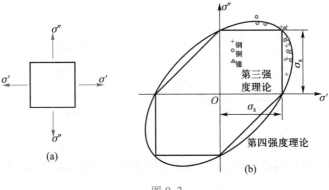

图9.2

式(9.2)、(9.4)、(9.6)和式(9.8)表明,根据强度理论建立构件的强度条件时,形式上是将主应力的某一综合值与材料的单向拉伸许用应力相比较。也即可以把图9.3a中三向应力状态的三个主应力 $\sigma_1$、$\sigma_2$ 与 $\sigma_3$ "折算"成一个与它们危险程度相当的单向应力状态的主应力 $\sigma_r$(图9.3b),再与材料的单向拉伸许用应力相比较。因此,$\sigma_r$ 就称为图9.3a中三向应力状态的**相当应力**。各强度理论的相当应力分别如下:

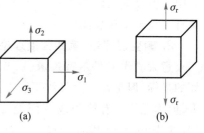

图 9.3

第一强度理论　　　　$\sigma_{r1} = \sigma_1$

第二强度理论　　　　$\sigma_{r2} = \sigma_1 - \mu(\sigma_2 + \sigma_3)$

第三强度理论　　　　$\sigma_{r3} = \sigma_1 - \sigma_3$

第四强度理论　　　　$\sigma_{r4} = \dfrac{1}{\sqrt{2}}\sqrt{(\sigma_1 - \sigma_2)^2 + (\sigma_2 - \sigma_3)^2 + (\sigma_3 - \sigma_1)^2}$

### 三、塑性状态与脆性状态

上述四个强度理论,是分别针对断裂和屈服两种失效形式建立的强度理论。一般来说,脆性材料如铸铁、石料、混凝土、玻璃等,抵抗断裂的能力低于抵抗滑移的能力,通常以断裂形式失效,宜采用第一和第二强度理论;而塑性材料如钢、铜、铝等,抵抗滑移的能力低于抵抗断裂的能力,通常以屈服的形式失效,宜采用第三和第四强度理论。

但应该注意,材料失效的形式不仅与材料的性质有关,而且还与其工作条件(如所处的应力状态、温度及加载速度等)有关。例如,铸铁单向受拉时发生脆性断裂,但若以强度很高的淬火钢球压在铸铁板上(图9.4),接触点附近处于三向受压状态,当压力增大到一定的数值再取下钢球时,发现铸铁板会出现明显的凹坑,这表明铸铁板产生显著的塑性变形;而在低碳钢制成的螺钉受拉时,螺纹根部因应力集中引起三向拉伸,拉力较大时就会发生断裂,只是因为当三向拉伸的三个主应力接近时,由屈服准则式(9.5)和式(9.7)可知,屈服现象将很难出现;又如在高速加载情况下,塑性材料可能来不及发生屈服就断裂了。因此,同一种材料在不同的工作条件下,可能由脆性状态转变为塑性状态,或由塑性状态转变为脆性状态。

9-1:
概念显化——
塑性状态与脆
性状态

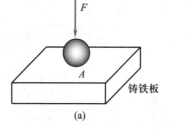
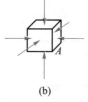

图 9.4

**例 9.1**　已知铸铁构件危险点处的应力状态如图9.5所示,若许用拉应力$[\sigma_t] = 30$ MPa,试校核其强度。

解:由图 9.5 可知

$$\sigma_x = -10 \text{ MPa}, \quad \sigma_y = 20 \text{ MPa}, \quad \tau_x = -15 \text{ MPa}$$

代入式(8.4),可得

$$\sigma_{\substack{\max \\ \min}} = \frac{-10+20}{2} \text{ MPa} \pm \sqrt{\left(\frac{-10-20}{2}\right)^2 + (-15)^2} \text{ MPa} = \begin{cases} 26.2 \text{ MPa} \\ -16.2 \text{ MPa} \end{cases}$$

即主应力为

$$\sigma_1 = 26.2 \text{ MPa}, \quad \sigma_2 = 0, \quad \sigma_3 = -16.2 \text{ MPa}$$

上式表明,主应力 $\sigma_3$ 虽为压应力,但其绝对值小于主应力 $\sigma_1$,所以宜采用第二强度理论校核危险点的强度,显然

$$\sigma_1 < [\sigma_t]$$

说明构件强度无问题。

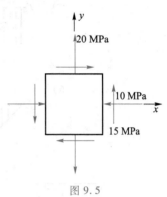

图 9.5

如果图 9.5 中应力状态的三个应力分别变为 $\sigma_x = -10 \text{ MPa}$、$\sigma_y = 20 \text{ MPa}$ 和 $\tau_x = -15 \text{ MPa}$,三个主应力将变为 $\sigma_1 = 16.2 \text{ MPa}$、$\sigma_2 = 0$ 和 $\sigma_3 = -26.2 \text{ MPa}$。此时宜采用第二强度理论校核危险点的强度。

**例 9.2** 图 9.6 所示单向受力与纯剪切组合应力状态,是一种常见的应力状态。试分别利用第三与第四强度理论建立相应的强度条件。

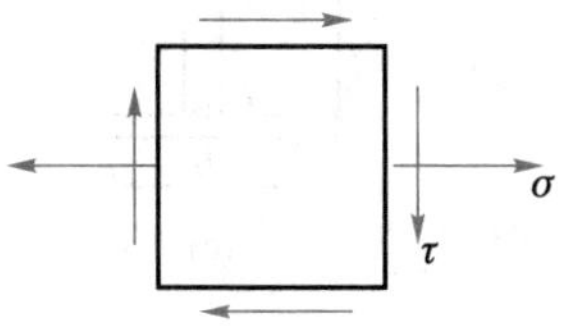

解:由式(8.4)可知,该微体的最大与最小正应力分别为

$$\sigma_{\substack{\max \\ \min}} = \frac{1}{2}\left(\sigma \pm \sqrt{\sigma^2 + 4\tau^2}\right)$$

图 9.6

可见,相应的主应力为

$$\sigma_1 = \frac{1}{2}\left(\sigma + \sqrt{\sigma^2 + 4\tau^2}\right), \quad \sigma_2 = 0, \quad \sigma_3 = \frac{1}{2}\left(\sigma - \sqrt{\sigma^2 + 4\tau^2}\right)$$

由式(9.6)可知,该应力状态的第三强度理论为

$$\sigma_{r3} = \sqrt{\sigma^2 + 4\tau^2} \leqslant [\sigma]$$

由式(9.8)可知,该应力状态的第四强度理论为

$$\sigma_{r4} = \sqrt{\sigma^2 + 3\tau^2} \leqslant [\sigma]$$

**例 9.3** 工字钢简支梁受力如图 9.7a 所示,已知 $[\sigma] = 160 \text{ MPa}$,$[\tau] = 100 \text{ MPa}$。试按强度条件选择工字钢型号,并按照第四强度理论作主应力校核。

解:(1) 作梁的剪力图和弯矩图分别如图 9.7b、c 所示。可见,截面 $C$ 与 $D$ 处,剪力、弯矩均为最大,是危险截面。

$$M_{\max} = M_C = 84 \text{ kN} \cdot \text{m}$$
$$F_{S,\max} = F_{SC} = 200 \text{ kN}$$

(2) 按正应力强度条件选择截面

$$W_z \geqslant \frac{M_{\max}}{[\sigma]} = \frac{84 \times 10^3}{160 \times 10^6} \text{ m}^3 = 0.525 \times 10^{-3} \text{ m}^3 = 525 \text{ cm}^3$$

查附录 B 型钢规格表,选用 No.28b 工字钢,截面尺寸如图 9.7d 所示,其中,$d = 1.05 \text{ cm}$,

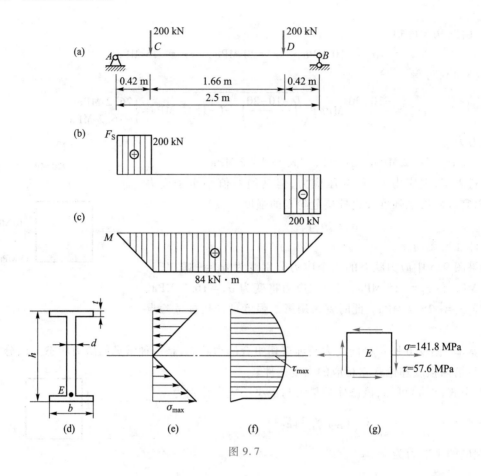

图 9.7

$t = 13.7$ mm, $b = 124$ mm, $h = 28$ cm, $I_z = 7\ 480$ cm$^4$, $I_z/S_{z,\max}^* = 24.2$ cm, $W_z = 534$ cm$^3$。

梁内实际最大正应力为

$$\sigma_{\max} = \frac{M_{\max}}{W_z} = \frac{84 \times 10^3}{534 \times 10^{-6}} \text{ Pa} = 157.3 \text{ MPa} < [\sigma] = 160 \text{ MPa}$$

且 $\dfrac{160 - 157.3}{160} \times 100\% = 1.69\%$，比较经济。

（3）切应力校核

$$\tau_{\max} = \frac{F_{S,\max} S_{z,\max}^*}{I_z d} = \frac{F_{S,\max}}{(I_z/S_{z,\max}^*) d} = \frac{200 \times 10^3}{24.2 \times 10^{-2} \times 1.05 \times 10^{-2}} \text{ Pa}$$

$$= 78.7 \text{ MPa} < [\tau] = 100 \text{ MPa}$$

即所选截面满足切应力强度要求。

（4）主应力校核。由于 $C$、$D$ 两截面的弯矩及剪力均为最大值，在截面腹板和翼缘交界处 $E$ 点的正应力和切应力都接近最大值（图 9.7e、f），两者的联合作用应该使点 $E$ 处的主应力比较大。为此，先求出点 $E$ 处的正应力 $\sigma_E$ 及切应力 $\tau_E$

$$\sigma_E = \frac{My}{I_z} = \frac{84 \times 10^3 \times 126.3 \times 10^{-3}}{7\ 480 \times 10^{-8}} \text{ Pa} = 141.8 \text{ MPa}$$

$$S_z^* = 12.4 \times 1.37 \times \left(12.63 + \frac{1.37}{2}\right) \text{cm}^3 = 226.2 \text{ cm}^3$$

$$\tau_E = \frac{F_S S_z^*}{I_z d} = \frac{200 \times 10^3 \times 226.2 \times 10^{-6}}{7\,480 \times 10^{-8} \times 1.05 \times 10^{-2}} \text{ Pa} = 57.6 \text{ MPa}$$

依题意,采用第四强度理论进行校核。点 $E$ 处的应力单元体如图 9.7g 所示,第四强度理论的条件为

$$\sigma_{r4} = \sqrt{\sigma^2 + 3\tau^2} \leqslant [\sigma]$$

所以

$$\sigma_{r4} = \sqrt{141.8^2 + 3 \times 57.6^2} \text{ MPa} = 173 \text{ MPa} > [\sigma]$$

说明腹板与翼板交接处的强度不足,需要改选更大的截面。

改选为 No. 32a 工字钢,查附录 B 型钢规格表得:$h = 32 \text{ cm}, b = 13 \text{ cm}, t = 15 \text{ mm}, d = 9.5 \text{ mm}, I_z = 11\,100 \text{ cm}^4$。

求出 $E$ 处的正应力 $\sigma_E$ 及切应力 $\tau_E$

$$\sigma_E = \frac{My}{I_z} = \frac{84 \times 10^3 \times 145 \times 10^{-3}}{11\,100 \times 10^{-8}} \text{ Pa} = 109.7 \text{ MPa}$$

$$S_z^* = 13 \times 1.5 \times \left(16 - \frac{1.5}{2}\right) \text{cm}^3 = 297.375 \text{ cm}^3$$

$$\tau_E = \frac{F_S S_z^*}{I_z d} = \frac{200 \times 10^3 \times 297.375 \times 10^{-6}}{11\,100 \times 10^{-8} \times 9.5 \times 10^{-3}} \text{ Pa} = 56.4 \text{ MPa}$$

得

$$\sigma_{r4} = \sqrt{109.7^2 + 3 \times 56.4^2} \text{ MPa} = 146.9 \text{ MPa} < [\sigma]$$

故该梁选用 No. 32a 工字钢。

## §9.3 薄壁圆筒的强度计算

在实际工程中,常用承受内部气体或液体压力(简称为内压)的薄壁圆筒(图 9.8a)。如高压罐、充压气瓶等,多为承受内压 $p$ 的薄壁圆筒,即内径 $D$ 比厚度 $\delta$ 大得多($D \geqslant 20\delta$)的圆筒。本节研究薄壁圆筒的强度问题,且为了不考虑两端头部分的边界效应,只研究薄壁圆筒中段部分的强度问题。

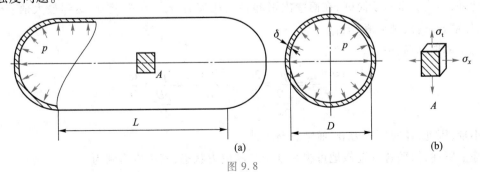

(a)                                    (b)

图 9.8

## 一、薄壁圆筒应力分析

由于筒内有压力,筒壁受到轴向和周向正应力,分别记为 $\sigma_x$ 和 $\sigma_t$,如图 9.8b 所示。对于薄壁圆筒,可假定 $\sigma_x$ 和 $\sigma_t$ 沿壁厚均匀分布。在薄壁圆筒中段部分,根据对称性,可认为切应力为零。

轴向正应力 $\sigma_x$ 作用于圆筒的横截面上,用截面法取如图 9.9 所示的一部分为研究对象,并假设气体依然在筒内,这样,切除部分的气体作用在该截面上的气体总压力为 $F_x = p\dfrac{\pi D^2}{4}$( 沿圆筒轴线),由平衡条件有

$$\sigma_x(\pi D\delta) = p\frac{\pi D^2}{4}$$

由此得

$$\sigma_x = \frac{pD}{4\delta} \tag{9.9}$$

为计算周向正应力 $\sigma_t$,再利用截面法,用相距单位长度的两横截面与一个通过轴线的径向纵截面,从圆筒中切取一部分为研究对象(高压气体或液体仍保留在内)。由图 9.10 可见,作用在保留部分上的气体总压力为 $p(1\times D)$,它由径向纵截面上的内力 $2\sigma_t(1\times\delta)$ 所平衡,即

$$2\sigma_t\delta = pD$$

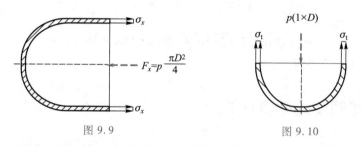

图 9.9              图 9.10

由此得

$$\sigma_t = \frac{pD}{2\delta} \tag{9.10}$$

此外,压力 $p$ 垂直于筒壁,在筒壁内引起径向压应力 $\sigma_r$。在内壁 $\sigma_r$ 达到最大值 $|\sigma_r|_{max} = p$。在外壁 $\sigma_r$ 达到最小值 $|\sigma_r|_{min} = 0$。

对于薄壁圆筒,由于

$$\frac{|\sigma_r|_{max}}{\sigma_t} = \frac{p}{\dfrac{pD}{2\delta}} = \frac{2\delta}{D}, \quad \frac{|\sigma_r|_{max}}{\sigma_x} = \frac{p}{\dfrac{pD}{4\delta}} = \frac{4\delta}{D}$$

均为小量,因此,径向压应力 $\sigma_r$ 通常忽略不计。

综上所述,筒壁各点近似地可视为处于二向应力状态,其主应力则为

$$\sigma_1 = \sigma_t = \frac{pD}{2\delta}, \quad \sigma_2 = \sigma_x = \frac{pD}{4\delta}, \quad \sigma_3 = 0$$

## 二、薄壁圆筒的强度条件

如果薄壁圆筒是由脆性材料所制成,由于 $\sigma_1 > |\sigma_3|$,则按第一强度理论所建立的强度条件为

$$\sigma_{r1} = \sigma_t = \frac{pD}{2\delta} \leqslant [\sigma] \tag{9.11}$$

如果薄壁圆筒是由塑性材料所制成,则按第三与第四强度理论所建立的强度条件分别为

$$\sigma_{r3} = \sigma_t = \frac{pD}{2\delta} \leqslant [\sigma] \tag{9.12}$$

$$\sigma_{r4} = \frac{1}{\sqrt{2}} \sqrt{(\sigma_t - \sigma_x)^2 + \sigma_t^2 + \sigma_x^2} = \frac{\sqrt{3} pD}{4\delta} \leqslant [\sigma] \tag{9.13}$$

## 三、关于薄壁圆筒应力与变形的讨论

1.试验中为模拟不同应力比值的二向应力状态,通常采用在承受内压的薄壁圆筒两端再加上一对拉力 $F$,则此时薄壁圆筒的轴向与周向应力变为

$$\sigma_x = \frac{pD}{4\delta} + \frac{F}{\pi D\delta}, \quad \sigma_t = \frac{pD}{2\delta}$$

2.在承受内压的薄壁圆筒两端再加上一对扭力矩 $M$(图9.11a),则此时薄壁圆筒的轴向与周向应力不变,但存在扭转切应力(图9.11b),且由式(4.13)得

$$\tau = \frac{2M}{\pi D^2 \delta}$$

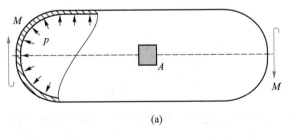

(a)

(b)

图 9.11

则两个主应力为

$$\sigma_{\substack{max \\ min}} = \frac{\sigma_x + \sigma_t}{2} \pm \sqrt{\left(\frac{\sigma_x - \sigma_t}{2}\right)^2 + \tau^2}$$

3.计算筒体的变形

设薄壁圆筒的筒体长度为 $l$（图 9.8a），不考虑两端头部分的边界效应，即认为整个筒体部分各点处的应力状态如图 9.8b 所示，则筒体的轴向正应变 $\varepsilon_x$ 和周向的正应变 $\varepsilon_t$ 仅与轴向正应力 $\sigma_x$ 和周向正应力 $\sigma_t$ 有关。由广义胡克定律可得

$$\varepsilon_x = \frac{1}{E}(\sigma_x - \mu\sigma_t) = \frac{pD}{4\delta E}(1-2\mu)$$

$$\varepsilon_t = \frac{1}{E}(\sigma_t - \mu\sigma_x) = \frac{pD}{4\delta E}(2-\mu)$$

由此可得筒体的长度与周长的变化量

$$\Delta l = \varepsilon_x l = \frac{pDl}{4\delta E}(1-2\mu)$$

$$\Delta c = \varepsilon_t \pi D = \frac{p\pi D^2}{4\delta E}(2-\mu)$$

内径的变化量

$$\Delta D = \varepsilon_t D = \frac{pD^2}{4\delta E}(2-\mu)$$

**4. 焊缝截面上的应力**

实际压力容器通常是用钢板采用螺旋形焊缝焊接而成，如图 9.12 所示，而焊缝强度一般为结构的薄弱环节，其截面上的应力值得人们关注。若焊缝与轴向成 $\alpha$ 角，则其截面法向与轴向成 $90°-\alpha$，则焊缝截面上的正应力与切应力分别为

$$\sigma_\alpha = \frac{\sigma_x + \sigma_t}{2} - \frac{\sigma_x - \sigma_t}{2}\cos 2\alpha$$

$$\tau_\alpha = \frac{\sigma_x - \sigma_t}{2}\sin 2\alpha$$

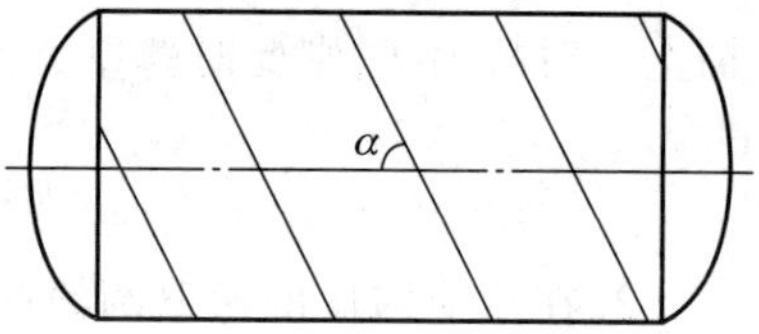

图 9.12

**5. 承受外压的薄壁圆筒**

若薄壁圆筒承受的是外压，则依然可以采用同样的方法，利用平衡条件求应力，此时只需将压力 $p$ 的符号反号即可。

## §9.4  莫尔强度理论

### 一、概述

前面介绍的四个强度理论，最大切应力理论是解释和判断塑性材料是否发生屈服的理论，但材料发生屈服的根本原因是材料的晶格之间在最大切应力的面上发生错动。因此，从理论上说，这一理论也可以解释和判断材料的脆性剪断破坏。但实际上，某些试验现象没有证实这种论断。例如铸铁压缩试验，虽然试件最后发生剪断破坏，但剪断面并不是最大切应力的作用面。这一现象表明，对脆性材料，仅用切应力作为判断材料剪断破坏的原因还不全面。1900年，莫尔（O. Mohr）提出了新的强度理论。这一理论认为，**材料发生剪断破坏的原因主要是切应力，但也和同一截面上的正应力有关**。因为，如材料沿某一截面有错动趋势时，该截面上将

产生内摩擦力阻止这一错动。这一摩擦力的大小与该截面上的正应力有关。当构件在某截面上有压应力时,压应力越大,材料越不容易沿该截面产生错动;当截面上有拉应力时,则材料就容易沿该截面错动。因此,剪断并不一定发生在切应力最大的截面上。

莫尔强度理论是以材料破坏试验结果为基础,并采用某种简化后建立起来的。对于任意的应力状态进行试验,设想三个主应力按比例增加,直至材料破坏(对于脆性材料是断裂,对于塑性材料是屈服)。此时,三个主应力分别为 $\sigma_{1u}$、$\sigma_{2u}$ 和 $\sigma_{3u}$,画出其最大的应力圆,即由 $\sigma_{1u}$ 和 $\sigma_{3u}$ 确定的应力圆。按照上述方式,根据 $\sigma_1$ 和 $\sigma_3$ 的不同比值,在 $\sigma$-$\tau$ 平面内得到一系列的极限应力圆,于是可以作出它们的包络线 $AB$ 和 $A'B'$,如图 9.13 所示。$AB$ 和 $A'B'$ 即为材料的失效边界线,它们仅与材料有关。对于一个已知的应力状态,如由 $\sigma_1$ 和 $\sigma_3$ 确定的应力圆在上述包络线之内,则这一应力状态不会引起失效,如恰与包络线相切,则表明这一应力状态已达到失效状态。

在实际应用中,为了利用有限的实验数据即可近似地确定包络线,以及便于计算,通常以单向拉伸和单向压缩的两个极限应力圆的公切线代替包络线,若再除以安全系数,则得到图 9.14 所示情况。于是,对于某一应力状态,如果 $\sigma_1$ 和 $\sigma_3$ 所画应力圆与该公切线相切,则得到相应的许用应力圆。

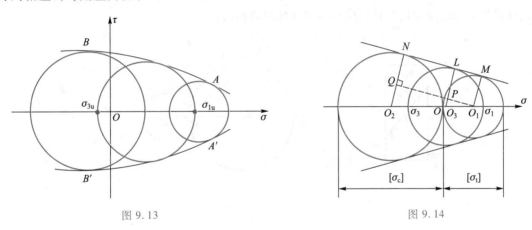

图 9.13　　　　　　　　　　　　图 9.14

## 二、强度条件

现在研究上述许用应力圆对应的 $\sigma_1$ 和 $\sigma_3$ 应满足的条件,并建立相应的强度条件。

从图 9.14 可以看出

$$\frac{O_3P}{O_2Q}=\frac{O_3O_1}{O_2O_1} \tag{a}$$

容易求出

$$O_3P=O_3L-O_1M=\frac{\sigma_1-\sigma_3}{2}-\frac{[\sigma_t]}{2}$$

$$O_2Q=O_2N-O_1M=\frac{[\sigma_c]}{2}-\frac{[\sigma_t]}{2}$$

$$O_3O_1 = OO_1 - OO_3 = \frac{[\sigma_t]}{2} - \frac{\sigma_1 + \sigma_3}{2}$$

$$O_2O_1 = O_2O + OO_1 = \frac{[\sigma_c]}{2} + \frac{[\sigma_t]}{2}$$

将上述各式代入式(a),得

$$\sigma_1 - \frac{[\sigma_t]}{[\sigma_c]}\sigma_3 = [\sigma_t] \tag{9.14}$$

此式即 $\sigma_1$ 和 $\sigma_3$ 的许用值应满足的条件,由此得莫尔强度理论对应的强度条件

$$\sigma_{rM} = \sigma_1 - \frac{[\sigma_t]}{[\sigma_c]}\sigma_3 \leqslant [\sigma_t] \tag{9.15}$$

　　试验表明,对于抗拉强度与抗压强度不同的脆性材料,如铸铁和岩石等,莫尔理论往往能给出比较满意的结果。

　　同时看出,对于抗拉强度与抗压强度相同的材料,即当 $[\sigma_t]$ 与 $[\sigma_c]$ 相等时,式(9.15)就转化为式(9.6),即最大切应力强度条件,所以莫尔理论又可看作第三强度理论的推广。

　　**例 9.4**　图 9.15 所示灰口铸铁试样,其压缩强度极限 $\sigma_{bc}$ 约为其拉伸强度极限 $\sigma_{bt}$ 的 3 倍,试根据莫尔强度理论估算其试样压缩破坏时断面的方位。

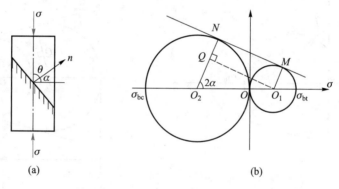

图 9.15

　　**解:**首先,利用拉、压强度极限画应力图,作两应力圆的公切线,即得极限曲线 $MN$。

　　设断面法线 $n$ 的方位角为 $\alpha$,如图 9.15a 所示,则由图 9.15b 可以看出

$$\cos 2\alpha = \frac{O_2Q}{O_2O_1} = \frac{\dfrac{\sigma_{bc}}{2} - \dfrac{\sigma_{bt}}{2}}{\dfrac{\sigma_{bc}}{2} + \dfrac{\sigma_{bt}}{2}} = \frac{1}{2}$$

由此得,$\alpha = 30°$。即断面法线 $n$ 与试样轴线的夹角 $\theta$ 为

$$\theta = 90° - \alpha = 60°$$

　　试验表明,铸铁试样压缩破坏时的 $\theta$ 值为 $55° \sim 60°$,这与莫尔强度理论预测的结果基本相符。

思考题

9.1 何谓强度理论？为什么需要提出强度理论？

9.2 四种强度理论的基本观点是什么？各可用于何种情况？

9.3 试利用强度理论解释试验课中涉及的各种破坏现象。

9.4 将沸水倒入厚玻璃杯时，杯会爆裂是什么原因？是外壁还是内壁先裂？

9.5 冬天的自来水管会因管中的水结冰而冻裂，试分析水和水管各处于什么应力状态及冻裂的原因。

9.6 将一低温玻璃球放入高温水中，玻璃球将如何破坏？为什么？

9.7 试证明无论选用哪一个强度理论，对处于单向拉应力状态的点，强度条件总是 $\sigma_{max} \leqslant [\sigma]$；对处于纯剪切应力状态的点，强度条件总是 $\tau_{max} \leqslant [\tau]$。

9.8 有人提出最大切应变理论，请你推导一下，将会得到什么样的强度条件？

9.9 莫尔强度理论与其他四种强度理论的建立方法有何区别？适用于何种情况？

9.10 根据第三强度理论，在塑性材料屈服开始时，$(\sigma_1 - \sigma_3)/\sigma_s = 1$。但洛德（Lode）的三向应力试验发现，对于不同的 $\sigma_2$ 值，在塑性材料屈服开始时，$(\sigma_1 - \sigma_3)/\sigma_s$ 的值一般并不等于 1；当 $\sigma_2 = (\sigma_1 - \sigma_3)/2$ 时，$(\sigma_1 - \sigma_3)/\sigma_s$ 的值达到最大值 1.15，试用第四强度理论来解释。

 习题

9.1 某铸铁构件危险点的应力情况如图所示，试校核其强度。已知铸铁的许用拉应力为 $[\sigma] = 40$ MPa，泊松比为 $\mu = 0.25$。

9.2 炮筒横截面如图所示。在危险点处，$\sigma_t = 60$ MPa，$\sigma_r = -35$ MPa，第三主应力垂直于纸面为拉应力，其大小为 40 MPa，试按第三和第四强度论计算其相当应力。

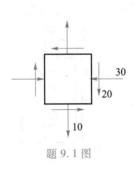

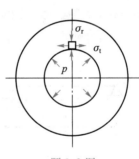

题 9.1 图　　　　　　　　　　　　　题 9.2 图

9.3 已知钢轨与火车车轮接触点处（图 a）的应力状态如图 b 所示，$\sigma_1 = -650$ MPa，$\sigma_2 = -700$ MPa，$\sigma_3 = -900$ MPa。如钢轨的许用应力 $[\sigma] = 250$ MPa，试用第三强度理论和第四强度理论校核该点的强度。

9.4 已知脆性材料的许用应力 $[\sigma]$ 与泊松比 $\mu$，试根据第一与第二强度理论确定该材料纯剪切时的许用切应力 $[\tau]$。

9.5 已知塑性材料的许用应力 $[\sigma]$，试根据第三与第四强度理论确定该材料纯剪切时的许用切应力 $[\tau]$。

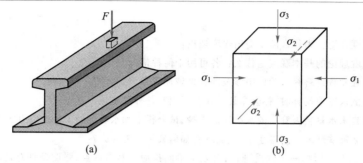

题 9.3 图

9.6 两种应力状态如图 a、b 所示。

(1) 试按第三强度理论分别计算其相当应力(设 $|\sigma| > |\tau|$)。

(2) 直接根据形状改变能密度的概念判断何者较易发生屈服,并用第四强度理论进行校核。

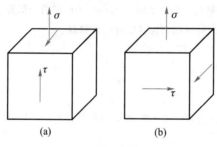

题 9.6 图

9.7 图示外伸梁,承受载荷 $F = 130$ kN 作用,许用应力 $[\sigma] = 170$ MPa。试校核该梁的强度(图中长度单位 cm)。如果危险点处于复杂应力状态,按第三强度理论进行校核。

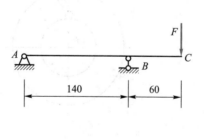

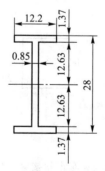

题 9.7 图

9.8 图示正方形棱柱体在 a、b 两种情况下分别处于自由受压和在刚性方模中受压状态,已知材料的弹性常数 $E$ 和 $\mu$。则

(1) 若棱柱体材料为混凝土(脆性材料),试比较 a、b 两种情况下的 $\sigma_{r2}$,并说明哪种情况下棱柱体容易被压碎。

(2) 若棱柱体材料为铝合金(塑性材料),试比较 a、b 两种情况下的 $\sigma_{r3}$,并说明哪种情况下棱柱体容易屈服。

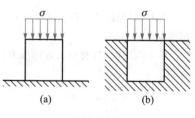

题 9.8 图

9.9 图示受内压力作用的薄壁容器,当承受最大的内压力时,用应变计测得:$\varepsilon_x = 1.88 \times 10^{-4}$, $\varepsilon_t = 7.37 \times 10^{-4}$。已知钢材弹性模量 $E = 210$ GPa,泊松比 $\mu = 0.3$,$[\sigma] = 170$ MPa。试按第三强度理论校核点 $A$ 处强度。

9.10 图示圆球形薄壁容器,其内径为 $D$,壁厚为 $\delta$($D \geqslant 20\delta$),承受压强为 $p$ 的内压。试求壁内任意一点处的主应力(忽略径向应力)。

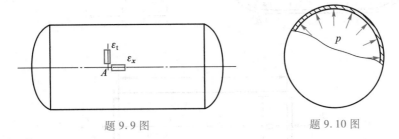

题 9.9 图　　　　　　　　　　　题 9.10 图

9.11 图示铸铁构件,中段为一内径 $D = 200$ mm、壁厚 $\delta = 10$ mm 的圆筒,筒内压力 $p = 1$ MPa,两端的轴向压力 $F = 300$ kN,材料的泊松比 $\mu = 0.25$,许用拉应力 $[\sigma_t] = 30$ MPa。试校核圆筒部分的强度。

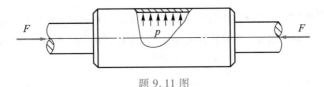

题 9.11 图

9.12 图示圆柱薄壁容器,内径 $D = 1\,100$ mm,筒内压力 $p = 2.6$ MPa,两端又加扭力偶矩 $M = 450$ kN·m,材料的许用应力 $[\sigma] = 120$ MPa。试按照第三强度理论设计圆筒部分的壁厚 $\delta$。

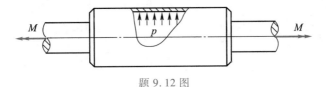

题 9.12 图

9.13 一圆柱薄壁容器,内径 $D = 800$ mm,壁厚 $\delta = 4$ mm,材料的许用应力 $[\sigma] = 130$ MPa。试按照第四强度理论确定容器内容许的最大压强 $p$。

9.14 图示两端为半球的圆筒,直径为 $d$,圆筒与半球的壁很薄,且厚度分别为 $t_c$ 和 $t_s$,两者的弹性常数均为 $E$、$\mu$。在内压 $p$ 作用下,连接面 $AB$(或 $A'B'$)将可能产生畸变(由于圆筒平均半径和半球平均半径的改变量不同引起的)。为了使连接面不发生畸变,试求圆筒与半球的壁厚之比,并求在此条件下圆筒与半球内的最大应力之比。

9.15 图示组合薄壁圆环,内、外环分别由铜和钢制成且光滑配合,试问当温度升高 $\Delta T$ 时,内、外环的周向正应力分别为何值? 已知内、外环的壁厚分别为 $\delta_1$ 与 $\delta_2$,交界面的直径为 $D$,铜与钢的弹性模量分别为 $E_1$ 与 $E_2$,线膨胀系数分别为 $\alpha_1$ 与 $\alpha_2$,且 $\alpha_1 > \alpha_2$。

9.16 图示组合圆管,由两根光滑配合的薄壁圆管组成。内管承受轴向载荷 $F$ 作用,试计算内管的轴向变形 $\Delta l$。已知内、外管的壁厚分别为 $\delta_1$ 与 $\delta_2$,交界面的直径为 $D$,内、外管的弹性模量分别为 $E_1$ 与 $E_2$,泊松比均为 $\mu$。

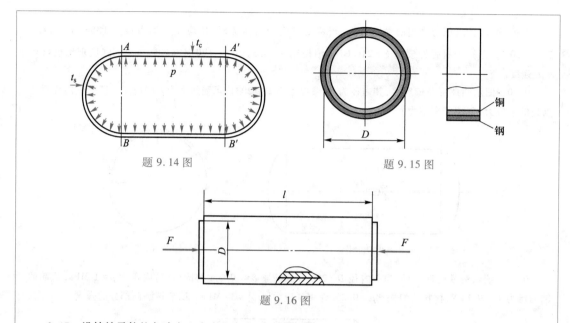

题 9.14 图    题 9.15 图

题 9.16 图

9.17 设铸铁零件的危险点上应力状态为:$\sigma_1 = 24$ MPa,$\sigma_2 = 0$,$\sigma_3 = -36$ MPa。试按照第二强度理论和莫尔强度理论校核该零件的强度。假设铸铁的$[\sigma_t] = 35$ MPa,$[\sigma_c] = 120$ MPa,$\mu = 0.25$。

# 第十章

# 组 合 变 形

## §10.1 概述

在前面各章节中分别讨论了杆件在发生拉伸(压缩)、扭转或弯曲某一基本变形时的强度与刚度问题。但工程实际中的某些构件,由于受力较复杂,往往同时发生两种或两种以上的基本变形。例如,图 10.1a 表示螺旋夹紧器的框架,由截面法可知其主杆 $AB$ 任一横截面上既有轴力 $F_N$ 又有弯矩 $M$(图 10.1b),可见主杆 $AB$ 既发生拉伸变形又发生弯曲变形;图 10.2a 所示的传动轴,在带拉力作用下,将产生弯曲和扭转变形(图 10.2b)。这类由两种或两种以上基本变形组合的变形,称为**组合变形**。

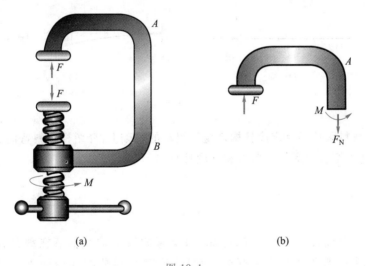

(a)          (b)

图 10.1

(a)          (b)

图 10.2

在材料服从胡克定律且变形很小的前提下,杆件上虽然同时存在着几种基本变形,但每一种基本变形都是彼此独立、互不影响的。即任一基本变形都不会改变另一种基本变形所引起的应力和变形。因此,对组合变形构件进行强度和刚度计算时,可应用叠加原理,采用先分解而后综合的方法。其基本步骤如下:

(1)将作用在构件上的载荷进行分解,得到与原载荷等效的几组载荷,使构件在每一组载荷的作用下,只产生一种基本变形。

(2)计算构件在每一种基本变形情况下的应力与位移。

(3)将危险点在各基本变形情况下的应力进行叠加,然后进行强度计算。

(4)将各点在各基本变形情况下的位移进行叠加,然后进行刚度计算。

需要说明的是,上述叠加原理的成立,除材料必须服从胡克定律外,小变形的限制也是必要的。现以压缩与弯曲的组合变形来说明这一问题。当弯曲变形很小,以至在计算约束力与内力过程中可以忽略不计弯曲变形的影响时,如图 10.3a 所示,弯矩可以按杆件变形前的位置来计算。这时轴向力 $F_N$ 和横向载荷 $F$ 引起的变形是各自独立的,叠加原理可以使用。反之,若弯曲变形较大,如图 10.3b 所示,弯矩应按杆件变形后的位置计算,则轴向压力 $F_N$ 除引起轴力外,还将产生弯矩 $F_N w$,而挠度 $w$ 又受 $F_N$ 及 $F$ 的共同影响。显然,轴向压力 $F_N$ 及横向载荷 $F$ 的作用并不是各自独立的。在这种情况下,尽管杆件仍然是线弹性的,但叠加原理并不能成立。

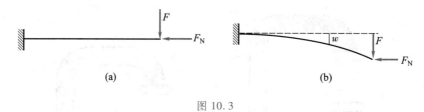

图 10.3

本章正是在材料服从胡克定律且构件变形很小的基础上,介绍杆在斜弯曲、拉伸(压缩)和弯曲、弯曲和扭转等组合变形下的应力和强度计算。

## §10.2 斜弯曲

10-1:
概念显化——
平面弯曲与斜
弯曲

由前面章节的知识可知,当梁弯曲后的轴线依然在载荷作用面内时,梁发生的弯曲才是平面弯曲,而且中性轴与载荷的作用面垂直,此时作用在梁上的横向载荷必须平行于主形心惯性平面(对于具有纵向对称面的梁,纵向对称面必为主形心惯性平面)。在工程实际中,有些梁上作用的横向载荷并不与主形心惯性平面平行。例如,屋顶桁条倾斜地安置于屋顶桁架上,如图 10.4 所示,桁条所受的竖直向下的载荷就不平行于主形心惯性平面。在这种情况下,杆件将在相互垂直的两个纵向对称平面内同时发生弯曲变形,且在变形后杆件的轴线与外力作用线不在同一纵向平面内,这种变形称为**斜弯曲**,即两向平面弯曲的组合。现以图 10.5 所示矩形截面悬臂梁为例,研究具有两个相互垂直对称面的梁在斜弯曲情况下的变形特点和强度计算问题。

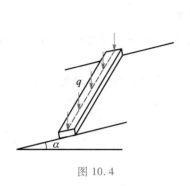

图 10.4

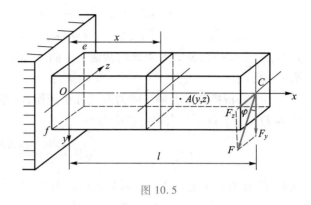

图 10.5

## 一、变形特点分析

设力 $F$ 作用在梁自由端截面的形心,并与竖向对称轴夹角为 $\varphi$(图 10.5)。现将力 $F$ 沿两对称轴分解,得

$$F_y = F\cos\varphi, \quad F_z = F\sin\varphi$$

杆在 $F_y$ 和 $F_z$ 单独作用下,将分别在 $xy$ 平面和 $xz$ 平面内发生平面弯曲。由此可见,斜弯曲可以看作两个相互正交平面内平面弯曲的组合。

由第 7 章的知识可知,悬臂梁在 $F_y$ 和 $F_z$ 单独作用下,自由端截面的形心 $C$ 在 $xy$ 平面和 $xz$ 平面内的挠度分别为

$$w_y = \frac{F_y l^3}{3EI_z} = \frac{F\cos\varphi\, l^3}{3EI_z}, \quad w_z = \frac{F_z l^3}{3EI_y} = \frac{F\sin\varphi\, l^3}{3EI_y}$$

由于 $w_y$ 和 $w_z$ 方向不同,故得点 $C$ 的总挠度为

$$w = \sqrt{w_y^2 + w_z^2}$$

若总挠度 $w$ 与 $y$ 轴的夹角为 $\beta$,则

$$\tan\beta = \frac{w_z}{w_y} = \frac{I_z}{I_y}\tan\varphi \qquad (10.1)$$

可见,对于 $I_y \neq I_z$ 的截面,$\beta \neq \varphi$,如图 10.6 所示。这表明变形后梁的挠曲线与集中力 $F$ 不在同一纵向平面内,所以称为"斜"弯曲。

若梁截面的 $I_y = I_z$,如圆形、正多边形等,将恒有 $\tan\beta = \tan\varphi$,以及 $\beta = \varphi$,表明变形后梁的挠曲线与集中力 $F$ 仍在同一纵向平面内,仍然是平面弯曲。即对这类梁来说,横向力作用于通过截面形心的任何一个纵向平面内时,它总是发生平面弯曲,而不会发生斜弯曲。

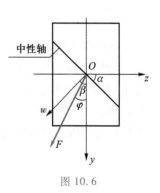

图 10.6

## 二、正应力计算

在距固定端为 $x$ 的横截面(以下简称截面 $x$)上,由 $F_y$ 和 $F_z$ 引起的弯矩为

$$M_z = F_y(l-x) = F\cos\varphi(l-x) = M\cos\varphi(上拉,下压)$$

$$M_y = F_z(l-x) = F\sin\varphi(l-x) = M\sin\varphi(内拉,外压)$$

式中,$M = F(l-x)$,表示 $F$ 引起的截面 $x$ 上的总弯矩。此时,弯矩内力不规定符号,但在其后标明弯曲方向。

为了分析横截面上的正应力及其分布规律,现考察截面 $x$ 上任意一点$A(y,z)$处的正应力。$F_y$ 在截面 $x$ 上点 $A$ 处引起的正应力为

$$\sigma' = -\frac{M_z}{I_z}y = -\frac{M\cos\varphi}{I_z}y$$

同理,$F_z$ 在截面 $x$ 上点 $A$ 处引起的正应力为

$$\sigma'' = \frac{M_y}{I_y}z = \frac{M\sin\varphi}{I_y}z$$

显然,$\sigma'$ 和 $\sigma''$ 分别沿高度和宽度是线性分布的。由于 $F_y$ 和 $F_z$ 在截面 $x$ 上点 $A$ 处引起的应力均为正应力,因此,应力的叠加即变为两个平面弯曲对应的正应力之间求代数和,即在截面 $x$ 上点 $A$ 处的正应力为

$$\sigma = \sigma' + \sigma'' = M\left(-\frac{\cos\varphi}{I_z}y + \frac{\sin\varphi}{I_y}z\right) \tag{10.2}$$

其在截面 $x$ 上分布形式如图 10.7 所示。这就是梁在斜弯曲时横截面上任意点正应力的计算方法。在每一具体问题中,$\sigma'$ 和 $\sigma''$ 可能有不同的表达形式,但其符号总可根据杆件的变形由视察法来确定。截面上的最大拉应力与最大压应力分别(出现在点 $b$ 和点 $d$)为

$$\sigma_{t,max} = M\left(\frac{\cos\varphi}{I_z}y_{max} + \frac{\sin\varphi}{I_y}z_{max}\right) = \frac{M_z}{W_z} + \frac{M_y}{W_y}$$

$$\sigma_{c,max} = -\left(\frac{M_z}{W_z} + \frac{M_y}{W_y}\right) \tag{10.3}$$

### 三、强度计算与中性轴位置

进行强度计算时,应首先确定危险截面及其危险点的位置。对于图 10.5 所示的悬臂梁来说,在固定端处 $M_y$ 与 $M_z$ 同时达到最大值,该处的横截面即为危险截面,至于危险点,应是 $M_y$ 与 $M_z$ 引起的正应力都达到最大值的点。图 10.5 中的点 $e$ 和点 $f$ 就是这样的危险点,而且可以判断出点 $e$ 受最大拉应力,而点 $f$ 受最大压应力。杆件斜弯曲时的强度条件,仍然是限制最大工作应力不得超过材料的许用应力,则由式(10.3)得强度条件为

$$\sigma_{t,max} \leqslant [\sigma_t]$$
$$|\sigma_c|_{max} \leqslant [\sigma_c] \tag{10.4}$$

若材料的抗拉与抗压强度相同,只需校核点 $e$ 和点 $f$ 中的一点即可。

对于上述矩形截面杆,由于具有明显的棱角,因而危险点的位置很容易确定。对于一些没有明显棱角的截面,则应从应力的分布规律中找出正应力最大的点,即危险点。

由于每一平面弯曲都会在截面上同时引起拉应力与压应力,因而在两向平面弯曲组合时,

截面上一定有一些点的正应力等于零,这些点的连线就是中性轴(又称为零应力线)。显然,危险点应是离中性轴最远的点,于是要确定危险点,首先应确定中性轴的位置。为此,设点 $(y_0, z_0)$ 是中性轴上的一点,则由式(10.2)得

$$\sigma = M\left(-\frac{\cos \varphi}{I_z}y_0 + \frac{\sin \varphi}{I_y}z_0\right) = 0$$

由此得中性轴的方程为

$$-\frac{\cos \varphi}{I_z}y_0 + \frac{\sin \varphi}{I_y}z_0 = 0$$

可见,中性轴是一条通过截面形心的斜直线,由上式可得它与 $z$ 轴的夹角为

$$\tan \alpha = \frac{y_0}{z_0} = \frac{I_z}{I_y}\tan \varphi \tag{10.5}$$

梁发生斜弯曲时,截面将绕着中性轴转动。中性轴把截面划分为受拉与受压两个区域(图 10.7)。当截面形状没有明显的棱角时,如图 10.8a 所示,为找出拉、压两个区域内距中性轴最远的点,可在截面周边上作平行于中性轴的切线,切点 $e$ 和 $f$ 就是离中性轴最远的点,也就是危险点;当截面形状有明显的棱角时,如图 10.8b 所示,离中性轴最远的点一般为截面的角点,也即危险点。

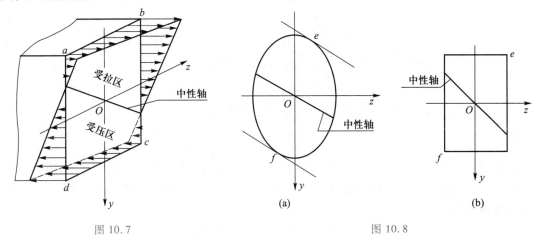

图 10.7　　　　　　　　　　　　　　　　　　图 10.8

由中性轴的斜率表达式(10.5)与图 10.6 可以看出,对于 $I_y \neq I_z$ 的截面,$\alpha \neq \varphi$,即中性轴与外力作用线不垂直,也可以由此现象将这种弯曲称为斜弯曲。若 $I_z = I_y$(如截面为圆形或正多边形),则有 $\alpha = \varphi$,即中性轴与外力作用线相垂直,这就是平面弯曲了。这时两向平面弯曲的组合仍为平面弯曲,故此种情况可将两向弯矩合成为一个弯矩来计算。

另由式(10.1)和式(10.5)可以看出,无论 $I_y$ 是否等于 $I_z$,恒有 $\alpha = \beta$(图 10.6),这说明,无论是平面弯曲还是斜弯曲,梁轴线的弯曲方向均与中性轴垂直。

**例 10.1**　图 10.9 所示起重机的大梁为 No. 32a 工字钢,许用应力 $[\sigma] = 100$ MPa,跨度 $l = 4$ m,载荷 $F = 30$ kN,由于运动惯性等原因而偏离纵向对称面,$\varphi = 15°$。试校核梁的强度。

**解**:当小车位于跨度中点时,大梁处于最不利的受力状态,且该处截面的弯矩最大,故为危险截面。将外力 $F$ 沿截面的两主轴 $y$ 与 $z$ 分解为

$$F_y = F \sin \varphi = 30 \sin 15° \text{ kN} = 7.76 \text{ kN}$$

$$F_z = F \cos \varphi = 30 \cos 15° \text{ kN} = 29 \text{ kN}$$

它们引起的弯矩图如图 10.9 所示,其最大弯矩分别为

$$M_{y,max} = \frac{F_z l}{4} = \frac{29 \times 4}{4} \text{ kN} \cdot \text{m} = 29 \text{ kN} \cdot \text{m}(下拉,上压)$$

$$M_{z,max} = \frac{F_y l}{4} = \frac{7.76 \times 4}{4} \text{ kN} \cdot \text{m} = 7.76 \text{ kN} \cdot \text{m}(内拉,外压)$$

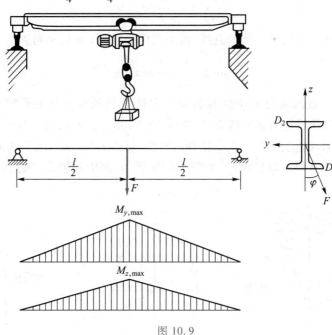

图 10.9

危险截面上的危险点显然为棱角处的 $D_1$ 与 $D_2$,且点 $D_1$ 受最大拉应力,点 $D_2$ 受最大压应力。由于它们的数值相等,故只需校核其中一点即可。由型钢规格表查得 No.32a 工字钢的两个抗弯截面系数分别为

$$W_y = 692.2 \text{ cm}^3, \quad W_z = 70.8 \text{ cm}^3$$

于是危险点上的最大应力为

$$\sigma_{max} = \frac{M_{y,max}}{W_y} + \frac{M_{z,max}}{W_z} = \frac{29 \times 10^3}{692.2 \times 10^{-6}} \text{ Pa} + \frac{7.76 \times 10^3}{70.8 \times 10^{-6}} \text{ Pa} = 151.5 \text{ MPa}$$

由于 $\sigma_{max} < [\sigma]$,故此梁满足强度要求。

若载荷 $F$ 不偏离梁的纵向垂直对称面,即 $\varphi = 0$,则跨度中点截面上的最大正应力为

$$\sigma_{max} = \frac{M_{max}}{W_y} = \frac{Fl}{4W_y} = \frac{30 \times 10^3 \times 4}{4 \times 692.2 \times 10^{-6}} \text{ Pa} = 43.34 \text{ MPa}$$

可见,虽然载荷只偏离一个不大的角度,最大应力却由 43.34 MPa 变为 151.5 MPa,增长了 2.5 倍。原因就在于工字形截面的 $W_z$ 远小于 $W_y$,因而其侧向抗弯能力较弱。所以,当截面的 $W_z$ 与 $W_y$ 相差较大时,应注意斜弯曲对强度的不利影响。在这一点上,箱形截面要比工字形截面优越。

## §10.3 非对称纯弯曲梁的正应力

上一节讨论了的梁斜弯曲变形限制梁必须具有两个相互垂直的纵向对称面,即梁的横截面为双对称截面形式。工程中,还有许多梁不存在纵向对称面(图 10.10),或者虽具有纵向对称平面,但外力不作用在该平面内,此时梁将发生**非对称弯曲**。

图 10.10

### 一、非对称纯弯曲梁正应力的普遍公式

为考察非对称纯弯曲的一般情况,设非对称截面的等直梁发生纯弯曲,如图 10.11a 所示。若梁的任一横截面上只有弯矩 $M$(其值等于外力偶矩 $M_e$),如图 10.11b 所示。取 $x$ 轴为梁的轴线,$y$、$z$ 轴为横截面上**任意一对相互垂直的形心轴**,弯矩 $M$ 在 $y$、$z$ 轴上的分量分别为 $M_y$ 和 $M_z$。

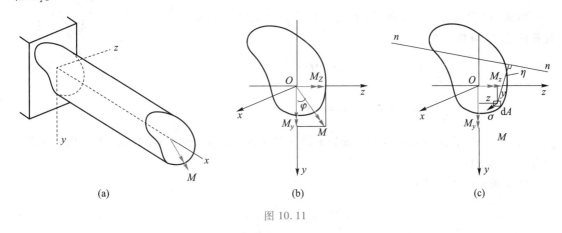

(a)　　　　　　　　(b)　　　　　　　　(c)

图 10.11

实验表明,对于非对称纯弯曲梁,平面假设依然成立,且横截面上各点均处于单向应力状态。设横截面的中性轴为 $n-n$(其位置尚未确定),则仿照对称纯弯曲梁正应力的推导,当材料处于线弹性范围内,且材料的拉伸和压缩弹性模量相同时,距中性轴 $n-n$ 距离为 $\eta$(图 10.11c)的任一点处的正应力为

$$\sigma = E\frac{\eta}{\rho} \tag{a}$$

式中，$E$ 为材料的弹性模量；$\rho$ 为纯弯曲时中性层的曲率半径。

式（a）表明，非对称纯弯曲梁横截面上任一点处的正应力与该点到中性轴的距离成正比，而横截面上的法向微内力 $\sigma \mathrm{d}A$ 构成一空间平行力系，因此只可能组成轴力和对 $y$、$z$ 轴的矩三个内力分量。由静力学关系

$$\int_A \sigma \mathrm{d}A = F_N = 0 \tag{b}$$

$$\int_A z\sigma \mathrm{d}A = M_y \tag{c}$$

$$\int_A y\sigma \mathrm{d}A = -M_z \tag{d}$$

将式（a）代入式（b），得

$$F_N = \frac{E}{\rho} \int_A \eta \mathrm{d}A = 0$$

显然，上式中的 $E/\rho$ 值不可能等于零，因而必有

$$\int_A \eta \mathrm{d}A = 0$$

由上式可见，在非对称纯弯曲时，中性轴 $n\text{-}n$ 仍然通过横截面的形心，如图 10.12 所示。若中性轴 $n\text{-}n$ 与 $y$ 轴间的夹角为 $\theta$，则

$$\eta = y\sin\theta - z\cos\theta$$

将上述关系式代入式（a），得

$$\sigma = \frac{E}{\rho}(y\sin\theta - z\cos\theta) \tag{e}$$

将式（e）代入（c）、（d）两式，并根据有关截面惯性矩和惯性积的定义，可得

$$\frac{E}{\rho}(I_{yz}\sin\theta - I_y\cos\theta) = M_y$$

$$\frac{E}{\rho}(I_z\sin\theta - I_{yz}\cos\theta) = -M_z$$

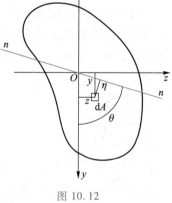

图 10.12

式中，$I_y$、$I_z$ 和 $I_{yz}$ 依次为横截面对 $y$ 轴和 $z$ 轴的惯性矩及对 $y$、$z$ 轴的惯性积；$y$ 和 $z$ 代表横截面上任一点的坐标。

联立求解以上两式，得

$$\frac{E}{\rho}\cos\theta = -\frac{M_y I_z + M_z I_{yz}}{I_y I_z - I_{yz}^2} \tag{f}$$

$$\frac{E}{\rho}\sin\theta = -\frac{M_z I_y + M_y I_{yz}}{I_y I_z - I_{yz}^2} \tag{g}$$

然后，将式（f）、（g）代入式（e），经整理后，即得非对称纯弯曲梁横截面上任一点处正应力的普遍表达式

$$\sigma = \frac{M_y(zI_z - yI_{yz}) - M_z(yI_y - zI_{yz})}{I_y I_z - I_{yz}^2} \tag{10.6}$$

式(10.6)称为广义弯曲正应力公式。

由式(f)和式(g)即可求解中性轴与 $y$ 轴间的夹角

$$\tan \theta = \frac{M_z I_y + M_y I_{yz}}{M_y I_z + M_z I_{yz}} \tag{10.7}$$

显然,式(10.7)也可由式(10.6)令 $\sigma = 0$ 求得。

横截面上的最大拉应力和最大压应力将分别发生在距中性轴最远的点处。对于周边为光滑曲线的横截面(图10.13a),可平行于中性轴作两直线分别与横截面周边相切于点 $D_1$ 和点 $D_2$,该两点即为横截面上的最大拉、压应力点。对于具有棱角的横截面,其最大拉、压应力必发生在距中性轴最远的截面棱角处,如图10.13b中的点 $D_1$ 和点 $D_2$。将其坐标 $(y,z)$ 分别代入广义弯曲正应力公式(10.6),即可得横截面上的最大拉应力和最大压应力。

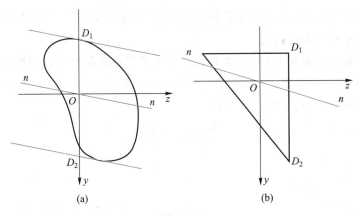

图 10.13

由于梁危险截面上的最大拉应力 $\sigma_{t,max}$ 和最大压应力 $\sigma_{c,max}$ 点均处于单轴应力状态,于是根据最大拉、压应力分别不得超过材料许用拉、压应力的强度条件,即可进行非对称纯弯曲梁的强度计算。

与对称弯曲相仿,在工程实际中,对于跨长与截面高度之比较大的细长梁,广义弯曲正应力公式(10.6)也同样适用于计算非对称横力弯曲梁横截面上的正应力。

## 二、广义弯曲正应力公式的讨论

广义弯曲正应力公式(10.6),对于梁是否具有纵向对称平面,或外力是否作用在其纵向对称平面内,都是适用的。现讨论如下:

**1. 梁具有纵向对称平面,且外力作用在该对称平面内**

将 $M_y = 0$、$M_z = M$、$I_{yz} = 0$ 代入广义弯曲正应力公式(10.6),得

$$\sigma = -\frac{M}{I_z} y$$

上式即为对称弯曲情况下梁横截面上任一点处的正应力公式。式中的负号是由于图10.11b中的 $M_z = M$ 为负弯矩。

**2. 梁不具有纵向对称平面,但外力作用在(或平行于)由梁的轴线与形心主惯性轴组成的形心主惯性平面内**

如图 10.14 所示的 Z 形截面梁,图中 $y$、$z$ 轴为横截面的形心主惯性轴,弯矩 $M = M_z$ 位于形心主惯性平面($xy$ 平面)内。将 $M_y = 0$、$M_z = M$、$I_{yz} = 0$ 代入广义弯曲正应力公式(10.6),同样可得

$$\sigma = -\frac{M}{I_z}y$$

上式表明,只要外力作用在(或平行于)梁的形心主惯性平面内,对称弯曲时的正应力公式仍然适用。而由式(10.7)可得

$$\tan \theta = \infty , \quad \theta = 90°$$

说明中性轴垂直于弯矩(即外力)所在平面,即梁弯曲变形后的挠曲线也将是外力作用平面内的平面曲线,属于平面弯曲的范畴。

**3. 梁的 $y$、$z$ 轴为横截面主轴,但外力的作用平面与主轴和轴线构成的平面间有一夹角。**

如图 10.15 所示的矩形截面梁,弯矩 $M$ 的矢量与 $y$ 轴间的夹角为 $\varphi$,将 $M_y = M\cos\varphi$、$M_z = M\sin\varphi$、$I_{yz} = 0$ 代入广义弯曲正应力式(10.7),可得

$$\sigma = \frac{M\cos\varphi}{I_y}z - \frac{M\sin\varphi}{I_z}y \tag{a}$$

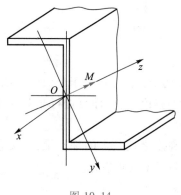
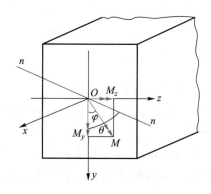

图 10.14　　　　　　　　　　　　　　　图 10.15

此时,横截面上任一点处的正应力可视为两相互垂直平面内对称弯曲情况下正应力的叠加。应该注意,在此情况下,确定中性轴与 $y$ 轴间夹角的公式(10.7)化简为

$$\tan \theta = \frac{M_z}{M_y} \times \frac{I_y}{I_z} = \frac{I_y}{I_z}\tan\varphi \tag{b}$$

显然,对于矩形截面等,$I_y \neq I_z$,因而 $\theta \neq \varphi$,即中性轴不再垂直于弯矩(即外力)所在平面。即梁发生弯曲变形后,其挠曲线不在外力作用的平面内,这就是 10.2 节的**斜弯曲,因此斜弯曲是非对称纯弯曲的一种特殊情况**。另一方面,对于非对称纯弯曲问题,还可以先计算横截面主轴,而后在主轴建立坐标系,从而可以利用斜弯曲应力公式进行计算求解。

**例 10.2**　三角形截面(底为 $b$,高为 $h$)的悬臂梁,在 $xy$ 平面内发生纯弯曲(任一横截面

上的 $M_z = M$，$M_y = 0$），如图 10.16 所示。试求截面角点 $A$、$B$、$C$ 处的正应力，并确定其中性轴位置。

解：（1）截面几何性质

三角形截面 $ABC$ 对通过高度中点 $z_1$ 轴的惯性矩 $I_{z_1}$ 应为矩形截面（$b×h$）对形心轴惯性矩的一半，即

$$I_{z_1} = \frac{1}{2} \times \frac{bh^3}{12}$$

由平行移轴定理得

$$I_z = I_{z_1} - \left(\frac{h}{b}\right)^2 \left(\frac{bh}{2}\right) = \frac{bh^3}{36}$$

同理

$$I_y = \frac{hb^3}{36}$$

$$I_{yz} = -\frac{b^2 h^2}{72}$$

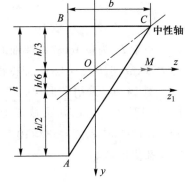

图 10.16

（2）应力计算

由广义弯曲正应力公式（10.6），得各角点的正应力

点 $A\left(y_A = \dfrac{2h}{3}, z_A = -\dfrac{b}{3}\right)$

$$\sigma_A = \frac{M\left(-\dfrac{b^2 h^2}{72}\right)\left(-\dfrac{b}{3}\right) - M\left(\dfrac{hb^3}{36}\right)\left(\dfrac{2h}{3}\right)}{\left(\dfrac{hb^3}{36}\right)\left(\dfrac{bh^3}{36}\right) - \left(-\dfrac{b^2 h^2}{72}\right)^2} = -24\frac{M}{bh^2}$$

点 $B\left(y_B = -\dfrac{h}{3}, z_B = -\dfrac{b}{3}\right)$

$$\sigma_B = \frac{M\left(-\dfrac{b^2 h^2}{72}\right)\left(-\dfrac{b}{3}\right) - M\left(\dfrac{hb^3}{36}\right)\left(-\dfrac{h}{3}\right)}{\left(\dfrac{hb^3}{36}\right)\left(\dfrac{bh^3}{36}\right) - \left(-\dfrac{b^2 h^2}{72}\right)^2} = 24\frac{M}{bh^2}$$

点 $C\left(y_C = -\dfrac{h}{3}, z_C = \dfrac{2b}{3}\right)$

$$\sigma_C = \frac{M\left(-\dfrac{b^2 h^2}{72}\right)\left(\dfrac{2b}{3}\right) - M\left(\dfrac{hb^3}{36}\right)\left(-\dfrac{h}{3}\right)}{\left(\dfrac{hb^3}{36}\right)\left(\dfrac{bh^3}{36}\right) - \left(-\dfrac{b^2 h^2}{72}\right)^2} = 0$$

（3）中性轴位置

应用式（10.7），代入已知数据，即得中性轴与 $y$ 轴夹角 $\theta$ 的正切

$$\tan\theta = \frac{I_y}{I_{yz}} = \frac{\dfrac{hb^3}{36}}{-\dfrac{b^2 h^2}{72}} = -\frac{2b}{h}$$

由于 $I_{yz}$ 为负值,故中性轴通过二、四象限。实际上,已知截面形心 $O$ 和角点 $C$ 的弯曲正应力为零,故连接点 $O$ 与 $C$,即得截面的中性轴位置,如图中虚线所示。

**例 10.3** 采用 Z 形截面钢制成的两端外伸梁在 $xy$ 平面内承受均布载荷,其计算简图如图 10.17a 所示。已知梁截面对形心轴 $y$、$z$ 的惯性矩和惯性积分别为 $I_y = 283 \times 10^{-8}$ m$^4$,$I_z = 1\ 930 \times 10^{-8}$ m$^4$ 和 $I_{yz} = 532 \times 10^{-8}$ m$^4$;钢材的许用弯曲正应力为 $[\sigma] = 170$ MPa。试求梁的许可均布载荷集度值。

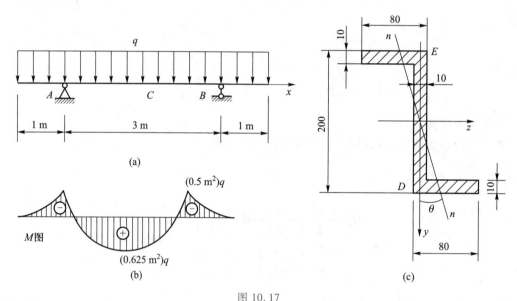

图 10.17

**解:**(1)危险截面

作弯矩图如图 10.17b 所示。由图可见,梁跨中截面 $C$ 为危险截面,其最大弯矩为

$$M_{max} = (0.\,625\ \text{m}^2)q \tag{a}$$

由于均布载荷作用在 $xy$ 平面内,故 $M_y = 0$,而 $M_{z,\max} = -M_{\max} = -(0.\,625\ \text{m}^2)q$。

(2)危险点

为确定危险点位置,需确定中性轴位置。将 $M_y = 0$,以及 $I_y$、$I_z$ 和 $I_{yz}$ 值代入式(10.7),可得中性轴与 $y$ 轴间的夹角 $\theta$ 的正切

$$\tan\theta = \frac{M_z I_y}{M_z I_{yz}} = \frac{I_y}{I_{yz}} = \frac{283 \times 10^{-8}\ \text{m}^4}{532 \times 10^{-8}\ \text{m}^4} = 0.\,531\ 95 \tag{b}$$

由此求得

$$\theta = 28°$$

即中性轴位置如图 10.17c 中轴 $n$-$n$ 所示。得中性轴位置后,作两条直线与中性轴平行,分别与截面周边相切于 $D$、$E$ 两点,即截面上的危险点。其中,点 $D$ 处为最大拉应力,点 $E$ 处为最大

压应力,两者的绝对值相等。

（3）许可载荷

由图 10.17c 所示尺寸得点 $D$ 的坐标

$$y_D = 100 \text{ mm} = 0.1 \text{ m}$$

$$z_D = -5 \text{ mm} = -0.005 \text{ m}$$

由式（10.7）,求得梁危险截面上的最大拉应力

$$\sigma_{\max} = \sigma_D = \frac{M_{z,\max}(y_D I_y - z_D I_{yz})}{I_y I_z - I_{yz}^2} \tag{c}$$

按梁的正应力强度条件

$$\frac{M_{z,\max}(y_D I_y - z_D I_{yz})}{I_y I_z - I_{yz}^2} \leqslant [\sigma] \tag{d}$$

将有关数值代入式（d）,得

$$\frac{0.625 \text{ m}^2 \times q \times 0.1 \text{ m} \times 283 \times 10^{-8} \text{ m}^4 + 5 \times 10^{-3} \text{ m} \times 532 \times 10^{-8} \text{ m}^4}{283 \times 10^{-8} \text{ m}^4 \times 1\,930 \times 10^{-8} \text{ m}^4 - (532 \times 10^{-8} \text{ m}^4)^2} \leqslant 170 \times 10^6 \text{ Pa}$$

从而解得梁的许可均布载荷集度

$$[q] = 23.1 \text{ kN/m}$$

## §10.4　弯曲中心的概念

由前面的学习可知,对于具有对称面且载荷作用在对称面内的梁,将只产生平面弯曲变形,如图 10.18a 所示的槽形梁对称受力情况。但是,如果载荷作用在非对称轴的主惯性面内（图 10.18b）,尽管它也通过截面的形心,可是受力的杆件不仅发生弯曲,而且还要扭转。只有当载荷通过截面的某一特定点 $A$ 时,杆件才只发生弯曲而不发生扭转（图 10.18c）。这样的特定点,称为截面的弯曲中心,简称**弯心**。例如,对于单翼飞机（图 10.19）,机翼所受的横向载荷由沿机翼长度方向的梁（翼梁）支承,如图 10.19b 所示。然而,当机翼载荷合力作用线不通过弯曲中心时,机翼将发生扭曲变形。

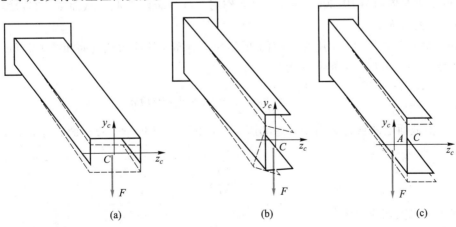

图 10.18

(a) 福克D.VIII战斗机

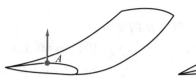
(b) 载荷作用于弯心位置

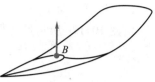
(c) 载荷作用于非弯心位置

图 10.19

下面用具体实例说明弯曲中心的求法。

**例 10.4** 图 10.20 为一槽形截面悬臂梁,当外力 $F$ 不作用在对称轴平面而作用在与对称轴垂直的平面时,求弯曲中心 $A$ 的位置。

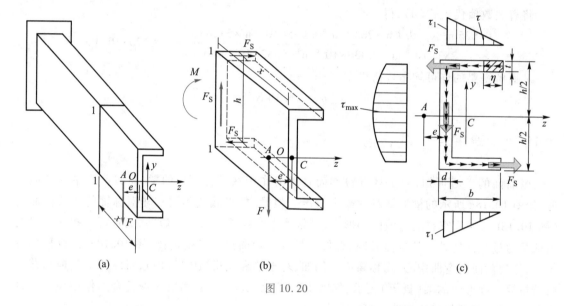

(a)　　　　(b)　　　　(c)

图 10.20

解:取受力对象如图 10.20b 所示,外力 $F$ 作用在自由端某点 $A$,在截面 $x$ 上有弯矩 $M$ 及剪力 $F_S$ 和水平剪力 $F_T$。

当外力垂直于对称轴 $z$ 作用时,截面上的切应力分布及切应力流方向如图 10.20c 所示。在翼缘上距外端为 $\eta$ 的点处的切应力为

$$\tau = \frac{F_S S}{It} = \frac{F_S}{It} \eta t \left( \frac{h}{2} - \frac{t}{2} \right) = \frac{F_S}{2I}(h-t)\eta$$

式中,$F_S$ 是横截面上的剪力。由于翼缘和腹板的厚度 $t$ 和 $d$ 远小于腹板的高度 $h$ 和翼缘的宽度 $b$,故上式可以简化为

$$\tau = \frac{F_s h}{2I} \eta \tag{a}$$

从而翼缘上的最大切应力为

$$\tau_1 = \frac{F_s h b}{2I} \tag{b}$$

翼缘上 $\tau$ 形成的合力 $F_Q$ 应该等于应力分布图的面积与厚度 $t$ 的乘积,即

$$F_Q = \frac{1}{2}\tau_1 bt = \frac{F_s h b^2 t}{4I} \tag{c}$$

在腹板上切应力形成的力 $F_Q$ 应该等于剪力的大小。

从受力对象的平衡可以看出,要使梁只产生弯曲而不发生扭转,外力 $F$ 作用点 $A$ 要满足平衡条件

$$\sum M_x = 0$$
$$F_Q h - F_s e = 0$$

得

$$e = \frac{F_Q h}{F_s} \tag{d}$$

将式(c)代入上式,得

$$e = \frac{b^2 h^2 t}{4I} \tag{10.8}$$

**由于弯心的位置与外力的大小及材料的性质无关,所以它也是截面的几何性质之一。**

从上面的讨论可知,截面的弯心就是当杆件只弯不扭时,截面上分布剪力( $F_s$ 及 $F_Q$ 等)的合力作用点。如果外力不作用在弯心,则在任意横截面上,除由横向力 $F$ 产生弯矩 $M$ 而外,还要产生扭矩 $M_n$,使梁绕点 $A$ 扭转,故也称扭心。由于薄壁截面抗扭能力很弱,扭矩的存在将产生很大的扭转切应力,很容易使杆发生破坏。为了使梁不发生扭转,所以外力必须通过弯心。

弯心的位置可以从弯心的定义直接确定。对于具有两个对称轴的截面,如矩形、工字形、圆形等,弯心就是此两对称轴的交点。对于只有一个对称轴的截面,如槽形、T形等,弯心必然在这个对称轴上。对于某些不具有对称轴的薄壁截面,如Z形、L形等,根据剪力流的分布情况,按合力作用点就可以判断弯心 $A$ 的位置(图10.21)。

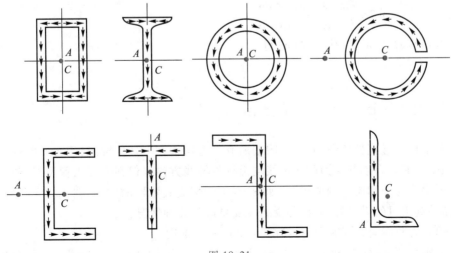

图 10.21

对于不具有对称轴的实心截面,其弯心一般靠近形心,产生的扭矩不大,同时这种截面抗扭能力较强,故通常不考虑它的扭转影响。

例 10.5　试求图 10.22 所示平均半径为 $r_0$、等厚度 $t$ 的开口薄壁圆弧截面的弯心位置。

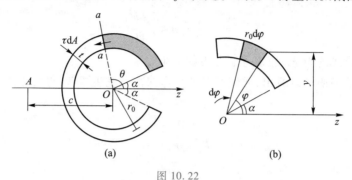

图 10.22

解:根据弯心的定义,微剪力 $\tau dA$ 所产生的扭矩必与外力偶平衡,即

$$\sum M_0 = 0, \quad 2\int_\alpha^\pi \tau dA \cdot r_0 = F_s e$$

得

$$e = \frac{2}{F_s}\int_\alpha^\pi \tau dA \cdot r_0 = \frac{2}{F_s}\int_\alpha^\pi \frac{F_s S}{It}(t \cdot r_0 d\theta) \cdot r_0 = \frac{2r_0^2}{I}\int_\alpha^\pi S d\theta \tag{a}$$

式中 $S$ 是 $\theta$ 的函数,取中间变量 $\varphi$(图 10.22b),其算式是

$$S = \int_\alpha^\theta y dA = \int_\alpha^\theta r_0 \sin\varphi(r_0 d\varphi \cdot t) = r_0^2 t\int_\alpha^\theta \sin\varphi d\varphi = r_0^2 t(\cos\alpha - \cos\theta) \tag{b}$$

整个截面对于中性轴 $z$ 的惯性矩为

$$I = 2\int_\alpha^\pi t \cdot r_0 d\varphi \cdot (r_0\sin\varphi)^2 = tr_0^3[(\pi-\alpha)+\sin\alpha\cos\alpha] \tag{c}$$

将式(b)、(c)代入式(a),得

$$\begin{aligned}
e &= \frac{2r_0^2}{I}\int_\alpha^\pi S d\theta = \frac{2}{tr_0[(\pi-\alpha)+\sin\alpha\cos\alpha]}\int_\alpha^\pi r_0^2 t(\cos\alpha-\cos\theta)d\theta \\
&= 2r_0\frac{(\pi-\alpha)\cos\alpha+\sin\alpha}{(\pi-\alpha)+\sin\alpha\cos\alpha}
\end{aligned} \tag{d}$$

对于开口全圆环,$\alpha = 0$,代入式(d)得

$$e = 2r_0$$

# §10.5　弯拉(压)组合与截面核心

前面章节研究过直杆弯曲问题,曾限制所有外力均垂直于杆件轴线;而在研究轴向拉压问题时,则限制所有外力或其合力的作用线均沿杆件轴线方向。但在实际工程及机器零部件中,很多杆件的受力并非如此规则或单一,如图 10.1 中螺旋夹紧器的主杆,图 10.23 中的烟囱、厂房柱子、简易起重机的横梁等,它们的受力主要是以下几种情况:

(1)轴向力和横向力同时存在,如图 10.23a 中的烟囱。

(2)力作用线平行于轴线,但不通过截面形心,如图 10.1 中螺旋夹紧器的主杆和

图 10.23b 中的厂房柱子。

（3）力作用于截面形心,但作用线与轴线成一定夹角,如图 10.23c 中的横梁 *AB* 在 *B* 处的受力。

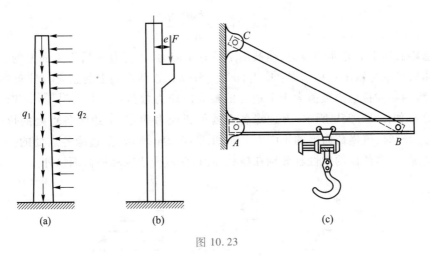

图 10.23

在这些情况中,杆将产生弯曲与轴向拉压的组合变形,简称弯拉(压)组合变形。下面研究弯拉组合杆件的应力计算、强度条件等问题。

## 一、弯拉(压)组合的应力

如图 10.24a 所示悬臂梁,在其自由端形心处作用一与轴线成 $\alpha$ 角的力 $F$,由于 $F$ 既非轴向力,也非横向力,所以变形不是基本变形,属于前述弯拉组合问题。

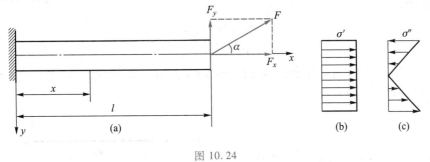

图 10.24

首先可将外力 $F$ 沿轴向和横向分解为

$$F_x = F\cos\alpha, \quad F_y = F\sin\alpha$$

杆在 $F_x$ 和 $F_y$ 单独作用下,将分别发生轴向拉伸和平面弯曲。在距固定端为 $x$ 的横截面(以下简称截面 $x$)上,由 $F_x$ 引起的轴力和 $F_y$ 引起的弯矩分别为

$$F_N = F_x, \quad M = F_y(l-x)$$

对应的应力分别为

$$\sigma' = \frac{F_N}{A}, \quad \sigma'' = \frac{M}{I_z}y$$

其中,$A$ 和 $I_z$ 分别为截面面积和对中性轴的惯性矩。正应力 $\sigma'$ 和 $\sigma''$ 沿宽度均匀分布,沿高度的分布规律分别如图 10.24b、c 所示。

由叠加法,截面 $x$ 上任一点 $(y,z)$ 处的正应力为

$$\sigma = \sigma' + \sigma'' = \frac{F_N}{A} + \frac{M}{I_z}y \tag{10.9}$$

由于忽略截面上的弯曲切应力,横截面上只有正应力,于是叠加后横截面上的正应力沿高度分布规律只可能是以下三种情况:① 当 $|\sigma''|_{max} > \sigma'$ 时,该横截面上的正应力分布如图 10.25a 所示,下边缘的最大拉应力数值大于上边缘的最大压应力数值;② 当 $|\sigma''|_{max} = \sigma'$ 时,该横截面上的应力分布如图 10.25b 所示,上边缘各点处的正应力为零,下边缘各点处的拉应力最大;③ 当 $|\sigma''|_{max} < \sigma'$ 时,该横截面上的正应力分布如图 10.25c 所示,下边缘各点处的拉应力最大。在这三种情况下,横截面的中性轴分别在横截面内、横截面边缘和横截面以外。

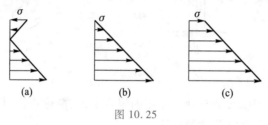

图 10.25

显然,固定端截面为危险截面。由应力分布图可见,该横截面的上、下边缘处各点可能是危险点。这些点处的正应力为

$$\sigma_{\substack{t,max \\ min}} = \frac{F_N}{A} \pm \frac{M}{W_z} \tag{10.10}$$

相应的强度条件为

$$\begin{aligned} \sigma_{t,max} &\leqslant [\sigma_t] \\ |\sigma_c|_{max} &\leqslant [\sigma_c] \end{aligned} \tag{10.11}$$

**例 10.6**    图 10.26a 所示托架,受载荷 $F = 45$ kN 作用。设 $AC$ 为工字钢杆,许用应力 $[\sigma] = 160$ MPa。试选择工字钢型号。

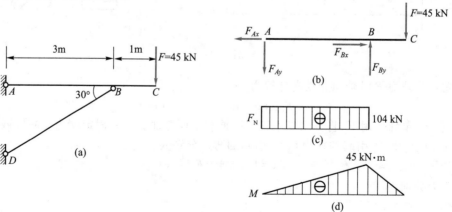

图 10.26

**解**:取杆 $AC$ 进行分析,其受力情况如图 10.26b 所示。由平衡方程,求得

$$F_{Ay} = 15 \text{ kN}, \quad F_{By} = 60 \text{ kN}, \quad F_{Ax} = F_{Bx} = 104 \text{ kN}$$

由此可知,$AB$ 段既会在轴向载荷作用下发生轴向变形,又会在横向载荷作用下发生弯曲变形,因此属于弯拉组合变形。杆 $AC$ 的内力图如图 10.26c、d 所示。由内力图可见,点 $B$ 左侧的横截面是危险截面。该横截面的上边缘各点处的拉应力最大,是危险点。强度条件为

$$\sigma_{t,max} = \frac{M_{max}}{W_z} + \frac{F_N}{A} \leqslant [\sigma] \tag{a}$$

若是方形、圆形或已知长宽比的矩形截面,将它们的 $W_z$ 和 $A$ 的具体表达式代入上式即可直接进行设计。但对于型钢,$W_z$ 与 $A$ 之间无一定的函数关系,一个不等式不能确定两个未知量,因此采取试算的方法来设计。

先不考虑轴力 $F_N$,仅考虑弯矩 $M$ 设计截面。则式(a)变为

$$\frac{M_{max}}{W_z} \leqslant [\sigma]$$

由此可得

$$W_z \geqslant \frac{M_z}{[\sigma]} = \frac{45 \times 10^3}{160 \times 10^6} \text{ m}^3 = 2.81 \times 10^{-4} \text{ m}^3 = 281 \text{ cm}^3$$

由型钢规格表,选 No. 22a 工字钢,$W_z = 309 \text{ cm}^2$,$A = 42 \text{ cm}^2$。考虑轴力后,最大拉应力为

$$\sigma_{t,max} = \frac{M_{max}}{W_z} + \frac{F_N}{A} = \frac{45 \times 10^3}{309 \times 10^{-6}} \text{ Pa} + \frac{104 \times 10^3}{42 \times 10^{-4}} \text{ Pa} = 170 \times 10^6 \text{ Pa} > [\sigma]$$

可见,No. 22a 工字钢截面不够大。选大一号工字钢截面,即 No. 22b,查表得 $W_z = 325 \text{ cm}^2$,$A = 46.4 \text{ cm}^2$。最大拉应力为

$$\sigma_{t,max} = \frac{M_{max}}{W_z} + \frac{F_N}{A} = \frac{45 \times 10^3}{325 \times 10^{-6}} \text{ Pa} + \frac{104 \times 10^3}{46.4 \times 10^{-4}} \text{ Pa} = 160.8 \times 10^6 \text{ Pa}$$

$\sigma_{t,max}$ 虽然超过了 $[\sigma]$,但超过不到 5%,工程上认为仍能满足强度要求,因此可选取 No. 22b 工字钢。

## 二、偏心拉伸(压缩)与截面核心

当杆件上的轴向载荷与轴线平行,但并不与轴线重合(图 10.27a)时,即为**偏心拉伸(压缩)**,该载荷称为**偏心载荷**。下面以图 10.27a 中等截面杆为例,以轴线方向为 $x$ 轴,每一截面内的互相垂直的主惯性轴分别为 $y$ 轴和 $z$ 轴,建立坐标系,分析偏心拉伸(压缩)情况下的应力强度问题。

设图 10.27a 中偏心载荷 $F$ 的作用点 $A$ 在第一象限,坐标为 $(y_F, z_F)$。将此偏心拉力 $F$ 向截面形心简化后,得到以下三个载荷:轴向拉力 $F$,作用于 $xz$ 平面内的力偶矩 $M_y^0 = Fz_F$,作用于 $xy$ 平面内的力偶矩 $M_z^0 = Fy_F$。在这些载荷作用下,图 10.27b 杆件的变形是轴向拉伸和两个纯弯曲的组合。在所有横截面上,轴力及弯矩都保持不变,它们是

$$F_N = F, \quad M_y = M_y^0 = Fz_F, \quad M_z = M_z^0 = Fy_F$$

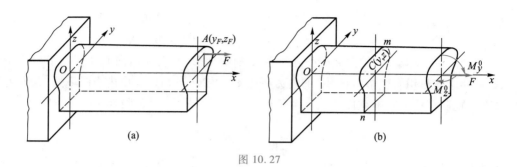

图 10.27

叠加以上三个内力所对应的正应力,得任意横截面 $m-n$ 上任意点 $C(y,z)$ 的应力为

$$\sigma = \frac{F_N}{A} + \frac{M_y}{I_y}z + \frac{M_z}{I_z}y = \frac{F}{A}\left(1 + \frac{z_F}{i_y^2}z + \frac{y_F}{i_z^2}y\right) \tag{10.12}$$

式中,$A$ 为横截面面积,$i_y$ 与 $i_z$ 分别为横截面对轴 $y$ 和 $z$ 的惯性半径。上式表明,横截面上的正应力按线性规律变化,故距中性轴最远的点有最大应力。如以 $(y_0,z_0)$ 代表中性轴上任意点的坐标,将此坐标代入式(10.12)后,应该有

$$\sigma = \frac{F}{A}\left(1 + \frac{z_F}{i_y^2}z_0 + \frac{y_F}{i_z^2}y_0\right) = 0$$

于是得中性轴方程式为

$$1 + \frac{z_F}{i_y^2}z_0 + \frac{y_F}{i_z^2}y_0 = 0 \tag{10.13}$$

可见,中性轴是一条不通过截面形心的直线,如图 10.28 所示。在上式中分别令 $z_0 = 0$ 或 $y_0 = 0$,可得中性轴在 $y$、$z$ 两轴上的截距分别为

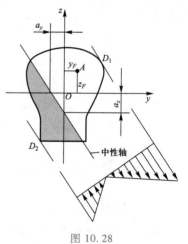

$$a_y = -\frac{i_z^2}{y_F}, \qquad a_z = -\frac{i_y^2}{z_F} \tag{10.14}$$

式(10.14)表明,$a_y$ 和 $a_z$ 分别与 $y_F$ 和 $z_F$ 符号相反,所以中性轴与外力作用点位于截面形心的两侧,如图 10.28 所示。

中性轴将截面划分为受拉与受压两个区域,图 10.28 中划阴影线的部分表示压应力区。在截面的周边上作平行于中性轴的切线,切点 $D_1$ 与 $D_2$ 就是截面上距中性轴最远的点,也就是截面的危险点。对于具有凸出棱角的截面,棱角的顶点显然就是危险点,如图 10.28 中的点 $D_2$。把危险点

图 10.28

$D_1$ 与 $D_2$ 的坐标代入式(10.12),即可求得横截面上的最大拉应力与最大压应力。若设图 10.28 中点 $D_1$ 与点 $D_2$ 的坐标分别为 $(y_1,z_1)$ 与 $(y_2,z_2)$,则杆的强度条件为

$$\sigma_{t,\max} = \frac{F}{A}\left(1 + \frac{z_F}{i_y^2}z_1 + \frac{z_y}{i_z^2}y_1\right) \leqslant [\sigma_t]$$

$$|\sigma_c|_{\max} = \left|\frac{F}{A}\left(1 + \frac{z_F}{i_y^2}z_2 + \frac{y_F}{i_z^2}y_2\right)\right| \leqslant [\sigma_c]$$

以上讨论的是偏心拉伸杆的情况。同理,对于偏心压缩杆,只要杆的抗弯刚度相对较大(如短柱),压力引起的附加弯矩可以忽略,上述的分析方法和应力计算公式(10.12)仍然适用。

10-2:
概念显化——
截面核心

由中性轴的截距式(10.14)可以看出,当偏心载荷作用点的位置$(y_F,z_F)$改变时,中性轴在两轴上的截距$a_y$和$a_z$亦随之改变,而且$y_F$、$z_F$值越小,$a_y$、$a_z$值就越大,即载荷作用点越是靠近形心,中性轴就越是远离形心。因此,当外力作用点位于截面形心附近的一个封闭区域时,就可以使得中性轴不穿过横截面,这个封闭的区域就称为**截面核心**。而当外力作用在截面核心的边界上时,与此相对应的中性轴就正好与截面的周边相切,如图 10.29 所示,利用这一关系就能确定截面核心的边界。

为确定任意形状截面的截面核心边界,可将与截面周边相切的任一直线①(图 10.29),看作是中性轴,它在$y$、$z$两个形心主惯性轴上的截距分别为$a_{y1}$和$a_{z1}$。根据这两个值,就可从式(10.14)确定与该中性轴对应的外力作用点 1,即截面核心边界上的一个点的坐标$(y_{F1},z_{F1})$,即

$$y_{F1}=-\frac{i_z^2}{a_{y1}}, \qquad z_{F1}=-\frac{i_y^2}{a_{z1}} \tag{a}$$

同样,分别将与截面周边相切的直线②、③、…看作是中性轴,并按上述方法求得与它们对应的截面核心边界上点 2、3、…的坐标。连接这些点,得到一条封闭曲线,就是所求截面核心的边界,而该边界曲线所包围的带阴影线的区域,即为截面核心,如图 10.29 所示。下面以圆形和矩形截面为例,来具体说明确定其截面核心边界的方法。

由于圆形截面关于圆心 $O$ 是极对称的,因而,截面核心的边界关于圆心 $O$ 也应是极对称的,也是一个圆心为 $O$ 的圆。对于图 10.30 中直径为 $d$ 的圆,以圆心为原点建立坐标系 $Oyz$,过圆与 $y$ 轴交点 $A$ 作一条与圆形截面周边相切的直线①,将其看作是中性轴,该中性轴在 $y$、$z$ 两个形心主惯性轴上的截距分别为 $a_{y1}=-\dfrac{d}{2}$,$a_{z1}=\infty$,而圆形截面的 $i_y^2=i_z^2=\dfrac{d^2}{16}$,那么由式(a)就可得到与中性轴①对应的截面核心边界上点 1 的坐标为

$$y_{F1}=-\frac{i_z^2}{a_{y1}}=-\frac{d^2/16}{-d/2}=\frac{d}{8}, \qquad z_{F1}=-\frac{i_y^2}{a_{z1}}=0$$

由此可知,截面核心边界是一个以 $O$ 为圆心、以 $\dfrac{d}{8}$ 为半径的圆,即如图 10.30 中带阴影线的区域。

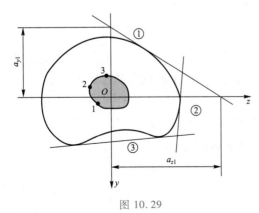

图 10.29

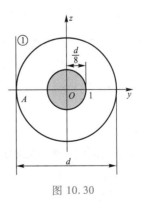

图 10.30

对于边长为 $b$ 和 $h$ 的矩形截面,如图 10.31 所示,以两对称轴为坐标轴建立坐标系 $Oyz$。设点 1 为第一象限内的截面核心边界上任意一点,则与其对应的中性轴①必经过点 $C$,将点 $C$ 坐标 $\left(-\dfrac{h}{2}, -\dfrac{b}{2}\right)$ 以及矩形截面的 $i_y^2 = \dfrac{b^2}{12}$ 和 $i_z^2 = \dfrac{h^2}{12}$ 代入式(10.13),可得点 1 坐标 $(y_{F1}, z_{F1})$ 应满足如下方程:

$$1 - \frac{6z_{F1}}{b} - \frac{6y_{F1}}{h} = 0$$

也就是说,第一象限内的截面核心边界上的点应满足上式,即图 10.31 中 $E\left(\dfrac{h}{6}, 0\right)$、$F\left(0, \dfrac{b}{6}\right)$ 两点确定的线段。根据对称性可知,其他各象限内截面核心边界应分别为线段 $FG$、$GH$ 和 $HE$,且 $G$、$H$ 两点的坐标分别为 $\left(-\dfrac{h}{6}, 0\right)$、$\left(0, -\dfrac{b}{6}\right)$。于是,得到矩形截面的截面核心边界,它是个位于截面中央的菱形,如图 10.31 所示。

截面核心的概念在土木工程等领域具有重要的实际意义。如土建工程中常用的混凝土构件和砖、石砌体,其抗拉强度远低于抗压强度,因此在受到偏心压缩的时候,就不希望截面上产生拉应力,而希望整个横截面上只受压应力。此时,只需将偏心载荷作用在截面核心内即可。

**例 10.7** 一端固定并有切槽的杆,如图 10.32a 所示。试求最大正应力。

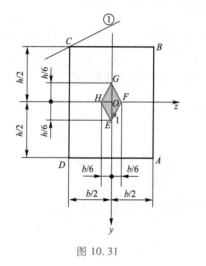

图 10.31

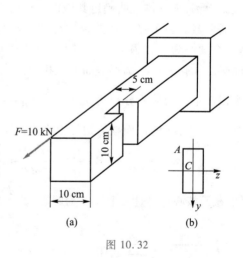

图 10.32

**解:**由观察判断,切槽处杆的横截面是危险截面,如图 10.32b 所示。对于该截面,力 $F$ 是偏心拉力。现将力 $F$ 向该截面的形心 $C$ 简化,得到截面上的轴力和弯矩为

$$F_N = F = 10 \text{ kN}$$

$$M_z = F \times 0.05 \text{ m} = 0.5 \text{ kN} \cdot \text{m}$$

$$M_y = F \times 0.025 \text{ m} = 0.25 \text{ kN} \cdot \text{m}$$

点 $A$ 为危险点,该点处的最大拉应力为

$$\sigma_{t,max} = \frac{F_N}{A} + \frac{M_y}{W_y} + \frac{M_z}{W_z}$$

$$= \frac{10 \times 10^3}{0.1 \times 0.05} \text{Pa} + \frac{0.5 \times 10^3}{\frac{1}{6} \times 0.05 \times 0.1^2} \text{Pa} + \frac{0.25 \times 10^3}{\frac{1}{6} \times 0.1 \times 0.05^2} \text{Pa} = 14 \times 10^6 \text{ Pa} = 14 \text{ MPa}$$

## §10.6 弯扭组合与弯拉(压)扭组合变形

在机械设备中的传动轴与曲柄轴等,大多处于弯扭组合或弯拉(压)扭组合变形状态。现以图 10.33a 所示的钢制直角曲拐中的圆杆 AB 为例,研究杆在弯曲和扭转组合变形问题的强度计算方法。

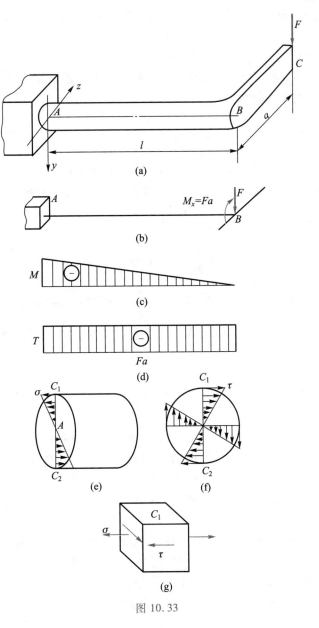

图 10.33

首先将作用在点 $C$ 的力 $F$ 向杆 $AB$ 右端截面的形心 $B$ 简化,得到一横向力 $F$ 及力偶矩 $M_x = Fa$,如图 10.33b 所示。力 $F$ 使杆 $AB$ 弯曲,力偶矩 $M_x$ 使杆 $AB$ 扭转,故杆 $AB$ 同时产生弯曲和扭转两种变形。

杆 $AB$ 的弯矩图和扭矩图如图 10.33c、d 所示。由内力图可见,固定端截面弯矩与扭矩均达到最大值,是危险截面。其弯矩和扭矩值分别为

$$M = Fl, \quad T = Fa$$

在该截面上,弯曲正应力和扭转切应力的分布分别如图 10.33e、f 所示。从应力分布图可见,横截面的上、下两点 $C_1$ 和 $C_2$ 是危险点。因两点危险程度相同,故只需对其中任一点作强度计算。现对点 $C_1$ 进行分析。在该点处取出一单元体,其各面上的应力如图 10.33g 所示,弯曲正应力和扭转切应力分别为

$$\sigma = \frac{M}{W}, \quad \tau = \frac{T}{W_p}$$

由于该单元体处于一般二向应力状态,所以需用强度理论来建立强度条件。其第三强度理论和第四强度理论的强度条件分别为

$$\sigma_{r3} = \sqrt{\sigma^2 + 4\tau^2} \leqslant [\sigma] \tag{10.15}$$

$$\sigma_{r4} = \sqrt{\sigma^2 + 3\tau^2} \leqslant [\sigma] \tag{10.16}$$

将 $\sigma$ 和 $\tau$ 的表达式代入式(10.15)和式(10.16),并注意到圆轴的抗扭截面系数 $W_p = 2W$,可以得到圆轴弯扭组合变形时的第三强度理论和第四强度理论的强度条件分别为

$$\sigma_{r3} = \frac{1}{W}\sqrt{M^2 + T^2} \leqslant [\sigma] \tag{10.17}$$

$$\sigma_{r4} = \frac{1}{W}\sqrt{M^2 + 0.75T^2} \leqslant [\sigma] \tag{10.18}$$

式中,$M$ 和 $T$ 分别为危险截面的弯矩和扭矩,$W = \dfrac{\pi d^3}{32}$ 为圆轴截面的抗弯截面系数。

当圆杆同时产生拉伸(压缩)和扭转两种变形时,危险截面上的周边各点均为危险点,且危险点处于二向应力状态,式(10.15)和式(10.16)仍然适用,只是弯曲正应力需用拉伸(压缩)时的正应力代替。

当圆杆同时产生弯曲、扭转和拉伸(压缩)变形时,上述方法和式(10.15)、式(10.16)同样适用,但是正应力是由弯曲和拉伸(压缩)共同引起的。

**例 10.8**　一钢质圆轴,直径 $d = 8$ cm,其上装有直径 $D = 1$ m、重为 5 kN 的两个带轮,如图 10.34a 所示。已知 $A$ 处轮上的带拉力为水平方向,$C$ 处轮上的带拉力为竖直方向。设钢的 $[\sigma] = 160$ MPa,试按第三强度理论校核轴的强度。

**解**:将轮上的带拉力向轮心简化后,得到作用在圆轴上的集中力和力偶;此外,圆轴还受到轮重力作用。简化后的外力如图 10.34b 所示。

在力偶作用下,圆轴的 $AC$ 段内发生扭转变形,扭矩图如图 10.34c 所示。在横向力作用下,圆轴在 $xy$ 和 $xz$ 平面内分别发生弯曲变形,两个平面内的弯矩图如图 10.34d、e 所示。因为横截面是圆形,轴不会发生斜弯曲,所以应将两个平面内的弯矩合成而得到横截面上的合成弯矩。由弯矩图可知,$B$ 左边截面上的合成弯矩小于截面 $B$ 上的合成弯矩,$C$ 右边截面上的合成

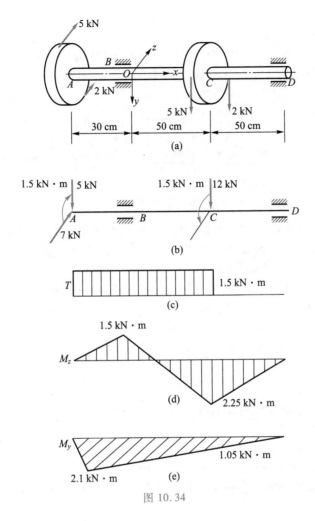

图 10.34

弯矩小于截面 $C$ 上的合成弯矩,而且可以证明 $B$ 与 $C$ 之间截面上的合成弯矩小于这两个截面上的合成弯矩之极大值,因此,可能危险的截面是截面 $B$ 和截面 $C$。现分别求出这两个截面的合成弯矩

$$M_B = \sqrt{M_{By}^2 + M_{Bz}^2} = \sqrt{2.1^2 + 1.5^2} \text{ kN} \cdot \text{m} = 2.58 \text{ kN} \cdot \text{m}$$

$$M_C = \sqrt{M_{Cy}^2 + M_{Cz}^2} = \sqrt{1.05^2 + 2.25^2} \text{ kN} \cdot \text{m} = 2.48 \text{ kN} \cdot \text{m}$$

因为 $M_B > M_C$,且截面 $B$、$C$ 的扭矩相同,故截面 $B$ 为危险截面。将截面 $B$ 上的弯矩和扭矩值代入式(10.17),得到第三强度理论的相当应力为

$$\sigma_{r3} = \frac{1}{W}\sqrt{M_B^2 + T_B^2} = \frac{1}{\frac{\pi}{32} \times 0.08^3}\sqrt{2\,580^2 + 1\,500^2} \text{ Pa} = 59.3 \times 10^6 \text{ Pa} = 59.3 \text{ MPa} < [\sigma]$$

因此,该圆轴是安全的。

**思考题**

10.1 何谓组合变形？采用叠加原理分析组合变形问题时,需满足哪些条件？

10.2 悬臂梁的横截面形状如图所示。若作用于自由端的载荷作用方向如图中虚线所示。试指出哪几种情况发生平面弯曲,哪几种情况发生斜弯曲。

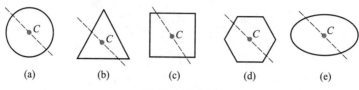

(a)      (b)      (c)      (d)      (e)

思考题 10.2 图

10.3 在斜弯曲中,横截面上危险点的最大正应力、截面挠度都分别等于两相互垂直平面内的弯曲引起的正应力、挠度的叠加。这一"叠加"是几何和还是代数和？试分别加以说明。

10.4 斜弯曲、弯拉(压)组合情况下截面的中性轴各有什么特征？

10.5 在斜弯曲、偏心拉伸(压缩)、弯扭组合情况下,受力杆件中各点处于什么应力状态？

10.6 何谓截面核心？如何确定截面核心？

10.7 弯扭组合与弯拉扭组合杆件变形形式有何区别？各点的应力状态是否一样？

 **习题**

10.1 试证明对于矩形截面梁,当集中载荷 $F$ 沿矩形截面的一对角线作用时,其中性轴将与另一对角线重合。

10.2 图示屋面桁条倾斜地安置于 20° 屋顶桁架上,桁条跨度为 4 m,受到垂直向下均布载荷 $q = 1.6$ kN/m 作用。设桁条材料为杉木,许用应力 $[\sigma] = 10$ MPa。试校核该梁的强度(图中尺寸单位为 m)。

10.3 图示简支梁,承受偏斜的集中力 $F$ 作用,试计算梁内的最大弯曲正应力。已知 $F = 10$ kN,$l = 1$ m,$b = 90$ mm,$h = 180$ mm。

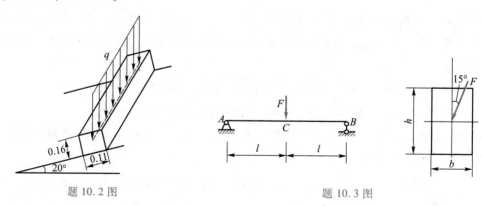

题 10.2 图                  题 10.3 图

10.4 图示悬臂梁,承受载荷 $F_1$ 与 $F_2$ 作用,已知 $F_1 = 800$ N,$F_2 = 1\ 600$ N,$l = 1$ m,许用应力 $[\sigma] = 160$ MPa,试分别在下列两种情况下确定截面尺寸。

(a) 截面为矩形,$h = 2b$。

（b）截面为圆形。

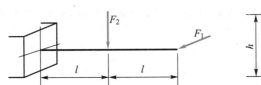  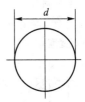

题 10.4 图

10.5 图示工字钢简支梁，力 $F$ 与 $y$ 轴的夹角为 5°。若 $F=65$ kN，$l=4$ m，已知许用应力$[\sigma]=$ 160 MPa，许用挠度$[w]=l/500$，材料的 $E=2.0\times10^5$ MPa。试选择工字钢的型号。

10.6 图示悬臂梁长度中间截面前侧边的上、下两点分别设为 $A$、$B$。现在该两点沿轴线方向贴电阻片，当梁在 $F$、$M$ 共同作用时，测得两点的应变值分别为 $\varepsilon_A$、$\varepsilon_B$。设截面为正方形，边长为 $a$，材料的 $E$、$\mu$ 为已知，试求 $F$ 和 $M$ 的大小。

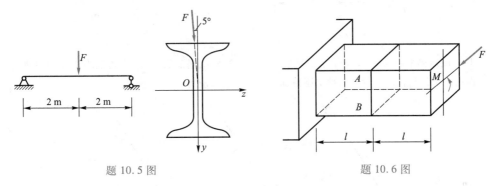

题 10.5 图                    题 10.6 图

10.7 图示砖砌烟囱高 $H=30$ m，底截面的外径 $d_1=3$ m，内径 $d_2=2$ m，自重分布力 $q_1$ 的合力 $W=$ 2 000 kN，另受 $q_2=1$ kN/m 的风力作用。试求烟囱底截面上的最大压应力。

10.8 图示为小型压力机的铸铁机架。试按立柱的强度确定压力机的最大许可压力$[F]$。已知材料的许用拉应力$[\sigma_t]=30$ MPa，许用压应力$[\sigma_c]=160$ MPa。

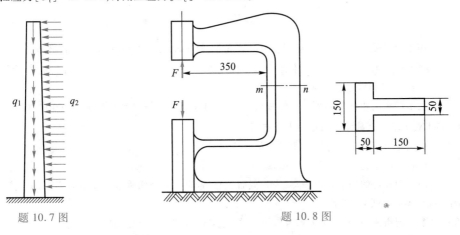

题 10.7 图                    题 10.8 图

10.9 图示简易起重机横梁 $AB$ 为 No.18 工字钢，$[\sigma]=120$ MPa，当载荷 $W=30$ kN 作用于横梁中央时，试校核横梁的强度。

10.10 图示混凝土坝高 7 m，受到最高水位为 6 m 的水压，混凝土密度为 20 kg/m³。试求坝底不产生拉应力的必要宽度 $a$。

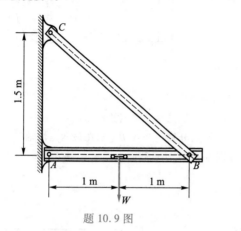
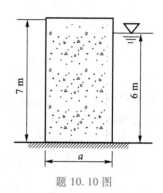

题 10.9 图　　　　　　　　　　　　题 10.10 图

10.11 图示梁采用为 No.22a 工字钢制成，长度 $l=2.5$ m，呈斜置放置，在跨度中央受到铅垂力 $F=100$ kN 作用。试计算在图中所示三种支座情况下梁内最大压应力。

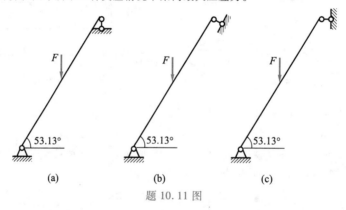

(a)　　　　　　　(b)　　　　　　　(c)

题 10.11 图

10.12 图示为承受偏心载荷的矩形截面杆，高度 $h=25$ mm，宽度 $b=5$ mm，载荷 $F$ 沿高度 $h$ 方向的偏心距为 $e$，现通过应变片 $A$、$B$ 分别测得上、下表面的应变为 $1.0\times10^{-3}$、$0.4\times10^{-3}$，材料的弹性模量 $E=210$ GPa。试求载荷 $F$ 和偏心距 $e$ 的大小。

10.13 图示厂房的边柱受屋顶传来的载荷 $F_1=120$ kN 及吊车传来的载荷 $F_2=100$ kN 作用，柱子的自重 $W=77$ kN，试求柱底截面上的正应力分布图。

10.14 试确定边长为 $a$ 的等边三角形的截面核心。

10.15 试确定图示跑道形截面的截面核心。

10.16 图示为杆件的槽形截面，$abcd$ 为其截面核心，若有一与截面垂直的集中力 $F$ 作用于点 $A$，试指出此时中性轴(零应力线)的位置。

10.17 图示钢质曲拐，承受铅垂载荷作用。试按照第三强度理论确定轴 $AB$ 的直径 $d$。已知载荷 $F=1$ kN，$l=150$ mm，$a=140$ mm，许用应力为 $[\sigma]=160$ MPa。

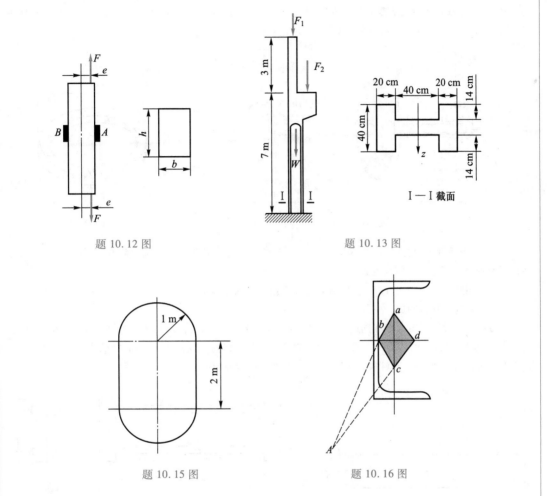

题 10.12 图                    题 10.13 图

I—I 截面

题 10.15 图                    题 10.16 图

**10.18**  图示手摇绞车,轴的直径 $d = 30$ mm,许用应力 $[\sigma] = 160$ MPa。试按照第三强度理论确定绞车的最大载重量 $W$。

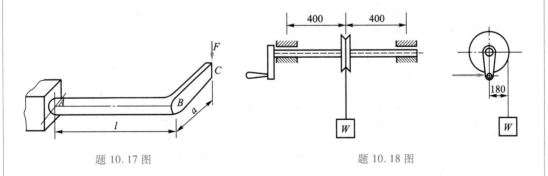

题 10.17 图                    题 10.18 图

**10.19**  图示一钢制实心圆轴,轴上的齿轮 $C$ 上作用有铅垂切向力 5 kN,径向力 1.82 kN;齿轮 $D$ 上作用有水平切向力 10 kN,径向力 3.64 kN。齿轮 $C$ 的节圆直径 $d_C = 400$ mm,齿轮 $D$ 的节圆直径 $d_D = 200$ mm。设许用应力 $[\sigma] = 100$ MPa,试按第四强度理论确定轴的直径。

10.20 图示弹簧垫圈的截面为正方形(4 mm×4 mm),若两个力 $F$ 可视为作用在同一直线上。垫圈材料的许用应力 $[\sigma] = 600$ MPa,试按第三强度理论求许可载荷 $[F]$。

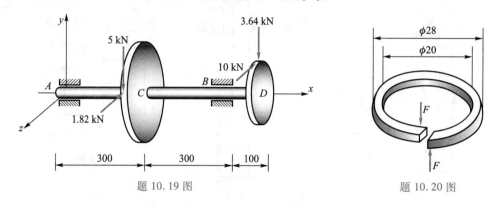

题 10.19 图          题 10.20 图

10.21 图示圆截面杆,直径为 $d$,承受轴向力 $F$ 与扭力偶矩 $M$ 作用。试画出危险点处的应力状态,并在以下两种情况下建立杆的强度条件。

(a) 杆用塑性材料制成,许用应力为 $[\sigma]$,并采用第四强度理论。

(b) 杆用脆性材料制成,许用拉应力为 $[\sigma]$。

10.22 图示结构,由两根相同的圆截面杆及刚体 $A$ 和 $B$ 组成,设在两刚体上作用一对方向相反、其矩均为 $M$ 的力偶,试画杆的内力图。并根据第三强度理论建立杆的强度条件。已知:杆的直径为 $d$,长度 $l = 20d$,两杆之间的距离 $b = l/5$,材料的弹性模量为 $E$,剪切模量 $G = 0.4E$。

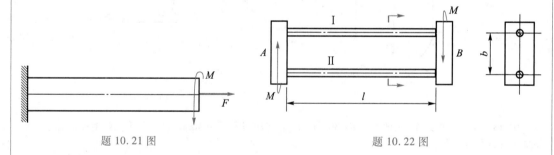

题 10.21 图          题 10.22 图

10.23 圆轴受力如图所示。直径 $d = 100$ mm,许用应力 $[\sigma] = 170$ MPa。试:

(a) 绘出 $A$、$B$、$C$、$D$ 四点处的应力状态图。

(b) 用第三强度理论对危险点进行强度校核。

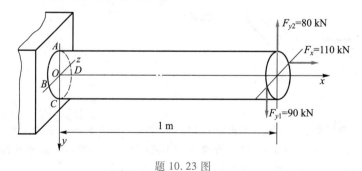

题 10.23 图

# 第十一章

# 能 量 法

## §11.1 引言

我们知道,材料力学是固体力学的一个分支,也是固体力学中的基础学科。在固体力学里,把与功和能有关的一些定理统称为能量原理。利用能量原理与应变能的概念,可以计算构件或结构的变形或位移,从而解决其刚度和静不定等问题,这种方法就称为**应变能法**或**能量法**。而前面各章节计算基本变形时,主要是从力的平衡条件、变形协调条件和物理关系三个方面进行考虑的,这样的方法称为**分析法**。本章主要介绍能量法及其在杆系结构中的应用。

## §11.2 外力功与应变能

在讨论拉压问题时,我们曾使用过杆件的应变能等于外力功的概念,其实这一概念可以推广到任意变形固体。即变形固体在外载荷作用下,载荷作用点沿载荷作用方向发生位移(这个位移也叫该载荷的**相应位移**),外载荷因此而做功;另一方面,变形固体因变形而具备了做功的能力,表明贮存了应变能。若外载荷从零开始缓慢地增加到最终值,则加载过程中动能和其他的能量变化都可忽略不计,由功能原理可知,变形体的应变能 $V_\varepsilon$ 在数值上与外载荷所做的功 $W$ 相等,即

$$V_\varepsilon = W \tag{11.1}$$

在弹性范围内,应变能是可逆的,即当外载逐渐解除时,变形固体可在恢复弹性变形过程中,释放出全部的应变能而做功;超过弹性范围时,塑性变形将耗散一部分能量。本章主要研究的是这样一类构件或结构:材料服从胡克定律,且构件或结构变形很小,以至不影响外力的作用,则构件或结构的位移与载荷成正比,这样的构件或结构称为**线性弹性体**。

### 一、四种基本变形的外力功与应变能

下面分别介绍杆件四种基本变形对应的外力功和应变能。其中用到的符号 $l$、$EA$、$GI_p$ 与 $EI$ 分别表示杆件的长度、拉压刚度、扭转刚度与弯曲刚度。

**1. 轴向拉伸或压缩**

从 §3.3 的学习可知,在线弹性范围内,杆件在均匀轴向拉伸或压缩时贮存的应变能等于外力所做的功,即

$$V_\varepsilon = W = \frac{1}{2}F\Delta l \qquad\qquad (11.2a)$$

其中，$F$ 为杆件两端的轴向载荷，$\Delta l$ 为杆件的变形。将 $\Delta l = \dfrac{Fl}{EA}$ 代入上式得

$$V_\varepsilon = W = \frac{F^2 l}{2EA} \qquad\qquad (11.2b)$$

当轴力 $F_N$ 或拉压刚度 $EA$ 沿杆件轴线为变量时，可利用上式先求出长为 $dx$ 的微段内的应变能

$$dV_\varepsilon = \frac{F_N^2(x)\,dx}{2E(x)A(x)}$$

积分求出整个杆件的应变能

$$V_\varepsilon = \int_l \frac{F_N^2(x)\,dx}{2E(x)A(x)} \qquad\qquad (11.3)$$

拉伸时单位体积内的应变能（即应变能密度）$v_\varepsilon$，可通过取出微体分析得出

$$v_\varepsilon = \frac{\sigma^2}{2E} = \frac{1}{2}\sigma\varepsilon \qquad\qquad (11.4)$$

设杆件体积为 $V$，根据应变能密度 $v_\varepsilon$ 及应变能 $V_\varepsilon$ 的含义，也可求出整个杆件的应变能

$$V_\varepsilon = \int_V v_\varepsilon\,dV \qquad\qquad (11.5)$$

### 2. 纯剪切

纯剪切构件的应变能一般直接通过式（11.5）计算，其应变能密度（我们在 § 3.3 中得到过）在线弹性范围内为

$$v_\varepsilon = \frac{\tau^2}{2G} = \frac{1}{2}\tau\gamma \qquad\qquad (11.6)$$

### 3. 扭转

若作用在圆轴上的外扭力矩（图 11.1a）从零开始缓慢增加到最终值，则在线弹性范围内，扭转角 $\varphi$ 与外扭力矩 $M_e$ 成正比，即

$$\varphi = \frac{M_e l}{GI_p} \qquad\qquad (a)$$

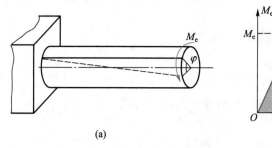

(a)                              (b)

图 11.1

与拉伸类似,外扭力矩 $M_e$ 所做的功等于扭转应变能,等于外扭力矩与扭转角乘积的一半,即

$$V_\varepsilon = W = \frac{1}{2} M_e \varphi \tag{11.7a}$$

将式(a)代入上式得

$$V_\varepsilon = W = \frac{M_e^2 l}{2GI_p} \tag{11.7b}$$

当扭矩 $T$ 或扭转刚度 $GI_p$ 沿杆件轴线为变量时,积分求出整个杆件的应变能

$$V_\varepsilon = \int_l \frac{T^2(x)\,\mathrm{d}x}{2G(x)I_p(x)} \tag{11.8}$$

由于圆轴内任意点处于纯剪切应力状态(轴线上的点可以认为切应力为零),其应变能密度表达式与式(11.6)相同,只是横截面内沿径向各点的应变能密度不同。整段轴内的应变能也可通过式(11.5)计算得到。

**4. 弯曲**

首先研究纯弯曲情况下的应变能。对于如图 11.2a 所示的纯弯曲梁,由纯弯曲变形基本公式 $\dfrac{1}{\rho} = \dfrac{M_e}{EI}$($\rho$ 为中性层曲率半径),得两端截面绕中性轴的相对转角为

$$\theta = \frac{l}{\rho} = \frac{M_e l}{EI} \tag{b}$$

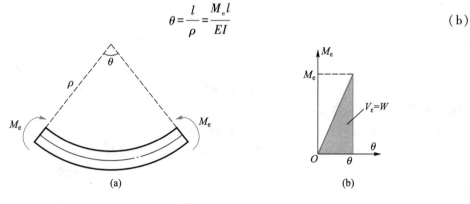

图 11.2

可见,在线弹性范围内,若弯曲力偶矩 $M_e$ 由零逐渐增加到最终值,则 $\theta$ 与 $M_e$ 成正比(图 11.2b)。$M_e$ 所做的功即为斜直线下面的面积,其与应变能在数值上相等,即

$$V_\varepsilon = W = \frac{1}{2} M_e \theta \tag{11.9a}$$

将式(b)代入上式得纯弯曲情况下的应变能

$$V_\varepsilon = W = \frac{M_e^2 l}{2EI} \tag{11.9b}$$

横力弯曲(图 11.3a)时,梁横截面上同时有弯矩与剪力,且弯矩与剪力都随截面位置而变化,这时应该分别计算弯矩与剪力相对应的应变能(分别称为弯曲应变能与剪切应变能)。但对于工程中常用的细长梁,剪切应变能与弯曲应变能相比,一般很小,可以不计,所以只需要计

算弯曲应变能。从梁内取出长为 $\mathrm{d}x$ 的微段（图 11.3b），其左右截面上的弯矩分别是 $M(x)$ 和 $M(x)+\mathrm{d}M(x)$。考虑到 $\mathrm{d}x$ 可以取为无限小，计算应变能时可省略增量 $\mathrm{d}M(x)$，便可把微段看成纯弯曲的情况（图 11.3c）。应用式（11.9b），则微段上的弯曲应变能为

$$\mathrm{d}V_\varepsilon = \mathrm{d}W = \frac{M^2(x)\,\mathrm{d}x}{2EI}$$

积分上式求得全梁上的应变能

$$V_\varepsilon = W = \int_l \frac{M^2(x)\,\mathrm{d}x}{2EI} \tag{11.10}$$

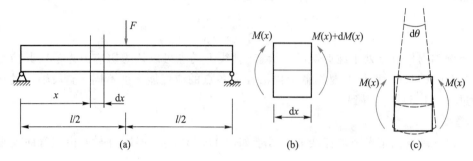

图 11.3

### 5. 统一表达式

观察式（11.2a）、（11.7a）和式（11.9a）发现，三式可统一写成

$$V_\varepsilon = W = \frac{1}{2}F\delta \tag{11.11}$$

式中，$F$ 称为**广义力**，在拉伸时代表拉力，在扭转与弯曲时代表力偶矩。$\delta$ 是 $F$ 的相应位移，称为**广义位移**，拉伸时它是与拉力对应的线位移，扭转时它是与扭力偶矩对应的扭转角位移，弯曲时它是与外力偶矩对应的角位移。在线弹性情况下，广义力与广义位移是线性关系。

**例 11.1**　试比较图 11.3a 所示横力弯曲梁剪切应变能与弯曲应变能的大小。

**解：**设任意横截面上的弯矩与剪力分别为 $M(x)$ 和 $F_\mathrm{S}(x)$，则该截面上距中性轴为 $y$ 处的应力为

$$\sigma = \frac{M(x)y}{I}, \quad \tau = \frac{F_\mathrm{S}(x)S_z^*}{Ib}$$

其中，$S_z^*$ 为横截面内 $y$ 处横线一侧部分对中性轴（$z$ 轴）的静矩。

若以 $v_{\varepsilon 1}$ 和 $v_{\varepsilon 2}$ 分别表示距中性轴为 $y$ 处的弯曲和剪切应变能密度，则由式（11.4）和式（11.6）得

$$v_{\varepsilon 1} = \frac{\sigma^2}{2E} = \frac{M^2(x)y^2}{2EI^2}, \quad v_{\varepsilon 2} = \frac{\tau^2}{2G} = \frac{F_\mathrm{S}^2(S_z^*)^2}{2GI^2 b^2}$$

设在梁上距中性轴为 $y$ 处取一微体 $\mathrm{d}V = \mathrm{d}A\mathrm{d}x$，其中，$\mathrm{d}A$ 为横截面上的微元面积，$\mathrm{d}x$ 为沿轴线方向的微元长度，则通过积分可以得到整段梁上的弯曲应变能 $V_{\varepsilon 1}$ 和剪切应变能 $V_{\varepsilon 2}$ 分别为

$$V_{\varepsilon 1} = \int_V v_{\varepsilon 1}\mathrm{d}V = \iint_{x\,A} v_{\varepsilon 1}\mathrm{d}A\mathrm{d}x = \iint_{x\,A} \frac{M^2(x)y^2}{2EI^2}\mathrm{d}A\mathrm{d}x$$

$$= \int_x \frac{M^2(x)}{2EI^2} \left( \int_A y^2 \mathrm{d}A \right) \mathrm{d}x = \int_x \frac{M^2(x)}{2EI} \mathrm{d}x$$

$$V_{\varepsilon 2} = \int_V v_{\varepsilon 2} \mathrm{d}V = \int_x \int_A v_{\varepsilon 2} \mathrm{d}A \mathrm{d}x = \int_x \int_A \frac{F_S^2(x)(S_z^*)^2}{2GI^2 b^2} \mathrm{d}A \mathrm{d}x$$

$$= \int_x \frac{F_S^2(x)}{2GA} \left[ \frac{A}{I^2} \int_A \frac{(S_z^*)^2}{b^2} \mathrm{d}A \right] \mathrm{d}x = \int_x \frac{k F_S^2(x)}{2GA} \mathrm{d}x$$

式中, $k$ 称为**剪切形状系数**, 其值只与切应力的分布情况有关, 即仅与截面的形状有关。当梁的截面为矩形( $b \times h$ )时

$$k = \frac{A}{I^2} \int_A \frac{(S_z^*)^2}{b^2} \mathrm{d}A = \frac{144}{bh^5} \int_{-\frac{h}{2}}^{\frac{h}{2}} \frac{1}{b^2} \left[ \frac{b}{2} \left( \frac{h^2}{4} - y^2 \right) \right]^2 (b \mathrm{d}y) = \frac{6}{5}$$

对于其他形状截面, 也可求得相应的系数 $k$ 。例如, 圆截面 $k = \dfrac{10}{9}$ , 薄壁圆管 $k = 2$ 。

对于本题中间受集中力的简支梁, 考虑对称条件, 弯曲应变能和剪切应变能分别为

$$V_{\varepsilon 1} = 2 \int_0^{l/2} \frac{1}{2EI} \left( \frac{F}{2} x \right)^2 \mathrm{d}x = \frac{F^2 l^3}{96EI}$$

$$V_{\varepsilon 2} = 2 \int_0^{l/2} \frac{k}{2GA} \left( \frac{F}{2} \right)^2 \mathrm{d}x = \frac{k F^2 l}{8GA}$$

考虑到 $G = \dfrac{E}{2(1+\mu)}$ , $k = \dfrac{6}{5}$ , $\dfrac{I}{A} = \dfrac{h^2}{12}$ , 当取 $\mu = 0.3$ 时有

$$V_{\varepsilon 2} : V_{\varepsilon 1} = \frac{12}{5} (1+\mu) \left( \frac{h}{l} \right)^2 = \begin{cases} 0.125 & \left( \dfrac{h}{l} = \dfrac{1}{5} \right) \\ 0.031\,2 & \left( \dfrac{h}{l} = \dfrac{1}{10} \right) \end{cases}$$

可见, 只有短粗梁才应考虑剪切应变能, 对工程中常见的细长梁则其可忽略不计。

## 二、克拉珀龙定理

设线弹性体上同时作用多个广义力, 且约束条件使它不能发生刚性位移。如两端铰支的杆上任意点 1 和 2 分别有广义力 $f_1$ 和 $f_2$ 作用(图 11.4a), 在从零开始加载过程中, 各载荷之间始终保持一定的比例关系, 即按比例加载, 则根据叠加原理可知, 广义力 $f_1$ 和 $f_2$ 分别与其相应位移 $\delta_1$ 和 $\delta_2$ 成正比。如果 $f_1$ 与 $f_2$ 的最终值为 $F_1$ 与 $F_2$ , 相应位移分别为 $\Delta_1$ 和 $\Delta_2$ , 则加载历程分别为图 11.4b 中的 $O_1A_1$ 和图 11.4c 中的 $O_2A_2$ , 外力所做的总功为三角形 $O_1A_1B_1$ 与 $O_2A_2B_2$ 面积之和, 即

$$W = \frac{F_1 \Delta_1}{2} + \frac{F_2 \Delta_2}{2} \tag{a}$$

对于非比例加载, 即在从零开始加载过程中, 各载荷之间不再保持一定的比例关系, 此时各载荷与相应位移也不再时刻成正比关系, 如先将 $f_1$ 从零开始加载到 $F_1$ 后, 再将 $f_2$ 从零开始加载到 $F_2$ , 由叠加原理可知点 1 与点 2 沿载荷方向的总位移仍分别为 $\Delta_1$ 和 $\Delta_2$ , 但加载历程分

别变为图 11.4b 中的 $O_1C_1A_1$ 和图 11.4c 中的 $O_2C_2A_2$，加载过程中所做的总功为四边形 $O_1C_1A_1B_1$ 与三角形 $C_2A_2B_2$ 面积之和。此时，考虑按比例卸载，且在卸载过程中 $f_1$ 与 $f_2$ 始终保持一定的比例关系，则卸载历程分别为图 11.4b 中的 $A_1O_1$ 和图 11.4c 中的 $A_2O_2$，卸载过程中弹性体对外所做的总功为三角形 $O_1A_1B_1$ 与 $O_2A_2B_2$ 面积之和，即

$$W' = \frac{F_1\Delta_1}{2} + \frac{F_2\Delta_2}{2} \tag{b}$$

由能量守恒定律可知，此功等于加载时外力所做的总功。也就是说，在非比例加载时，外力所做的功仍可写成式(a)。

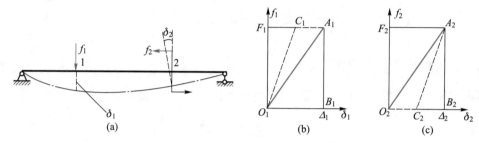

图 11.4

推广到线弹性体上作用 $n$ 个广义载荷 $F_1$、$F_2$、$\cdots$、$F_n$，它们的相应位移分别为 $\Delta_1$、$\Delta_2$、$\cdots$、$\Delta_n$，无论加载方式如何，广义力所做的总功为

$$W = \sum_{i=1}^{n} \frac{F_i\Delta_i}{2}$$

上述关系即为**克拉珀龙**（Clapeyron）**定理**。此定理说明广义力所做的功与加载方式无关。

### 三、应变能的一般表达式

现将克拉珀龙定理应用于计算组合变形杆件的应变能。首先考虑等圆截面杆，从中取出一微段（图 11.5a），其受力的一般形式如图所示（注意忽略剪力），可以看出轴力 $F_N(x)$ 仅在轴力引起的轴向变形 $d\delta$ 上做功，而 $T(x)$ 和 $M(x)$ 也仅在各自引起的扭转变形 $d\varphi$ 和弯曲变形 $d\theta$ 上做功，它们相互独立。因此，由克拉珀龙定理和能量守恒定律得到微段 $dx$ 的应变能

$$dV_\varepsilon = dW = \frac{F_N(x)\,d\delta}{2} + \frac{T(x)\,d\varphi}{2} + \frac{M(x)\,d\theta}{2} = \frac{F_N^2(x)\,dx}{2EA} + \frac{T^2(x)\,dx}{2GI_p} + \frac{M^2(x)\,dx}{2EI}$$

从上式中可以看出应变能恒为正值。而整个杆的应变能为

$$V_\varepsilon = \int_V dV_\varepsilon = \int_l \frac{F_N^2(x)}{2EA}dx + \int_l \frac{T^2(x)}{2GI_p}dx + \int_l \frac{M^2(x)}{2EI}dx \tag{11.12}$$

上式只适合于等圆截面杆，对于非圆截面杆，上式的第一项不变，第二项扭转应变能中 $I_p$ 必须换为 $I_t$，第三项弯曲应变能中，除一些特殊截面（正方形、等边多边形等）也可只写成一项外，一般情况下 $M(x)$ 需沿截面形心主轴 $y$ 和 $z$ 方向分解为 $M_y(x)$ 和 $M_z(x)$，从而有

$$V_\varepsilon = \int_l \frac{F_N^2(x)}{2EA}dx + \int_l \frac{T^2(x)}{2GI_t}dx + \int_l \frac{M_y^2(x)}{2EI_y}dx + \int_l \frac{M_z^2(x)}{2EI_z}dx \tag{11.13}$$

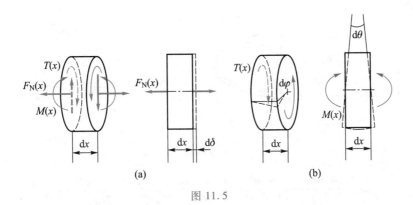

图 11.5

例 11.2 如图 4.12a 所示圆柱螺旋弹簧共 $n$ 圈,沿弹簧轴线承受拉力 $F$ 作用。设弹簧中径为 $D$,弹簧丝的直径为 $d$,且 $d \ll D$,试计算弹簧的轴向变形。

解:由例 4.3 的分析可知,在弹簧丝横截面上存在剪力 $F_S$ 及扭矩 $T$,且

$$F_S = F, \quad T = \frac{FD}{2}$$

对于由 $n$ 圈弹簧丝组成的圆柱螺旋弹簧,弹簧丝长度 $s \approx \pi D n$。

在轴向拉力 $F$ 作用下,弹簧沿载荷作用方向伸长。分析表明,影响弹簧变形的主要内力是扭矩,因此不考虑剪切应变能的影响,且对于 $d \ll D$ 的小曲率杆,可借用直杆的计算公式,则由式(11.8)可知,弹簧的应变能为

$$V_\varepsilon = \frac{1}{2} \int_s \frac{T^2}{GI_p} \mathrm{d}s = \frac{T^2 s}{2GI_p} = \frac{4F^2 D^3 n}{Gd^4}$$

设弹簧的轴向变形为 $\lambda$,则在变形过程中拉力 $F$ 所做的功为

$$W = \frac{F\lambda}{2}$$

由能量守恒定律得 $V_\varepsilon = W$,即

$$\frac{F\lambda}{2} = \frac{4F^2 D^3 n}{Gd^4}$$

从而有

$$\lambda = \frac{8FD^3 n}{Gd^4}$$

例 11.3 如图 11.6a 所示半径为 $R$ 的平面半圆形曲杆,作用于自由端 $A$ 的集中力 $F$ 垂直于轴线所在平面,试求 $F$ 作用点沿作用方向的位移。

解:设半圆形曲杆任意截面 $m-m$ 的位置由圆心角 $\varphi$ 来确定,在 $m-m$ 截面处假想地将曲杆截开(图 11.6b),则可能存在的内力有剪力、弯矩和扭矩。由截面法可得 $m-m$ 上的弯矩和扭矩分别为

$$M = FR\sin\varphi, \quad T = FR(1 - \cos\varphi)$$

对于横截面尺寸远小于半径 $R$ 的曲杆,应变能计算可借用直杆公式。这样,微段 $R\mathrm{d}\varphi$ 内的应变能为

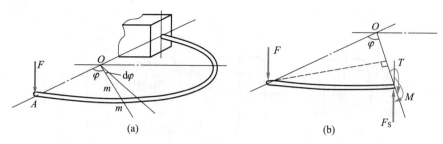

图 11.6

$$dV_\varepsilon = \frac{M^2 R d\varphi}{2EI} + \frac{T^2 R d\varphi}{2GI_p} = \frac{F^2 R^3 \sin^2 \varphi d\varphi}{2EI} + \frac{F^2 R^3 (1-\cos \varphi)^2 d\varphi}{2GI_p}$$

积分求得整个曲杆的应变能

$$V_\varepsilon = \int_0^\pi \frac{F^2 R^3 \sin^2 \varphi d\varphi}{2EI} + \int_0^\pi \frac{F^2 R^3 (1-\cos \varphi)^2 d\varphi}{2GI_p} = \frac{\pi F^2 R^3}{4EI} + \frac{3\pi F^2 R^3}{4GI_p}$$

设 $F$ 作用点沿作用方向的位移为 $\delta_A$，则由能量守恒定律得 $V_\varepsilon = W$，即

$$\frac{1}{2}F\delta_A = \frac{\pi F^2 R^3}{4EI} + \frac{3\pi F^2 R^3}{4GI_p}$$

所以

$$\delta_A = \frac{\pi F R^3}{2EI} + \frac{3\pi F R^3}{2GI_p}$$

## §11.3 互等定理

由克拉珀龙定理可知，当线弹性体上作用多个外力时，线弹性体的应变能或外力所做的总功与外力的加载次序无关。现在，利用此概念可以建立关于线性弹性体的两个重要定理：功的互等定理和位移互等定理。

如图 11.7a、b 所示为同一线弹性体的两种受力状态，分别在点 1 和点 2 承受广义力 $F_1$ 与 $F_2$ 的作用。在第一种受力状态下，载荷 $F_1$ 的相应位移为 $\Delta_{11}$，点 2 沿 $F_2$ 方向的位移为 $\Delta_{21}$；在第二种受力状态下，载荷 $F_2$ 的相应位移为 $\Delta_{22}$，点 1 沿载荷 $F_1$ 方向的位移为 $\Delta_{12}$；以上所述位移 $\Delta_{ij}(i,j=1,2)$ 均为广义位移，下标 $i$ 表示发生位移的部位，下标 $j$ 表示引起该位移的载荷号。

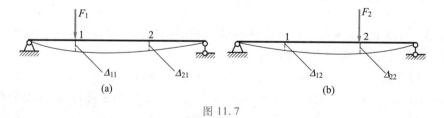

图 11.7

现在研究 $F_1$ 与 $F_2$ 都加在线性弹性体上时所做的功，考虑两种加载顺序。第一种先加 $F_1$ 后加 $F_2$，如图 11.8a 所示，从图中可以看出，先加 $F_1$ 时外力做功为 $\frac{1}{2}F_1\Delta_{11}$，再加 $F_2$ 后，$F_1$ 做功

为 $F_1\Delta_{12}$，$F_2$ 做功为 $\frac{1}{2}F_2\Delta_{22}$，因此外力所做总功为

$$W_1 = \frac{F_1\Delta_{11}}{2} + \frac{F_2\Delta_{22}}{2} + F_1\Delta_{12} \tag{a}$$

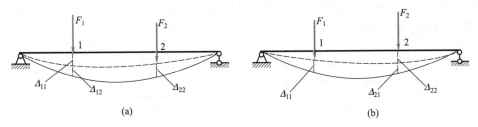

图 11.8

第二种加载顺序先加 $F_2$ 后加 $F_1$，由于线性弹性体上的位移不会影响外力的作用，且变形可以叠加，因此 $F_2$ 的相应位移仍为 $\Delta_{22}$，而载荷 $F_1$ 在点 1 与点 2 所引起的位移仍分别为 $\Delta_{11}$ 与 $\Delta_{21}$，因此，当先加 $F_2$ 后加 $F_1$ 时，外力所做的功为

$$W_2 = \frac{F_2\Delta_{22}}{2} + \frac{F_1\Delta_{11}}{2} + F_2\Delta_{21} \tag{b}$$

由克拉珀龙定理可知 $W_1 = W_2$，于是由式（a）和式（b），有

$$F_1\Delta_{12} = F_2\Delta_{21} \tag{11.14}$$

上式表明，对于线性弹性体，$F_1$ 在 $F_2$ 所引起的位移 $\Delta_{12}$ 上所做之功，等于 $F_2$ 在 $F_1$ 所引起的位移 $\Delta_{21}$ 上所做之功。此定理称为**功的互等定理**。

如果广义力 $F_1$ 与 $F_2$ 的数值大小相等，则由式（11.14）得

$$\Delta_{12} = \Delta_{21} \tag{11.15}$$

这说明，当 $F_1$ 与 $F_2$ 数值相等时，$F_2$ 在点 1 沿 $F_1$ 方向引起的位移 $\Delta_{12}$ 等于 $F_1$ 在点 2 沿 $F_2$ 方向引起的位移 $\Delta_{21}$。此定理称为**位移互等定理**。

需要说明的是，上述功的互等关系，不仅存在于两个外力之间，而且存在于两组外力之间（证明从略）。所以，功的互等定理一般表述为：对于线性弹性体，第一组外力在第二组外力所引起的位移上所做之功，等于第二组外力在第一组外力所引起的位移上所做之功。

**例 11.4** 如图 11.9a 所示等截面直杆，承受一对方向相反、大小均为 $F$ 的横向力作用。设截面宽度为 $b$、拉压刚度为 $EA$，材料的泊松比为 $\mu$。试求杆的轴向变形 $\Delta$。

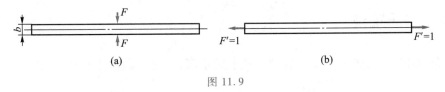

图 11.9

**解**：为计算杆的轴向变形 $\Delta$，在杆的两端沿轴向加一对大小为 1 的轴向载荷 $F'$，得到辅助系统（图 11.9b）。设辅助系统中杆的横向变形为 $\Delta'$，由功的互等定理可得

$$F\Delta' = F'\Delta$$

对于辅助系统,$\Delta'=\dfrac{\mu b}{EA}$。将 $F'$ 和 $\Delta'$ 代入上式得

$$\Delta=\frac{\mu bF}{EA}$$

**例 11.5** 装有尾顶针的车削工件可简化成如图 11.10a 所示静不定梁,梁的弯曲刚度为 $EI$。试用功的互等定理求 $B$ 处支反力。

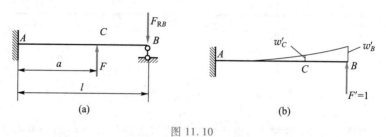

图 11.10

**解:** 解除支座 $B$,以相应的位置约束力 $F_{RB}$ 代替其作用,得到原静不定系统的相当系统,即作用两集中力 $F$ 和 $F_{RB}$ 的悬臂梁,相应的变形协调条件为 $w_B=0$。

在同一悬臂梁上作用集中力 $F'$,得到如图 11.10b 所示的辅助系统,点 $C$ 与点 $B$ 的挠度分别为

$$w_C'=\frac{a^2}{6EI}(3l-a)\,,\quad w_B'=\frac{l^3}{3EI}$$

将 $F$ 和 $F_{RB}$ 作为第一组外力,$F'$ 作为第二组外力,则根据功的互等定理可知

$$Fw_C'-F_{RB}w_B'=F'w_B$$

将 $w_B$、$w_C'$ 和 $w_B'$ 的表达式代入上式得

$$F_{RB}=\frac{Fa^2}{2l^3}(3l-a)$$

另外,由功的互等定理导出过程还可以看出,当广义力 $F_1$ 与 $F_2$ 均作用在线弹性体上时(无论加载顺序如何),线弹性体内的应变能均等于 $W_1$ 或 $W_2$。而当广义力 $F_1$ 与 $F_2$ 分别单独作用于梁上,线弹性体的应变能分别为 $V_{\varepsilon,F_1}=W_{F_1}=\dfrac{F_1\Delta_{11}}{2}$ 和 $V_{\varepsilon,F_2}=W_{F_2}=\dfrac{F_2\Delta_{22}}{2}$,将这两项应变能相加后所得的应变能,不等于 $W_1$ 或 $W_2$,即应变能的计算不能用叠加法。这是因为应变能与外力之间呈非线性关系。

# §11.4 卡氏定理

本节介绍计算位移的一个重要定理——卡氏定理,它是线弹性平衡体系存在的一个普遍规律。

## 一、卡氏定理的一般表达式

图 11.11a 所示线弹性体,承受载荷(广义力)$F_1$、$F_2$、$\cdots$、$F_k$、$\cdots$、$F_n$ 作用,它们的相应位移

为 $\Delta_1$、$\Delta_2$、$\cdots$、$\Delta_k$、$\cdots$、$\Delta_n$，现在拟求 $\Delta_k$，即计算 $F_k$ 的相应位移，为此，使载荷 $F_k$ 增加一微量 $\mathrm{d}F_k$（图 11.11b），并研究在此状态时弹性体的应变能 $V_{\varepsilon1}$ 与外力所做的功 $W_1$。

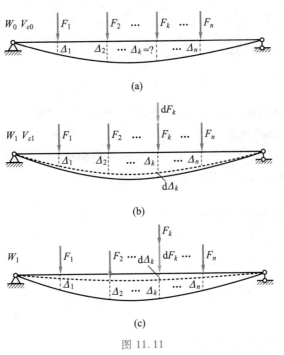

(a)

(b)

(c)

图 11.11

当载荷 $F_1$、$F_2$、$\cdots$、$F_k$、$\cdots$、$F_n$ 作用时（图 11.11a），弹性体的应变能等于外力所做的功，即

$$V_{\varepsilon0} = W_0 = \sum_{i=1}^{n} \frac{F_i \Delta_i}{2} \tag{a}$$

由于弹性体的应变能是独立变量 $F_1$、$F_2$、$\cdots$、$F_k$、$\cdots$、$F_n$ 的函数，所以，当载荷 $F_k$ 增加微量 $\mathrm{d}F_k$ 后，弹性体的应变能为

$$V_{\varepsilon1} = V_{\varepsilon0} + \frac{\partial V_{\varepsilon}}{\partial F_k} \mathrm{d}F_k \tag{b}$$

如前所述，弹性体上载荷所做的功与加载次序无关，因此，为计算外力功 $W_1$，可以先加 $\mathrm{d}F_k$，然后再加载荷 $F_1$、$F_2$、$\cdots$、$F_k$、$\cdots$、$F_n$（图 11.11c）。设载荷 $\mathrm{d}F_k$ 作用时 $k$ 点的相应位移为 $\mathrm{d}\Delta_k$，当载荷 $F_1$、$F_2$、$\cdots$、$F_k$、$\cdots$、$F_n$ 作用后，由于线弹性体的位移可以叠加，各载荷作用点由此引起的附加位移仍分别为 $\Delta_1$、$\Delta_2$、$\cdots$、$\Delta_k$、$\cdots$、$\Delta_n$，即与 $\mathrm{d}F_k$ 的存在无关。因此，在整个加载过程中，外力所做的功为

$$W_1 = \frac{\mathrm{d}F_k \cdot \mathrm{d}\Delta_k}{2} + \sum_{i=1}^{n} \frac{F_i \Delta_i}{2} + \mathrm{d}F_k \cdot \Delta_k \tag{c}$$

或

$$W_1 = \frac{\mathrm{d}F_k \cdot \mathrm{d}\Delta_k}{2} + W_0 + \mathrm{d}F_k \cdot \Delta_k \tag{d}$$

式中，右边第三项代表已加的 $\mathrm{d}F_k$ 在位移 $\Delta_k$ 上所做的功，因属常力做功，故不必除以 2。

根据能量守恒定律,在上述加载过程中,外力所做的功 $W_1$ 数值上应等于应变能 $V_{\varepsilon 1}$,所以,由式(b)与式(d)可知

$$V_{\varepsilon 0} + \frac{\partial V_{\varepsilon}}{\partial F_k} \mathrm{d}F_k = \frac{\mathrm{d}F_k \cdot \mathrm{d}\Delta_k}{2} + W_0 + \mathrm{d}F_k \cdot \Delta_k \tag{e}$$

将式(a)代入上式,并略去二阶微量 $\mathrm{d}F_k \cdot \mathrm{d}\Delta_k / 2$,于是得

$$\Delta_k = \frac{\partial V_{\varepsilon}}{\partial F_k} \tag{11.16}$$

上式表明,线弹性体的应变能对于某一载荷 $F_k$ 的偏导数,等于该载荷的相应位移 $\Delta_k$。此原理称为**卡氏(Castigliano)定理**。

由式(e)与图 11.11a 可以看出,如果卡氏定理求得的位移 $\Delta_k$ 为正,则表示载荷 $\mathrm{d}F_k$ 的相应位移 $\Delta_k$ 与载荷 $F_k$ 同向。反之,则位移 $\Delta_k$ 与载荷 $F_k$ 反向。

## 二、用卡氏定理计算杆件位移

将式(11.13)代入式(11.16),得

$$\Delta_k = \int \frac{F_{\mathrm{N}}(x)}{EA} \frac{\partial F_{\mathrm{N}}(x)}{\partial F_k} \mathrm{d}x + \int \frac{T(x)}{GI_t} \frac{\partial T(x)}{\partial F_k} \mathrm{d}x + \int \frac{M_y(x)}{EI_y} \frac{\partial M_y(x)}{\partial F_k} \mathrm{d}x + \int \frac{M_z(x)}{EI_z} \frac{\partial M_z(x)}{\partial F_k} \mathrm{d}x$$

$$\tag{11.17}$$

将上述公式用于平面弯曲的梁与轴,分别得

$$\Delta_k = \int \frac{M(x)}{EI} \frac{\partial M_y(x)}{\partial F_k} \mathrm{d}x \tag{11.18}$$

$$\Delta_k = \int \frac{T(x)}{GI_t} \frac{\partial T(x)}{\partial F_k} \mathrm{d}x \tag{11.19}$$

而对于拉压杆与桁架,则分别有

$$\Delta_k = \int \frac{F_{\mathrm{N}}(x)}{EA} \frac{\partial F_{\mathrm{N}}(x)}{\partial F_k} \mathrm{d}x \tag{11.20}$$

$$\Delta_k = \sum_{i=1}^{n} \frac{F_{\mathrm{N}i} l_i}{E_i A_i} \frac{\partial F_{\mathrm{N}i}}{\partial F_k} \tag{11.21}$$

**例 11.6** 已知条件同例 3.3,试采用卡式定理计算节点 $A$ 的铅垂位移。

**解:**节点 $A$ 的铅垂位移 $\Delta_A$ 为载荷 $F$ 的相应位移,因此,由式(11.21)得

$$\Delta_A = \frac{F_{\mathrm{N}1} l_1}{EA_1} \frac{\partial F_{\mathrm{N}1}}{\partial F} + \frac{F_{\mathrm{N}2} l_2}{EA_1} \frac{\partial F_{\mathrm{N}2}}{\partial F}$$

利用截面法,得杆 1 与杆 2 的轴力分别为 $F_{\mathrm{N}1} = \dfrac{F}{\sin\theta}$,$F_{\mathrm{N}2} = -F\cot\theta$,于是有

$$\Delta_B = \frac{F \cdot l_1}{\sin\theta \cdot EA_1} \cdot \frac{1}{\sin\theta} + \frac{-F\cot\theta \cdot l_1 \cdot \cos\theta}{EA_2} \cdot (-\cot\theta)$$

$$= \frac{10 \times 10^3 \times 2 \times 10^3}{0.5 \times 200 \times 10^3 \times 200} \cdot \frac{1}{0.5} \mathrm{mm} + \frac{-10 \times 10^3 \times \sqrt{3} \times 2 \times 10^3 \times \sqrt{3}/2}{0.5 \times 200 \times 10^3 \times 250} \cdot (-\sqrt{3}) \mathrm{mm}$$

$$= 2 \text{ mm} + \frac{3\sqrt{3}}{5} \text{ mm} = 3.04 \text{ mm}$$

所得 $\Delta_A$ 为正,说明位移 $\Delta_A$ 与载荷 $F$ 同向。

**例 11.7** 图 11.12a 所示简支梁 $AB$ 承受均布载荷 $q$ 作用。试用卡氏定理计算横截面 $B$ 的转角。设弯曲刚度 $EI$ 为常值。

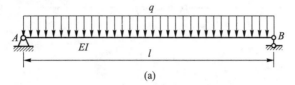

(a)

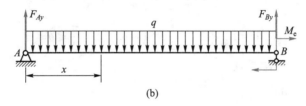

(b)

图 11.12

**解:** 由于在截面 $B$ 处无外力偶作用,因此不能直接利用卡氏定理计算该截面的转角。在这种情况下,可首先在截面 $B$ 施加一个矩为 $M_e$ 的力偶(图 11.12b),并计算在载荷 $q$ 与 $M_e$ 共同作用时该截面的转角,然后令 $M_e = 0$,即得仅有载荷 $q$ 作用时截面 $B$ 的转角。上述方法称为**附加力法**。

在载荷 $q$ 与 $M_e$ 共同作用时,支座 $A$ 的反力为

$$F_{Ay} = \frac{ql}{2} - \frac{M_e}{l}$$

因此,梁的弯矩方程为

$$M(x) = \frac{qlx}{2} - \frac{M_e x}{l} - \frac{qx^2}{2} \tag{a}$$

而

$$\frac{\partial M}{\partial M_e} = -\frac{x}{l} \tag{b}$$

将式(a)与式(b)代入式(11.12),并令 $M_e = 0$,于是得载荷 $q$ 作用时截面 $B$ 的转角为

$$\theta_B = \frac{1}{EI} \int_0^l \left( \frac{qlx}{2} - \frac{qx^2}{2} \right) \left( -\frac{x}{l} \right) \mathrm{d}x = -\frac{ql^3}{24EI} \quad (\curvearrowleft)$$

所得 $\theta_B$ 为负,说明截面 $B$ 的转角与附加力偶的方向相反。

**例 11.8** 图 11.13 所示半圆曲杆的弯曲刚度为 $EI$,试求支座反力。

**解:** 由对称性可得,$F_{Ay} = F_{By} = F/2 (\uparrow)$。

断开支座 $B$ 的水平约束,代之以水平向左的力 $F_{Bx}$,如图 11.13b 所示。

各截面的弯矩为

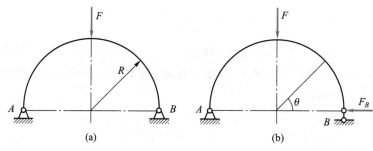

图 11.13

$$\begin{cases} M(\theta)=F_{Bx}R\sin\theta-\dfrac{F}{2}R(1-\cos\theta), & 0\leqslant\theta\leqslant\dfrac{\pi}{2} \\[2mm] M(\theta)=F_{Bx}R\sin\theta-\dfrac{F}{2}R(1+\cos\theta), & \dfrac{\pi}{2}\leqslant\theta\leqslant\pi \end{cases}$$

由卡氏定理,得 $B$ 端水平位移

$$\Delta_{Bx}=\frac{\partial V_\varepsilon}{\partial F_{Bx}}=\int\frac{M(x)}{EI}\cdot\frac{\partial M(x)}{\partial F_{Bx}}\mathrm{d}x$$

$$=\int_0^{\frac{\pi}{2}}\frac{F_{Bx}R\sin\theta-\dfrac{F}{2}R(1-\cos\theta)}{EI}\cdot R\sin\theta\cdot R\mathrm{d}\theta+\int_0^{\frac{\pi}{2}}\frac{F_{Bx}R\sin\theta-\dfrac{F}{2}R(1+\cos\theta)}{EI}\cdot R\sin\theta\cdot R\mathrm{d}\theta$$

$$=\frac{R^3}{EI}\Big(F_{Bx}\cdot\frac{\pi}{2}-\frac{F}{2}\Big)$$

由变形协调条件,得 $\Delta_{Bx}=0$,所以 $F_{Bx}=F/\pi$。

故支座反力为:$F_{Ay}=F_{By}=F/2(\uparrow)$,$F_{Ax}=-F/\pi(\rightarrow)$,$F_{Bx}=F/\pi(\leftarrow)$。

## §11.5　单位载荷法

§11.2 介绍了直接用能量守恒定律计算线弹性体位移的方法,但其存在以下局限性:
① 只适用于一个(或一对)载荷作用的情况;② 只能计算该载荷的相应位移,不能计算载荷作用点其他方向的位移;③ 不能计算其他位置的位移。§11.4 的卡氏定理可以突破这些局限,但求解形式不够统一,较难应用。本节介绍的单位载荷法既可以突破这些局限,又可以以统一的形式加以应用。

### 一、线弹性体的单位载荷法

考虑如图 11.14a 所示的线弹性圆截面任意杆系结构,受到广义力 $F_1$、$F_2$、$\cdots$、$F_n$ 的作用。设 $F_N(x)$、$T(x)$、$F_S(x)$ 和 $M(x)$ 为与 $F_1$、$F_2$、$\cdots$、$F_n$ 平衡的内力,杆系发生组合变形,且 $F_1$、$F_2$、$\cdots$、$F_n$ 的相应位移分别为 $\Delta_1$、$\Delta_2$、$\cdots$、$\Delta_n$。现求其轴线上任一点 $A$ 沿任意方位 $n$-$n$ 的位移 $\Delta$。

首先,不考虑 $F_1$、$F_2$、$\cdots$、$F_n$ 的作用,在点 $A$ 沿 $n$-$n$ 方向施加一大小等于 1 的力,即**单位力**。

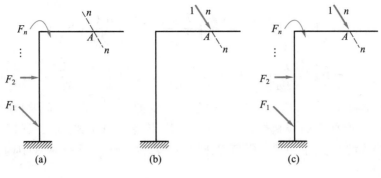

图 11.14

在 $n\text{-}n$ 方向发生的位移为 $\delta$,此时单位力所做的功为

$$W_1 = \frac{1 \times \delta}{2}$$

且与单位力平衡的内力设为 $\overline{F}_N(x)$、$\overline{T}(x)$、$\overline{F}_S(x)$ 和 $\overline{M}(x)$。

然后,在变形后的杆系结构上再施加与原来完全相同的外载荷 $F_1$、$F_2$、$\cdots$、$F_n$,这时,根据线弹性体的定义及叠加原理可知,它们在变形后的杆系结构上相应位移依然为 $\Delta_1$、$\Delta_2$、$\cdots$、$\Delta_n$。因此,$F_1$、$F_2$、$\cdots$、$F_n$ 这组外力的功为

$$W_2 = \frac{F_1 \Delta_1}{2} + \frac{F_2 \Delta_2}{2} + \cdots + \frac{F_n \Delta_n}{2} = \sum_{i=1}^{n} \frac{F_i \Delta_i}{2}$$

而此时单位载荷由于其作用点 $A$ 发生新的位移 $\Delta$ 而做的功为

$$W_3 = 1 \times \Delta$$

因为这是常力功(即在发生 $\Delta$ 位移过程中单位力没变),因而这项外力功不应有 $\frac{1}{2}$ 因子。

至此,杆系结构最终承受的载荷为 $1$、$F_1$、$F_2$、$\cdots$、$F_n$,外力总功为

$$W = W_1 + W_2 + W_3 = \frac{1 \times \delta}{2} + \sum_{i=1}^{n} \frac{F_i \Delta_i}{2} + 1 \times \Delta \tag{a}$$

而由叠加法可知,与最终载荷相平衡的杆系最终内力为 $F_N(x) + \overline{F}_N(x)$、$T(x) + \overline{T}(x)$、$F_S(x) + \overline{F}_S(x)$ 和 $M(x) + \overline{M}(x)$,忽略剪切应变能,则杆系结构的总应变能为

$$V_\varepsilon = \int_l \frac{[F_N(x) + \overline{F}_N(x)]^2}{2EA} \mathrm{d}x + \int_l \frac{[T(x) + \overline{T}(x)]^2}{2GI_p} \mathrm{d}x + \int_l \frac{[M(x) + \overline{M}(x)]^2}{2EI} \mathrm{d}x$$

这里,$x$ 表示沿杆件轴线建立的坐标系,$l$ 表示杆件沿轴线方向的长度。将上式右端项展开后可得

$$V_\varepsilon = V_{\varepsilon,F} + V_{\varepsilon,1} + V_{\varepsilon,a} \tag{b}$$

其中

$$V_{\varepsilon,F} = \int_l \frac{F_N^2(x)}{2EA} \mathrm{d}x + \int_l \frac{T^2(x)}{2GI_p} \mathrm{d}x + \int_l \frac{M^2(x)}{2EI} \mathrm{d}x$$

$$V_{\varepsilon,1} = \int_l \frac{\overline{F}_N^2(x)}{2EA}\mathrm{d}x + \int_l \frac{\overline{T}^2(x)}{2GI_p}\mathrm{d}x + \int_l \frac{\overline{M}^2(x)}{2EI}\mathrm{d}x$$

$$V_{\varepsilon,a} = \int_l \frac{F_N(x)\overline{F}_N(x)}{EA}\mathrm{d}x + \int_l \frac{T(x)\overline{T}(x)}{GI_p}\mathrm{d}x + \int_l \frac{M(x)\overline{M}(x)}{EI}\mathrm{d}x$$

式(b)中 $V_{\varepsilon,F}$ 为单独施加 $F_1$、$F_2$、$\cdots$、$F_n$ 时杆系的应变能,与式(a)中 $W_2$ 相等;式(b)中 $V_{\varepsilon,1}$ 为单独施加单位力时杆系的应变能,与式(a)中 $W_1$ 相等。由于式(a)、式(b)分别为最终的外力功和杆系最终的应变能,由能量守恒定律知 $W = V_\varepsilon$,从而(a)、(b)两式中的第三项应当相等,即

$$\Delta = \int_l \frac{F_N(x)\overline{F}_N(x)}{EA}\mathrm{d}x + \int_l \frac{T(x)\overline{T}(x)}{GI_p}\mathrm{d}x + \int_l \frac{M(x)\overline{M}(x)}{EI}\mathrm{d}x \tag{11.22}$$

式中,$F_N(x)$、$T(x)$ 和 $M(x)$ 是由原力系作用下杆系的内力,$\overline{F}_N(x)$、$\overline{T}(x)$ 和 $\overline{M}(x)$ 是由单位力作用下杆系的内力,而 $\Delta$ 即为所求的位移。

同理,如果需要计算上述杆(或杆系结构)某截面绕某轴转动的角位移,则只需要在该截面沿所求位移方向施加一力偶矩等于 1 的力偶,即**单位力偶**,同样得上述形式的方程。只是此时 $\Delta$ 为角位移,$\overline{F}_N(x)$、$\overline{T}(x)$ 和 $\overline{M}(x)$ 为与单位力偶平衡的内力。

将单位力和单位力偶统称为单位载荷,因此,上述计算位移的方法,统称为**单位载荷法**。其计算某点位移的基本步骤为:

(1) 求出原载荷作用下的内力 $F_N(x)$、$T(x)$ 和 $M(x)$。

(2) 沿所求位移方向施加一单位载荷,计算单位载荷作用下杆系的内力 $\overline{F}_N(x)$、$\overline{T}(x)$ 和 $\overline{M}(x)$。

(3) 相同性质内力的乘积除以相应的刚度,沿整个杆系积分,即利用式(11.22)就可以计算得到所求的位移。

但需要说明的是,式(11.22)只适合于圆截面杆,对于非圆截面的一般杆件,式(11.22)应该写为

$$\Delta = \int_l \frac{F_N(x)\overline{F}_N(x)}{EA}\mathrm{d}x + \int_l \frac{T(x)\overline{T}(x)}{GI_t}\mathrm{d}x + \int_l \frac{M_y(x)\overline{M}_y(x)}{EI_y}\mathrm{d}x + \int_l \frac{M_z(x)\overline{M}_z(x)}{EI_z}\mathrm{d}x$$
$$\tag{11.23}$$

式(11.23)是按照一般组合变形导出的,对于各基本变形同样适用,只是此时杆件截面上内力分量个数少,内力和变形都有各自的特点。对于处于平面弯曲的线弹性梁或平面刚架,式(11.23)简化为

$$\Delta = \int_l \frac{M(x)\overline{M}(x)\mathrm{d}x}{EI} \tag{11.24}$$

对于线弹性拉压杆件、轴和由 $n$ 根杆组成的桁架,式(11.23)分别简化为

$$\Delta = \int_l \frac{F_N(x)\overline{F}_N(x)}{EA}\mathrm{d}x \tag{11.25}$$

$$\Delta = \int_l \frac{T(x)\overline{T}(x)\,\mathrm{d}x}{GI_t} \tag{11.26}$$

$$\Delta = \sum_{i=1}^n \frac{F_{Ni}(x)\overline{F}_{Ni}(x)l_i}{E_i A_i} \tag{11.27}$$

在使用式(11.22)~(11.27)的过程中,有几个方面需要说明:

(1)若所求位移为某点沿某方向的线位移,则所加单位载荷为在该点沿该方向的单位力,若所求位移为某截面绕某轴转动的角位移,则所加单位载荷为在该截面绕该轴的单位力偶。

(2)在分别计算原载荷作用和单位载荷作用下杆系的内力时,所建立的坐标系和内力的符号规定应保持一致。

(3)若所求位移为正,表示所求位移与所加单位载荷方向同向,若所求位移为负,表示所求位移与所加单位载荷方向反向。

有时需要求结构上两点间沿某方向的相对位移,如图11.15a中 $A$、$B$ 两点沿 $\alpha$ 方向的相对位移 $\Delta_A + \Delta_B$。这时,只要在两点沿 $\alpha$ 方向作用一对方向相反的单位力(图11.15b),此时 $\overline{F}_N(x)$、$\overline{T}(x)$ 和 $\overline{M}(x)$ 为与该对单位力对应的内力,然后再用单位载荷法计算,即可求得相对位移。这是因为,按单位载荷法求出的 $\Delta$,事实上是单位力在 $\Delta$ 上所做的功。用于现在的情况就是点 $A$ 单位力在 $\Delta_A$ 上所做的功与点 $B$ 单位力在 $\Delta_B$ 上做的功之和,即

$$\Delta = 1 \times \Delta_A + 1 \times \Delta_B = \Delta_A + \Delta_B$$

因此,$\Delta$ 即为 $A$、$B$ 两点间沿 $\alpha$ 方向的相对位移。同理,若要求两截面间绕某轴的相对角位移,就在这两个截面上绕该轴作用一对方向相反的单位力偶。

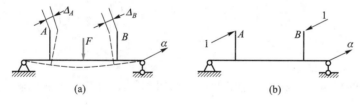

图 11.15

例 11.9   试求图 11.16a 所示刚架点 $A$ 的铅垂位移、截面 $B$ 的转角和 $A$ 与 $AB$ 中点 $D$ 铅垂方向的相对位移。刚架各段弯曲刚度 $EI$ 为常数。

解:刚架内力分量有轴力、剪力和弯矩,前两者忽略,只考虑弯矩引起的变形。在刚架各段建立如图 11.16a 所示坐标系,各段弯矩方程为

$$AB \text{ 段}: M_1(x_1) = -\frac{1}{2}qx_1^2, \quad 0 \le x_1 \le a$$

$$BC \text{ 段}: M_2(x_2) = -\frac{1}{2}qa^2, \quad 0 \le x_2 < a$$

为求点 $A$ 铅垂位移,在点 $A$ 施加铅垂单位力,得到如图 11.16b 所示的辅助系统,此时各段弯矩方程为

$$AB \text{ 段}: \overline{M}_1(x_1) = -x_1, \quad 0 \le x_1 \le a$$

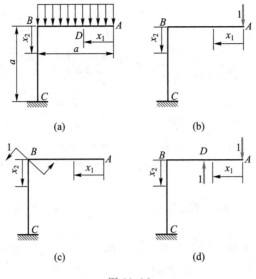

图 11.16

$$BC \; 段 : \overline{M}_2(x_2) = -a, \quad 0 \leqslant x_2 < a$$

由单位载荷法可求得点 $A$ 铅垂位移

$$w_A = \int_0^a \frac{M_1(x_1)\overline{M}_1(x_1)}{EI} dx_1 + \int_0^a \frac{M_2(x_2)\overline{M}_2(x_2)}{EI} dx_2$$

$$= \frac{1}{EI} \Big[ \int_0^a \Big( -\frac{1}{2} q x_1^2 \Big) (-x_1) dx_1 + \int_0^a \Big( -\frac{1}{2} q a^2 \Big) (-a) dx_2 \Big]$$

$$= \frac{5qa^4}{8EI}$$

为求截面 $B$ 的转角,在截面 $B$ 施加单位力偶,得到如图 11.16c 所示的辅助系统,此时各段弯矩方程为

$$AB \; 段 : \overline{M}_1(x_1) = 0, \quad 0 \leqslant x_1 < a$$

$$BC \; 段 : \overline{M}_2(x_2) = 1, \quad 0 < x_2 < a$$

由单位载荷法可求得截面 $B$ 的转角

$$\theta_B = \frac{1}{EI} \int_0^a \Big( -\frac{1}{2} q a^2 \Big) \times 1 \times dx_2 = -\frac{qa^3}{2EI}$$

负号说明截面 $B$ 的转角与所加单位力偶方向相反。

为求 $A$ 与 $AB$ 中点 $D$ 铅垂方向的相对位移,在 $A$、$D$ 两点沿铅垂方向施加一对方向相反的单位力,得到如图 11.16d 所示的辅助系统,此时各段弯矩方程为

$$AB \; 段 : \overline{M}_1(x_1) = \begin{cases} -x_1, & 0 \leqslant x_1 \leqslant \dfrac{a}{2} \\[2mm] -\dfrac{a}{2}, & \dfrac{a}{2} \leqslant x_1 \leqslant a \end{cases}$$

$$BC \text{ 段}: \overline{M}_2(x_2) = -\frac{a}{2}, \quad 0 \leqslant x_2 < a$$

由单位载荷法可求得 $A$、$D$ 两点沿铅垂方向的相对位移

$$\Delta_{A/D} = \frac{1}{EI}\left[\int_0^{\frac{a}{2}}\left(-\frac{1}{2}qx_1^2\right)(-x_1)\,\mathrm{d}x_1 + \int_{\frac{a}{2}}^a\left(-\frac{1}{2}qx_1^2\right)\left(-\frac{a}{2}\right)\mathrm{d}x_1 + \int_0^a\left(-\frac{1}{2}qa^2\right)\left(-\frac{a}{2}\right)\mathrm{d}x_2\right] = \frac{127}{384}\frac{qa^4}{EI}$$

**例 11.10**　图 11.17a 所示为一静定桁架,其各杆的 $EA$ 相等。试求 $F$ 的相应位移和杆 $AB$ 的转角。

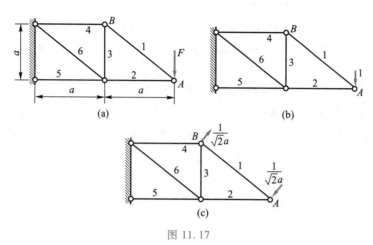

图 11.17

**解**:由节点 $A$ 的平衡条件,容易求得杆件 1 与杆件 2 的轴力分别为

$$F_{N1} = \sqrt{2}F, \quad F_{N2} = -F$$

用同样的方法,以此可以求得杆件 3、杆件 4、杆件 5 和杆件 6 的轴力

$$F_{N3} = -F, \quad F_{N4} = F, \quad F_{N5} = -2F, \quad F_{N6} = \sqrt{2}F$$

为求 $F$ 的相应位移,在点 $A$ 施加铅垂单位力,得到如图 11.17b 所示的辅助系统,此时各杆件的轴力分别为

$$\overline{F}_{N1} = \sqrt{2}, \quad \overline{F}_{N2} = -1, \quad \overline{F}_{N3} = -1, \quad \overline{F}_{N4} = 1, \quad \overline{F}_{N5} = -2, \quad \overline{F}_{N6} = \sqrt{2}$$

由单位载荷法可求得 $A$ 点铅垂位移

$$\Delta_{Ay} = \sum_{i=1}^6 \frac{F_{Ni}\overline{F}_{Ni}l_i}{E_iA_i} = \frac{1}{EA}(F_{N1}\overline{F}_{N1}l_1 + F_{N2}\overline{F}_{N2}l_2 + F_{N3}\overline{F}_{N3}l_3 + F_{N4}\overline{F}_{N4}l_4 + F_{N5}\overline{F}_{N5}l_5 + F_{N6}\overline{F}_{N6}l_6)$$

$$= \frac{1}{EA}[\sqrt{2}F \times \sqrt{2} \times \sqrt{2}a + (-F)(-1)a + (-F)(-1)a + F \times 1 \times a + (-2F)(-2)a + \sqrt{2}F \times \sqrt{2} \times \sqrt{2}a]$$

$$= (7 + 4\sqrt{2})\frac{Fa}{EA} = 12.66\frac{Fa}{EA}$$

为求杆 $AB$ 的转角,在节点 $A$ 与 $B$ 处,施加一对方向相反、大小均为 $1/(\sqrt{2}a)$ 的集中力,以形成单位力偶,得到如图 11.17c 所示的辅助系统,此时各杆件的轴力分别为

$$\overline{F}_{N1} = \frac{1}{\sqrt{2}a}, \quad \overline{F}_{N2} = -\frac{1}{a}, \quad \overline{F}_{N3} = 0, \quad \overline{F}_{N4} = \frac{1}{a}, \quad \overline{F}_{N5} = -\frac{1}{a}, \quad \overline{F}_{N6} = 0$$

由单位载荷法可求得 $AB$ 杆的转角

$$\theta_{AB} = \sum_{i=1}^{6} \frac{F_{Ni}\overline{F}_{Ni}l_i}{E_iA_i} = \frac{1}{EA}(F_{N1}\overline{F}_{N1}l_1 + F_{N2}\overline{F}_{N2}l_2 + F_{N4}\overline{F}_{N4}l_4 + F_{N5}\overline{F}_{N5}l_5)$$

$$= \frac{1}{EA}\left[\sqrt{2}F \times \frac{1}{\sqrt{2}a} \times \sqrt{2}a + (-F)\left(-\frac{1}{a}\right)a + F \times \frac{1}{a} \times a + (-2F)\left(-\frac{1}{a}\right)a\right]$$

$$= (4 + \sqrt{2})\frac{F}{EA} = 5.41\frac{F}{EA}$$

**例 11.11** 试计算例 11.3 中半圆弧形曲杆自由端截面绕 $OA$ 和曲杆轴线的转角。

**解**：设半圆形曲杆任意截面 $m\text{-}m$ 的圆心角为 $\varphi$，由例 11.3 计算结果可得截面 $m\text{-}m$ 上的弯矩和扭矩分别为

$$M = FR\sin\varphi, \quad T = FR(1-\cos\varphi)$$

为求自由端截面绕 $OA$ 的转角，在自由端截面施加绕 $OA$ 的单位力偶，得到如图 11.18a 所示的辅助系统，根据图 11.18b 所示，由截面法可得截面 $m\text{-}m$ 上的弯矩和扭矩分别为

$$\overline{M} = \cos\varphi, \quad \overline{T} = \sin\varphi$$

由单位载荷法可求得自由端截面绕 $OA$ 的转角

$$\theta_A = \int_0^\pi \frac{M\overline{M}}{EI}R\mathrm{d}\varphi + \int_0^\pi \frac{T\overline{T}}{GI_p}R\mathrm{d}\varphi$$

$$= \int_0^\pi \frac{FR\sin\varphi\cos\varphi}{EI}R\mathrm{d}\varphi + \int_0^\pi \frac{FR(1-\cos\varphi)\sin\varphi}{GI_p}R\mathrm{d}\varphi$$

$$= \frac{2FR^2}{GI_p}$$

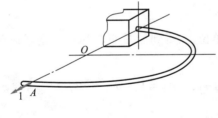

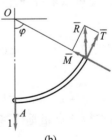

(a)        (b)

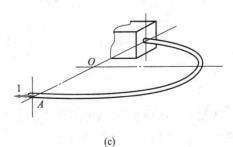

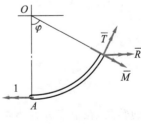

(c)        (d)

图 11.18

为求自由端截面绕曲杆轴线的转角,在自由端截面施加绕曲杆轴线的单位力偶,得到如图 11.18c 所示的辅助系统,根据图 11.18d 所示,由截面法可得截面 $m-m$ 上的弯矩和扭矩

$$\overline{M} = -\sin\varphi, \quad \overline{T} = \cos\varphi$$

由单位载荷法可求得自由端截面绕曲杆轴线的转角

$$
\begin{aligned}
\phi_A &= \int_0^\pi \frac{M\overline{M}}{EI} R\mathrm{d}\varphi + \int_0^\pi \frac{T\overline{T}}{GI_p} R\mathrm{d}\varphi \\
&= -\int_0^\pi \frac{FR\sin\varphi\sin\varphi}{EI} R\mathrm{d}\varphi + \int_0^\pi \frac{FR(1-\cos\varphi)\cos\varphi}{GI_p} R\mathrm{d}\varphi \\
&= \frac{\pi FR^2}{2}\left(\frac{1}{GI_p} - \frac{1}{EI}\right)
\end{aligned}
$$

## 二、单位载荷法的应用推广

对于线弹性杆或杆系,微段 $\mathrm{d}x$ 的变形为

$$\mathrm{d}\delta = \frac{F_N(x)\,\mathrm{d}x}{EA}, \quad \mathrm{d}\varphi = \frac{T(x)\,\mathrm{d}x}{GI_t}$$

$$\mathrm{d}\theta_y = \frac{M_y(x)\,\mathrm{d}x}{EI_y}, \quad \mathrm{d}\theta_z = \frac{M_z(x)\,\mathrm{d}x}{EI_z}$$

因此,式(11.23)可改写为

$$\Delta = \int_l \overline{F}_N(x)\,\mathrm{d}\delta + \int_l \overline{T}(x)\,\mathrm{d}\varphi + \int_l \overline{M}_y(x)\,\mathrm{d}\theta_y + \int_l \overline{M}_z(x)\,\mathrm{d}\theta_z \tag{11.28}$$

式(11.28)较式(11.23)有更广的应用范围,体现在两个方面。首先,式(11.28)不仅适用于线弹性杆或杆系,还适用于非线弹性或非弹性杆或杆系,此时的 $\mathrm{d}\delta$、$\mathrm{d}\varphi$、$\mathrm{d}\theta_y$ 和 $\mathrm{d}\theta_z$ 采用非线弹性或非弹性的物理关系来计算;其次,式(11.28)中的 $\mathrm{d}\delta$、$\mathrm{d}\varphi$、$\mathrm{d}\theta_y$ 和 $\mathrm{d}\theta_z$ 不仅可以是内力引起的微段上的变形,还可以是温度、制造误差等引起的变形。

例 11.12  图 11.19a 所示桁架结构,在节点 $B$ 承受载荷 $F$ 的作用,两杆的横截面面积均为 $A$。试用单位载荷法计算以下两种情况下该节点的铅垂位移。

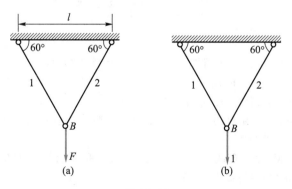

图 11.19

（1）设杆 1 的应力-应变关系为 $\sigma = c\sqrt{\varepsilon}$，式中 $c$ 为材料常数，杆 2 服从胡克定律，弹性模量为 $E$。

（2）载荷 $F$ 为 0，但杆 1 制造时短了 $\delta$，装配后杆 2 温度升高 $\Delta T$，杆 2 的线膨胀系数为 $\alpha$。

解：由式（11.28）可知，分析桁架节点位移的一般公式为

$$\Delta = \int_l \overline{F}_N(x)\,\mathrm{d}\delta = \sum_{i=1}^n \overline{F}_{Ni}\Delta l_i \tag{11.29}$$

式中 $\overline{F}_{Ni}$ 为单位载荷作用时杆 $i$ 的轴力，$\Delta l_i$ 为实际载荷或其他因素引起的杆的实际轴向变形。

为计算节点 $B$ 的铅垂位移，作如图 11.19b 所示辅助系统，则此辅助系统中杆 1 和杆 2 的内力分别为

$$\overline{F}_{N1} = \overline{F}_{N2} = \frac{\sqrt{3}}{3} \tag{a}$$

下面分别计算两种情况下节点 $B$ 的铅垂位移。

（1）在载荷 $F$ 的作用下，两杆的轴力分别为

$$F_{N1} = F_{N2} = \frac{\sqrt{3}}{3}F$$

而轴向变形则分别为

$$\Delta l_1 = \varepsilon_1 l_1 = \frac{\sigma_1^2}{c^2}l_1 = \frac{F_{N1}^2 l}{A^2 c^2} = \frac{F^2 l}{3A^2 c^2}, \quad \Delta l_2 = \frac{F_{N2}l}{EA} = \frac{\sqrt{3}}{3}\frac{Fl}{EA} \tag{b}$$

将式（a）与式（b）代入式（11.23），即得第一种情况下节点 $B$ 的铅垂位移

$$\Delta_B = \overline{F}_{N1}\Delta l_1 + \overline{F}_{N2}\Delta l_2 = \frac{\sqrt{3}F^2 l}{9A^2 c^2} + \frac{Fl}{3EA}$$

（2）在杆 1 存在制造误差，杆 2 温度发生变化的情况下，两杆的轴向变形分别为

$$\Delta l_1 = -\delta, \quad \Delta l_2 = \alpha \Delta T l \tag{c}$$

将式（a）与式（c）代入式（11.29），即得第二种情况下节点 $B$ 的铅垂位移

$$\Delta_B = \overline{F}_{N1}\Delta l_1 + \overline{F}_{N2}\Delta l_2 = -\frac{\sqrt{3}}{3}\delta + \frac{\sqrt{3}}{3}\alpha \Delta T l$$

 思考题

11.1　何谓应变能法或能量法？何谓相应位移、线弹性体和广义位移？

11.2　何谓克拉珀龙定理？克拉珀龙定理为什么可以应用于计算组合变形杆件的应变能？

11.3　功的互等定理是如何建立的，应用条件是什么？

11.4　何谓卡氏定理？卡氏定理、单位载荷法之间有什么联系？这些方法使用范围有什么限制？它们分别适用于解什么类型的问题？

11.5　直接用能量守恒定律计算线弹性体位移的方法存在哪些局限性？单位载荷法是怎么突破这些局限性的？使用单位载荷法时要注意哪些问题？

习题

**11.1** 试计算图示各杆或杆系结构的应变能。

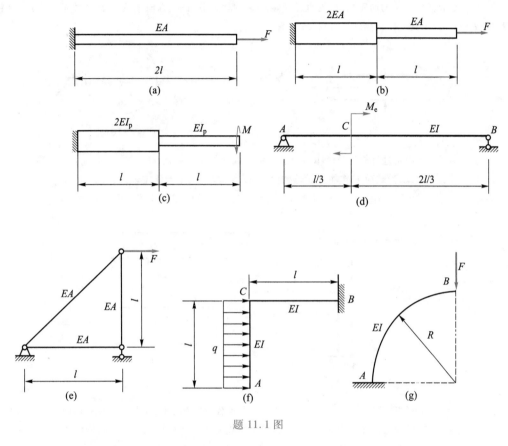

题 11.1 图

**11.2** 试利用能量守恒定律计算题 11.1a、b、c、d、e、g 中各载荷的相应位移。

**11.3** 对题 11.1d,若截面是直径为 $d$ 的圆截面,材料弹性模量为 $E$,泊松比为 0.3,同时考虑弯矩与剪力的作用,试计算载荷 $M_e$ 的相应位移,并计算当 $l/d = 10$ 和 $l/d = 5$ 时剪切变形在总变形中所占的百分比。

**11.4** 试求图示截面梁的剪切形状系数。

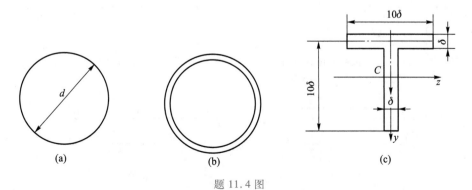

题 11.4 图

11.5　图示等截面圆直杆直径为 $d$，已知材料弹性常数为 $E$、$\mu$。在杆的中央截面沿径向作用均布压力，集度为 $q$。试证明杆沿 $x$ 方向的伸长量为 $\Delta l = \dfrac{2\mu q}{E}$，且杆体积的改变量为 $\Delta V = \dfrac{\pi q d^2(1-2\mu)}{2E}$。

11.6　图示直径为 $d$ 的均质圆盘，沿直径两端承受一对大小相等、方向相反的集中力 $F$ 的作用，材料弹性常数为 $E$、$\mu$。试求圆盘变形后的面积改变率。

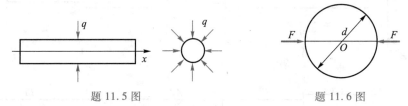

題 11.5 图　　　　　　　　　　題 11.6 图

11.7　试利用卡氏定理计算题 11.1b、c、d、e、g 中各载荷相应位移及 11.1f 中点 $A$ 的水平位移。

11.8　图示刚架，承受载荷 $F$ 作用。设弯曲刚度 $EI$ 为常数，试用卡氏定理计算截面 $C$ 的转角。

11.9　图示各梁的弯曲刚度 $EI$ 均为常数，试用卡氏定理计算横截面 $A$ 的挠度与转角。

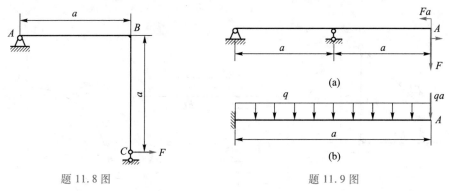

題 11.8 图　　　　　　　　　　題 11.9 图

11.10　试利用单位载荷法计算题 11.1b、c、d、e、g 中各载荷的相应位移及 11.1f 中点 $A$ 的水平位移。

11.11　图示等截面杆，拉压刚度为 $EA$。试利用单位载荷法计算杆端截面的轴向位移 $\Delta_A$。

11.12　图示等截面轴，扭转刚度为 $GI_p$。试利用单位载荷法计算图示轴的扭转角 $\varphi$。

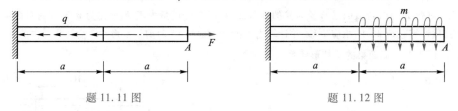

題 11.11 图　　　　　　　　　　題 11.12 图

11.13　图示变截面梁，试用单位载荷法求截面 $A$ 的转角 $\theta_A$ 和截面 $C$ 的挠度 $w_C$。

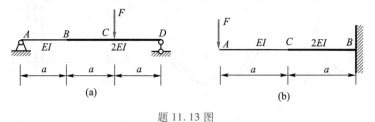

題 11.13 图

**11.14** 试用单位载荷法求图示简支梁中间截面 $A$ 的挠度 $w_A$ 和转角 $\theta_A$。梁的弯曲刚度为 $EI$。

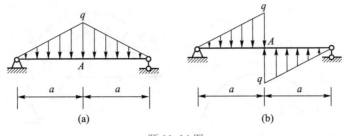

(a)　　　　　　　　(b)

题 11.14 图

**11.15** 图示中间铰梁，弯曲刚度为 $EI$。试用单位载荷法计算铰链 $A$ 两侧截面间的相对转角 $\theta$。

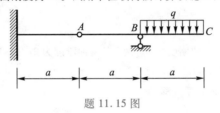

题 11.15 图

**11.16** 图示桁架，各杆拉压刚度为 $EA$，在节点 $A$ 处承受载荷 $F$ 的作用。试用单位载荷法计算该节点的水平位移 $\Delta_A$ 和杆 $AB$ 的转角 $\theta_{AB}$。

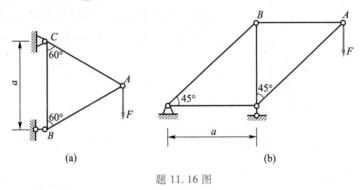

(a)　　　　　　　　(b)

题 11.16 图

**11.17** 图示刚架中各杆弯曲刚度均为 $EI$。试计算截面 $A$ 的铅垂位移 $v_A$ 和截面 $C$ 的转角 $\theta_C$。

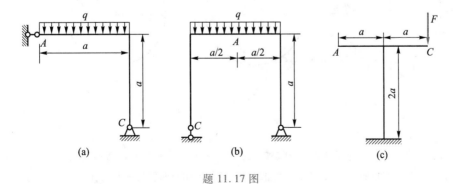

(a)　　　　　(b)　　　　　(c)

题 11.17 图

**11.18**　图示圆弧形小曲率杆,其弯曲刚度为 $EI$。试计算截面 $A$ 的位移及转角。

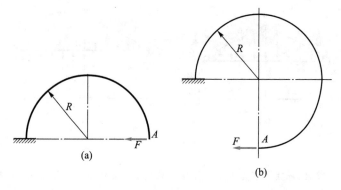

题 11.18 图

**11.19**　图示刚架,两立柱的弯曲刚度为 $EI$,横梁的弯曲刚度为 $2EI$,不计轴力与剪力的影响。试计算截面 $A$ 的水平位移 $u_A$ 和截面 $B$、$C$ 间的相对转角 $\theta_{BC}$。

**11.20**　试求图示结构点 $B$ 的铅垂位移 $v_B$。

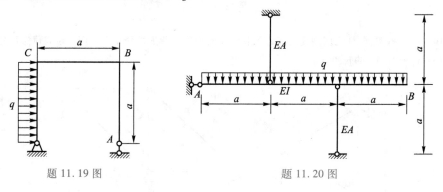

题 11.19 图　　　　　　题 11.20 图

**11.21**　图示含缺口圆环的横截面弯曲刚度为 $EI$。试求缺口处的相对位移 $\Delta_{AB}$。

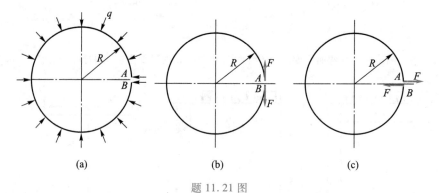

题 11.21 图

**11.22**　图示平均半径为 $a$ 的开口圆环,其缺口处夹角 $\Delta\theta_0$ 很小。设圆环的弯曲刚度为 $EI$,不计轴力与剪力的影响。试问在缺口两侧的截面上,应施加怎样的载荷才能使两侧的截面密合?

11.23 图示桁架结构,在节点 $B$ 承受载荷 $F$ 的作用,两杆的横截面面积均为 $A$。试用单位载荷法计算节点 $B$ 的铅垂位移 $v_B$。设杆 1 的应力-应变关系为 $\sigma = c\sqrt{\varepsilon}$,式中 $c$ 为材料常数;杆 2 服从胡克定律,弹性模量为 $E$。

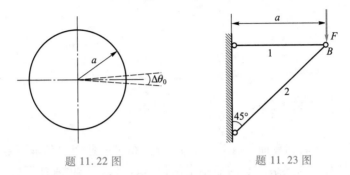

题 11.22 图          题 11.23 图

11.24 若题 11.23 图所示结构中的两杆在制造中均短了 $\delta$,在装配后受题 11.23 同样的载荷,而且两杆温度升高 $\Delta T$。试求点 $B$ 的铅垂位移 $v_B$。设材料线膨胀系数为 $\alpha$。

11.25 长度为 $l$ 的矩形截面悬臂梁,材料线膨胀系数为 $\alpha$,截面高度为 $h$,设其底面与顶面的温度分别升高 $T_1$ 和 $T_2$,且 $T_2 < T_1$,并沿截面高度线性变化。试用单位载荷法计算自由端截面的铅垂位移 $\Delta_y$ 和轴向位移 $\Delta_x$。

11.26 图示开口平面刚架,在截面 $A$ 与 $B$ 处作用一对与刚架平面垂直的集中力 $F$。试用单位载荷法计算两力作用截面沿力作用方向的相对位移 $\Delta_{AB}$。设各杆各方向的弯曲刚度均为 $EI$,扭转刚度均为 $GI_t$。

11.27 图示弹簧垫圈的截面为正方形,轴线半径为 $R$,在拧紧螺栓时承受载荷 $F$。试求缝隙 $\delta$ 的变化(两力 $F$ 可看成在同一铅垂线上)。设弹簧垫圈弯曲刚度为 $EI$,扭转刚度为 $GI_t$。

11.28 图示曲杆 $AB$ 的轴线是半径为 $R$ 的四分之一圆弧,杆的横截面是直径为 $d$ 的实心圆,$d \ll R$,$A$ 端固定,$B$ 端作用有垂直于杆轴线所在平面的集中力 $F$。试求自由端沿力作用方向的位移 $v_B$ 和绕杆轴线的转角 $\varphi_B$。设材料的弹性模量为 $E$,剪切模量为 $G$。

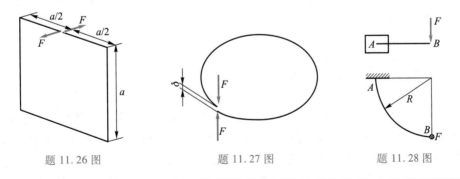

题 11.26 图          题 11.27 图          题 11.28 图

# 第十二章

# 静不定问题分析

## §12.1 静不定结构概述

在前面轴向拉压、扭转和弯曲等有关章节中,曾介绍过一些简单的静不定结构(图 12.1a、b)的分析方法,但是对于稍复杂一些的静不定结构,如桁架、刚架、曲杆等(图 12.1c、d、e),仅靠前面所介绍的分析方法不易求解。本章进一步介绍复杂静不定结构的概念及其分类,并基于能量法研究分析静不定问题的方法。

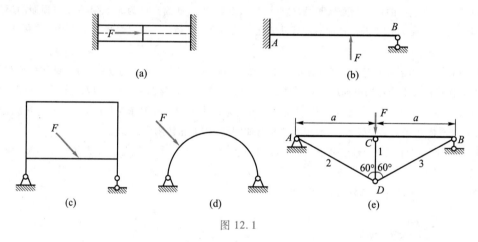

图 12.1

### 一、多余约束与静不定结构分类

结构的支座是结构的外部约束,静定结构与静不定结构的外部约束将使得结构在外载荷作用下只能发生变形引起的位移,而不能发生任何刚体平移或转动,这样的结构称为**几何不变**或**运动学不变**的结构。对于静定结构,其支座或支座反力都是保持结构几何不变所必需的。例如,解除简支梁(图 12.2a)右端的活动铰支座,将使梁变成图 12.2b 所示的机构,它可绕左端铰链 A 转动,即是几何可变的。但静不定结构则不同,它的某些支座往往并不是保持几何不变所必需的。例如,解除图 12.1b 所示梁 B 处的支座,它仍然是几何不变的结构(悬臂梁),因此把这类约束称为**多余约束**。

同样,在结构内部也存在约束。图 12.3a 所示是一个静定刚架,切口两侧的 A、B 两截面可以有相对的平移位移和转动位移。若用铰链将 A、B 连接(图 12.3b),这就限制了 A、B 两截面

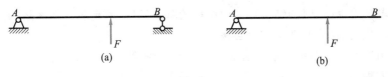

图 12.2

沿垂直和水平方向的相对位移,构成结构的内部约束,相当于增加了两对内部约束力(轴力和剪力),如图 12.3c 所示。进一步,若将 $A$、$B$ 两截面完全连为一体,这就不仅限制了 $A$、$B$ 两截面沿垂直和水平方向的相对位移,还限制了它们的相对转动,相当于增加了三对内部约束力(轴力、剪力和弯矩)。这些在静定结构上增加的内部约束,同样不是保持几何不变所必需的,因此把这类约束也称为**多余约束**。

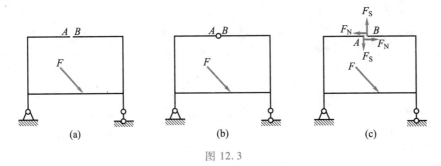

图 12.3

在这里,为了描述的方便,无论是结构外部还是内部的多余约束,统称为**多余约束**,相应的约束力统称为**多余约束力**。根据结构的多余约束的特点,静不定结构可分为三类:

(1)**外力静不定结构**,此类结构仅在结构外部存在多余约束(图 12.1a、b),即支座反力是静不定的,只要支座反力求出后,结构便可求解。

(2)**内力静不定结构**,此类结构仅在结构内部存在多余约束,即内力是静不定的,在此情况下,约束力可根据平衡条件求出,但是不能求出全部内力。

(3)**混合静不定结构**,即外力和内力都是静不定的结构,此类结构在结构内部和外部都存在多余约束,即支座反力和内力都是静不定的,此时支座反力仅凭平衡方程无法全部求出,且即便支座反力已知时,内力仅凭平衡方程也不能全部求出。

### 二、静不定问题的分析方法

在分析静不定问题的方法中,最基本的有两种:力法和位移法。在力法中,以多余的未知力为基本未知量,因此前面轴向拉压、扭转和弯曲等有关章节中求解静不定问题的方法均为力法。在位移法中,以结构的某些位移为基本未知量。本章及本教材主要以力法为主介绍静不定问题的求解原理和方法。位移法是有限元方法的基础,本章最后作简单介绍。

本章介绍的静不定问题尽管比较复杂,但其求解方法与前面各章节中的一样,主要步骤为:

(1)列出结构所有独立平衡方程,根据未知约束力个数与独立平衡方程个数之差确定结构静不定度。

（2）解除多余约束（此时的结构称为原结构的**基本系统**、**静定基**或**基本结构**），以相应的多余约束力代替其作用，得到原结构的**相当系统**。

（3）利用相当系统在多余约束处所应满足的变形协调条件，建立用载荷与多余约束力表示的变形补充方程。

（4）由补充方程确定多余约束力，并通过相当系统计算原静不定结构的内力、应力与位移等力学量。

## §12.2 用力法分析外力静不定问题

如图 12.4a 所示小曲率杆，承受载荷 $F$ 作用，试画出其弯矩图，并计算 $F$ 的相应位移。

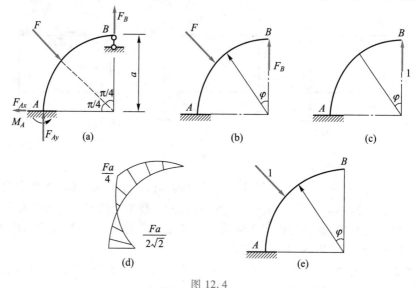

图 12.4

对图 12.4a 所示小曲率杆进行受力分析可知，该曲杆为一度静不定结构。可将活动铰支座 $B$ 作为多余约束予以解除，并以未知多余约束力 $F_B$ 代替其作用，得到如图 12.4b 所示的相当系统，相应的变形协调条件为截面 $B$ 处的铅垂位移为零，即

$$\Delta_B = 0 \tag{a}$$

在载荷 $F$ 和多余约束力 $F_B$ 作用下，相当系统截面 $\varphi$ 的弯矩为

$$M(\varphi) = \begin{cases} -F_B a\sin\varphi, & 0 \leqslant \varphi \leqslant \dfrac{\pi}{4} \\[2mm] Fa\sin\left(\varphi - \dfrac{\pi}{4}\right) - F_B a\sin\varphi, & \dfrac{\pi}{4} \leqslant \varphi < \dfrac{\pi}{2} \end{cases} \tag{b}$$

为计算截面 $B$ 处的铅垂位移，在基本系统上施加单位力（图 12.4c），得到辅助系统，其截面 $\varphi$ 的弯矩为

$$\overline{M}(\varphi) = -a\sin\varphi$$

这里需要说明的是，在建立辅助系统的内力方程时，所建的坐标系和内力符号规定，应与

建立相当系统内力方程时的相同。由单位载荷法,可得相当系统截面 $B$ 处的铅垂位移

$$\Delta_B = \int_0^{\frac{\pi}{2}} \frac{M\overline{M}}{EI} a\mathrm{d}\varphi = \frac{1}{EI}\int_0^{\frac{\pi}{4}} F_B a^3 \sin^2 \varphi \mathrm{d}\varphi +$$

$$\frac{1}{EI}\int_{\frac{\pi}{4}}^{\frac{\pi}{2}} \left[ Fa\sin\left(\varphi - \frac{\pi}{4}\right) - F_B a\sin\varphi \right] (-a\sin\varphi) a\mathrm{d}\varphi$$

积分得

$$\Delta_B = \frac{\pi a^3}{4EI} F_B - \frac{F\pi a^3}{8\sqrt{2}\,EI} \tag{c}$$

将式(c)代入式(a),得补充方程

$$F_B - \frac{F}{2\sqrt{2}} = 0$$

由此解出

$$F_B = \frac{F}{2\sqrt{2}} \tag{d}$$

所得结果为正表示所设 $F_B$ 的方向即为该处实际约束力的方向。

在得到多余约束力 $F_B$ 后,即可利用相当系统计算原静不定结构其他的力学量。如将式(d)代入式(a),得截面 $\varphi$ 的弯矩

$$M(\varphi) = \begin{cases} -\dfrac{Fa}{2\sqrt{2}}\sin\varphi, & 0 \leqslant \varphi \leqslant \dfrac{\pi}{4} \\[3mm] Fa\left[\sin\left(\varphi - \dfrac{\pi}{4}\right) - \dfrac{1}{2\sqrt{2}}\sin\varphi\right], & \dfrac{\pi}{4} \leqslant \varphi < \dfrac{\pi}{2} \end{cases}$$

为求 $F$ 的相应位移,在基本系统上施加单位力,得到辅助系统(图 12.4e),其截面 $\varphi$ 的弯矩为

$$\overline{M}_1(\varphi) = \begin{cases} 0, & 0 \leqslant \varphi \leqslant \dfrac{\pi}{4} \\[3mm] a\sin\left(\varphi - \dfrac{\pi}{4}\right), & \dfrac{\pi}{4} \leqslant \varphi < \dfrac{\pi}{2} \end{cases}$$

由单位载荷法,可得相当系统或原静不定结构上 $F$ 的相应位移

$$\Delta_F = \int_0^{\frac{\pi}{2}} \frac{M(\varphi)\overline{M}_1(\varphi)}{EI}\mathrm{d}\varphi = \left(\frac{3\pi}{32} - \frac{1}{4}\right)\frac{Fa^3}{EI}$$

**例 12.1**　试计算图 12.5a 所示静不定平面刚架截面 $C$ 的转角。设两杆的刚度 $EI$ 相等。

**解**:为计算刚架截面 $C$ 的转角,首先必须求解此静不定结构。平面刚架两端均为固定端约束,共有六个未知约束力,因此为三度静不定结构。解除截面 $B$ 处固定端约束,并代以三个未知多余约束力 $F_{Bx}$、$F_{By}$ 和 $M_B$,得到图 12.5b 所示相当系统,相应的变形协调条件为截面 $B$ 铅垂和水平方向的线位移以及面内角位移为零,即

$$\Delta_{By} = 0, \quad \Delta_{Bx} = 0, \quad \theta_B = 0 \tag{a}$$

在 $BC$ 和 $CA$ 段分别建立坐标系 $x_1$ 和 $x_2$(图 12.5b),由截面法,相当系统的弯矩方程为

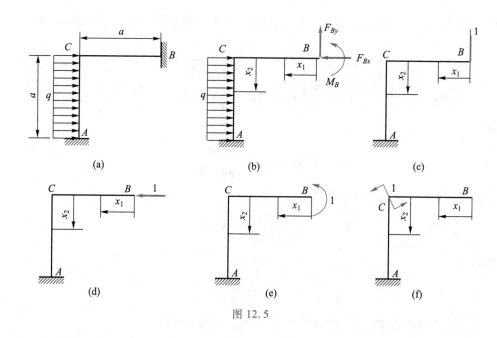

图 12.5

$$\begin{cases} M(x_1) = M_B + F_{By}x_1, & 0 < x_1 \leqslant a \\ M(x_2) = M_B + F_{By}a + F_{Bx}x_2 - \dfrac{1}{2}qx_2^2, & 0 \leqslant x_2 < a \end{cases} \tag{b}$$

为计算截面 $B$ 处的铅垂位移,在基本系统上施加单位力,得到辅助系统(图 12.5c),其弯矩方程为

$$\begin{cases} \overline{M}(x_1) = x_1, & 0 \leqslant x_1 \leqslant a \\ \overline{M}(x_2) = a, & 0 \leqslant x_2 < a \end{cases}$$

由单位载荷法,可得相当系统截面 $B$ 的铅垂位移

$$\Delta_{By} = \int_0^a \frac{M(x_1)\overline{M}(x_1)}{EI}\mathrm{d}x_1 + \int_0^a \frac{M(x_2)\overline{M}(x_2)}{EI}\mathrm{d}x_2$$

$$= \int_0^a \frac{(M_B + F_{By}x_1)x_1}{EI}\mathrm{d}x_1 + \int_0^a \frac{\left(M_B + F_{By}a + F_{Bx}x_2 - \dfrac{1}{2}qx_2^2\right)a}{EI}\mathrm{d}x_2$$

将上式积分后代入式(a)中的第一个方程,得到第一个补充方程

$$\frac{3}{2}M_B + \frac{4}{3}F_{By}a + \frac{1}{2}F_{Bx}a - \frac{1}{6}qa^2 = 0 \tag{c}$$

同理,为计算截面 $B$ 水平位移和面内角位移,分别在基本系统上施加单位力和单位力偶,得到图 12.5d、e 所示的辅助系统,由单位载荷法计算出截面 $B$ 的水平位移和面内角位移后代入式(a)中的第二和第三个方程,得到另两个补充方程

$$\frac{1}{2}M_B + \frac{1}{2}F_{By}a + \frac{1}{3}F_{Bx}a - \frac{1}{8}qa^2 = 0 \tag{d}$$

$$2M_B + \frac{3}{2}F_{By}a + \frac{1}{2}F_{Bx}a - \frac{1}{6}qa^2 = 0 \qquad (\text{e})$$

式(c)、(d)和式(e)组成了以多余约束力 $F_{By}$、$F_{Bx}$ 和 $M_B$ 为未知量的线性代数方程组,其解为

$$F_{Bx} = \frac{7qa}{16}, \quad F_{By} = -\frac{qa}{16}, \quad M_B = \frac{qa^2}{48}$$

式中,负号表示 $F_{By}$ 与假设的方向相反。将求出的三个多余约束力代入式(b),可得到相当系统或原静不定结构的弯矩方程

$$\begin{cases} M(x_1) = \dfrac{qa^2}{48} - \dfrac{qa}{16}x_1, & 0 \leqslant x_1 \leqslant a \\[2mm] M(x_2) = -\dfrac{qa^2}{24} + \dfrac{7qa}{16}x_2 - \dfrac{1}{2}qx_2^2, & 0 \leqslant x_2 < a \end{cases}$$

为计算刚架截面 $C$ 的转角,在基本系统上作用如图 12.5f 所示的单位力偶,则辅助系统的弯矩方程为

$$\begin{cases} \overline{M}'(x_1) = 0, & 0 \leqslant x_1 < a \\[2mm] \overline{M}'(x_2) = 1, & 0 < x_2 < a \end{cases}$$

由单位载荷法,可得相当系统或原静不定结构截面 $C$ 的转角

$$\begin{aligned} \theta_C &= \int_0^a \frac{M(x_1)\overline{M}'(x_1)}{EI}\mathrm{d}x_1 + \int_0^a \frac{M(x_2)\overline{M}'(x_2)}{EI}\mathrm{d}x_2 \\[2mm] &= \int_0^a \frac{-\dfrac{qa^2}{24} + \dfrac{7qa}{16}x_2 - \dfrac{1}{2}qx_2^2}{EI}\mathrm{d}x_2 = \frac{qa^3}{96EI} \end{aligned}$$

## §12.3 用力法分析内力静不定问题

用力法分析内力静不定结构的方法与分析外力静不定结构的方法基本相同。但有所区别的是:由于内力静不定结构的多余约束存在于结构内部,多余约束力为内力,因此,变形协调条件表现为内部约束解除处相连两截面间的某些相对位移为零。

下面以图 12.6a 所示桁架(各杆件的拉压刚度均为 $EA$)为例,介绍内力静不定结构的分析方法。

以整个桁架为研究对象,由平衡方程得桁架的支座反力

$$F_{1x} = F_{1y} = F_2 = F$$

但由于内部存在一个多余杆件约束,所以桁架为一度静不定度结构。以杆 4 为多余约束,假想地把它切开,并代以多余约束力 $F_{N4}$,得到如图 12.6b 所示的相当系统,相应的变形协调条件为切口两侧截面 $m$ 和 $m'$ 沿轴线方向的相对位移为零,即

$$\Delta_{m/m'} = 0 \qquad (\text{a})$$

为求截面 $m$ 和 $m'$ 沿轴线方向的相对位移为零,在基本系统的截面 $m$ 和 $m'$ 处加一对方向

相反(沿杆轴线)的单位力,得到辅助系统(图 12.6c)。利用截面法,可以得到相当系统和辅助系统各杆件的内力,并将所得结果与各杆件的长度及它们的乘积列入表 12.1 中。

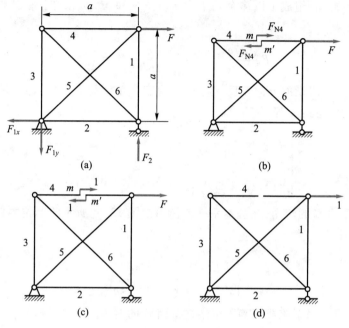

图 12.6

表 12.1

| 杆件编号 | $F_{Ni}$ | $\overline{F}_{Ni}$ | $l_i$ | $F_{Ni}\overline{F}_{Ni}l_i$ |
|---|---|---|---|---|
| 1 | $F_{N4}-F$ | 1 | $a$ | $(F_{N4}-F)a$ |
| 2 | $F_{N4}$ | 1 | $a$ | $F_{N4}a$ |
| 3 | $F_{N4}$ | 1 | $a$ | $F_{N4}a$ |
| 4 | $F_{N4}$ | 1 | $a$ | $F_{N4}a$ |
| 5 | $\sqrt{2}(F-F_{N4})$ | $-\sqrt{2}$ | $\sqrt{2}a$ | $2\sqrt{2}(F_{N4}-F)a$ |
| 6 | $-\sqrt{2}F_{N4}$ | $-\sqrt{2}$ | $\sqrt{2}a$ | $2\sqrt{2}F_{N4}a$ |

由单位载荷法可得截面 $m$ 和 $m'$ 沿轴线方向的相对位移

$$\Delta_{m/m'} = \sum_{i=1}^{6} \frac{F_{Ni}\overline{F}_{Ni}l_i}{E_iA_i} = \frac{(4+4\sqrt{2})F_{N4}a - (1+2\sqrt{2})Fa}{EA} \tag{b}$$

将式(b)代入式(a),得补充方程

$$(4+4\sqrt{2})F_{N4}-(1+2\sqrt{2})F=0$$

由此解出

$$F_{N4}=0.396F$$

由表 12.1 中所列的相当系统各杆内力,可以得到原静不定桁架各杆的内力

$$F_{N1}=F_{N4}-F=-0.604F$$

$$F_{N2} = F_{N3} = F_{N4} = 0.396F$$

$$F_{N5} = \sqrt{2}(F_{N4} - F) = 0.854F$$

$$F_{N6} = -\sqrt{2}F_{N4} = -0.561F$$

此时若要计算某点位移,只需采用相当系统来求解。例如求 $F$ 的相应位移,只需在基本系统上作用单位力,得到辅助系统(图 12.6d)。利用截面法,可以得到辅助系统各杆件的内力

$$\overline{F}'_{N1} = -1, \quad \overline{F}'_{N2} = \overline{F}'_{N3} = \overline{F}'_{N4} = \overline{F}'_{N6} = 0, \quad \overline{F}'_{N5} = \sqrt{2} \tag{c}$$

由单位载荷法可得 $F$ 的相应位移

$$\Delta_{Fx} = \sum_{i=1}^{6} \frac{F_{Ni}\overline{F}'_{Ni}l_i}{E_i A_i} = \frac{F_{N1}\overline{F}'_{N1}l_1 + F_{N5}\overline{F}'_{N5}l_5}{EA}$$

将表 12.1 中的 $F_{Ni}$ 及式(c)代入上式得

$$\Delta_{Fx} = 2.312\frac{Fa}{EA}$$

**例 12.2** 工程中为提高简支梁 $AB$ 的强度与刚度,常采用一些拉杆来加强,如图 12.7a 所示,$K$ 为 $AB$ 的中点,此类结构称为梁与桁架的组合结构。试计算图 12.7a 中梁 $AB$ 的最大弯矩和最大挠度。设梁 $AB$ 的弯曲刚度为 $EI$,各杆的拉压刚度为 $EA$,且满足 $I = \dfrac{5}{9+12\sqrt{2}}Aa^2$。

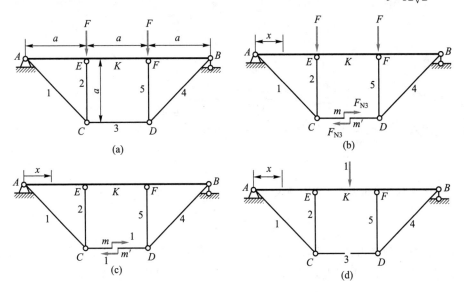

图 12.7

**解**:根据受力分析可以判断,组合结构为一度内力静不定结构。设杆 3 的轴力 $F_{N3}$ 为多余约束力,得到图 12.7b 所示相当系统,相应的变形协调条件为切口两侧截面 $m$ 和 $m'$ 沿轴线方向的相对位移为零,即

$$\Delta_{m/m'} = 0 \tag{a}$$

在外载荷 $F$ 和多余约束力 $F_{N3}$ 作用下,杆 1 和杆 2 的轴力为

$$F_{N1} = \sqrt{2}F_{N3}, \quad F_{N2} = -F_{N3}$$

梁 $AK$ 段的弯矩方程为

$$\begin{cases} M(x) = (F - F_{N3})x, & 0 \leqslant x \leqslant a \\ M(x) = (F - F_{N3})a, & a \leqslant x \leqslant \dfrac{3a}{2} \end{cases} \tag{b}$$

为求 $m$ 和 $m'$ 沿轴线方向的相对位移，在基本系统上施加一对单位力，得到辅助系统（图 12.7c），此时杆 1 和杆 2 的轴力为

$$\overline{F}_{N1} = \sqrt{2}, \quad \overline{F}_{N2} = -1, \quad \overline{F}_{N3} = 1$$

梁 $AK$ 段的弯矩方程为

$$\begin{cases} \overline{M}(x) = -x, & 0 \leqslant x \leqslant a \\ \overline{M}(x) = -a, & a \leqslant x \leqslant \dfrac{3a}{2} \end{cases}$$

利用单位载荷法，并考虑结构的对称性，可得相当系统 $m$ 和 $m'$ 沿轴线方向的相对位移

$$\begin{aligned} \Delta_{m/m'} &= 2\int_0^{\frac{3a}{2}} \frac{M(x)\overline{M}(x)}{EI}\mathrm{d}x + 2\left(\frac{F_{N1}\overline{F}_{N1}l_1}{EA} + \frac{F_{N2}\overline{F}_{N2}l_2}{EA}\right) + \frac{F_{N3}\overline{F}_{N3}l_3}{EA} \\ &= 2\left[\int_0^a \frac{(F - F_{N3})x(-x)}{EI}\mathrm{d}x + \int_a^{\frac{3a}{2}} \frac{(F - F_{N3})a(-a)}{EI}\mathrm{d}x\right] + \\ &\quad 2\left[\frac{\sqrt{2}F_{N3}(\sqrt{2})(\sqrt{2}a)}{EA} + \frac{-F_{N3}(-1)a}{EA}\right] + \frac{F_{N3}a}{EA} \end{aligned}$$

积分并化简得

$$\Delta_{m/m'} = \frac{5(F_{N3} - F)a^3}{3EI} + \frac{(3 + 4\sqrt{2})F_{N3}a}{EA} \tag{c}$$

将上式代入式（a），得补充方程，求解该补充方程得

$$F_{N3} = \frac{F}{2} \tag{d}$$

将上式代入式（b）可知梁 $AB$ 最大弯矩发生在 $EF$ 这一段，且

$$M_{\max} = (F - F_{N3})a = \frac{Fa}{2}$$

由系统的约束和受力情况可知梁 $AB$ 的最大挠度发生在其中点截面 $K$ 处。为求截面 $K$ 的挠度，在基本系统上施加单位力如图 12.7d 所示，各杆的轴力均为零，$AK$ 段的弯矩为

$$\overline{M}'(x) = -\frac{x}{2}$$

由单位载荷法得截面 $K$ 的挠度

$$\Delta_K = 2\int_0^{\frac{3a}{2}} \frac{M(x)\overline{M}'(x)}{EI}\mathrm{d}x = 2\left[\int_0^a \frac{\left(\dfrac{Fx}{2}\right)\left(\dfrac{x}{2}\right)}{EI}\mathrm{d}x + \int_a^{\frac{3a}{2}} \frac{\left(\dfrac{Fa}{2}\right)\left(\dfrac{x}{2}\right)}{EI}\mathrm{d}x\right] = \frac{23Fa^3}{48EI}$$

## §12.4 对称与反对称性质的应用

在工程实际中,很多结构是对称的,利用结构的对称性,可以得到许多有用的结论,进而简化计算工作。本节主要以平面杆系结构为对象,介绍对称结构与对称载荷的基本概念、性质及其应用。

当结构的几何形状、支承条件和各杆的刚度都对称于某一轴线时,称之为**对称结构**,如图 12.8 所示,该轴线称为结构的**对称轴**。在对称结构的对称位置上,作用的载荷数值相等,方位对称,指向对称(反对称),则称为**对称载荷**(**反对称载荷**)。

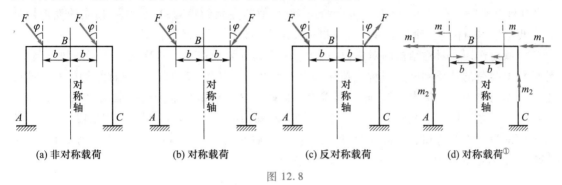

(a) 非对称载荷        (b) 对称载荷        (c) 反对称载荷        (d) 对称载荷①

图 12.8

载荷对称性的判断方法与步骤如下:

(1)观察结构本身、载荷作用点的位置关于某轴线(对称轴)是否对称,以及载荷的大小是否相等,如果有一个"否",则为非对称载荷,如果全为"是",则进入下一步;

(2)观察载荷作用的方位关于对称轴是否对称,如果为"否",则为非对称载荷(例如,图 12.8a),如果为"是",则一定为对称或反对称载荷(例如,图 12.8b~d),然后进入下一步;

(3)观察载荷的指向关于对称轴的对称性,这时需要分两种情况讨论:集中力或分布力、集中力偶或分布力偶。

a. 对于集中力或分布力,根据力矢量箭头的指向很容易判断,指向对称的为对称载荷(图 12.8b),指向反对称的为反对称载荷(图 12.8c)。

b. 对于集中力偶或分布力偶,以平面刚架为对象,分三种情况。① 力偶作用面与刚架轴线平面平行时,矢量方向相反的是对称载荷(图 12.8d 中的载荷 $m$);② 力偶作用面与刚架轴线平面垂直、力偶矩矢量与对称轴平行时,矢量方向相反的是对称载荷(图 12.8d 中的载荷 $m_2$);③ 力偶作用面与刚架轴线平面垂直、力偶矩矢量与对称轴垂直时,矢量方向相同的是对称载荷(图 12.8d 中的载荷 $m_1$)。因此图 12.8d 中的三对力偶载荷均为对称载荷。

杆件的内力与位移也可分为对称和反对称的。平面杆系结构的杆件横截面上,一般有剪力、弯矩和轴力三个内力,其中弯矩和轴力是**对称内力**,剪力是**反对称内力**。与对称轴平行的线位移为**对称位移**;与对称轴垂直的线位移以及截面转角为**反对称位移**。若考虑空间问题,则

---

① 图中 $m_1$ 和 $m_2$ 用双箭头表示作用面垂直于刚架平面的集中力偶。

其杆件横截面上还有扭矩,它也是反对称内力。

在对称载荷作用下,对称结构的对称内力和对称位移分布对称于结构的对称轴,反对称内力和反对称位移分布反对称于结构的对称轴,在对称截面上,只存在对称内力和对称位移,而反对称内力和反对称位移为零。

在反对称载荷作用下,对称结构的对称内力和对称位移分布反对称于结构的对称轴,反对称内力和反对称位移分布对称于结构的对称轴,在对称截面上,只存在反对称内力和反对称位移,而对称内力和对称位移为零。

利用这些性质,可以减少对称静不定结构相当系统中的未知多余约束力,图 12.8b、c 所示均为三度静不定结构,但若在对称截面切开解除三个内力约束得到相当系统时,分别只有两个(轴力和弯矩)和一个(剪力)未知多余约束力,其他的多余约束力自然为零,相应的变形协调条件也分别只有两个(轴向相对位移和相对转角为零)和一个(横向相对位移为零)。

当载荷作用在对称结构的对称截面上时,可将其分解为作用在对称截面两侧的两个载荷,然后根据载荷的性质判断是对称载荷还是反对称载荷。如图 12.9a、b 中对称结构的对称截面上分别作用集中力和集中力偶,此时只需将对称截面 $B$ 假想地分解为两个截面 $B_L$ 和 $B_R$,而载荷各分二分之一作用于截面 $B_L$ 和 $B_R$ 上,如图 12.9c、d 所示,这样很容易判断图 12.9a、b 中的载荷分别为对称载荷和反对称载荷,相应地在对称截面上分别只有两个(轴力和弯矩)和一个(剪力)不为零的内力。

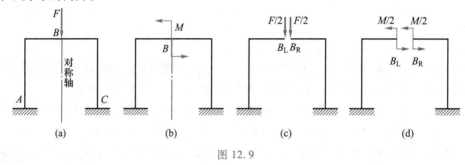

图 12.9

在实际工程中的对称结构上不仅仅作用对称或反对称载荷,也可能存在非对称载荷,如图 12.10a 所示,此时若结构变形处于线弹性范围内,则可以把非对称载荷转化为对称和反对称载荷的叠加,如图 12.10b、c 所示。分别求出对称和反对称载荷作用下的解,叠加后即为原载荷作用下的解。

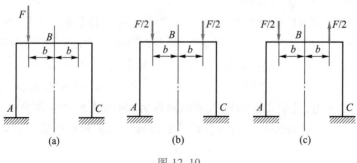

图 12.10

例 **12.3** 试计算图 12.11a 所示刚架对称截面 $C$ 处的内力。各杆的弯曲刚度为常数 $EI$。

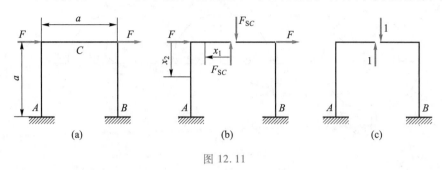

图 12.11

**解**:根据受力分析可以判断,刚架为三度静不定结构。但考虑到刚架结构是对称的,载荷是反对称的,因此,在对称截面 $C$ 处只可能存在反对称内力,即剪力。将刚架沿截面 $C$ 切开,以相应的内力代替其作用,得到图 12.11b 所示的相当系统,相应的变形协调条件为 $C$ 处相邻两截面沿剪力方向的相对位移为零,即

$$\Delta_{Cy} = 0 \tag{a}$$

在外载荷 $F$ 和多余约束力 $F_{SC}$ 作用下,相当系统的弯矩方程为(根据对称性只写一半)

$$\begin{cases} M(x_1) = F_{SC} x_1, & 0 \le x_1 \le a/2 \\ M(x_2) = F_{SC} a/2 - F x_2, & 0 \le x_2 < a \end{cases}$$

为计算 $C$ 处相邻两截面沿剪力方向的相对位移,在基本系统上施加一对单位力(图 12.11c),得到辅助系统,其弯矩方程为

$$\begin{cases} \overline{M}(x_1) = x_1, & 0 \le x_1 \le a/2 \\ \overline{M}(x_2) = a/2, & 0 \le x_2 < a \end{cases}$$

由单位载荷法,可得相当系统 $C$ 处相邻两截面沿剪力方向的相对位移

$$\Delta_{Cy} = 2\int_0^{\frac{a}{2}} \frac{M(x_1)\overline{M}(x_1)}{EI} dx_1 + 2\int_0^a \frac{M(x_2)\overline{M}(x_2)}{EI} dx_2$$

$$= 2\int_0^{\frac{a}{2}} \frac{(F_{SC} x_1) x_1}{EI} dx_1 + 2\int_0^a \frac{(F_{SC} a/2 - F x_2)\left(\frac{a}{2}\right)}{EI} dx_2$$

将上式积分后代入式(a)可解得

$$F_{SC} = \frac{6}{7} F$$

例 **12.4** 图 12.12a 所示等截面圆环弯曲刚度为 $EI$,在直径 $AB$ 的两端沿直径方向作用一对方向相反的集中力 $F$。试求直径 $AB$ 和 $CD$ 的长度变化。

**解**:沿水平直径 $CD$ 将圆环切开(图 12.12b),由结构与载荷的对称性,截面 $C$ 和 $D$ 上的内力相同,且不为零的内力只有轴力 $F_{N0}$ 和弯矩 $M_0$,利用平衡条件易求出 $F_{N0} = \dfrac{F}{2}$,故未知多余约束力只有 $M_0$。

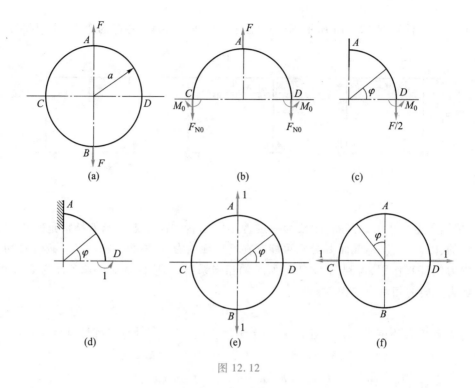

图 12.12

由于圆环关于 $AB$ 和 $CD$ 都是对称的,故可以根据对称性沿 $AB$ 再将 $CD$ 分为两半,只研究 1/4 圆弧(图 12.12c)。由于对称截面 $A$ 和 $D$ 的转角皆等于零,这样可把截面 $A$ 作为固定端,在截面 $D$ 上作用轴力 $F_{N0}$ 和弯矩 $M_0$,得到相当系统,其变形协调条件为截面 $D$ 的转角为零,即

$$\theta_D = 0 \tag{b}$$

在 $F_{N0}$ 和 $M_0$ 作用下,圆心角 $\varphi$ 对应截面上的弯矩(这里规定使圆环曲率减小的弯矩为正)为

$$M(\varphi) = M_0 - \frac{F}{2}a(1-\cos\varphi) \tag{c}$$

在基本系统上施加一单位力,得到辅助系统(图 12.12d),其弯矩方程为

$$\overline{M}(\varphi) = 1$$

由单位载荷法,可得相当系统截面 $D$ 的转角

$$\theta_D = \int_0^{\frac{\pi}{2}} \frac{M(\varphi)\overline{M}(\varphi)}{EI} \mathrm{d}s = \int_0^{\frac{\pi}{2}} \frac{\left[M_0 - \frac{F}{2}a(1-\cos\varphi)\right] \times 1}{EI} a\mathrm{d}\varphi$$

将上式积分后代入式(b)可解得

$$M_0 = \left(\frac{1}{2} - \frac{1}{\pi}\right)Fa$$

将上式代入式(c)得图 12.12c 四分之一圆弧任意截面弯矩

$$M(\varphi) = \left(\frac{\cos\varphi}{2} - \frac{1}{\pi}\right)Fa \tag{d}$$

在一对集中力 $F$ 作用下,圆环直径 $AB$ 的长度变化也就是力作用点 $A$ 和 $B$ 的相对位移 $\delta_{AB}$,为求出这个位移,在 $A$、$B$ 两点施加一对单位力,如图 12.12e 所示,这时只要令式(d)中的 $F=1$,就得到在单位力作用下四分之一圆环内的弯矩

$$\overline{M}'(\varphi) = \left(\frac{\cos\varphi}{2} - \frac{1}{\pi}\right)a \tag{e}$$

由单位载荷法得

$$\delta_{AB} = 4\int_0^{\frac{\pi}{2}} \frac{M(\varphi)\overline{M}'(\varphi)}{EI}a\mathrm{d}\varphi = \frac{Fa^3}{EI}\left(\frac{\pi}{4} - \frac{2}{\pi}\right) = 0.149\frac{Fa^3}{EI}$$

为求直径 $CD$ 的长度变化,只需在 $C$、$D$ 两点加如图 12.12f 所示单位力,此时与图 12.12e 比较可见,任意截面与单位力作用的位置减小了角度 $\dfrac{\pi}{2}$,用 $\left(\varphi - \dfrac{\pi}{2}\right)$ 代替式(e)中的 $\varphi$ 即可就得到四分之一圆环内的弯矩

$$\overline{M}''(\varphi) = \left(\frac{\sin\varphi}{2} - \frac{1}{\pi}\right)a \tag{f}$$

由单位载荷法得

$$\delta_{CD} = 4\int_0^{\frac{\pi}{2}} \frac{M(\varphi)\overline{M}''(\varphi)}{EI}a\mathrm{d}\varphi = \frac{Fa^3}{EI}\left(\frac{1}{2} - \frac{2}{\pi}\right) = -0.137\frac{Fa^3}{EI}$$

式中,结果为负表示直径 $CD$ 的长度变化与所加单位载荷的方向相反。

**例 12.5** 如图 12.13a 所示一水平放置的平面刚架,在截面 $B$ 与 $D$ 同时承受矩为 $M_e$ 的集中力偶作用。试画出刚架的内力图。设刚架由等截面圆杆组成,且弹性模量和剪切模量分别为 $E$ 和 $G$。

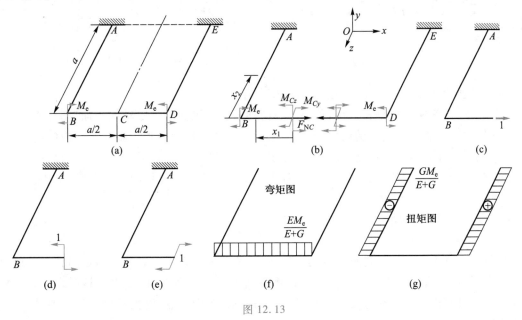

图 12.13

**解:** 由于平面刚架所受的载荷与刚架轴线所在平面垂直,因此这是一个空间问题。在固定

端 $A$、$F$ 各有六个约束力，但平衡方程仅有 6 个，因此刚架为六度静不定结构。

由结构与载荷的对称性可知，在对称截面 $C$ 上，仅存在三个多余未知内力：轴力 $F_{NC}$、弯矩 $M_{Cy}$ 与 $M_{Cz}$。从截面 $C$ 截开，得到基本系统，在基本系统上作用外载荷和截面 $C$ 三个多余未知内力，得到相当系统（图 12.13b）。相应的变形协调条件为：切开处左右两截面沿杆轴线方向的相对位移 $\Delta_x = 0$，在 $Oxy$ 平面内的相对转角 $\Delta\theta_z = 0$ 和在 $Oxz$ 平面内的相对转角 $\Delta\theta_y = 0$。

在 $M_e$、$F_{NC}$、$M_{Cz}$ 和 $M_{Cy}$ 作用下，相当系统的内力（考虑对称性，只写左边一半结构的）为

$$M_z(x_1) = M_{Cz}, \quad M_y(x_1) = M_{Cy}, \quad T(x_2) = M_{Cz} - M_e, \quad M_y(x_2) = M_{Cy} - F_{NC}x_2$$

为计算 $\Delta_x$、$\Delta\theta_z$ 和 $\Delta\theta_y$，在基本系统上分别施加对应的单位载荷，得到辅助系统。需要说明的是，这里为了画图的方便，仅画出辅助系统的一半，如图 12.13c、d、e 所示，另一半及其受力可以通过关于对称轴镜面映射得到。三个辅助系统的内力分别为

$$\overline{M}_z(x_1) = 0, \quad \overline{M}_y(x_1) = 0, \quad \overline{T}(x_2) = 0, \quad \overline{M}_y(x_2) = -x_2$$

$$\overline{M}'_z(x_1) = 1, \quad \overline{M}'_y(x_1) = 0, \quad \overline{T}'(x_2) = 1, \quad \overline{M}'_y(x_2) = 0$$

$$\overline{M}''_z(x_1) = 0, \quad \overline{M}''_y(x_1) = 1, \quad \overline{T}''(x_2) = 0, \quad \overline{M}''_y(x_2) = 1$$

由单位载荷法，并同时考虑变形协调条件得

$$\Delta_x = 2\int_0^a \frac{(M_{Cy} - F_{NC}x_2)(-x_2)}{EI}dx_2 = \frac{2}{EI}\left(F_{NC}\frac{a^3}{3} - M_{Cy}\frac{a^2}{2}\right) = 0$$

$$\Delta\theta_z = 2\left(\int_0^{\frac{a}{2}} \frac{M_{Cz}}{EI}dx_1 + \int_0^a \frac{M_{Cz} - M_e}{GI_p}dx_2\right) = 2\left(\frac{M_{Cy}a}{2EI} + \frac{(M_{Cy} - M_e)a}{GI_p}\right) = 0$$

$$\Delta\theta_y = 2\left(\int_0^{\frac{a}{2}} \frac{M_{Cy}}{EI}dx_1 + \int_0^a \frac{M_{Cy} - F_{NC}x_2}{EI}dx_2\right) = 2\left(\frac{M_{Cy}a}{2EI} + \frac{(2M_{Cy} - F_{NC}a)a}{2EI}\right) = 0$$

求解此方程组可得

$$F_{NC} = 0, \quad M_{Cz} = 0, \quad M_{Cy} = \frac{E}{E+G}M_e$$

从而可画出弯矩图与扭矩图，如图 12.13f、g 所示。

上例对于平面刚架的分析表明：如果外载荷均垂直于平面刚架的轴线平面，则在小变形条件下，作用线位于轴线平面内的内力（$F_N$、$F_{Sz}$ 或 $F_{Sx}$）为零，作用面位于轴线平面内的内力偶矩（矢量方向垂直于轴线平面的弯矩）也为零。进一步计算支座反力可以看出，作用线位于轴线平面的支反力与作用面位于轴线平面的支反力偶矩也均为零。此结论可推广到一般情况。

## *§12.5　位移法简介

以位移为基本未知变量进行分析的方法，称为**位移法**。它既可以分析静定问题，又可以分析静不定问题，是有限元方法的基础。在计算机高度发展的今天，位移法以其形式统一、便于应用计算机计算而得到了充分发展，但它不是本教材介绍的重点，这里只以一个桁架结构分析为例作简要介绍。

如图 12.14 所示桁架，由 $n$ 根杆组成，并在节点 $A$ 承受载荷 $F_x$ 与 $F_y$ 作用。设杆 $i$（$i = 1, 2, \cdots$,

$n$)的拉压刚度 $E_iA_i$、杆长 $l_i$ 与方位角 $\theta_i$ 均为已知,现分析各杆的轴力。

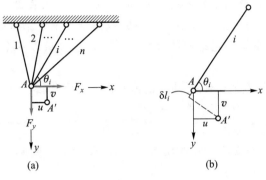

图 12.14

桁架受力后,设节点 $A$ 沿坐标轴 $x$ 与 $y$ 方向的位移分量分别为 $u$ 与 $v$,新的节点位置为 $A'$。设第 $i$ 根杆的轴向变形为 $\delta l_i$,则由变形几何关系得

$$\delta l_i = v\sin\theta_i - u\cos\theta_i \tag{a}$$

再利用物理关系可得

$$F_{Ni} = \frac{E_iA_i}{l_i}\delta l_i = \frac{E_iA_i}{l_i}(v\sin\theta_i - u\cos\theta_i) \tag{b}$$

取节点 $A$ 为研究对象进行受力分析,由汇交力系平衡条件可得

$$\begin{cases} \displaystyle\sum_{i=1}^{n} F_{Ni}\cos\theta_i + F_x = 0 \\[2mm] \displaystyle\sum_{i=1}^{n} F_{Ni}\sin\theta_i - F_y = 0 \end{cases}$$

将式(b)代入以上方程得

$$\begin{cases} \displaystyle v\sum_{i=1}^{n}\frac{E_iA_i}{l_i}\sin\theta_i\cos\theta_i - u\sum_{i=1}^{n}\frac{E_iA_i}{l_i}\cos^2\theta_i + F_x = 0 \\[3mm] \displaystyle v\sum_{i=1}^{n}\frac{E_iA_i}{l_i}\sin^2\theta_i - u\sum_{i=1}^{n}\frac{E_iA_i}{l_i}\sin\theta_i\cos\theta_i - F_y = 0 \end{cases}$$

解上述方程组,即可求出位移 $u$ 与 $v$,再将其代入式(b)和式(a),即可求出各杆的轴力与变形。

由以上分析可知,用位移法求解时,首先将结构分解成基干杆件或单元,并假定单元结点的位移,然后利用变形几何关系与胡克定律,用节点位移表示单元的变形与内力,最后将各单元组合成结构并由节点的平衡条件确定节点位移,从而求出各单元的变形与内力等。

## *§12.6　用拉格朗日乘子法求解双模量静不定问题

在工程实际中,混凝土、增强复合材料、金属合金等许多材料都具有双模量特性,即拉压弹性模量不同的特性。采用一般的能量法求解像连续梁、桁架等静不定结构的约束力及内力时,通常需补充变形协调条件。但是如何补充变形协调条件,有时往往颇感求解困难。在里茨法基础上,引入拉格朗日乘子构成一个双模量静不定结构的新能量函数,对结构的新能量函数进行一阶变分并取驻值,即可得到系列平衡方程,求解系列平衡方程即可方便地得到双模量静不定结构的约束力及内力。采用格朗日乘子法研究双模量静不定结构时,无须补充变形协调条件,即可方便地求出双模量静不定结构约束力及内力。这里只以一个双模量桁架结构分析为例作简要介绍。

对于图 12.15 所示双模量桁架,可知其受力平衡方程为

$$\sum F_x = 0, \quad Q_1(F_{N1}, F_{N2}, \cdots, F_{Nn}) = 0$$

$$\sum F_y = 0, \quad Q_2(F_{N1}, F_{N2}, \cdots, F_{Nn}) = 0$$

由于双模量桁架受拉和受压时弹性模量不同,因此桁架的变形能表达式为

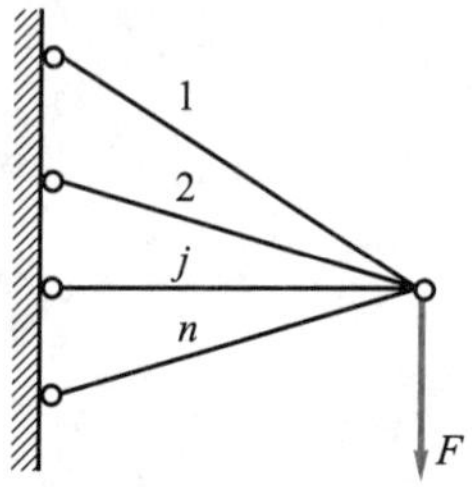

$$V_\varepsilon = \frac{1}{2} \sum_{j=1}^{n} \frac{F_{Nj}^2 l_j}{C_j}$$

图 12.15

式中,$C_j = E_i A_j$,$A_j$ 为第 $j$ 杆的横截面面积,$i=1$ 时 $E_1$ 为杆的拉伸弹性模量,$i=2$ 时 $E_2$ 为杆的压缩弹性模量。引入拉格朗日乘子 $\lambda_1$、$\lambda_2$,可构成一新函数

$$V = V_\varepsilon + \lambda_1 Q_1 + \lambda_2 Q_2 \tag{a}$$

对式(a)进行一阶变分且令 $\delta V = 0$ 有

$$\delta V = \sum_{j=1}^{5} \left( \frac{\partial V_\varepsilon}{\partial F_{Nj}} + \lambda_1 \frac{\partial Q_1}{\partial F_{Nj}} + \lambda_2 \frac{\partial Q_2}{\partial F_{Nj}} \right) \delta F_{Nj} = 0 \tag{b}$$

由于 $F_{Nj}$ 都是独立的,由式(b)可得

$$\frac{\partial V_\varepsilon}{\partial F_{Nj}} + \lambda_1 \frac{\partial Q_1}{\partial F_{Nj}} + \lambda_2 \frac{\partial Q_2}{\partial F_{Nj}} = 0 \tag{c}$$

**例 12.6**　如图 12.16 所示双模量桁架,$\theta_1 = 120°$,$\theta_2 = 60°$,$AC = 2a$,$BC = a$,$l_1 = AD = 2\sqrt{3}a$,$l_2 = BD = \sqrt{3}a$,$l_3 = CD = 2a$,试求杆 1、3 的内力。

**解:**图 12.16 所示双模量桁架平衡方程为

$$Q_1 = F_{N1}\cos 60° + F_{N2} + F_{N3}\cos 30° = 0 \tag{d}$$

$$Q_2 = F_{N1}\sin 60° + F_{N3}\sin 30° - F = 0 \tag{e}$$

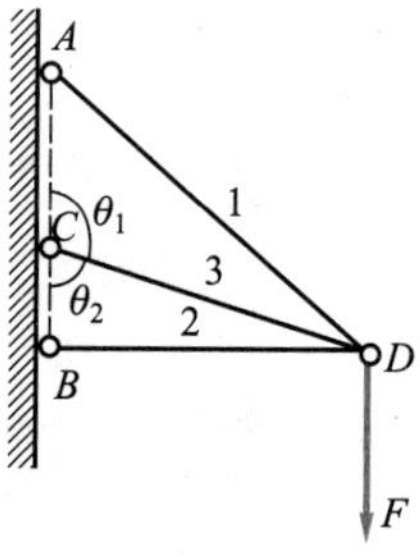

桁架变形能表达式为

$$V_\varepsilon = \frac{F_{N1}^2 l_1}{2C_1} + \frac{F_{N2}^2 l_2}{2C_2} + \frac{F_{N3}^2 l_3}{2C_3} \tag{f}$$

图 12.16

把式(d)、式(e)、式(f)代入式(c)中可得

$$F_{N1} = \left( \frac{\sqrt{3}}{C_2} + \frac{4}{C_3} \right) F \bigg/ \left( \frac{2}{C_1} + \frac{1}{C_2} + \frac{2\sqrt{3}}{C_3} \right) \tag{g}$$

$$F_{N2} = -\left( \frac{2\sqrt{3}}{C_1} + \frac{2}{C_3} \right) F \bigg/ \left( \frac{2}{C_1} + \frac{1}{C_2} + \frac{2\sqrt{3}}{C_3} \right) \tag{h}$$

$$F_{N3} = \left( \frac{4}{C_1} - \frac{1}{C_2} \right) F \bigg/ \left( \frac{2}{C_1} + \frac{1}{C_2} + \frac{2\sqrt{3}}{C_3} \right) \tag{i}$$

采用式(g)、式(h)、式(i)计算双模量桁架内力时应进行内力分析,以确定桁架杆件的弹

性模量取值。即：由于 $F_{N1}>0$ 可知杆 1 受拉，其弹性模量应取 $E_1$；$F_{N2}<0$，可知杆 2 受压力，其弹性模量应取 $E_2$。当 $\left(\dfrac{4}{C_1}-\dfrac{1}{C_2}\right)>0$ 时，杆 3 受拉，其弹性模量应取 $E_1$；当 $\left(\dfrac{4}{C_1}-\dfrac{1}{C_2}\right)<0$ 时，杆 3 受压，其弹性模量应取 $E_2$。

对于图 12.16 所示静不定桁架，当 $C_1=C_2=C_3$ 时，即为单模量静不定桁架，由式（g）、式（h）、式（i）可知 $F_{N1}=\left(\dfrac{5\sqrt{3}}{3}-2\right)F$，$F_{N2}=-\left(2-\dfrac{2\sqrt{3}}{3}\right)F$，$F_{N3}=\left(2\sqrt{3}-3\right)F$。

## 思考题

**12.1**　试判断图示各结构的静不定度。

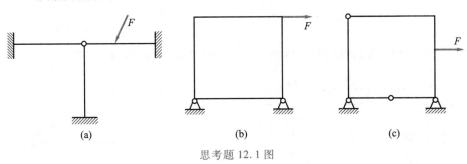

思考题 12.1 图

**12.2**　静不定结构是如何分类的？怎样理解外部约束与内部约束？

**12.3**　在以前相应章节中推导杆件基本变形的应力分布公式时，遇到的问题是静定的还是静不定的？为什么？

**12.4**　什么是相当系统和基本系统？取基本系统时解除约束的个数有何规定？在基本系统上加多余约束力与解除的约束有何关系？

**12.5**　如何利用力法求解静不定问题？内力静不定问题与外力静不定问题的求解方法有何异同？分析静不定问题的位移与应力的步骤与静定问题有何差别。

**12.6**　什么叫对称结构、对称载荷和反对称载荷？在对称载荷和反对称载荷作用下，对称结构的内力和变形有何特点？如何利用这些特点简化静不定问题分析？

**12.7**　什么叫位移法？简述位移法分析问题的步骤。

## 习题

**12.1**　试求图示变截面梁的支座反力并作梁的弯矩图。

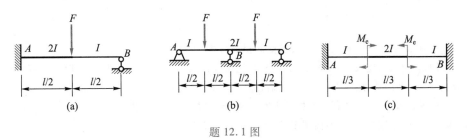

题 12.1 图

12.2 图示弯曲刚度为 $EI$ 的双跨梁,在载荷作用之前它支撑于 $A$ 和 $C$ 处,梁与 $B$ 处支座间有一小间隙 $\Delta$,当载荷作用后其间隙消除,所有三个支座都产生支反力。试计算三个支反力都相等时间隙 $\Delta$ 的大小。

12.3 图示两悬臂梁 $AB$ 与 $CD$ 自由端存在微小间隙,现以与间隙等高的刚性方块自由地垫在其中,已知它们的跨长比 $l_1 : l_2 = 3 : 2$,弯曲刚度比 $EI_1 : EI_2 = 4 : 5$。试求 $F$ 在两梁上的分配比。

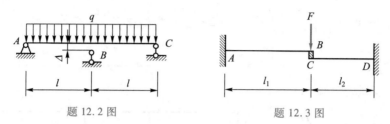

题 12.2 图             题 12.3 图

12.4 图示各刚架,弯曲刚度 $EI$ 均为常数。试求 $A$ 端支反力,并画弯矩图。

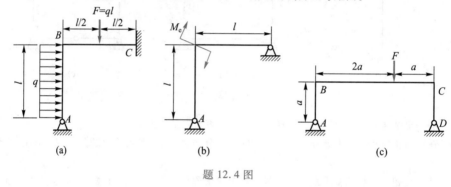

(a)          (b)          (c)

题 12.4 图

12.5 图示各小曲率圆弧形曲杆,弯曲刚度 $EI$ 均为常数。试求支反力,并计算外载荷的相应位移。

12.6 图示正方形桁架,各杆材料均相同,横截面面积均为 $A$。正方形的边长为 $l$,试求各杆的内力。

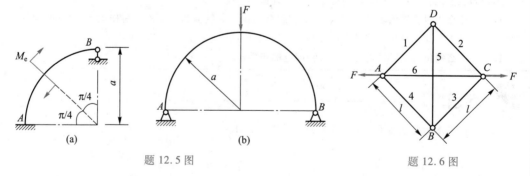

(a)          (b)         

题 12.5 图             题 12.6 图

12.7 图示桁架,各杆材料均相同,横截面面积均为 $A$。正方形的边长为 $l$,试求杆 $AB$ 的内力。

12.8 图示结构,承受载荷 $F$ 作用。各杆材料均相同,杆 $AB$ 的拉压刚度为 $EA$,其他各杆的弯曲刚度为 $EI$。试计算杆 $AB$ 的轴力。对于题(b),还需计算截面 $C$ 的转角。

12.9 图示正方形桁架,各杆件的拉压刚度均为 $EA$。试求杆 5 的内力。

12.10 图示带铰刚架,各杆弯曲刚度 $EI$ 均为常数。试求支反力。

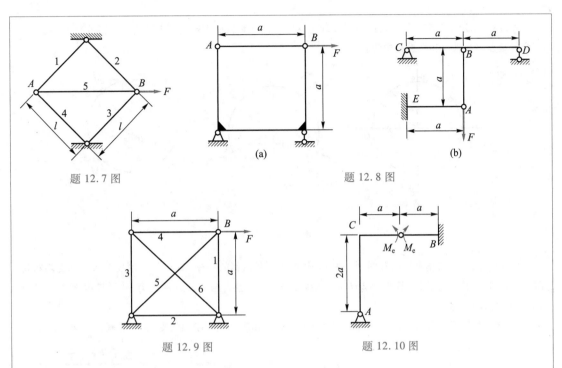

题 12.7 图

题 12.8 图

题 12.9 图

题 12.10 图

**12.11** 试画图示刚架弯矩图。设各杆弯曲刚度 $EI$ 均为常数。

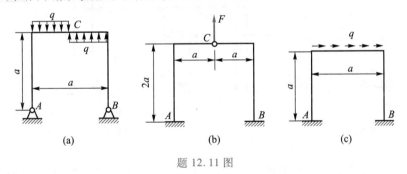

(a)

(b)

(c)

题 12.11 图

**12.12** 链条的一环可简化为图示等刚度环,试求其在一对力 $F$ 作用下所产生的最大弯矩。

**12.13** 压力机机身或轧钢机的机架可以简化为图示的封闭的矩形刚架。各部分杆件弯曲刚度如图所示。试作刚架的弯矩图。

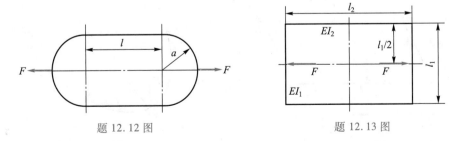

题 12.12 图

题 12.13 图

**12.14** 图示小曲率圆环,弯曲刚度 $EI$ 均为常数。试计算载荷作用截面上的内力。题(c)的外载荷为三个矢量方向与轴线相切的集中力偶。

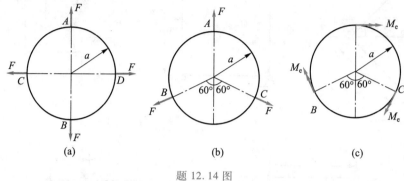

(a)　　　　　　　　(b)　　　　　　　　(c)

题 12.14 图

**12.15** 图示小曲率圆环的弯曲刚度为 $EI$,铰接于圆环内侧的直杆 $CD$ 的拉压刚度为 $EA$,承受均布切向载荷 $q$ 和力偶矩 $M_e$ 作用,且 $M_e = 2\pi R^2 q$。试确定杆 $CD$ 的轴力与截面 $A$ 的内力,并计算截面 $A$ 与 $B$ 沿 $AB$ 连线方向的位移。

**12.16** 如图所示等截面刚架,各段的弯曲刚度 $EI$ 均相等。试求刚架的支反力,并画出刚架弯矩图。

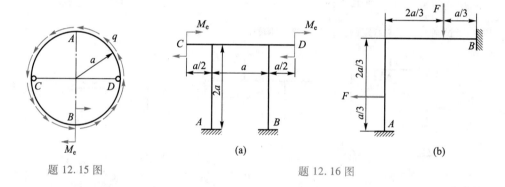

(a)　　　　　　　　　　(b)

题 12.15 图　　　　　　　　　　题 12.16 图

**12.17** 图示折杆截面为圆形,直径 $d = 20$ mm。已知 $a = 150$ mm,$E = 200$ GPa,$G = 80$ GPa,$[\sigma] = 160$ MPa。不计剪力的影响,试采用第三强度理论求结构的许用载荷及在许用载荷作用下截面 $E$ 的铅垂位移。

**12.18** 图示位于水平平面内的等刚度半圆环形圆杆,在中间截面 $C$ 处受到铅垂方向力 $F$ 作用,试求截面 $C$ 的弯矩与扭矩。

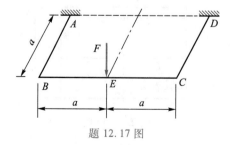

题 12.17 图

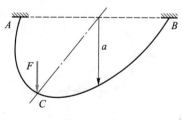

题 12.18 图

12.19　图示两端固定杆,如果温度升高 $\Delta T$,试计算杆内的最大正应力。材料的弹性模量为 $E$,线膨胀系数为 $\alpha_l$,截面宽度不变。

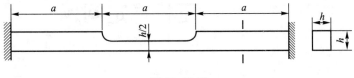

题 12.19 图

12.20　图示相互平行的 I 和 II 两轴长度均为 $l$,$B$ 端固定,$A$ 端刚性固结于刚性平板上,今在刚性平板上施加一力偶 $M_0$。已知两轴的扭转刚度分别为 $GI_{p1}$ 和 $GI_{p2}$,弯曲刚度分别为 $EI_1$ 和 $EI_2$,在小变形条件下刚性板位移保持在铅垂平面内,试求刚性板的扭转角 $\varphi$ 的表达式。

12.21　图示杆系结构由三根弹性模量为 $E$、长度为 $l$ 和截面面积为 $A$ 的杆组成。试用位移法求各杆的内力及 $O$ 点的位移。

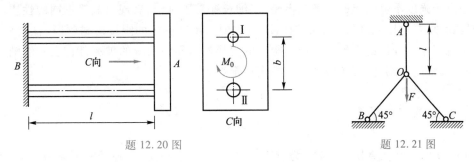

题 12.20 图　　　　　　　　　　题 12.21 图

# 第十三章

# 压杆稳定问题

## §13.1 压杆稳定性的概念

从前面的学习可知,当受拉杆的应力达到屈服极限或强度极限,将发生塑性变形或断裂;长度较小的受压短柱也有类似现象,如低碳钢短柱被压扁(屈服)和铸铁短柱被压碎(断裂)。这些都是由于强度不够引起的失效。但是,当细长杆受压时,却表现出截然不同的性质。绪论中曾经提到过,当作用在细长杆上的轴向压力达到或超过一定的限度时,杆件可能突然变弯,即产生失稳现象。杆件的失稳往往产生很大的变形甚至导致系统的破坏,因此,对于轴向受压杆,除考虑其强度和刚度外,还应考虑其平衡稳定性问题。

### 一、平衡稳定性概念

图 13.1a 所示刚性直杆 $AB$,$A$ 端为铰支,$B$ 端用弹簧水平支持,弹簧刚度系数为 $k$(使弹簧产生单位轴向变形所需要的力),在铅垂载荷 $F$ 作用下,该杆在竖直位置保持平衡。

现在,给杆以微小的侧向干扰,使杆件产生微小的侧向位移 $\delta$ (图 13.1b)。这时,外力 $F$ 对点 $A$ 的力矩 $F\delta$ 使杆 $AB$ 偏离原来的平衡位置,而弹簧反力 $k\delta$ 对 $A$ 点的力矩 $k\delta l$ 则力图恢复其初始平衡位置。如果 $F\delta < k\delta l$,即 $F < kl$,则在上述干扰解除后,杆将自动恢复到初始平衡位置,说明在该载荷作用下,杆在竖直位置的平衡状态是稳定的,即杆 $AB$ 原来的平衡状态为**稳定的平衡状态**。如果 $F > kl$,则在干扰解除后,杆不仅不能自动恢复其初始位置,而且将继续偏转,说明在该载荷下,杆在竖直位置的平衡状态是不稳定的,即杆 $AB$ 原来的平衡状态为**不稳定的平衡状态**。如果 $F = kl$,则杆既可以在竖直位置保持平衡,也可以在微小的偏斜状态保持平衡,即杆 $AB$ 原来的平衡状态为**随遇平衡状态**。

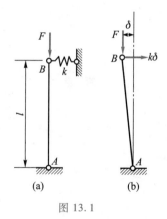

图 13.1

由此可见,当杆长 $l$ 与弹簧常数 $k$ 一定时,杆 $AB$ 在竖直位置平衡状态的性质由载荷 $F$ 的大小而定。

### 二、压杆稳定性概念

受压的细长弹性直杆也有上述刚性直杆类似的情况。如图 13.2a 所示弹性直杆 $AB$ 下端固支,上端自由,并作用轴向压力 $F$。若杆 $AB$ 为理想直杆,且没有任何外界干扰,则它在压力 $F$ 的作用下将保持直线平衡状态。此时对弹性直杆 $AB$ 施加微小侧向干扰使其稍微弯曲,则去掉干扰后将出现两种不同现象:当压力 $F$ 小于某一临界值时,弹性直杆 $AB$ 会来回摆动,最后回复到原来的直线位置平衡状态(图 13.2b),这说明杆 $AB$ 在 $F$ 的作用下处于稳定的平衡状态,此时的平衡状态具有抗干扰性;当压力 $F$ 等于或大于某临界值时,在干扰去掉后,杆件将不能回复到原来的直线位置平衡状态,而是将继续弯曲,最终保持在一定弯曲变形的平衡状态(图 13.2c),这说明杆 $AB$ 在 $F$ 的作用下原来的直线平衡状态是不稳定的,此时的平衡状态不具有抗干扰性。

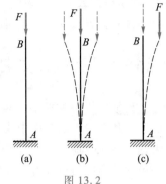

图 13.2

从上述描述中可知,受压弹性直杆与刚性直杆模型一样,平衡状态的稳定性随着压力的增大而发生变化。这种平衡状态由稳定突然变为不稳定,且不能回复的现象称为**失稳**。弹性压杆的失稳,是由直线的平衡形式变为微弯的平衡形式,而使压杆直线形式的平衡状态开始由稳定转变为不稳定的轴向压力值,称为压杆的**临界载荷**,并用 $F_{cr}$ 表示。当杆的轴向压力值达到或超过压杆的临界载荷时,压杆将产生失稳现象。

### 三、其他稳定性问题的实例

除压杆外,其他受压或受剪的薄壁构件也存在稳定性问题。例如,图 13.3a 中的狭长矩形截面梁,当作用在自由端的载荷 $F$ 达到某一临界值时,梁将突然发生侧向弯曲与扭转;图 13.3b 中承受径向外压的薄壁圆管,当外压 $q$ 达到某一临界值时,圆形截面将突然变为椭圆形;图 13.3c 中圆弧形薄拱所受的均布压力达到某一临界值时,突然变为非圆弧形拱,这些都是失稳现象的体现。

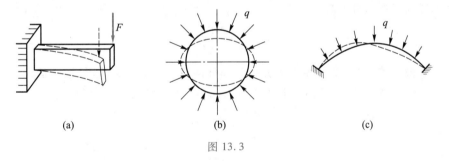

图 13.3

在实际的工程结构中,也有不少稳定性失效的例子。如 1907 年与 1916 年北美洲的魁北克(Quebec)大桥两次失事,1965 年英国渡桥电厂几座双曲型冷却塔在风压下坍陷等,事后分析都是因受压构件发生了失稳。因此,在工程设计中必须考虑构件的稳定性问题。

### 四、本章的主要研究内容

构件的稳定性问题是比较复杂的,本章主要研究压杆的稳定性问题。显然,解决压杆稳定性问题的关键是确定其临界载荷。如果将压杆的工作压力控制在临界载荷确定的许用范围内,则压杆不致失稳。因此,本章主要介绍如下四个方面的内容:压杆临界载荷的确定、压杆约束条件对临界载荷的影响、压杆稳定性条件与压杆的合理设计。

## §13.2　两端铰支细长压杆的临界载荷

设细长压杆的两端为球铰支座,轴线为直线,轴向压力 $F$ 作用线与轴线重合,如图 13.4a 所示。从上一节的分析中我们知道,当 $F$ 小于临界载荷 $F_{cr}$ 时,压杆处于直线平衡状态;当 $F$ 增大达到临界载荷 $F_{cr}$ 时,压杆才能在微弯的状态保持平衡。因此,使压杆能在微弯状态下保持平衡的最小压力值即为压杆的临界载荷。下面介绍确定临界载荷 $F_{cr}$ 的方法。

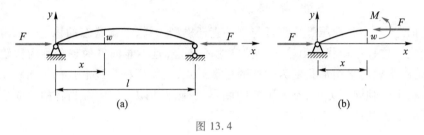

图 13.4

### 一、临界载荷的欧拉公式

求临界载荷的基本思路是:首先假定杆在轴向压力 $F$ 作用下处于微弯平衡状态,然后根据挠曲线方程逐步推导出此时 $F$ 的最小值。

假设图 13.4a 中的杆件已发生微小的弯曲变形,则当杆内应力不超过材料的比例极限时,压杆挠曲轴线的近似微分方程为

$$\frac{\mathrm{d}^2 w}{\mathrm{d}x^2} = \frac{M(x)}{EI} \tag{a}$$

当杆处于微弯状态时,由整体受力分析可知杆两端的支座反力为零,取截面 $x$ 左边一段进行受力分析(图 13.4b),可得截面 $x$ 上的弯矩 $M(x) = -Fw$,代入式(a)可得

$$\frac{\mathrm{d}^2 w}{\mathrm{d}x^2} + k^2 w = 0 \tag{b}$$

式中

$$k^2 = \frac{F}{EI} \tag{c}$$

式(b)是一个二阶齐次常微分方程,其通解为

$$w(x) = A\sin kx + B\cos kx \tag{d}$$

式中,积分常数 $A$ 与 $B$ 可由边界条件确定。对于两端铰支杆,其边界条件为

$$x = 0, \quad w = 0 \tag{e}$$

$$x = l, \quad w = 0 \tag{f}$$

将条件式(e)代入式(d)可得 $B=0$。因此,式(d)变为

$$w = A\sin kx \qquad\qquad (\text{g})$$

再将条件式(f)代入式(g)可得

$$A\sin kl = 0 \qquad\qquad (\text{h})$$

式(h)的解为 $A=0$ 或 $\sin kl=0$。如果 $A=0$,那么由式(g)知 $w(x)=0$,即压杆的轴线为直线,这与最初假设的微弯平衡状态不符。因此,式(h)的解只有可能是

$$\sin kl = 0$$

即

$$kl = n\pi \qquad (n=0,1,2,\cdots) \qquad\qquad (\text{i})$$

将式(i)代入式(c)得

$$F = \frac{\pi^2 n^2 EI}{l^2} \qquad (n=0,1,2,\cdots)$$

如前所述,压杆的临界载荷是压杆在微弯状态下保持平衡的最小轴向压力值。若取 $n=0$,则 $F=0$,表示压杆上没有压力,自然压杆不会弯曲。因此,取 $n=1$,于是得到两端铰支细长杆的临界载荷

$$F_{cr} = \frac{\pi^2 EI}{l^2} \qquad\qquad (13.1)$$

上式即为两端铰支细长杆临界载荷的计算公式,也称为**欧拉公式**[①],$F_{cr}$ 又称为**欧拉临界载荷**。从上式中可以看出,临界载荷 $F_{cr}$ 与压杆的弯曲刚度 $EI$ 成正比,与杆长 $l$ 的平方成反比,压杆越是细长(即 $I$ 小而 $l$ 大),临界载荷 $F_{cr}$ 越小,越容易丧失稳定性。要注意的是,对于两端支座是球铰的两端铰支杆,式(13.1)中的惯性矩应该取横截面的最小主形心惯性矩。

### 二、欧拉公式的进一步探讨

从上述分析可知,当轴向压力值等于临界载荷时,$k=\pi/l$,代入式(e)得

$$w = A\sin\frac{\pi x}{l} \quad (0 \leqslant x \leqslant l) \qquad\qquad (13.2)$$

即两端铰支压杆临界状态的挠曲轴线为半个波正弦曲线。其中 $A$ 为杆中点处的挠度,即最大挠度,是一个微小的不定值,按照理想状态,$A$ 可取任意的一个小值。即轴向压力 $F$ 与最大挠度 $w_{max}$ 的关系曲线如图13.5中的水平线 $ab$,这是不符合实际情况的。另外,若轴向压力 $F$ 略大于临界载荷 $F_{cr}=\dfrac{\pi^2 EI}{l^2}$ 时,由式(c)和式(i)知,$kl$ 略大于 $\pi$,从而有 $\sin kl \neq 0$,由前面推导过程可以得到 $A=B=0$,从而 $w(x)=0$,杆件轴线又变为直线,这是一种不稳定的平衡状态,在实际中很难实现。

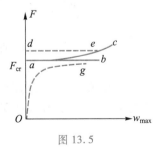

图 13.5

---

① 欧拉(Euler)是瑞士数学家,他于1744年首先推导出一端固定、一端自由的压杆临界载荷公式。

引起这些问题的原因在于我们使用了小变形条件下挠曲线的近似微分方程。当采用大挠度理论,挠曲线的精确微分方程为

$$\frac{M}{EI} = \frac{1}{\rho(x)} = \frac{d\theta}{dx} = \frac{\dfrac{d^2w}{dx^2}}{\left[1 + \left(\dfrac{dw}{dx}\right)^2\right]^{3/2}}$$

采用上式进行分析时,轴向压力 $F$ 与最大挠度 $w_{max}$ 的关系如图 13.5 中的 $Oac$。即当 $F<F_{cr}$ 时,$w_{max}=0$,压杆保持直线的平衡状态;当 $F>F_{cr}$,压杆既可以在直线状态的点 $d$ 平衡,又可在曲线状态的点 $e$ 平衡,但直线状态的点 $d$ 是不稳定平衡点,若受到扰动,它将过渡到由点 $e$ 表示的稳定的曲线平衡状态。直线 $Oa$ 与曲线 $ac$ 的交点 $a$ 为**临界点**,相应的载荷就是前面计算出来的临界载荷 $F_{cr}$。由于以点 $a$ 开始出现了两种平衡状态,因此,临界点又称为**分支点**。因此,按照大挠度理论,当压杆处于临界状态时,其唯一的平衡形态是直线,而非微弯。但由于曲线 $ac$ 在分支点 $a$ 附近极为平坦,且与水平线 $ab$ 相切,因此,在分支点附近的很小一段范围内,可用水平线近似代替曲线,即以"微弯平衡"作为临界状态的特征,并根据挠曲线的近似微分方程确定临界载荷,是一种简化而又实用的方法。

另外,当采用大挠度理论时,由于曲线 $ac$ 在分支点 $a$ 附近极为平坦,因此当轴向载荷略高于临界载荷时,挠度将急剧增长。例如,当 $F=1.015F_{cr}$ 时,$w_{max}=0.109\,4l$,即轴向压力超过临界载荷 1.5% 时,最大挠度竟高达杆长的 10.94%,这对于一般的实际压杆来说是不能承受的,在达到如此大变形之前,除某些比例极限极高的金属丝外,一般材料都会发生塑性变形或折断。因此,大挠度理论更鲜明说明了失稳的危险性。

在以上分析中,认为压杆是理想压杆,即压杆轴线是理想直线,压力作用线与轴线重合,材料是均匀的。但实际压杆的轴线在施加压力之前可能已有微小弯曲(即所谓初曲或初始几何缺陷),外界压力也可能不沿杆件轴线(偏心压缩或斜压等),压杆材料也有可能不均匀。因此,对于实际压杆,开始施加压力时,就会有挠度产生,且随着压力增大缓慢增长;当轴向压力 $F$ 接近临界载荷 $F_{cr}$ 时,挠度急剧增大,如图 13.5 中的虚线 $Og$,而理想压杆小挠度理论对应的折线 $Oab$ 可看作它的极限情况。这说明用理想压杆进行分析还是具有实际指导意义的。

## §13.3 两端非铰支细长压杆的临界载荷

在实际工程,压杆两端除铰支外,还有许多其他约束方式,如一端固定、一端自由;一端铰支、一端固定等。这些不同约束条件的压杆,其临界载荷也可用上节方法求得,例如,图 13.6a 所示千斤顶的螺杆可以简化为一端固定、一端自由的压杆(图 13.6b),可以采用与上节相同的推导方法,得到其临界载荷

$$F_{cr} = \frac{\pi^2 EI}{(2l)^2} \tag{13.3}$$

此时挠曲轴线方程为

$$w(x) = \delta\left(1 - \cos\frac{\pi}{2l}x\right) \quad (0 \leqslant x \leqslant l) \tag{13.4}$$

其中,$\delta$ 为自由端的挠度。

从挠曲线方程式(13.4)可知,$w(x)(0 \leqslant x \leqslant l)$ 相当于 1/4 个正弦波,如果我们补上对称的一半 $BC$,可以看出相当于半个正弦波(图 13.7),与两端铰支杆的挠曲线形状类似,且在两端 $AC$,有 $M_A = M_C = 0$,这与铰支杆(图 13.4a)两端截面弯矩为零是一样的。因此,使原一端固定、一端自由、长为 $l$ 的杆失稳所需的临界载荷,与使弯曲刚度相同、长为 $2l$ 的铰支杆失稳所需的临界载荷相等,根据两端铰支杆临界载荷公式,同样有 $F_{cr} = \dfrac{\pi^2 EI}{(2l)^2}$。此种计算临界载荷的方法称为**类比法**。

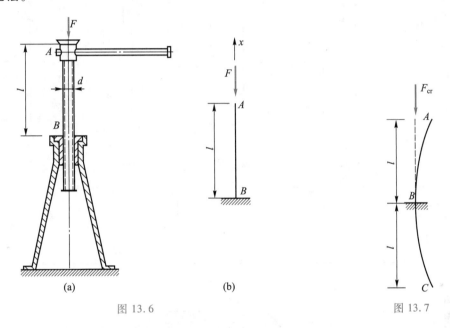

图 13.6　　　　　　　　　　　　　　　　图 13.7

对于其他约束条件压杆的临界载荷,同样可以用类比法进行计算。由前面章节可知,挠曲线的一个特征:在挠曲线的拐点处弯矩为零,故可设想此处有一铰,将压杆的挠曲线上两个拐点间的一段看成两端铰支杆,那么利用铰支杆的临界载荷公式,就可以得到原支承条件下的临界载荷公式。设两铰间距离为 $\mu l$,那么压杆的临界载荷公式可写为

$$F_{cr} = \frac{\pi^2 EI}{(\mu l)^2} \tag{13.5}$$

乘积 $\mu l$ 称为压杆的**相当长度**或**有效长度**,即原压杆相当 $\mu l$ 长度的两端铰支杆,系数 $\mu$ 称为**长度因数**,代表支持(约束)方式对临界载荷的影响。几种常见支持方式细长压杆的长度因数与临界载荷如表 13.1 所示。

对于以上细长压杆涉及的各种约束方式,当其为空间约束时,需分两种情况确定临界载荷。当两端的空间约束在过轴线不同平面内的约束形式相同时,只需令截面惯性矩 $I$ 取其最小值,即可利用欧拉公式计算临界载荷,而使 $I$ 取最小值的方向与轴线形成的平面即为挠曲轴线所在平面。当两端的空间约束在过轴线不同平面内的约束形式不同时,需要计算出在过轴线的不同平面内失稳的临界载荷,其中的最小值即为该细长压杆的临界载荷,相应的平面即为挠

曲轴线所在平面。例如,有一种柱状铰,如图 13.8 所示,在垂直于轴销的平面($xz$ 平面)内,轴销对杆的约束相当于铰支座;在轴销平面($xy$ 平面)内,轴销对杆的约束接近于固定端约束。

表 13.1　几种常见支持方式细长压杆的长度因数与临界载荷

| 支持方式 | 两端铰支 | 一端固定另一端自由 | 两端固定 | 一端固定另一端铰支 |
|---|---|---|---|---|
| 压杆及挠曲轴示意图 | 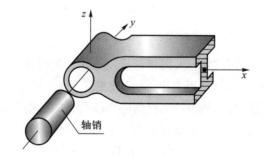 | | | |
| 长度因数 $\mu$ | 1.0 | 2.0 | 0.5 | 0.7 |
| 临界载荷 $F_{cr}$ | $\dfrac{\pi^2 EI}{l^2}$ | $\dfrac{\pi^2 EI}{(2l)^2}$ | $\dfrac{\pi^2 EI}{(0.5l)^2}$ | $\dfrac{\pi^2 EI}{(0.7l)^2}$ |

13-2:
实验示数——
压杆稳定性演示实验

图 13.8

**例 13.1**　图 13.9a 所示细长杆,弯曲刚度 $EI$ 为常数。试证明压杆的临界载荷满足下列方程:

$$\sin kl(\sin kl - 2kl\cos kl) = 0$$

式中,$k^2 = F/(EI)$。

**证明:** 假设在轴向载荷 $F$ 作用下,杆处于图 13.9b 所示的微弯状态。设截面 $C$ 的挠度为 $\delta$,则由力的平衡条件可得支座 $A$ 与 $B$ 的支反力

$$F_{Ay} = F_{By} = \frac{F\delta}{l}$$

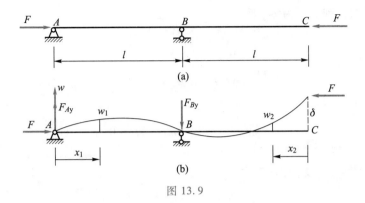

图 13.9

在 $AB$ 段任取一截面($x_1$ 处),设该处挠度为 $w_1$,则此截面上的弯矩为

$$M_1 = F_{Ay}x_1 - Fw_1 = \frac{F\delta}{l}x_1 - Fw_1$$

同理,在 $BC$ 段任取一截面($x_2$ 处),设该处挠度为 $w_2$,则此截面上的弯矩为

$$M_2 = F(\delta - w_2)$$

由于 $AB$ 与 $BC$ 段弯矩表达式不同,因此,两杆段的挠曲线方程不能写为统一的表达式,分别为

$$EIw_1'' + Fw_1 = \frac{F\delta}{l}x_1, \quad EIw_2'' + Fw_2 = F\delta$$

令 $k^2 = F/(EI)$,则上两式变为

$$w_1'' + k^2 w_1 = \frac{k^2\delta}{l}x_1, \quad w_2'' + k^2 w_2 = k^2\delta$$

两式皆为非齐次的常系数常微分方程,其通解分别为

$$w_1 = A_1\sin kx_1 + B_1\cos kx_1 + \frac{\delta}{l}x_1, \quad 0 \leqslant x_1 \leqslant l \tag{a}$$

$$w_2 = A_2\sin kx_2 + B_2\cos kx_2 + \delta, \quad 0 \leqslant x_2 \leqslant l \tag{b}$$

以上两式应满足的边界条件和连续条件为

$$x_1 = 0, \quad w_1 = 0 \tag{c}$$

$$x_1 = l, \quad w_1 = 0 \tag{d}$$

$$x_2 = 0, \quad w_2 = \delta \tag{e}$$

$$x_2 = l, \quad w_2 = 0 \tag{f}$$

$$x_1 = x_2 = l, \quad w_1' + w_2' = 0 \tag{g}$$

将式(a)代入式(c)可得 $B_1 = 0$,式(b)代入式(e)可得 $B_2 = 0$,从而可以简化(a)和(b)两式。再将简化后的两式分别代入式(d)、(f)和式(g),则可以得到

$$A_1\sin kl + \delta = 0$$

$$A_2\sin kl + \delta = 0$$

$$A_1k\cos kl + \frac{\delta}{l} + A_2k\cos kl = 0$$

以上三个方程组成以 $A_1$、$A_2$ 和 $\delta$ 为未知量的齐次线性代数方程组,由题意可知该方程组必有非

零解,因此,其系数行列式必为零,即

$$\begin{vmatrix} \sin kl & 0 & 1 \\ 0 & \sin kl & 1 \\ k\cos kl & k\cos kl & \dfrac{1}{l} \end{vmatrix} = 0$$

展开该行列式可得

$$\sin kl(\sin kl - 2kl\cos kl) = 0$$

## §13.4 各类柔度杆的临界应力

### 一、临界应力与柔度

工程问题处理中常常用应力进行计算。压杆处于临界状态时横截面上的平均应力,称为压杆的**临界应力**,用 $\sigma_{cr}$ 表示。由式(13.5)可知,细长压杆的临界应力为

$$\sigma_{cr} = \frac{F_{cr}}{A} = \frac{\pi^2 E}{(\mu l)^2}\frac{I}{A} \tag{a}$$

式中,比值 $I/A$ 仅与截面的形状和尺寸有关,将其用 $i^2$ 表示,即

$$i = \sqrt{\frac{I}{A}} \tag{13.6}$$

上述几何量 $i$ 称为截面的**惯性半径**。将式(13.6)代入式(a),可得细长压杆的临界应力

$$\sigma_{cr} = \frac{\pi^2 E}{\lambda^2} \tag{13.7}$$

其中

$$\lambda = \frac{\mu l}{i} \tag{13.8}$$

式(13.7)为欧拉公式的另一种表达形式,其中 $\lambda$ 称为**柔度**或**长细比**,它综合反映了压杆的长度($l$)、支持方式($\mu$)和截面几何性质($i$)对临界应力的影响。式(13.7)表明,细长杆的临界应力与柔度的平方成反比,柔度越大,临界应力越小。由于杆各方向面积相同,因此,对于前面提到的压杆在空间约束情况下失稳时的弯曲方向问题,可以通过柔度来判断,柔度最大的方向,即为失稳时轴线弯曲的方向。

### 二、欧拉公式的适用范围

欧拉公式是利用挠曲轴的近似微分方程导出的,而材料服从胡克定律是该微分方程的基础,因此,要求压杆临界应力必须小于其材料的比例极限 $\sigma_p$,即欧拉公式的适用范围为

$$\sigma_{cr} = \frac{\pi^2 E}{\lambda^2} \leqslant \sigma_p \tag{a}$$

由式(a)可得

$$\lambda \geqslant \pi \sqrt{\frac{E}{\sigma_p}}$$

若令

$$\lambda_p = \pi \sqrt{\frac{E}{\sigma_p}} \tag{13.9}$$

那么只有当 $\lambda \geqslant \lambda_p$ 时,欧拉公式才成立。

从式(13.9)可以看出,$\lambda_p$ 只与材料的弹性模量 $E$ 及比例极限 $\sigma_p$ 有关,因此,$\lambda_p$ 的值仅随材料而异。以 Q235 钢为例,$E = 206\ \text{GPa}$,$\sigma_p = 200\ \text{MPa}$,于是

$$\lambda_p = \pi \sqrt{\frac{206 \times 10^9\,\text{Pa}}{200 \times 10^6\,\text{Pa}}} \approx 100$$

所以,用 Q235 钢制成的压杆,只当 $\lambda \geqslant 100$ 时,才能使用欧拉公式。又如对 $E = 70\ \text{GPa}$,$\sigma_p = 175\ \text{MPa}$ 的铝合金来说,由式(13.9)求得 $\lambda_p = 62.8$,表示由这类铝合金制成的压杆,只有当 $\lambda \geqslant 62.8$ 时,才能使用欧拉公式。柔度 $\lambda \geqslant \lambda_p$ 的压杆,称为**大柔度杆**。前面提到的细长杆,实际上就是大柔度杆。

在 $\sigma_{cr}$-$\lambda$ 坐标系中画出欧拉公式确定的曲线 $ACB$,如图 13.10 所示,那么对应于点 $C$ 以上部分的曲线 $AC$,由于超出了欧拉公式的适用范围,只能用虚线表示。

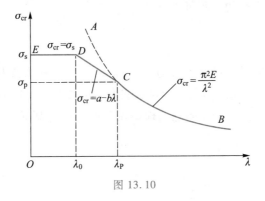

图 13.10

## 三、临界应力总图

工程实际常见压杆的柔度往往小于 $\lambda_p$,其临界应力超过材料的比例极限,此时属于非弹性稳定性问题,欧拉公式不能适用。这类压杆的临界应力也可通过解析方法解得,但通常采用以试验结果为依据的经验公式。这里介绍两种经验公式:直线公式和抛物线公式。

(1)直线公式

直线公式中临界应力与柔度成直线关系

$$\sigma_{cr} = a - b\lambda \tag{13.10}$$

式中,$a$ 与 $b$ 为与材料性能有关的常数,单位为 MPa。表 13.2 列出了几种常用材料的 $a$ 和 $b$ 的数值。

表 13.2 直线公式中几种常用材料的 $a$ 和 $b$

| 材料 | | | $a$/MPa | $b$/MPa |
|---|---|---|---|---|
| Q235 钢 | $\sigma_s = 235$ MPa | $\sigma_b \geqslant 372$ MPa | 304 | 1.12 |
| 优质碳钢 | $\sigma_s = 306$ MPa | $\sigma_b \geqslant 471$ MPa | 461 | 2.568 |
| 硅钢 | $\sigma_s = 353$ MPa | $\sigma_b \geqslant 510$ MPa | 577 | 3.744 |
| 铬钼钢 | | | 980 | 5.296 |
| 硬铝 | | | 372 | 2.14 |
| 灰口铸铁 | | | 331.9 | 1.453 |
| 松木 | | | 39.2 | 0.199 |

从式(13.10)中可以看出,柔度越小,临界应力越大。当柔度 $\lambda$ 小于某一临界值时,临界应力可能大于材料压缩的极限应力 $\sigma_{cu}$(塑性材料为屈服极限 $\sigma_s$,脆性材料为强度极限 $\sigma_b$),这就是说直线公式适用压杆的柔度除要求小于上限值 $\lambda_p$ 外,还存在一个下限值,这个下限值可以通过作图得到:在 $\sigma_{cr}$-$\lambda$ 曲线图中作水平线 $\sigma_{cr} = \sigma_{cu}$,交直线于 $D$ 点,则 $D$ 点对应的柔度 $\lambda_0$ 即为其下限值,由直线与水平线的方程可求出

$$\lambda_0 = \frac{a - \sigma_{cu}}{b} \tag{13.11}$$

综上所述,根据压杆的柔度可将其分为三类:$\lambda \geqslant \lambda_p$ 的压杆为**细长杆**或**大柔度杆**,按欧拉公式计算其临界应力;$\lambda_0 \leqslant \lambda < \lambda_p$ 的压杆为**中柔度杆**,按式(13.10)等经验公式计算其临界应力;$\lambda < \lambda_0$ 的压杆为**小柔度杆**,按强度问题处理。在上述三种情况下,临界应力随柔度变化的曲线图,称为**临界应力总图**。

(2)抛物线公式

对于某些材料(结构钢、低合金钢等),实验结果表明,当 $\sigma_{cr} > \sigma_p$ 时,采用抛物线公式计算临应力更为合适,该公式的一般表达式为

$$\sigma_{cr} = a_1 - b_1 \lambda^2 \qquad (0 < \lambda < \lambda_p) \tag{13.12}$$

式中,$a_1$ 和 $b_1$ 也是与材料有关的常数。

**例 13.2** 截面为 120 mm×200 mm 的矩形木柱(图 13.11a),长 $l = 7$ m,$E = 10$ GPa,$\sigma_p = 8$ MPa,其支承情况为:若在 $Oxz$ 平面内失稳($y$ 为中性轴)时,可视为固支(图 13.11b),若在 $Oxy$ 平面内失稳($z$ 为中性轴)时,可视为铰支(图 13.11c),试求该木柱的临界载荷。

**解**:(1)失稳方向判断。在轴向压力作用下,木柱既可以在 $Oxy$ 平面内失稳,也可以在 $Oxz$ 平面内失稳。从临界应力总图可知,$\lambda$ 越大,越容易失稳,因此,通过计算各弯曲平面内柔度来判断失稳方向。

当失稳弯曲平面为 $Oxz$ 时

$$I_y = \frac{hb^3}{12} = \frac{0.2 \times 0.12^3}{12} \text{ m}^4 = 288 \times 10^{-7} \text{m}^4$$

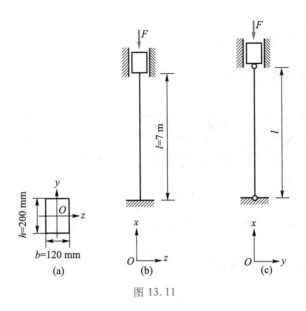

图 13.11

$$i_y = \sqrt{\frac{I_y}{A}} = \sqrt{\frac{288 \times 10^{-7}}{0.2 \times 0.12}} \ \text{m} = 0.034 \ 6 \ \text{m}$$

因为两端相当于固支，$\mu_y = 0.5$，从而有

$$\lambda_y = \frac{\mu_y l}{i_y} = \frac{0.5 \times 7}{0.034 \ 6} = 101$$

当失稳弯曲平面为 $Oxy$ 时

$$I_z = \frac{bh^3}{12} = \frac{0.12 \times 0.2^3}{12} \ \text{m}^4 = 8 \times 10^{-5} \ \text{m}^4$$

$$i_z = \sqrt{\frac{I_y}{A}} = \sqrt{\frac{8 \times 10^{-5}}{0.2 \times 0.12}} \ \text{m} = 0.057 \ 7 \ \text{m}$$

因为两端相当于铰支，$\mu_z = 1$，从而有

$$\lambda_z = \frac{\mu_z l}{i_z} = \frac{1 \times 7}{0.057 \ 7} = 121$$

$\lambda_z > \lambda_y$，可见木柱将首先在 $Oxy$ 平面内失稳。

（2）压杆类型判断

$$\lambda_p = \sqrt{\frac{\pi^2 E}{\sigma_p}} = \sqrt{\frac{\pi^2 \times 10 \times 10^9}{8 \times 10^6}} = 110$$

由于 $\lambda_z > \lambda_p$，木柱属于大柔度杆。

（3）临界载荷计算。对于大柔度杆，采用欧拉公式计算临界应力与临界载荷，即

$$\sigma_{cr} = \frac{\pi^2 E}{\lambda_z^2} = \frac{3.14^2 \times 10 \times 10^9}{121^2} \ \text{Pa} = 6.734 \times 10^6 \ \text{Pa} = 6.734 \ \text{MPa}$$

$$F_{cr} = \sigma_{cr} A = 6.734 \times 10^6 \times 0.12 \times 0.2 \ \text{N} = 162 \times 10^3 \ \text{N} = 162 \ \text{kN}$$

## §13.5　压杆的稳定性校核

### 一、稳定安全因数法

从前面各节的分析可知,为了保证压杆的直线平衡状态是稳定的,它所受的压力不能高于其临界载荷。同时,考虑到实际压杆的各种具体情况,必须具有一定的安全裕度。因此,为了保证压杆在轴向压力 $F$ 作用下不致失稳,必须满足下述条件:

$$F \leqslant \frac{F_{cr}}{n_{st}} = [F_{st}] \tag{13.13}$$

式中, $n_{st}$ 为稳定安全因数( $n_{st} > 1$ ),[$F_{st}$]为稳定许用压力。上式称为用压力表示的**压杆稳定条件**。

将上式中的 $F$ 和 $F_{cr}$ 同除以压杆的横截面面积 $A$ ,得

$$\sigma \leqslant \frac{\sigma_{cr}}{n_{st}} = [\sigma_{st}] \tag{13.14}$$

式中, $\sigma$ 为工作应力,[$\sigma_{st}$]为稳定许用应力。上式称为用应力表示的**压杆稳定条件**。

在确定稳定安全因数时,除考虑前面§2.6中提到的一些影响因素(如外力估计不准、模型简化带来的近似性、材料不均匀等)外,还需考虑偏心加载和压杆初曲等因素,因此,稳定安全因数 $n_{st}$ 一般大于强度安全因数 $n$ ,其值一般通过查阅有关设计规范和设计手册得到。

压杆稳定条件与强度条件和刚度条件类似,可以进行压杆稳定性校核、截面设计和确定许用载荷。另外,由于压杆稳定性取决于整个杆件的弯曲刚度,因此,在确定压杆的临界应力或临界载荷时,可不必考虑局部削弱(如图13.12中工字形截面杆腹板上的铆钉孔)的影响,而按未削弱截面进行计算。但在进行压缩强度计算时,则需采用削弱后的截面。

图 13.12

例 13.3　如图13.13a所示结构,立柱 $CD$ 为外径 $D = 100$ mm、内径 $d = 80$ mm 的钢管,其材料为 Q235 钢, $\sigma_p = 200$ MPa, $\sigma_s = 240$ MPa, $E = 206$ GPa,稳定安全因数为 $n_{st} = 3$ ,试求许用载荷[$F$]。

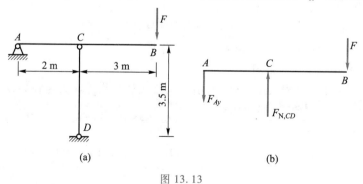

(a)　　　　　　　　　　(b)

图 13.13

解:(1)确定压杆 $CD$ 的轴力 $F_{N,CD}$ 与外载荷之间的关系。取横梁 $ACB$ 为研究对象,其受力图如图 13.13b 所示,由平衡条件可得

$$F = \frac{2}{5} F_{N,CD} \tag{a}$$

(2)确定压杆类型。对于空心圆截面杆 $CD$,有

$$I = \frac{\pi}{64}(D^4 - d^4) = \frac{\pi}{64} \times (0.1^4 - 0.08^4) \text{ m}^4 = 2.898 \times 10^{-6} \text{ m}^4$$

$$A = \frac{\pi}{4}(D^2 - d^2) = \frac{\pi}{4} \times (0.1^2 - 0.08^2) \text{ m}^2 = 2.827 \times 10^{-3} \text{ m}^2$$

$$i = \sqrt{\frac{I}{A}} = 0.032 \text{ m}$$

压杆 $CD$ 两端铰支,因此,$\mu = 1$,则压杆柔度为

$$\lambda = \frac{\mu l}{i} = \frac{1 \times 3.5}{0.032} = 109$$

又

$$\lambda_p = \sqrt{\frac{\pi^2 E}{\sigma_p}} = \sqrt{\frac{\pi^2 \times 200 \times 10^9}{200 \times 10^6}} \approx 100$$

$\lambda > \lambda_p$,因此,压杆 $CD$ 属于大柔度杆,可用欧拉公式计算其临界载荷。

(3)求许用载荷

$$F_{cr} = \frac{\pi^2 EI}{(\mu l)^2} = \frac{\pi^2 \times 200 \times 10^9 \times 2.9 \times 10^{-6}}{3.5^2} \text{ N} = 467 \times 10^3 \text{ N} = 467 \text{ kN}$$

由稳定性条件可得

$$F_{N,CD} \leqslant \frac{F_{cr}}{n_{st}} = \frac{467}{3} = 156 \text{ kN}$$

取 $[F_{N,CD}] = 156$ kN。再由式(a)可得许用载荷

$$[F] = \frac{2}{5} [F_{N,CD}] = 62.4 \text{ kN}$$

**例 13.4** 某发动机连杆为实心圆截面杆,在气体最大燃烧压力下的计算压力 $F = 160$ kN,连杆长为 0.9 m,在运动平面内可认为是两端铰支的,杆由合金钢制成,$\sigma_p = 540$ MPa,$E = 215$ GPa,稳定安全因数 $n_{st} = 3.5$,试确定连杆的截面直径 $d$。

**解:**由于连杆的直径和柔度未知,因此先假定连杆为细长杆进行估算。由稳定性条件(13.13)可得

$$F \leqslant \frac{F_{cr}}{n_{st}} = \frac{\pi^2 EI}{n_{st}(\mu l)^2} = \frac{\pi^3 E d^4}{64 n_{st} l^2}$$

因此,

$$d \geqslant \sqrt[4]{\frac{64 n_{st} l^2 F}{\pi^3 E}} = \sqrt[4]{\frac{64 \times 3.5 \times 0.9^2 \times 160 \times 10^3}{\pi^3 \times 215 \times 10^9}} \ \text{m} = 0.045\ 7\ \text{m}$$

可取连杆的直径 $d = 46$ mm。

但此时需检验所设计的连杆是否为细长杆。由给定条件可得

$$\lambda_p = \sqrt{\frac{\pi^2 E}{\sigma_p}} = \sqrt{\frac{\pi^2 \times 215 \times 10^9}{540 \times 10^6}} = 62.7$$

而设计的连杆柔度为

$$\lambda = \frac{\mu l}{i} = \frac{\mu l}{\sqrt{\frac{d^4/64}{d^2/16}}} = \frac{\mu l}{\frac{d}{4}} = \frac{1 \times 0.9}{\frac{0.046}{4}} = 78.3 > \lambda_p$$

因此,所设计的连杆属于细长杆,上述设计结果是合理的。若检验出所设计的连杆柔度小于 $\lambda_p$,则应按照中柔度杆的直线公式重新设计。

## 二、折减系数法

在工程实际中,为了简便起见,对压杆的稳定性计算还常采用折减系数法。在这种方法中,将材料的压缩许用应力 $[\sigma]$ 乘上一个小于 1 的系数 $\varphi$ 作为压杆的稳定许用应力,即

$$[\sigma_{st}] = \varphi[\sigma] \tag{13.15}$$

式中,$\varphi < 1$ 称为**稳定系数**或**折减系数**。其值与压杆的柔度及所用材料有关,可从相关结构设计规范中查到。图 13.14 所示的 $\varphi$-$\lambda$ 曲线就是根据相关规范绘制的。而稳定性条件则为

$$\sigma \leqslant \varphi[\sigma] \tag{13.16}$$

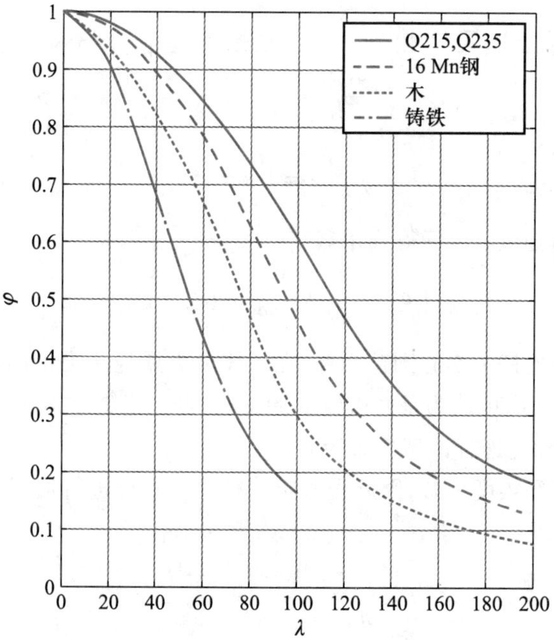

图 13.14

**例 13.5** 某压杆一端固定一端自由,长度 $l=1.5$ m,轴向压力 $F=400$ kN,设材料为 Q235,许用应力 $[\sigma]=160$ MPa,试选择工字钢型号。

**解:**(1)问题分析

由于题目给出了许用应力,而没给出稳定安全因数,因此只能采用折减系数法进行截面设计(选择工字钢型号)。由稳定性条件(13.16)可知,压杆的横截面面积应满足

$$A \geqslant \frac{F}{\varphi[\sigma]}$$

然而,折减系数 $\varphi$ 的值由压杆的柔度 $\lambda$ 决定,也就是与横截面的几何性质有关,因而是未知的。为此,这里采用**逐次逼近法**来确定压杆的横截面面积。

(2)第一次试算

设 $\varphi_1=0.5$,则

$$A_1 \geqslant \frac{F}{\varphi_1[\sigma]} = \frac{400 \times 10^3}{0.5 \times 160 \times 10^6}\ \text{m}^2 = 0.005\ \text{m}^2 = 50\ \text{cm}^2$$

从型钢规格表中查得,No.25b 工字钢的横截面面积为 53.51 cm²,可以试用。No.25b 工字钢的最小惯性半径 $i_{\min}=2.4$ cm,由此可得最大柔度 $\lambda = \dfrac{\mu l}{i_{\min}} = \dfrac{2 \times 1.5}{0.024} = 125$,从图 13.14 中查得折减系数 $\varphi'_1=0.433\,5$,比较 $\varphi_1$ 与 $\varphi'_1$ 可知二者相差甚远,需要进行修正。

(3)第二次试算

设 $\varphi_2 = \dfrac{\varphi_1 + \varphi'_1}{2} = \dfrac{0.5 + 0.433\,5}{2} = 0.466\,7$,则

$$A_2 \geqslant \frac{F}{\varphi_2[\sigma]} = \frac{400 \times 10^3}{0.466\,7 \times 160 \times 10^6} = 0.005\,36\ \text{m}^2 = 53.6\ \text{cm}^2$$

从型钢规格表中查得,No.28a 工字钢的横截面面积为 55.37 cm²,可以试用。No.28a 工字钢的最小惯性半径 $i_{\min}=2.5$ cm,由此可得最大柔度 $\lambda = \dfrac{\mu l}{i_{\min}} = \dfrac{2 \times 1.5}{0.025} = 120$,从图 13.14 中查得折减系数 $\varphi'_2=0.466$,与 $\varphi_2$ 非常接近,可以初步认为 No.28a 工字钢满足要求。但需再进行稳定性校核。

根据所选择的截面,$\varphi'_2[\sigma] = 0.466 \times 160$ MPa $= 74.56$ MPa,而压杆横截面上的应力

$$\sigma = \frac{F}{A_2} = \frac{400 \times 10^3}{55.37 \times 10^{-4}}\ \text{Pa} = 72.2 \times 10^6\ \text{Pa} = 72.2\ \text{MPa} < \varphi'_2[\sigma]$$

满足稳定性条件。因此,选用 No.28a 工字钢可以满足要求。

需要说明的是,在逐次逼近过程中,当第 $i$ 次试算得到的 $\varphi'_i$ 与 $\varphi_i$ 比较接近时,就可以对试算得到的设计结果进行校核,此时压杆横截面上的应力只要满足 $\left| \dfrac{\sigma - \varphi'_i[\sigma]}{\varphi'_i[\sigma]} \right| \times 100\% < 5\%$,工程上一般也认为此时选择的截面满足设计要求,可以采用。

## §13.6 压杆的合理设计

由前几节的介绍可知,压杆的稳定性与压杆的材料、截面、长度、约束条件等因素有关。下面就从这几个方面入手,讨论压杆的合理设计。

### 一、合理选择材料

对于大柔度杆(细长杆),由临界应力计算公式(13.7)可知,材料的弹性模量 $E$ 越大,临界应力 $\sigma_{cr}$ 也大,因此应选择弹性模量较高的材料。对于弹性模量差不多的几种材料(如各类钢材),不必选用高强度材料来提高稳定性。

对于中柔度杆,临界应力 $\sigma_{cr}$ 与材料的比例极限 $\sigma_p$ 和极限应力 $\sigma_{cu}$ 有关,强度较高的材料临界应力 $\sigma_{cr}$ 也较高,故选用高强度材料有利于提高中柔度杆的稳定性。

对于柔度很小的短压杆,本来就是强度问题,显然应该选用强度高的材料。

### 二、合理选择截面

对于大柔度杆和中柔度杆,柔度 $\lambda$ 越小,临界应力 $\sigma_{cr}$ 越大,而柔度 $\lambda = \dfrac{\mu l}{i}$,因此,仅从选择横截面的角度考虑,要减小柔度 $\lambda$,只有增大截面的惯性半径 $i$。由 $i = \sqrt{\dfrac{I}{A}}$ 可知,当横截面面积 $A$ 给定时,应选择惯性矩 $I$ 较大的截面,如将原截面设计成空心的。同时还应考虑失稳的方向性,尽可能使各方向柔度值相等,对于两端约束在各方约束性质均相同的压杆,则宜选择主形心惯性矩 $I_y = I_z$ 的截面;对于各方向约束性质不同的压杆,则应使压杆在两个主形心惯性平面内的柔度相等,即

$$\frac{\mu_z l}{\sqrt{\dfrac{I_z}{A}}} = \frac{\mu_y l}{\sqrt{\dfrac{I_y}{A}}}$$

或

$$\frac{\mu_z}{\sqrt{I_z}} = \frac{\mu_y}{\sqrt{I_y}}$$

经适当设计的工字形截面,以及槽钢或角钢组成的组合截面(图13.15),均可以满足上述要求。

为了使组合截面成为整体,需用缀板或缀条相连接,如图13.16所示,两水平缀条间的一段单肢称为分支,也是一压杆,如其长度 $a$ 过大,也会因该分支失稳而导致整体失效。因此,应使每个分支和整体具有相同的稳定性,即满足 $\lambda_{分支} = \lambda_{整体}$,才是合理的。

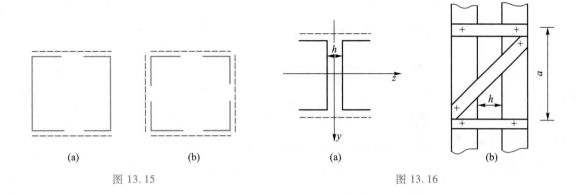

图 13.15 图 13.16

## 三、合理安排约束和选择杆长

由临界应力计算公式(13.7)可知,压杆的临界应力 $\sigma_{cr}$ 与其相当长度 $\mu l$ 的平方成反比,因此,增强对压杆的约束及合理选择杆长对提高压杆稳定性有极大影响。如将两端铰支细长压杆的两端约束改为固支,或在这一压杆的中间增加一个中间铰支座,则相当长度变为 $l/2$,临界应力变为原来的 4 倍。

13-3:
材力思政——
竹子的力学之
美

## 思考题

13.1 稳定平衡与不稳定平衡有何差别?什么是失稳?它与强度失效和刚度失效有何区别?

13.2 什么是临界载荷?两端铰支细长压杆临界载荷成立的条件是什么?影响临界载荷的主要因素有哪些?根据理想压杆推出的临界载荷对于实际压杆有何指导意义?

13.3 若压杆两端由球铰约束,试判断图示各类截面细长杆失稳时弯曲的方向。

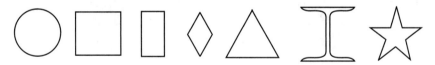

思考题 13.3 图

13.4 如何利用类比法确定两端非铰支细长压杆的临界载荷?相当长度 $\mu l$ 是和什么长度相当?$\mu$ 值大表示稳定性好还是差?

13.5 何谓临界应力?如何区分大柔度杆、中柔度杆和小柔度杆?它们的临界应力分别如何计算?

13.6 压杆的稳定性条件是如何建立的?如何合理选择压杆的材料和截面?

## 习题

13.1 图示刚杆-弹簧系统,试求轴向压力的临界值。图中 $k$ 为弹簧刚度系数,对于蝶形弹簧,代表产生单位转角所需的力偶矩。

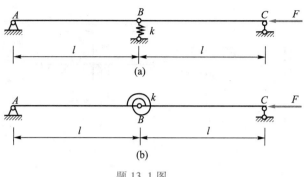

题 13.1 图

**13.2** 图示结构中 $AB$ 为刚性杆,$CD$ 为弹性梁,弯曲刚度为 $EI$,试求作用于 $A$ 端轴向压力的临界值。

**13.3** 两端球形铰支细长压杆,弹性模量 $E = 200$ GPa,杆长为 $l$。试计算以下各种情况下的临界载荷:
(a) 圆形截面,直径 $d = 30$ mm,$l = 1.2$ m;(b) 矩形截面,截面边长 $h = 2b = 50$ mm,$l = 1.2$ m;(c) No. 16 工字钢,$l = 1.9$ m。

**13.4** 图示正方形桁架,各杆各截面的弯曲刚度 $EI$ 相同,且均为细长杆,试问当载荷 $F$ 为何值时,结构中的哪些杆将失稳? 如果将载荷 $F$ 的方向改为向内,则使杆失稳的载荷 $F$ 又为何值时?

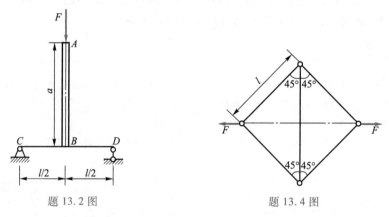

题 13.2 图  　　　　　　　　题 13.4 图

**13.5** 在图示桁架结构 $ABC$ 中,$AB$ 和 $BC$ 均为细长杆,且截面相同,材料一样。若因 $ABC$ 在平面内失稳而破坏,并规定 $0 < \theta < \dfrac{\pi}{2}$,试确定 $F$ 为最大值时的 $\theta$ 角。

**13.6** 图示托架结构吊挂重量为 $P$ 的重物,细长杆 $CD$ 为直径 $d = 4$ cm 的圆截面杆,材料的弹性模量 $E = 200$ GPa,$AB$ 为刚性杆。试根据 $CD$ 杆的稳定性确定托架的所挂重物重量的临界值。

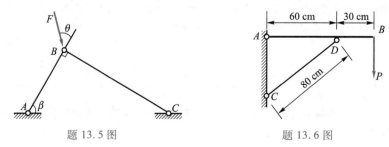

题 13.5 图  　　　　　　　　题 13.6 图

13.7 如图 a 所示桁架结构,各杆的材料均相同,且截面的弯曲刚度均为 $EI$。为了提高结构的稳定性,人们将结构改为图 b 所示桁架结构,试比较两种结构失稳时的载荷值 $F$。

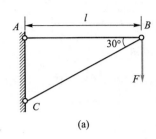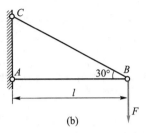

题 13.7 图

13.8 由压杆挠曲线的微分方程,导出图示四种边界条件下细长压杆的临界载荷:(a)下端固定,上端自由;(b)两端固定;(c)下端固定,上端铰支;(d)两端固定,但上端可沿水平方向移动。

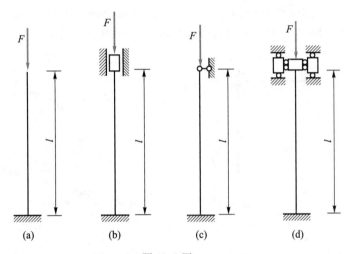

题 13.8 图

13.9 图示两端铰支细长压杆,弯曲刚度 $EI$ 为常数,压杆中点用刚度系数为 $c$ 的弹簧支持。试证明压杆的临界载荷满足方程

$$\sin \frac{kl}{2}\left[\sin \frac{kl}{2} - \frac{kl}{2}\left(1 - \frac{4k^2 EI}{cl}\right)\cos \frac{kl}{2}\right] = 0$$

式中,$k = \sqrt{F/(EI)}$。

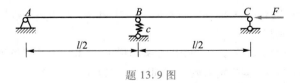

题 13.9 图

13.10 图示一端固定铰支、一端滑动铰支细长压杆,弯曲刚度 $EI$ 为常数,分别在杆的中点和铰支端承受 $F$ 和 $F/2$ 的轴向载荷,试求 $F$ 的临界值。

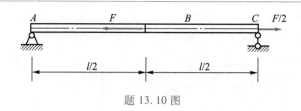

题 13.10 图

**13.11** 设题 13.2 中的杆 $AB$ 为弯曲刚度与 $CD$ 相同的细长弹性压杆,且 $l=a$。试证明压杆的临界载荷满足方程

$$ka\,\mathrm{tg}(ka) - 12 = 0$$

式中,$k=\sqrt{F/(EI)}$。

**13.12** 图示悬臂梁 $AB$ 的抗弯刚度为 $E_1I_1$,在自由端与细长杆 $BC$ 铰接。已知 $BC$ 杆的弹性模量为 $E_2$,截面面积为 $A$,最小抗弯刚度为 $E_2I_2$,线膨胀系数为 $\alpha$。现将 $BC$ 杆的温度均匀升高 $T$,试求使结构尚能保持稳定性的最高温升 $\Delta T$。

**13.13** 由三根钢管构成的支架如图所示,钢管外径为 30 mm,内径为 22 mm,长度 $l=2.5$ m,$E=210$ GPa。在支架的顶端三杆铰接。若取稳定安全因数 $n_{st}=3$,试求许用载荷 $[F]$。

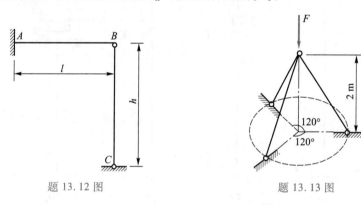

题 13.12 图　　　　　　　题 13.13 图

**13.14** 矩形截面杆长 $l=300$ mm,截面尺寸 20 mm ×12 mm,弹性模量 $E=70$ GPa,$\lambda_p=50$,$\lambda_0=0$,中柔度杆的临界应力公式为

$$\sigma_{cr} = 382\ \mathrm{MPa} - (2.18\ \mathrm{MPa})\lambda$$

试计算在如下三种支撑方式下的临界载荷,并进行比较。

（a）一端固定,一端自由。

（b）两端铰支。

（c）两端固定。

**13.15** 图示压杆,$l=200$ mm,$E=200$ GPa,横截面有四种形式,$d_2/d_1=0.7$。横截面面积均为 $A=32$ mm$^2$,试计算它们的临界载荷,并进行比较。

**13.16** 某水压机工作台油缸柱塞如图所示。已知油压 $p=32$ MPa,柱塞直径 $d=120$ mm,伸入油缸的最大行程 $l=1\,600$ mm,材料 $\sigma_p=280$ MPa,$\sigma_s=350$ MPa,$E=210$ GPa。试求柱塞的工作安全因数。

**13.17** 图示结构的四根立柱,立柱间距离 $a$ 远大于其直径,每根承受 $F/4$ 的压力,已知立柱的长度 $l=3$ m,弹性模量 $E=206$ GPa,$\lambda_p=100$,$F=1\,000$ kN,规定稳定安全因数 $n_{st}=4$。试按照稳定条件设计立柱的直径。

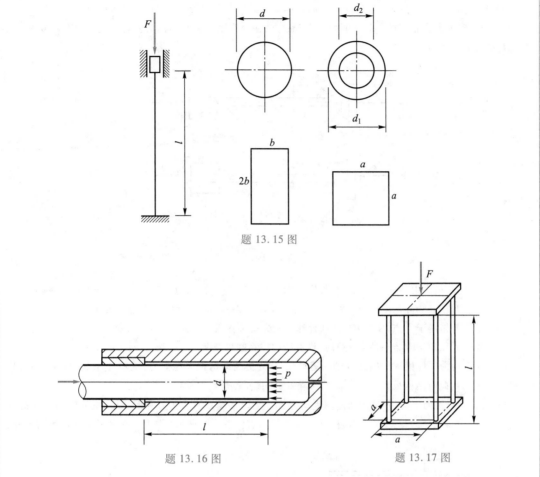

题 13.15 图

题 13.16 图

题 13.17 图

**13.18**　蒸气机车的连杆如图所示,截面为工字形,材料为 Q235 钢。连杆长 $l$ = 3 100 mm,所受的最大轴向压力为 465 kN。连杆在摆动平面($xy$ 平面)内发生弯曲时,两端可认为铰支;而在与摆动平面垂直的 $xz$ 平面内发生弯曲时,两端可认为固定支座。试确定其工作安全因数。

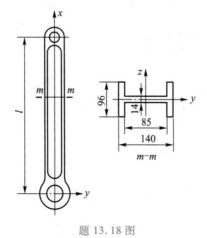

题 13.18 图

**13.19**　图示压杆的截面为矩形，$h = 60$ mm，$b = 40$ mm，杆长 $l = 2.0$ m，材料为 Q235 钢，$E = 2.1 \times 10^5$ MPa。两端约束示意图为：在正视图 a 的平面内相当于铰支；在俯视图 b 的平面内为弹性固定，采用 $\mu = 0.8$。试求此杆的临界力 $F_{\text{cr}}$。

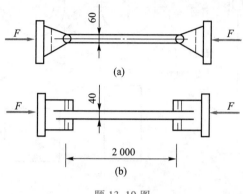

题 13.19 图

*13.20　图示结构中，圆杆 OA 和 BC 长度分别为 $l$ 和 $2l$，直径分别为 $d$ 和 $2\sqrt{2}\,d$，两杆弹性模量均为 $E$。铅垂载荷 $F$ 作用于长为 $a$ 的刚性梁 AB 上。结构自重不计，并假定 OA 和 BC 总是大柔度杆。

（a）载荷 $F$ 作用于 D 点（$AD = a/8$）时，计算结构失稳临界载荷。

（b）载荷 $F$ 作用于 H 点（$HB = a/8$）时，计算结构失稳临界载荷。

（c）若 $F$ 为沿刚性梁从 A 端到 B 端的运动载荷，为提高结构抗失稳能力，重新设计 OA 直径（结构其余参数不变），则此时结构最大的失稳临界载荷和 OA 直径各是多少？

*13.21　图示平面刚架，各杆的弯曲刚度均为 $EI$。当点 C 受垂直力 $F$ 作用时，试求失稳时临界载荷应满足的方程。若将 B 端改为固定铰支座，则失稳模式将有何改变？求此时失稳时临界载荷应满足的方程。

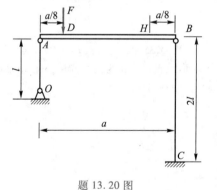

题 13.20 图

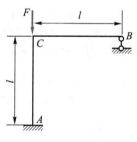

题 13.21 图

# 第十四章

# 动 载 荷

## §14.1 引言

前面各章讨论的是构件在静载荷(即随时间变化非常缓慢或不变化的载荷)作用下的强度、刚度和稳定性问题。在工程中也常遇到与静载荷作用不同的另一类问题,即构件作变速运动而具有明显的加速度,或载荷明显地随时间变化,这时构件承受**动载荷**作用。实验结果表明,只要应力不超过比例极限,胡克定律仍适用于动载荷下应力、应变的计算,弹性模量也与静载荷作用下相同。

在构件内由于动载荷引起的应力称为**动应力**。动应力的计算方法随动载荷形式的不同而有所不同。本章研究以下三种类型的动载荷问题:

① 构件作等加速直线运动或等角速转动。这类问题属于**惯性力问题**,用动静法求解。

② 在运动物体与构件接触的非常短暂的时间内,运动物体的速度发生急剧变化,使构件获得很大的瞬息变化的加速度。这类问题属于**冲击问题**,用能量法求解。

③ 随时间循环变化或在某一应力值上下交替变化的应力称为**循环应力**或**交变应力**。循环应力随时间变化的历程称为**应力谱**,它可能是周期的,也可能是随机的。构件在交变应力作用下,产生可见裂纹或完全断裂的现象称为**疲劳破坏**,它与静应力下的失效有本质的区别。

## §14.2 匀加速运动构件——动静法的应用

### 一、构件作匀加速直线运动时的应力与变形计算

对加速度为 $a$ 的质点,惯性力等于质点的质量 $m$ 与 $a$ 的乘积,方向则与 $a$ 的方向相反,即 $F_1 = -ma$。达朗贝尔原理指出,对作加速运动的质点系,若假想地在每一质点上加上惯性力,则质点系上的原力系与惯性力系组成平衡力系。这样,就把动力学问题在形式上作为静力学问题来处理,这就是**动静法**。于是以前关于应力和变形的计算方法,也可直接用于增加了惯性力的杆件。

现以一匀加速上升的起重机吊索为例,说明构件作匀加速直线运动时的动应力及变形计算。如图 14.1a 所示,设起重机吊索横截面面积为 $A$,单位体积的重量为 $\gamma$,以加速度 $a$ 提升一重量为 $P$ 的物体。欲求吊索的内力和应力,可用一假想的平面 $m-m$ 将吊索截开,取长为 $x$ 的下段作为研究对象,其受力情况如图 14.1b 所示。作用在这段吊索上的自重沿吊索轴线均匀分布,其集度为 $A\gamma$;惯性力也沿吊索轴线均匀分布,其集度为 $\dfrac{A\gamma}{g}a$,方向与加速度 $a$ 相反,即向

下；另外，还有重物的重量和惯性力作用，它们一起构成了作用在这段吊索上的动载荷。设 $m$-$m$ 截面的内力即轴力为 $F_{Nd}$。按照动静法施加惯性力后，由平衡条件可列出平衡方程 $\sum F_x = 0$，即

$$F_{Nd} - \left(A\gamma + \frac{A\gamma a}{g}\right)x - \left(P + \frac{a}{g}P\right) = 0$$

可求得

$$F_{Nd} = \left(1 + \frac{a}{g}\right)(A\gamma x + P) \tag{a}$$

在静止时吊索 $m$-$m$ 截面的轴力为 $F_{Nst} = A\gamma x + P$。

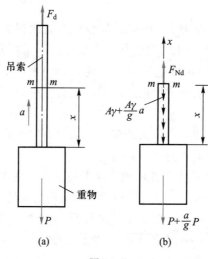

图 14.1

引入记号

$$K_d = 1 + \frac{a}{g} \tag{14.1}$$

则式（a）可写成

$$F_{Nd} = K_d F_{Nst} \tag{14.2}$$

其中 $K_d$ 称为**动荷因数**。吊索 $m$-$m$ 截面上的动应力为

$$\sigma_d = F_{Nd}/A = K_d F_{Nst}/A = K_d \sigma_{st} \tag{14.3}$$

上式中 $\sigma_{st}$ 为静载时吊索 $m$-$m$ 截面上的静应力。

由此可见，动载荷、动内力和动应力分别等于动荷因数乘以相应的静载荷、静内力和静应力。

同理，动应变 $\varepsilon_d$ 和动伸长变形 $\Delta l_d$ 可分别表示为静应变 $\varepsilon_{st}$ 和静变形 $\Delta l_{st}$ 与动荷因数的乘积，即

$$\varepsilon_d = K_d \varepsilon_{st}, \quad \Delta l_d = K_d \Delta l_{st} \tag{14.4}$$

动载荷下构件的强度条件为

$$\sigma_{d,max} = K_d \sigma_{st,max} \leqslant [\sigma] \tag{14.5}$$

由于在动荷因数 $K_d$ 中已经包含了动载荷的影响，因此，上式中的$[\sigma]$为静载下的许用应力。

例 14.1 如图 14.2a 所示，一根长度 $l = 12$ m 的 No. 14 工字钢由两根钢缆吊起，并以匀加速度 $a = 10$ m · s$^{-2}$ 上升。已知钢缆的横截面面积 $A = 72$ mm$^2$，工字钢的许用应力$[\sigma] = 160$ MPa，试计算钢缆的动应力，并校核工字梁的强度。

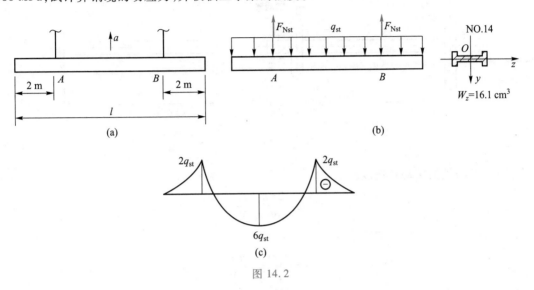

图 14.2

解：(1) 计算钢缆内的动应力　由型钢规格表查得，工字钢单位长度的重量 $q_{st} = 165.62$ N · m$^{-1}$，抗弯截面系数 $W_z = 16.1 \times 10^{-6}$ m$^3$。根据题意，动荷因数为

$$K_d = 1 + \frac{a}{g} = 1 + \frac{10}{9.8} = 2.02$$

工字梁在自重作用下的受力图如图 14.2b 所示，钢缆所受的静拉力 $F_{Nst}$ 由工字梁的平衡方程 $\Sigma F_y = 0$ 求得

$$F_{Nst} = \frac{q_{st}l}{2} = \frac{1}{2} \times 165.62 \text{ N} \cdot \text{m}^{-1} \times 12 \text{ m} = 993.7 \text{ N}$$

故钢缆内的动应力为

$$\sigma_d = K_d \sigma_{st} = 2.02 \times \frac{993.7 \text{ N}}{72 \times 10^{-6} \text{ m}^2} = 27.9 \text{ MPa}$$

(2) 计算梁内最大静应力　钢梁在静载荷 $q_{st}$ 作用下的弯矩图如图 14.2c 所示，最大弯矩和弯曲正应力发生在跨中截面上

$$M_{st,max} = F_{Nst} \times 4 \text{ m} - \frac{1}{2} q_{st} \times (6 \text{ m})^2 = 993.7 \text{ N} \cdot \text{m}$$

$$\sigma_{st,max} = \frac{M_{st,max}}{W_z} = \frac{993.7 \text{ N} \cdot \text{m}}{16.1 \times 10^{-6} \text{ m}^3} = 61.7 \text{ MPa}$$

(3) 钢梁的强度校核　梁内最大动应力为

$$\sigma_{d,max} = K_d \sigma_{st,max} = 2.02 \times 61.7 \text{ MPa} = 124.6 \text{ MPa} < [\sigma] = 160 \text{ MPa}$$

因而钢梁的强度满足要求。

**例 14.2** 直径 $d=100$ mm 的钢轴上装有转动惯量 $J=0.8$ N·m·s$^2$ 的飞轮,如图 14.3a 所示。轴的转动惯量不计,转速 $n=200$ r/min,材料的剪切模量 $G=80$ GPa,制动器与飞轮的距离 $l=1$ m,制动器刹车时,使轴在 0.01 s 内匀减速停止转动。求轴内最大动应力。

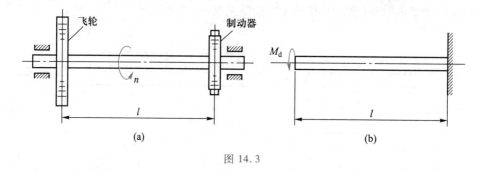

图 14.3

**解:** 飞轮与轴的转动角速度为

$$\omega = \frac{2\pi n}{60} = \frac{n\pi}{30}$$

当轴匀减速停止转动时,角加速度为

$$\alpha = \frac{0-\omega}{t} = -\frac{n\pi}{30t}$$

按照动静法,相当于在飞轮处作用了惯性力偶矩 $M_d$,如图 14.3b 所示,且 $M_d$ 大小为

$$M_d = -J\alpha = J\frac{n\pi}{30t}$$

于是,轴内的最大切应力为

$$\tau_{d,max} = \frac{M_d}{W_p} = \frac{Jn\pi}{30t} \times \frac{16}{\pi d^3} = \frac{8Jn}{15td^3} = \frac{8\times0.8\times200}{15\times0.01\times0.1^3} \text{ Pa} = 8.53 \text{ MPa}$$

## 二、构件作匀速转动时的应力和变形计算

如图 14.4a 所示的薄壁圆环,绕通过圆心且垂直于圆环平面的轴作匀速转动。机器中运转的飞轮轮缘通常可近似地简化为这种情况。设圆环平均直径为 $D$,壁厚为 $t$,横截面面积为 $A$,单位体积重量为 $\gamma$,角速度为 $\omega$。现在计算该圆环的应力和变形。

### (1) 旋转圆环的应力

圆环作匀速转动时,环内各质点的向心加速度为 $\omega^2 R$,$R$ 是该质点到转轴的距离。由于薄壁圆环的壁厚 $t$ 远小于直径 $D$,故可近似认为环内各质点具有相同的向心加速度,都为 $a_n = \omega^2 \dfrac{D}{2}$。于是沿圆环轴线均匀分布的离心惯性力集度 $q_d$ 为

$$q_d = \frac{A\gamma}{g} a_n = \frac{A\gamma D}{2g}\omega^2$$

根据达朗贝尔原理,离心惯性力 $q_d$ 自身构成一平衡力系,如图 14.4b 所示。为了求得圆环横截面上的内力,可用一假想的平面沿圆环直径将其截开,取上半环为隔离体,根据对称结构

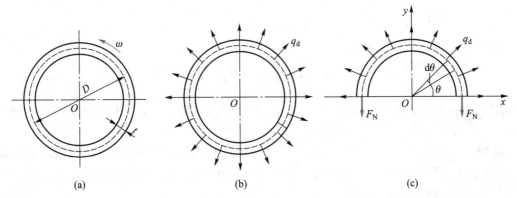

图 14.4  旋转圆环及其动载荷和内力

受对称载荷作用时内力的对称性,可得圆环受力图如图 14.4c 所示。设圆环横截面上的轴力为 $F_N$(由对称性可知没有剪力,在壁厚 $t$ 远小于直径 $D$ 的情况下,弯矩也可以忽略),由上半环的平衡方程 $\Sigma F_y = 0$,得

$$2F_N = \int_0^\pi q_d \frac{D}{2}\mathrm{d}\theta\sin\theta = q_d D$$

即

$$F_N = \frac{q_d D}{2} = \frac{A\gamma D^2}{4g}\omega^2$$

由此求得圆环横截面上的应力

$$\sigma_d = \frac{F_N}{A} = \frac{\gamma D^2}{4g}\omega^2$$

相应的强度条件为

$$\sigma_d = \frac{\gamma D^2}{4g}\omega^2 \leqslant [\sigma] \tag{14.6}$$

由此可确定圆环的极限转速

$$n = \frac{\omega}{2\pi} \leqslant \frac{1}{\pi D}\sqrt{\frac{g[\sigma]}{\gamma}} \tag{14.7}$$

从式(14.6)发现,圆环的动应力与圆环横截面面积无关。因此,要保证旋转圆环安全工作,不能采取增加构件横截面面积的方法,而应按式(14.7)的要求来限制圆环的转速。

(2) **旋转圆环的变形**

在惯性力 $q_d$ 作用下,圆环的周长和平均直径 $D$ 都将增加。以 $\Delta D$ 表示直径的增量,$\varepsilon_t$ 表示周向应变,则有

$$\varepsilon_t = \frac{\pi(D+\Delta D) - \pi D}{\pi D} = \frac{\Delta D}{D}$$

因而得到

$$\Delta D = \varepsilon_t D$$

在线弹性范围内,由胡克定律得

$$\varepsilon_t = \frac{\sigma_d}{E}$$

代入 $\Delta D = \varepsilon_t D$,得平均直径的增量

$$\Delta D = D \frac{\sigma_d}{E} = \frac{\gamma D^3}{4Eg}\omega^2$$

可见,圆环直径的改变量与 $\omega^2$ 成正比。当飞轮的轮缘与轮轴连接是采用过盈配合时,若转速过大,则有可能发生轮缘与轮轴松脱现象。

例 14.3　如图 14.5a 所示,等直杆 $OB$ 在水平面内绕通过 $O$ 点并垂直于水平面的 $z$–$z$ 轴转动。已知角速度为 $\omega$,杆横截面面积为 $A$,材料的单位体积重量为 $\gamma$,弹性模量为 $E$。试求杆内最大动应力和杆的总伸长量。

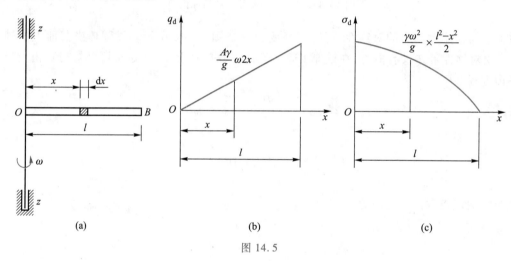

图 14.5

解:(1) 求杆内最大动应力。杆内各点绕竖直轴作匀速圆周运动,其向心加速度为 $a_n = \omega^2 x$,$x$ 为点到轴线的距离,这样,到轴线距离为 $x$ 处杆单位长度上的动载荷为 $q_d(x) = \frac{\gamma A}{g}\omega^2 x$,如图 14.5b 所示。因此,根据达朗贝尔原理,距轴线距离为 $x$ 的截面上的轴力为

$$F_N = \int_x^l q_d(\xi)\,d\xi = \int_x^l \frac{\gamma A\omega^2}{g}\xi\,d\xi = \frac{\gamma A\omega^2}{2g}(l^2 - x^2)$$

相应的动应力为

$$\sigma_d(x) = \frac{F_N}{A} = \frac{\gamma\omega^2}{2g}(l^2 - x^2)$$

如图 14.5c 所示。从而可知杆内最大动应力为

$$\sigma_{d,max} = \frac{\gamma\omega^2 l^2}{2g}$$

(2) 求杆的总伸长量。在 $x$ 处取一微段 $dx$,其伸长 $d(\Delta l_d)$ 可根据胡克定律求得,即

$$d(\Delta l_d) = \varepsilon_d(x)\,dx = \frac{\sigma_d(x)}{E}\,dx$$

于是,杆的总伸长量为

$$\Delta l_{\mathrm{d}} = \int_0^l \mathrm{d}(\Delta l_{\mathrm{d}}) = \int_0^l \frac{\gamma \omega^2}{2Eg}(l^2 - x^2)\,\mathrm{d}x = \frac{\gamma \omega^2 l^3}{3Eg}$$

## §14.3　杆件受冲击时的应力和变形

当物体以一定的速度作用在构件上时,构件在极短时间(例如千分之一秒或更短时间)内,使物体速度变为零,这个过程称为**冲击**。运动的物体称为**冲击物**,受到撞击的构件称为**被冲击物**。冲击过程中,冲击物与被冲击物之间产生很大的相互作用力,称为**冲击载荷**。例如重锤打桩、高速转动的飞轮或砂轮突然刹车等,都是冲击问题,其中重锤、飞轮等为冲击物,而被打的桩和固连飞轮的轴等则是承受冲击的被冲击物。

研究表明,当构件受到冲击载荷时,由于构件具有质量即具有惯性,力的作用并非立即传至构件的所有部分。在开始瞬时,远离冲击点的部分并不受影响,冲击载荷引起的变形,是以弹性波的形式在构件内传播的,而且冲击物与受冲构件的接触区域内,应力状态异常复杂,可能会产生很大的塑性变形。这些都使得冲击问题的精确计算非常困难。这里仅介绍工程中常用的基于能量法的简化计算方法。

在常用的简化计算方法中,采用的主要工程化假设有:

(1)将冲击物视为刚体,即冲击过程中其变形忽略不计,且与被冲击构件接触后始终保持接触;

(2)被冲击构件认为是无质量(即无惯性)的线弹性体,即认为冲击引起的变形瞬时即传遍整个构件;

(3)冲击过程中的热能、声能等的损失忽略不计。

### 一、自由落体冲击

如图 14.6 所示,一重量为 $P$ 的物体自高度 $h$ 处自由落下,冲击某线弹性体。当冲击物的速度达到零时,弹性体内所受的冲击载荷及相应位移均达到最大值 $F_{\mathrm{d}}$ 与 $\Delta_{\mathrm{d}}$,此时,由能量守恒定律可知,冲击物的势能 $E_{\mathrm{p}}$ 全部转化为被冲击弹性体的应变能 $V_{\varepsilon}$,即

$$E_{\mathrm{p}} = V_{\varepsilon} \tag{a}$$

由势能 $E_{\mathrm{p}}$ 的含义可知

$$E_{\mathrm{p}} = P(h + \Delta_{\mathrm{d}}) \tag{b}$$

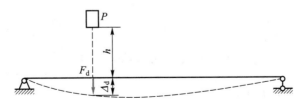

图 14.6

而线弹性体的应变能为

$$V_\varepsilon = \frac{F_d \Delta_d}{2} \qquad (c)$$

由于线弹性体上的载荷与其相应位移成正比,因此有

$$F_d = k\Delta_d \qquad (d)$$

式中,比例常数 $k$ 称为**刚度系数**,代表使弹性体在冲击点沿冲击方向产生单位位移时所需的力,将式(d)代入式(c)得

$$V_\varepsilon = \frac{1}{2}k\Delta_d^2 \qquad (e)$$

将(b)、(e)两式代入式(a)得

$$\Delta_d^2 - \frac{2P}{k}\Delta_d - \frac{2Ph}{k} = 0 \qquad (f)$$

或写作

$$\Delta_d^2 - 2\Delta_{st}\Delta_d - 2\Delta_{st}h = 0 \qquad (g)$$

式中 $\Delta_{st} = \dfrac{P}{k}$,代表将 $P$ 视为静载荷时弹性体上的静位移。

由式(g)得最大冲击位移

$$\Delta_d = K_d\Delta_{st} \qquad (14.8)$$

其中,$K_d$ 称为**冲击动荷因数**

$$K_d = 1 + \sqrt{1 + \frac{2h}{\Delta_{st}}} \qquad (14.9)$$

最大冲击载荷为

$$F_d = k\Delta_d = K_d P \qquad (14.10)$$

由于线弹性体的应力、应变、变形、位移等力学量均与载荷成正比,因此,冲击载荷作用下的应力、应变、变形和位移,等于冲击动荷因数乘以将 $P$ 视为静载荷作用时相同的力学量。

当自由落体的下落高度 $h=0$ 时,表示冲击物向被冲击物突然加载,称为**突加载荷**。由式(14.9)可知,$K_d = 2$,从而 $\Delta_d = 2\Delta_{st}$,$F_d = 2P$。即将重物突然施加于弹性体上,构件承受的最大冲击载荷以及应力、应变、变形、位移等力学量均为静载荷的 2 倍,这也是我们平常对易损物品要轻拿轻放的原因。

## 二、水平冲击

再考虑水平冲击的情况。在如图 14.7 所示的水平冲击过程中,系统的势能不变,即 $E_p = 0$,但若冲击物与构件接触时速度为 $v$,则动能 $E_k = \dfrac{1}{2}\dfrac{P}{g}v^2$,则当物体速度为零时,由能量守恒有 $V_\varepsilon = E_k$,即

$$\frac{1}{2}k\Delta_d^2 = \frac{1}{2}\frac{P}{g}v^2$$

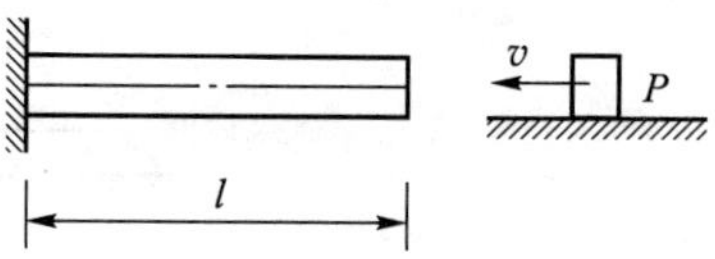

图 14.7

式中 $k$ 称为刚度系数。令 $\Delta_{st}=\dfrac{P}{k}$，则有

$$\Delta_{d}=\sqrt{\frac{v^{2}}{g\Delta_{st}}}\Delta_{st}$$

定义水平冲击动荷因数 $K_{d}=\sqrt{\dfrac{v^{2}}{g\Delta_{st}}}$，则同样有式（14.8）和式（14.10）成立，且水平冲击载荷作用下的应力、应变、变形和位移，也等于冲击动荷因数乘以静载荷作用下的相同的力学量。

综上所述，冲击问题计算的一般步骤为：

（1）将冲击载荷作为静载荷 $P$，计算 $P$ 的相应位移 $\Delta_{st}$；

（2）根据冲击方向，计算动荷因数 $K_{d}$；

（3）根据需计算的力学量，计算静载下相应的力学量，然后乘以 $K_{d}$ 即为所求量。

**例 14.4**  如图 14.8a 所示直角拐杆，已知材料的剪切模量 $G=80\times10^{3}$ MPa，弹性模量 $E=200$ GPa，$BC$ 段的长 $l_{1}=300$ mm，$AB$ 段的长 $l=800$ mm，杆横截面直径 $d=60$ mm。重物重量 $P=100$ N，下落高度 $h=50$ mm。试求杆横截面上的最大正应力和最大切应力。

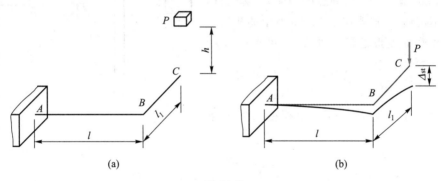

图 14.8

**解**：（1）求冲击点 $C$ 处的静位移。设 $AB$ 两端截面相对扭转角为 $\varphi_{BA}$，则用叠加法（也可用能量法）可求得冲击点 $C$ 处的静位移 $\Delta_{st}$，如图 14.8b 所示。

$$\Delta_{st}=\frac{Pl_{1}^{3}}{3EI}+\frac{Pl^{3}}{3EI}+\varphi_{BA}l_{1}=\frac{P(l_{1}^{3}+l^{3})}{3EI}+\frac{Pl_{1}l}{GI_{P}}l_{1}$$

$$=\frac{100\times(0.3^{3}+0.8^{3})}{3\times200\times10^{9}\times\dfrac{\pi}{64}\times0.06^{4}}\ \text{m}+\frac{100\times0.3^{2}\times0.8}{80\times10^{9}\times\dfrac{\pi}{32}\times0.06^{4}}\ \text{m}=2.11\times10^{-4}\ \text{m}$$

（2）计算动荷因数。本题属自由落体冲击问题，由式（14.9）可得动荷因数

$$K_{d}=1+\sqrt{1+\frac{2\times50}{0.211}}=22.8$$

（3）计算静载时的最大正应力。静载时最大正应力发生在固定端 $A$ 处，其值为

$$\sigma_{st,max}=\frac{Pl}{W_{z}}=\frac{100\times0.8}{\dfrac{\pi\times0.06^{3}}{32}}\ \text{Pa}=3.77\times10^{6}\ \text{Pa}=3.77\ \text{MPa}$$

（4）计算动载最大正应力。

$$\sigma_{d,max} = K_d \sigma_{st,max} = 22.8 \times 3.77 \text{ MPa} = 86 \text{ MPa}$$

（5）计算静载最大切应力。静载荷时杆 $AB$ 受扭，其最大切应力为

$$\tau_{st,max} = \frac{T}{W_p} = \frac{100 \times 0.3}{\dfrac{\pi}{16} \times 0.06^3} \text{ Pa} = 0.7 \times 10^6 \text{ Pa} = 0.7 \text{ MPa}$$

（6）计算动载时最大切应力。

$$\tau_{d,max} = K_d \tau_{st,max} = 22.8 \times 0.7 \text{ MPa} = 16.1 \text{ MPa}$$

假如材料的许用正应力 $[\sigma] = 120$ MPa，请读者继续完成杆件的强度校核。

**例 14.5** 如图 14.9a 所示立柱长度为 $l$，抗弯刚度为 $EI$，下端固定，上端有一柔度系数（单位力引起的变形）$\alpha = \dfrac{l^3}{2EI}$ 的弹簧连接。如在杆的中部 $B$ 处受一速度为 $v$ 的重物 $P$ 水平冲击。求弹簧的约束力。

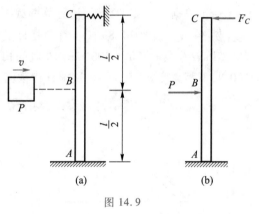

图 14.9

**解:**（1）计算在静载时弹簧的约束力。该结构为一次静不定结构，选取如图 14.9b 所示的相当系统。利用求弯曲变形的任一种方法，可求得 $C$ 端的静位移为 $\dfrac{5Pl^3}{48EI} - \dfrac{F_C l^3}{3EI}$，其方向水平向右，而弹簧在 $F_C$ 作用下，其压缩量为 $\dfrac{l^3}{2EI} F_C$，根据变形协调条件有

$$\frac{5Pl^3}{48EI} - \frac{F_C l^3}{3EI} = \frac{l^3}{2EI} F_C$$

求解上述方程可得

$$F_C = P/8$$

（2）计算冲击点的静位移。在截面 $B$ 受集中力 $P$ 和 $C$ 端受约束力 $P/8$ 共同作用下，利用求弯曲变形的任一种方法，可求得冲击点 $B$ 处的静位移为

$$\Delta_{st} = \frac{11Pl^3}{384EI}$$

（3）求冲击系统的动荷因数。因为是水平冲击，则动荷因数为

$$K_d = \sqrt{\frac{v^2}{g\Delta_{st}}} = \sqrt{\frac{384EIv^2}{11gPl^3}}$$

（4）计算在冲击时弹簧的约束力。冲击时弹簧的约束力 $F_{Cd}$ 为静载时的约束力乘以动荷因数，即

$$F_{Cd} = K_d F_C = \sqrt{\frac{384EIv^2}{11gPl^3}} \frac{P}{8} = \sqrt{\frac{6EIPv^2}{11gl^3}}$$

### 三、提高构件抗冲击能力的措施

由上述分析可知,冲击将引起冲击荷载,并在被冲击构件中产生很大的冲击应力。在工程中,有时要利用冲击的效应,如打桩、金属冲压成型加工等。但更多的情况下是采取适当的缓冲措施以减小冲击的影响。

从式(14.8)、(14.9)和式(14.10)以及水平冲击动荷因数表达式中可以看出,在不增加静应力的情况下,如果增大静位移 $\Delta_{\mathrm{st}}$,就可以减小动荷因数 $K_{\mathrm{d}}$,降低冲击载荷和冲击应力。这是因为,静位移的增大表示构件较为柔软,因而能更好地吸收冲击物的能量。所以如果条件允许,在不提高构件的静应力的前提下,应尽量降低构件的刚度。因此,被冲击构件采用弹性模量低、变形大的材料制作;或在被冲击构件上冲击点处垫以容易变形的缓冲附件,如橡胶或软塑料垫层、弹簧等,都可以使 $\Delta_{\mathrm{st}}$ 值大大提高。如火车车厢架与轮轴之间安装压缩弹簧,汽车大梁和底盘轴间安装钢板弹簧,某些机器或零件上加上橡皮坐垫或垫圈,都是为了既提高静变形 $\Delta_{\mathrm{st}}$,又不改变物体的静应力。这样可以明显地降低冲击应力,起到很好的缓冲作用。

**例 14.6**　图 14.10a 所示简支梁长度 $l=2$ m,材料为 No.20a 工字钢,中点受到从 $H=4$ cm 处自由下落重物 $P=4$ kN 的冲击。

（1）试求冲击时的最大正应力；

（2）若右端支座改为刚度系数 $c=500$ kN/m 的弹性支座（图 14.10b）,试求冲击时的最大正应力。

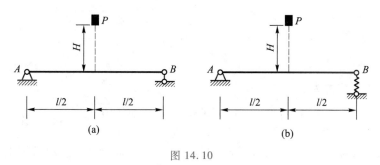

图 14.10

**解**：查型钢规格表可得 No.20a 工字钢的 $I=2\,370$ cm$^4$,$W=237$ cm$^3$。

（1）梁两端铰支时的最大正应力。在静载荷 $P$ 作用下,简支梁在冲击点沿冲击方向的静位移为

$$\Delta_{\mathrm{st}}=\frac{Pl^3}{48EI}=\frac{4\times1\,000\times2^3}{48\times200\times10^9\times2\,370\times10^{-8}}\ \mathrm{m}=1.406\times10^{-4}\ \mathrm{m}$$

由式(14.9)可得冲击动荷因数

$$K_{\mathrm{d}}=1+\sqrt{1+\frac{2H}{\Delta_{\mathrm{st}}}}=1+\sqrt{1+\frac{2\times0.04}{1.406\times10^{-4}}}=24.87$$

在静载荷 $P$ 作用下,两端铰支梁的最大正应力发生在中间截面,其大小为

$$\sigma_{\mathrm{st,max}}=\frac{M}{W}=\frac{Pl}{4W}=\frac{4\times1\,000\times2}{4\times237\times10^{-6}}\ \mathrm{MPa}=8.44\ \mathrm{MPa}$$

从而可得冲击载荷作用下的最大动应力为

$$\sigma_{d,max} = K_d \sigma_{st,max} = 24.87 \times 8.44 \text{ MPa} = 210 \text{ MPa}$$

（2）右端改为弹性支座后，在静载荷 $P$ 作用下，弹簧受到支座反力 $\dfrac{P}{2}$ 的作用压缩了 $\lambda = \dfrac{P}{2c}$，两端铰支梁在冲击点沿冲击方向的静位移为

$$\Delta'_{st} = 1.406 \times 10^{-4} \text{ m} + \frac{1}{2}\lambda = 1.406 \times 10^{-4} \text{ m} + \frac{4\,000}{4 \times 500\,000} \text{ m} = 2.14 \times 10^{-3} \text{ m}$$

由式（14.9）可得冲击动荷因数为

$$K'_d = 1 + \sqrt{1 + \frac{2H}{\Delta'_{st}}} = 1 + \sqrt{1 + \frac{2 \times 0.04}{2.14 \times 10^{-3}}} = 7.195$$

由于静应力不变，从而可得此时冲击载荷作用下的最大动应力为

$$\sigma'_{d,max} = K'_d \sigma_{st,max} = 7.195 \times 8.44 \text{ MPa} = 60.8 \text{ MPa}$$

可见，由于采用缓冲弹簧，降低了结构的刚度，使最大应力降低了约 70%。

**例 14.7** 在以下两种情况下，求例 14.2 中轴内最大动应力：

（1）轴被制动器急速刹住；

（2）制动器内安装了扭转弹簧，扭转刚度系数为 $k = 30 \text{ kN} \cdot \text{m/rad}$，轴被制动器急速刹住。

**解:** （1）当制动器急刹车时，飞轮具有动能。因而钢轴受到冲击，发生扭转变形。在冲击过程中，制动前飞轮的动能等于制动后钢轴的应变能。从而可得

$$\frac{1}{2}J\omega^2 = \frac{1}{2}\frac{T_d^2 l}{GI_p}$$

得冲击扭矩

$$T_d = \omega\sqrt{\frac{JGI_p}{l}}$$

于是，轴内的最大切应力为

$$\tau_{d,max} = \frac{T_d}{W_p} = \frac{4\omega}{d}\sqrt{\frac{JG}{2\pi l}} = \frac{4}{0.1} \times \frac{200\pi}{30} \times \sqrt{\frac{0.8 \times 80 \times 10^9}{2\pi \times 1}} \text{ Pa} = 84.6 \text{ MPa}$$

（2）当在制动器内安装了扭转弹簧时，制动前飞轮的动能等于制动后钢轴的应变能加弹簧内的势能，即

$$\frac{1}{2}J\omega^2 = \frac{1}{2}\frac{T_d^2 l}{GI_p} + \frac{1}{2}\frac{T_d^2}{k}$$

得冲击扭矩为

$$T_d = \omega\sqrt{\frac{JkGI_p}{kl + GI_p}}$$

于是，轴内的最大切应力为

$$\tau_{d,max} = \frac{T_d}{W_p} = \frac{4\omega}{d}\sqrt{\frac{16JkG}{\pi(32kl + G\pi d^4)}}$$

$$= \frac{4}{0.1} \times \frac{200\pi}{30} \times \sqrt{\frac{16 \times 0.8 \times 30 \times 10^3 \times 80 \times 10^9}{\pi(32 \times 30 \times 10^3 \times 1 + 80 \times 10^9 \times \pi \times 1^4)}} \text{ Pa} = 16.2 \text{ MPa}$$

比较本例与例 14.2 的结果可见,例 14.2 中制动时间仅增加了 0.01 s,轴内最大切应力就降为急剧制动的约 1/10,在制动器内安装了扭转弹簧后,轴内最大切应力可降为急剧制动的 1/5,且轴内最大切应力与轴的转速成正比。因此,对于高速旋转的轴,制动时应尽量延长其减速时间,在方便的情况下,也可考虑在制动器内安装扭转弹簧,这些都是防止轴破坏的有效措施。

### 四、冲击韧性

工程上衡量材料抗冲击能力的力学指标是冲击韧性 $\alpha_K$ 或冲击吸收能量 $W$。在受冲击构件的设计中,它是一个重要的材料力学性能指标。材料的冲击韧性 $\alpha_K$ 或冲击吸收能量 $W$ 是由冲击试验测得的。冲击试验标准试样长为 55 mm,截面尺寸为 10 mm×10 mm,试样中部带有 U 形(或 V 形)切槽,如图 14.11a 所示。冲击试验时,将标准试样置于冲击试验机机架上,并使切槽位于受拉的一侧,如图 14.11b 所示。试验机的摆锤从一定高度自由落下并将试样冲断,则试样所吸收的能量 $W$ 就等于摆锤所损失的势能,$W$ 称为冲击吸收能量,单位为 J(焦耳)。将 $W$ 除以试样切槽处的最小横截面面积 $A$,就得到冲击韧性,即

$$\alpha_K = \frac{W}{A} \tag{14.11}$$

$\alpha_K$ 称为**冲击韧性**,其单位为 J/m²(焦耳/米²)。$\alpha_K$ 越大表示材料抗冲击的能力越强。一般来说,塑性材料的抗冲击能力远高于脆性材料。例如低碳钢的冲击韧性就远高于铸铁。在工程问题中,对冲击韧性(或冲击吸收能量)的要求一般在标准中有具体规定。

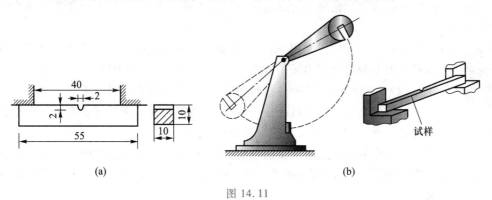

图 14.11

另外,试验结果表明,$\alpha_K$ 的数值随温度降低而减小。图 14.12 为低碳钢的 $\alpha_K$ 随温度变化情况图线。图线表明,随着温度的降低,在某一狭窄的温度区间内,$\alpha_K$ 的数值骤然下降,材料变脆,这就是**冷脆现象**。这一温度规定为**韧脆转变温度**(DBTT,ductile−brittle transition temperature)。各种材料的 $\alpha_K$ 与温度间的关系及转变温度都不相同。由图 14.12 可知,低碳钢的转变温度约为 −40 ℃。

由于材料在低于转变温度下冲击韧性很小,因此对低温下受冲击的构件应特别注意其冷脆性,也不是所有金属都有冷脆现象。例如铝、铜和某些高强度合金钢,在很大的温度变化范围内,$\alpha_K$ 的数值变化很小,没有明显的冷脆现象。另外钢在淬火后,冲击韧性有时却下降很多。

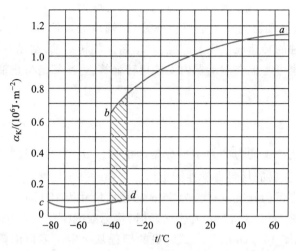

图 14.12 低碳钢的 $\alpha_K$ 随温度变化曲线

## §14.4 交变应力

一般情况下,随时间循环变化(图 14.13 中的实线),或在某一应力值上下交替变化(图 14.13 中的虚线)的应力称为循环应力或交变应力,如内燃机的连杆、气缸壁、齿轮的齿、火车的轮轴等构件内部的应力。循环应力随时间变化的历程称为应力谱,它可能是周期的,也可能是随机的。

14-1:
概念显化——
疲劳破坏

构件在交变应力作用下,产生可见裂纹或完全断裂的现象称为**疲劳破坏**,它与静应力下的失效有本质的区别。主要体现在以下四个特点:

(1)破坏时应力低于材料的强度极限,甚至低于材料的屈服极限;

(2)无论是脆性材料还是塑性材料,破坏时无显著的塑性变形,即使是塑性很好的材料,也会突然发生脆性断裂;

(3)疲劳破坏是一个损伤累积的过程,需经过多次应力循环后才会出现;

(4)在疲劳破坏的断口上,通常呈现两个区域,一个是光滑区域,一个是粗糙区域(图 14.14)。

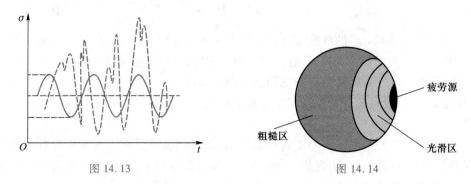

图 14.13                    图 14.14

以上特点可以通过疲劳破坏的形成过程加以说明。当交变应力的大小超过一定限度并经历了足够多次的交替重复后,在构件内部应力较大或材质薄弱处,将产生细微裂纹(即所谓**疲劳源**),这种裂纹随着应力循环次数增加而不断扩展,并逐渐形成宏观裂纹或导致断裂。在扩展过程中,由于应力循环变化,裂纹的两个侧面时而压紧,时而分开,或时而正向错动,时而反向错动,多次反复,从而形成断口的光滑区。另一方面,由于裂纹不断扩展,当达到其临界长度时,构件将发生突然断裂,从而形成断口颗粒状粗糙区。因此,疲劳破坏可以理解为疲劳裂纹萌生、逐渐扩展和最后断裂的过程。

## 一、交变应力及其类型

一般情况下,我们所说的交变应力均为周期性变化的,因此,在本教材中,只考虑周性期变化的交变应力。当交变应力在两个极值间周期性变化时,称为**恒幅交变应力**或**稳定交变应力**。如图 14.15a 所示的火车轮轴,承受车厢传来的载荷 $F$,$F$ 并不随时间变化,但由于轴在转动,横截面上除圆心以外的各点处的正应力都随时间作周期性的变化,如图 14.15b 所示,在此曲线中,应力由 $A$ 到 $B$ 经历了变化的全过程又回到原来的数值,称为一个**应力循环**。又如图 14.16a 所示的梁,受电动机的重量 $W$ 与电动机转动时引起的干扰力 $F_H \sin \omega t$ 作用,干扰力 $F_H \sin \omega t$ 就是随时间作周期性变化的,因而梁跨中截面下边缘危险点处的拉应力将随时间作周期性变化,如图 14.16b 所示。

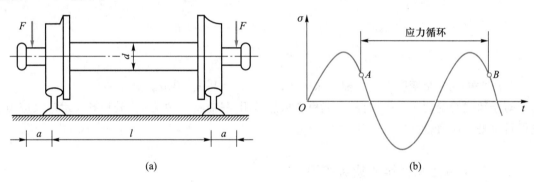

图 14.15

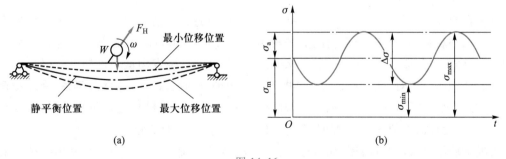

图 14.16

在一个应力循环中,应力的极大值与极小值分别称为**最大应力**和**最小应力**,并分别用 $\sigma_{max}$

和 $\sigma_{\min}$ 表示；$\sigma_{\max}$ 和 $\sigma_{\min}$ 的代数平均值 $\sigma_{\mathrm{m}} = \dfrac{\sigma_{\max} + \sigma_{\min}}{2}$ 称为**平均应力**，最大应力与最小应力的代

数差的一半 $\sigma_{\mathrm{a}} = \dfrac{\sigma_{\max} - \sigma_{\min}}{2}$，称为**应力幅**。

交变应力的应力循环特点，对材料的疲劳强度有直接影响。应力变化的特点，可用最小应

力与最大应力的比值 $r$ 表示，称为**应力比**或**循环特征**，$r = \dfrac{\sigma_{\min}}{\sigma_{\max}}$。

在循环应力中，如果最大应力与最小应力的数值相等，符号相反，即 $\sigma_{\max} = -\sigma_{\min}$，则称为**对称循环应力**，其应力比 $r = -1$。图 14.16 所示的匀速行驶的火车轮轴横截面上的应力就是拉压相等的对称循环应力。

除对称循环外，所有应力比 $r \neq -1$ 的循环应力，均属于**非对称循环应力**。其中，如果 $\sigma_{\min} = 0$，则称为**脉动循环应力**，其应力比 $r = 0$。齿轮工作时齿根处的应力情况，如图 14.17 所示。

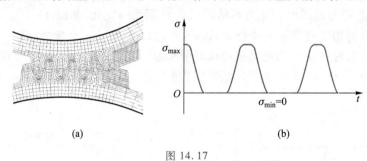

(a)          (b)

图 14.17

静应力可视为交变应力的一种特殊情况，此时有 $r = 1$，$\sigma_{\mathrm{a}} = 0$，$\sigma_{\mathrm{m}} = \sigma_{\max} = \sigma_{\min}$。

对于承受交变切应力的构件，上述概念依然适用，只需将 $\sigma$ 改为 $\tau$。若用 S 表示广义应力，它既可以是正应力，也可以是切应力。

### 二、$S$–$N$ 曲线和材料的疲劳极限

#### 1. $S$–$N$ 曲线

材料在交变应力作用下的强度由试验测定，最常用的试验是如图 14.18 所示的旋转弯曲试验。用相同材料加工成若干个相同的光滑小试样（$d = 7 \sim 10$ mm，表面光滑），并将试样分为多组；把试样安装于疲劳试验机上，使它承受纯弯曲，以电动机带动试样旋转，每旋转一周，截面上的点便经历一次对称应力循环，试样断裂前应力循环的次数 $N$ 即为**疲劳寿命**，保持载荷的大小和方向不变，即保持截面上的最大应力 $\sigma_{\max}$ 不变，对同一组试样进行重复试验；改变载荷的大小，即改变截面上的 $\sigma_{\max}$ 的大小，对另一组试样进行同样的试验。

根据试验结果，以应力循环中的 $\sigma_{\max}$ 为纵坐标，疲劳寿命 $N$ 为横坐标，绘制出疲劳寿命与最大应力之间的关系曲线，即**应力-寿命曲线**或 **$S$–$N$ 曲线**，如图 14.19 所示。应当注意到，应力比不同，$S$–$N$ 曲线不同。从 $S$–$N$ 曲线中可以看出，应力 $\sigma_{\max}$ 愈大，疲劳寿命 $N$ 愈短。疲劳寿命 $N < 10^{4}$（或 $10^{5}$）的疲劳问题，一般称为低周疲劳，反之称为高周疲劳。

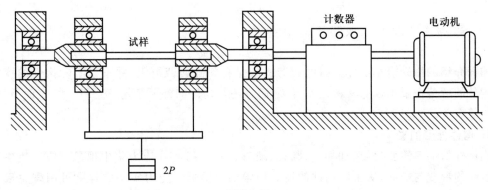

图 14.18

### 2. 疲劳极限

试验表明,有些材料的 $S-N$ 曲线存在水平渐近极线(例如钢、铸铁等),该渐近线的纵坐标对应的应力,即材料的**持久极限**,表示交变应力的最大值低于此值时,材料能经受"无限"次应力循环而不会发生疲劳破坏,持久极限用 $\sigma_r$ 或 $\tau_r$ 表示,下标 r 代表应力比或循环特征。例如,图 14.19 中的 $\sigma_{-1}$ 代表材料在对称循环应力下的持久极限。

但有色金属及其合金的 $S-N$ 曲线一般不存在水平渐近线(图 14.20),对于这类材料,通常根据构件的使用要求,人为地指定某一寿命 $N_0$(通常取 $10^7 \sim 10^8$)所对应的应力作为疲劳的极限应力,并称为材料的**疲劳极限**或**条件疲劳极限**。为叙述简便,以后将持久极限和疲劳极限(或条件疲劳极限)统称为**疲劳极限**。

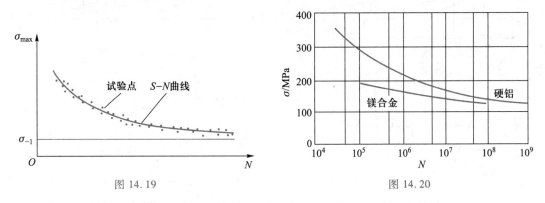

图 14.19

图 14.20

试验发现,钢材的疲劳极限与其静强度极限 $\sigma_b$ 之间存在下述经验关系:

$$\sigma_{-1}(\text{弯}) \approx (0.4 \sim 0.5)\sigma_b$$

$$\sigma_{-1}(\text{拉}) \approx (0.33 \sim 0.59)\sigma_b$$

$$\sigma_{-1}(\text{扭}) \approx (0.23 \sim 0.29)\sigma_b$$

可见,在交变应力作用下,材料抵抗破坏的能力显著降低。但是,在应用上述关系以及所有与它们相似的关系时,必须十分谨慎,因为它们只是在一定的材料和一定的试验条件下取得的。

### 三、影响构件疲劳极限的主要因素

前面介绍的用光滑小试样测得的疲劳极限是材料的疲劳极限,并不是实际构件的疲劳极限。构件的疲劳极限不仅与材料性质有关,而且还与构件的外形结构、截面尺寸、表面质量、工作环境等有关。

#### 1. 构件外形的影响

构件外形的突然变化处(如切槽、圆孔、缺口、轴肩等)存在应力集中现象。应力集中容易促使裂纹的形成与扩展,从而使构件的疲劳极限明显降低。应力集中的程度可用**理论应力集中系数** $K_t$ 来描述。工程中,已将各种情况下的理论应力集中系数编成手册,图 14.21a~k 就是从中节选的部分图表。图中 $K_{t\sigma}$、$K_{t\tau}$ 分别为正应力和切应力理论应力集中系数。

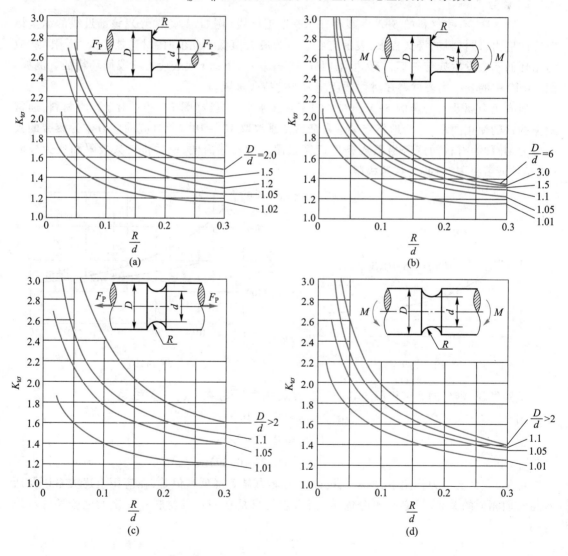

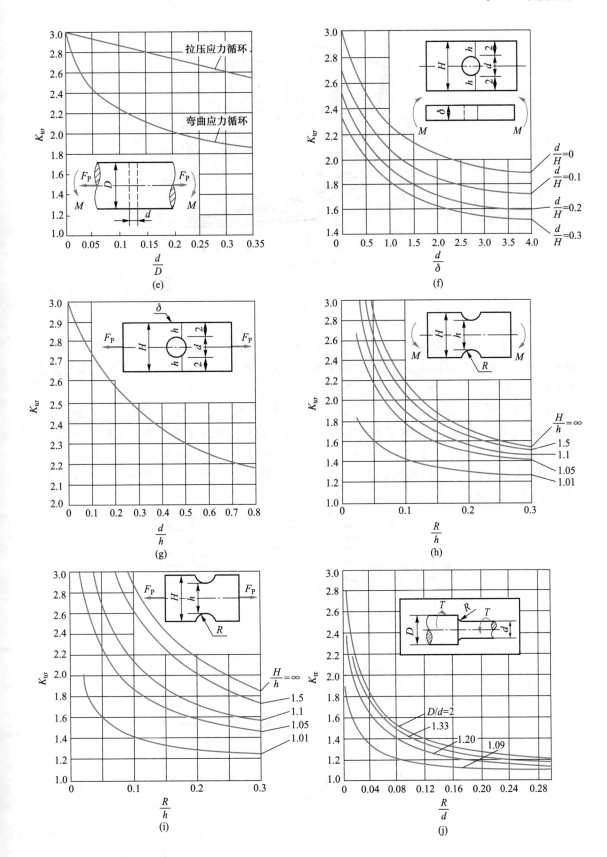

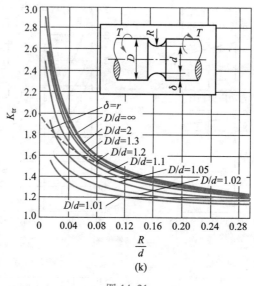

图 14.21

　　理论应力集中系数只考虑了构件外形的影响,没有考虑材料对应力集中的敏感性。因此,理论应力集中系数不能直接确定应力集中对构件疲劳极限的影响程度。工程上采用**有效应力集中系数 $K_f$** 来反映应力集中对疲劳强度的影响。

　　有效应力集中系数不仅与构件的形状有关,而且与构件的材料有关。前者由理论应力集中系数来反映;后者由材料的**缺口敏感因素** $q$ 来反映,钢材的缺口敏感因素 $q$ 可由图 14.22 中的曲线查得。当缺口半径 $R>4.0$ mm 时,可采用外推法,将 $R=4.0$ mm 处的切线作为该曲线的延长来求出 $q$ 值。若外推后得到 $q>1.0$,取 $q=1.0$。有效应力集中系数与理论应力集中系数、缺口敏感因素三者之间有如下关系:

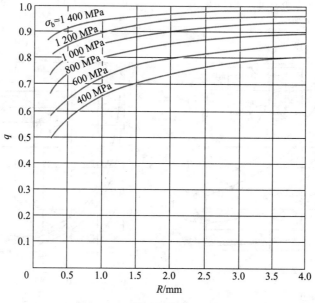

图 14.22

$$K_f = 1 + q(K_t - 1) \tag{14.12a}$$

对于交变正应力

$$K_{f\sigma} = 1 + q(K_{t\sigma} - 1) \tag{14.12b}$$

对于交变切应力

$$K_{f\tau} = 1 + q(K_{t\tau} - 1) \tag{14.12c}$$

### 2. 构件尺寸的影响

试验结果表明,随着试样直径的增加,疲劳极限将下降,而且对于钢材,强度越高,疲劳极限下降越明显。因此,必须考虑构件尺寸对疲劳极限的影响。

构件尺寸引起疲劳极限降低的主要原因有:一是毛坯质量因尺寸而异,大尺寸毛坯所含的缩孔、裂纹、夹杂物等要比小尺寸毛坯多;二是大尺寸构件表面积和表层体积都比较大,而裂纹源一般都在表面或表层下,故形成疲劳源的概率也比较大;三是应力梯度的影响,如图 14.23 所示两个受扭试样,沿圆截面的半径,切应力是线性分布的,若两者最大切应力相等,显然,沿圆截面的半径,大试样应力的衰减比小试样缓慢,因而大试样横截面上的高应力区比小试样的多,所以,形成疲劳裂纹的机会也更多。

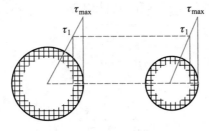

图 14.23

构件尺寸对疲劳极限的影响程度用**尺寸因数** $\varepsilon$ 来描述,即

$$\varepsilon = \frac{(S_{-1})_d}{S_{-1}} \tag{14.13a}$$

式中, $(S_{-1})_d$ 和 $S_{-1}$ 分别为光滑大试样和光滑小试样在对称循环下的疲劳极限。

对于交变正应力

$$\varepsilon_\sigma = \frac{(\sigma_{-1})_d}{\sigma_{-1}} \tag{14.13b}$$

对于交变切应力

$$\varepsilon_\tau = \frac{(\tau_{-1})_d}{\tau_{-1}} \tag{14.13c}$$

钢材的尺寸因数可由图 14.24 查得。

### 3. 构件表面质量的影响

一般情况下,最大应力出现在构件的表面层,疲劳裂纹也多生成于表面层。构件表面加工留下的刀痕、擦伤等又引起应力集中,降低构件的疲劳极限。所以,构件表面加工质量对疲劳极限有明显的影响。

表面加工质量对疲劳极限的影响,用**表面质量因数** $\beta$ 来度量,即

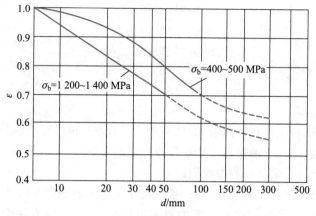

图 14.24

$$\beta = \frac{(S_{-1})_\beta}{S_{-1}} \tag{14.14a}$$

式中,$(S_{-1})_\beta$ 和 $S_{-1}$ 分别为其他加工试样和磨削加工试样在对称循环下的疲劳极限。

对于交变正应力

$$\beta_\sigma = \frac{(\sigma_{-1})_\beta}{\sigma_{-1}} \tag{14.14b}$$

对于交变切应力

$$\beta_\tau = \frac{(\tau_{-1})_\beta}{\tau_{-1}} \tag{14.14c}$$

各种表面加工方法的表面质量因数可查有关手册得到,如图 14.25 所示。由图可知,表面加工质量越低,疲劳极限降低得越多;材料的静强度越高,加工质量对疲劳极限影响得越显著。

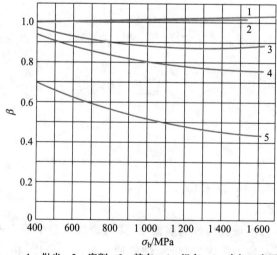

1—抛光;2—磨削;3—精车;4—粗车;5—未加工表面

图 14.25

另一方面,如构件经淬火、渗碳、渗氮等热处理,使表层得到强化,或者经滚压、喷丸等机械处理,使表层形成预压力,减弱容易引起裂纹的工作应力,这些都会提高构件的疲劳极限,得到大于 1 的表面质量因数 $\beta$。各种表层强化方法的表面质量因数列入表 14.1 中。

表 14.1　各种强化方法的表面质量因数

| 强化方法 | 心部强度 $\sigma_{\mathrm{b}}/\mathrm{MPa}$ | $\beta$ | | |
|---|---|---|---|---|
| | | 光轴 | 低应力集中的轴 $K_\sigma \leqslant 1.5$ | 高应力集中的轴 $K_\sigma \geqslant 1.8 \sim 2$ |
| 高频淬火 | 600~800 | 1.5~1.7 | 1.6~1.7 | 2.4~2.8 |
| | 800~1 000 | 1.3~1.5 | | |
| 渗氮 | 900~1 000 | 1.1~1.25 | 1.5~1.7 | 1.7~2.1 |
| 渗碳 | 400~600 | 1.8~2.0 | 3 | |
| | 700~800 | 1.4~1.5 | | |
| | 1 000~1 200 | 1.2~1.3 | 2 | |
| 喷丸硬化 | 600~1 500 | 1.1~1.25 | 1.5~1.6 | 1.7~2.1 |
| 滚子滚压 | 600~1 500 | 1.1~1.3 | 1.3~1.5 | 1.6~2.0 |

注:1. 高频淬火系根据直径为 10~20 mm、淬硬层厚度为 (0.05~0.20)$d$ 的试样实验求得的数据,对大尺寸的试样强化系数的值会有某些降低。

2. 渗氮层厚度为 0.01$d$ 时用小值;在 (0.03~0.04)$d$ 时用大值。

3. 喷丸硬化根据 8~40 mm 的试样求得的数据。喷丸速度低时用小值、速度高时用大值。

4. 滚子滚压系根据 17~130 mm 的试样求得的数据。

综合上述三种因素,在对称循环下,构件的疲劳极限应为

$$S_{-1}^0 = \frac{\varepsilon\beta}{K_\mathrm{f}} S_{-1} \tag{14.15a}$$

对于交变正应力

$$\sigma_{-1}^0 = \frac{\varepsilon_\sigma \beta_\sigma}{K_{\mathrm{f}\sigma}} \sigma_{-1} \tag{14.15b}$$

对于交变切应力

$$\tau_{-1}^0 = \frac{\varepsilon_\tau \beta_\tau}{K_{\mathrm{f}\tau}} \sigma_{-1} \tag{14.15c}$$

除上述三种主要因素外,构件的工作环境,如温度、介质等,也会影响疲劳极限的数值。这类因素的影响也可用修正系数来表示,这里不再赘述。

## 四、疲劳强度计算

### 1. 对称循环下构件的疲劳强度条件

在对称循环下,构件的疲劳极限 $S_{-1}^0$ 由式 (14.15a) 来计算,它是构件在交变应力作用下的

承载能力,为安全起见,选取适当的许用疲劳安全因数 $n_f$ 得到许用应力

$$[S_{-1}] = \frac{S_{-1}^0}{n_f} = \frac{\varepsilon\beta}{n_f K_f} S_{-1} \tag{14.16}$$

构件的疲劳强度条件为

$$S_{max} \leqslant [S_{-1}] = \frac{\varepsilon\beta}{n_f K_f} S_{-1} \tag{14.17}$$

式中,$S_{max}$ 是对称循环交变应力的最大应力值。

为计算方便,将式(14.17)表示为安全因数形式,即

$$n_s = \frac{S_{-1}^0}{S_{max}} = \frac{\varepsilon\beta}{K_f S_{max}} S_{-1} \geqslant n_f \tag{14.18a}$$

式中,$n_s$ 为工作安全因数。

对于交变正应力

$$n_\sigma = \frac{\sigma_{-1}^0}{\sigma_{max}} = \frac{\varepsilon_\sigma \beta_\sigma}{K_{f\sigma} \sigma_{max}} \sigma_{-1} \geqslant n_f \tag{14.18b}$$

对于交变切应力

$$n_\tau = \frac{\tau_{-1}^0}{\tau_{max}} = \frac{\varepsilon_\tau \beta_\tau}{K_{f\tau} \tau_{max}} \tau_{-1} \geqslant n_f \tag{14.18c}$$

**例 14.8**　如图 14.26 所示阶梯形传动轴,$D = 75$ mm,$d = 50$ mm,$R = 3.5$ mm,承受的弯矩 $M = 314$ N·m,表面精车加工。材料为钢材,强度极限 $\sigma_b = 400$ MPa,疲劳极限 $\sigma_{-1} = 250$ MPa。若许用疲劳安全因数 $n_f = 2.5$,试校核该轴的疲劳强度。

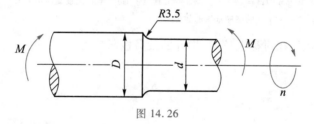

图 14.26

**解:**(1)确定危险点的最大工作应力

由弯曲正应力计算公式可得

$$\sigma_{max} = \frac{M}{W} = \frac{32M}{\pi d^3} = \frac{32 \times 324}{3.14 \times 50^3 \times 10^{-9}} \text{ Pa} = 25.6 \text{ MPa}$$

(2)确定各种影响因素

由 $D/d = 1.5$,$R/d = 0.07$,从图 14.21a 中的曲线查得理论应力集中系数 $K_{t\sigma} = 1.9$。

由过渡圆角半径 $R = 3.5$ mm 和强度极限 $\sigma_b = 400$ MPa,从图 14.22 中查得缺口敏感因数 $q = 0.79$。从而可得有效应力集中系数为

$$K_{f\sigma} = 1 + q(K_{t\sigma} - 1) = 1 + 0.79 \times (1.9 - 1) = 1.71$$

由轴径 $D = 75$ mm,从图 14.24 中可查得尺寸因数 $\varepsilon_\sigma = 0.74$。

因表面精车加工,从图 14.25 中可查得表面质量因数 $\beta_\sigma = 0.96$。

（3）疲劳强度计算

由式（14.18b）计算工作安全因数

$$n_\sigma = \frac{\varepsilon_\sigma \beta_\sigma}{K_{f\sigma} \sigma_{max}} \sigma_{-1} = \frac{0.74 \times 0.96 \times 250}{1.71 \times 25.6} = 4.06 \geq n_f = 2.5$$

故该轴满足疲劳强度条件。

**2. 非对称循环下构件的疲劳强度条件**

非对称循环下材料的疲劳极限 $S_r$ 也由疲劳试验测定，根据材料在各种应力循环特征 $r$ 下的疲劳极限，可得到材料的疲劳极限曲线。将疲劳极限曲线简化，再考虑各种因素的影响，得到非对称循环交变应力下构件的疲劳强度条件

$$n_\sigma = \frac{\sigma_{-1}}{\sigma_a \dfrac{K_{f\sigma}}{\varepsilon_\sigma \beta_\sigma} + \sigma_m \psi_\sigma} \geq n_f \qquad (14.19a)$$

$$n_\tau = \frac{\tau_{-1}}{\tau_a \dfrac{K_{f\tau}}{\varepsilon_\tau \beta_\tau} + \tau_m \psi_\tau} \geq n_f \qquad (14.19b)$$

上两式中，$\sigma_a$、$\tau_a$ 代表构件危险点处的应力幅，$\sigma_m$、$\tau_m$ 代表构件危险点处的平均应力，$K$、$\varepsilon$、$\beta$ 分别代表对称循环交变应力下有效应力集中系数、尺寸因数、表面加工质量因数。由式中可知，应力集中、尺寸、表面质量等因素只对应力幅值有影响。$\psi_\sigma$、$\psi_\tau$ 反映材料对于应力循环非对称性的敏感程度，是敏感因数，用下式表示

$$\psi_\sigma = \frac{2\sigma_{-1} - \sigma_0}{\sigma_0} \qquad (14.20a)$$

$$\psi_\tau = \frac{2\tau_{-1} - \tau_0}{\tau_0} \qquad (14.20b)$$

式中，$\sigma_0$、$\tau_0$ 表示脉动循环下材料的疲劳极限。$\psi_\sigma$ 与 $\psi_\tau$ 亦可从设计手册中查得。

例 14.9　如图 14.27 所示，圆杆上有一个沿直径的贯穿圆孔，不对称交变弯矩为 $M_{max} = 5M_{min} = 512$ N·m。材料为合金钢，$\sigma_b = 950$ MPa，$\sigma_s = 540$ MPa，$\sigma_{-1} = 430$ MPa，$\psi_\sigma = 0.2$。圆杆表面经磨削加工。若许用疲劳安全因数 $n_f = 2.0$，试校核此杆的疲劳强度。

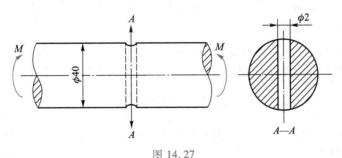

图 14.27

解：（1）确定圆杆的工作应力

由弯曲正应力计算公式可得

最大应力

$$\sigma_{\max} = \frac{M_{\max}}{W} = \frac{32M_{\max}}{\pi d^3} = \frac{32 \times 522}{3.14 \times 40^3 \times 10^{-9}} \text{Pa} = 81.5 \text{ MPa}$$

从而有最小应力

$$\sigma_{\min} = \frac{1}{5}\sigma_{\max} = 16.3 \text{ MPa}$$

平均应力

$$\sigma_m = \frac{M_{\max} + M_{\min}}{2} = 48.9 \text{ MPa}$$

应力幅

$$\sigma_a = \frac{M_{\max} - M_{\min}}{2} = 32.9 \text{ MPa}$$

循环特性

$$r = \frac{\sigma_{\min}}{\sigma_{\max}} = 0.2$$

（2）确定各种影响因素

按照圆杆的尺寸，$\dfrac{d}{D} = \dfrac{2}{40} = 0.05$。由图 14.21e 中的曲线查得，理论应力集中系数 $K_{t\sigma} = 2.42$。由圆孔 $d = 2$ mm 和强度极限 $\sigma_b = 950$ MPa，从图 14.22 中查得缺口敏感因数 $q = 0.85$。从而可得有效应力集中系数为

$$K_{f\sigma} = 1 + q(K_{t\sigma} - 1) = 1 + 0.85 \times (2.42 - 1) = 2.21$$

由轴径 $D = 40$ mm，从图 14.24 中可查得尺寸因数 $\varepsilon_\sigma = 0.74$。

因表面经磨削加，从图 14.25 中可查得表面质量因数 $\beta_\sigma = 1.0$。

（3）疲劳强度计算

由式（14.18b）计算工作安全因数

$$n_\sigma = \frac{\sigma_{-1}}{\sigma_a \dfrac{K_{f\sigma}}{\varepsilon_\sigma \beta_\sigma} + \sigma_m \psi_\sigma} = \frac{430}{32.6 \times \dfrac{2.21}{0.74 \times 1.0} + 0.2 \times 48.9} = 4.0 \geqslant n_f = 2.0$$

所以，疲劳强度是足够的。

**3. 弯扭组合交变应力下构件的疲劳强度条件**

对于静强度，根据第三强度理论（最大切应力理论），弯扭组合变形的强度条件是

$$\sigma_{r3} = \sqrt{\sigma^2 + 4\tau^2} \leqslant \frac{\sigma_s}{n} \tag{a}$$

式中，$\sigma$、$\tau$ 为构件同一危险点处的正应力和切应力。将式（a）两边平方后同除以 $\sigma_s^2$，再注意到 $\tau_s = \sigma_s/2$，则式（a）变为

$$\frac{1}{\left(\dfrac{\sigma_s}{\sigma}\right)^2 + \left(\dfrac{\tau_s}{\tau}\right)^2} \leqslant \frac{1}{n^2} \tag{b}$$

式中,比值 $\sigma_s/\sigma$、$\tau_s/\tau$ 可分别相当于弯曲、扭转各自单独静载时的工作安全因数,现分别用 $n_\sigma$、$n_\tau$ 来表示,则式(b)变为

$$\frac{1}{n_\sigma^2+n_\tau^2}\leqslant\frac{1}{n^2} \tag{c}$$

试验结果表明,式(c)可推广应用到承受弯扭组合交变应力构件的强度计算中。此时,$n_\sigma$、$n_\tau$ 可分别是构件单独承受弯曲交变应力、扭转交变应力时的工作安全因数,可用前面相应的公式计算得到。于是得到弯扭组合交变应力下构件的疲劳强度条件

$$n_{\sigma\tau}=\frac{n_\sigma n_\tau}{\sqrt{n_\sigma^2+n_\tau^2}}\geqslant n_{\mathrm{f}} \tag{14.21}$$

式中,$n_{\sigma\tau}$ 是弯扭组合交变应力下构件的工作安全因数。

建立了构件的疲劳强度条件,就可以对构件进行疲劳强度计算,工程中通常是校核疲劳强度。

**例 14.10**　如图 14.28 所示为盘式抛光机转轴,精车加工。材料为合金钢,$\sigma_{\mathrm{b}}=1\,200\,\mathrm{MPa}$,$\sigma_0=655\,\mathrm{MPa}$,$\sigma_{-1}=360\,\mathrm{MPa}$,$\tau_0=308\,\mathrm{MPa}$,$\tau_{-1}=162\,\mathrm{MPa}$。工作时工件在作用处对盘面产生正压力 $F_1$ 和脉动摩擦力 $F_2$,且 $F_1=200\,\mathrm{N}$,$F_2$ 对盘面形成的脉动循环摩擦平衡扭矩的最大值 $T=12\,\mathrm{N\cdot m}$。若许用疲劳安全因数 $n_{\mathrm{f}}=2.0$,作用处到盘心的距离 $a=104.5\,\mathrm{mm}$,试校核该轴的疲劳强度。

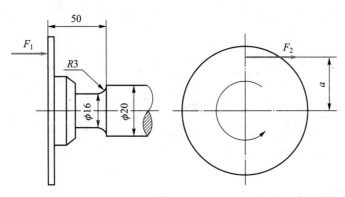

图 14.28

**解:**(1) 确定转轴的工作应力

扭转脉动循环的最大切应力为

$$\tau_{\max}=\frac{T}{W_{\mathrm{p}}}=\frac{16T}{\pi d^3}=\frac{16\times12}{3.14\times16^3\times10^{-9}}\,\mathrm{Pa}=14.93\,\mathrm{MPa},\quad\tau_{\min}=0$$

故有 $\tau_{\mathrm{m}}=\tau_{\mathrm{a}}=7.47\,\mathrm{MPa}$,$r=0$。

转轴受到的弯矩为 $M=F_1a=20.9\,\mathrm{N\cdot m}$,弯曲正应力为非对称循环应力

$$\sigma_{\max}=\frac{M}{W}-\frac{F_1}{A}=\frac{32M}{\pi d^3}-\frac{4F_1}{\pi d^2}=\left(\frac{32\times20.9}{3.14\times16^3\times10^{-9}}-\frac{4\times200}{3.14\times16^2\times10^{-6}}\right)\,\mathrm{Pa}=51\,\mathrm{MPa}$$

$$\sigma_{\min}=-\frac{M}{W}-\frac{F_1}{A}=-\frac{32M}{\pi d^3}-\frac{4F_1}{\pi d^2}=\left(-\frac{32\times20.9}{3.14\times16^3\times10^{-9}}-\frac{4\times200}{3.14\times16^2\times10^{-6}}\right)\,\mathrm{Pa}=-53\,\mathrm{MPa}\ \text{故有},\sigma_{\mathrm{m}}=$$

$$\frac{M_{max}+M_{min}}{2}=-1 \text{ MPa}, \sigma_a=\frac{M_{max}-M_{min}}{2}=52 \text{ MPa}, r=-0.96$$

（2）确定各种影响因素

由于 $R/d=0.19, D/d=1.25$。由图 14.21d 和图 14.21j 分别查得，$K_{t\sigma}=1.49, K_{t\tau}=1.20$。再由图 14.22 查得，$q=0.96$。从而可得有效应力集中系数为

$$K_{f\sigma}=1+q(K_{t\sigma}-1)=1+0.96\times(1.49-1)=1.47$$

$$K_{f\tau}=1+q(K_{t\tau}-1)=1+0.96\times(1.20-1)=1.19$$

从图 14.24 中可查得尺寸因数 $\varepsilon_\sigma=\varepsilon_\tau=0.84$。

从图 14.25 中可查得表面质量因数 $\beta_\sigma=0.87$。

确定敏感因数

$$\psi_\sigma=\frac{2\sigma_{-1}-\sigma_0}{\sigma_0}=\frac{2\times360-655}{655}=0.1$$

$$\psi_\tau=\frac{2\tau_{-1}-\tau_0}{\tau_0}=\frac{2\times162-308}{308}=0.05$$

（3）疲劳强度计算

工作安全因数计算

$$n_\sigma=\frac{\sigma_{-1}}{\sigma_a\dfrac{K_{f\sigma}}{\varepsilon_\sigma\beta_\sigma}+\sigma_m\psi_\sigma}=\frac{360}{52\times\dfrac{1.47}{0.84\times0.87}+0.1\times(-1)}=3.44$$

$$n_\tau=\frac{\tau_{-1}}{\tau_a\dfrac{K_{f\tau}}{\varepsilon_\tau\beta_\tau}+\tau_m\psi_\tau}=\frac{162}{7.47\times\dfrac{1.19}{0.84\times0.87}+0.05\times7.47}=12.92$$

$$n_{\sigma\tau}=\frac{n_\sigma n_\tau}{\sqrt{n_\sigma^2+n_\tau^2}}=\frac{3.44\times12.92}{\sqrt{3.44^2+1292^2}}=3.32\geqslant n_f=2.0$$

所以，疲劳强度是足够的。

## 五、提高疲劳强度的措施

提高疲劳强度是指在不改变构件的基本尺寸和材料的前提下，通过减小应力集中和改善表面质量，以提高构件的疲劳极限。通常有以下一些措施：

### 1. 减缓应力集中

截面突变处的应力集中是产生裂纹以用裂纹扩展的重要原因。为了减缓应力集中，在设计构件外形时，要避免出现方形或带有尖角的孔和槽。在截面尺寸突然改变处（如阶递轴的轴肩），要采用半径足够大的过渡圆角。随着过渡圆角的增大，有效应力集中系数迅速减少，从而可以明显地提高构件的疲劳强度。

### 2. 提高表面光洁度

构件表面的加工质量对疲劳强度影响很大。对疲劳强度要求较高的构件，应提高其表面的光洁度。高强度钢对构件表面的粗糙度更为敏感，只有经过精加工，才有利于发挥高强度钢

的意义。另外,在使用中应尽量避免使构件表面受到机械损伤(如划伤、打印等)或化学损坏(如腐蚀、生锈等)。

### 3. 提高表面层质量

构件的疲劳裂纹大都从表面开始形成和扩展,通过机械的或化学的方法对构件表面进行强化处理,改善表面层质量,将使构件的疲劳强度有明显提高。

机械处理方法有表面滚压、喷丸处理等。喷丸处理是将很小的钢丸、铸铁丸、玻璃丸或其他硬度较大的小丸以很高的速度喷射到构件表面上,使表面材料产生塑性变形而强化,同时可在表面层产生残留压应力,抑制疲劳裂纹的形成的扩展。喷丸处理方法近年来得到广泛应用,并取得了明显的效益。

化学处理方法有表面高频淬火、渗碳、渗氮和碳氮共渗等,这些方法可使构件表面的材料强度提高,从而可使构件的疲劳强度有明显提高。但采用这些方法时,要严格控制工艺过程,否则将造成表面微细裂纹,反而降低疲劳强度。

 **思考题**

14.1　何谓动静法?它是如何将动力学问题转化为静力学问题来处理的?

14.2　如何计算冲击变形与冲击应力?计算假设有哪些?请分析说明:采用这些假设后所得到的冲击变形与冲击应力结果是高于实际情况,还是低于实际情况。

14.3　材料在交变应力下破坏的原因是什么?它与静载荷作用下的破坏有何区别?

14.4　图示圆轴,在跨中作用有集中力 $F$,试分别指出以下几种情况下轴的交变应力的循环名称。

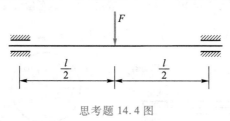

思考题 14.4 图

(1) 载荷 $F$ 不随时间变化,而圆轴以等角速度 $\omega$ 旋转;

(2) 圆轴不旋转,而 $F = F_0 + F_H \sin \omega t$ 作周期性变化(其中 $F_0$ 和 $F_H$ 为常量);

(3) 圆轴不旋转,而载荷在 $0 \sim F$ 之间随时间作周期性变化;

(4) 圆轴不旋转,载荷 $F$ 也不变;

(5) 圆轴不旋转,载荷 $F$ 大小也不变,其作用点位置沿跨中截面的圆周作连续移动,$F$ 的方向始终指向圆心。

14.5　什么叫疲劳极限,它是如何测定的?影响疲劳极限的主要因素是什么?

 **习题**

14.1　某火箭长度为 30 m,总质量为 300 000 kg,总推力为 3 600 kN,起飞阶段推力稳定后在铅垂方向作匀加速直线飞行。假设火箭可简化为圆环形截面均质杆,截面外径为 2.3 m,内径为 2.24 m,求距火箭底部 10 m 处截面上的应力。设重力加速度 $g = 9.8\ \text{m/s}^2$。

14.2　长度为 180 mm 的铸铁杆,以角速度 $\omega$ 绕 $O_1O_2$ 轴等速旋转。已知铸铁密度 $\rho = 7.54 \times 10^3$ kg/m$^3$,许用应力 $[\sigma] = 40$ MPa,弹性模量 $E = 160$ GPa,试根据杆的强度确定轴的最大转速,并计算杆的相应伸长量。

14.3　一铸铁飞轮以转速 $n = 6$ r/s 等速旋转,轮缘中径 $D = 2.5$ m,铸铁密度 $\rho = 7.54 \times 10^3$ kg/m$^3$,许用应力 $[\sigma] = 40$ MPa,轮缘厚度 $t \ll D$,且忽略轮辐的影响,试校核飞轮强度,并根据杆的强度确定飞轮的最大转速。

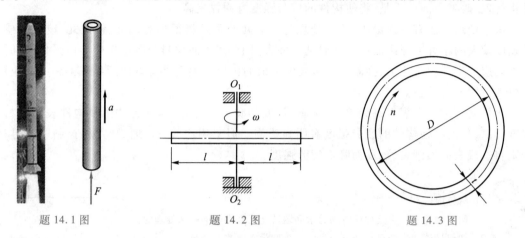

题 14.1 图　　　　　　　题 14.2 图　　　　　　　题 14.3 图

14.4　图示直径 $d = 10$ mm 的钢轴上装有转动惯量 $J = 0.5$ N·m·s$^2$ 的飞轮,轴的转动惯量不计,转速 $n = 300$ r/min,制动器刹车时,使轴在 10 r 内均减速停止转动。求轴内最大动应力。

14.5　图示机车车轮以 $n = 400$ r/min 的转速旋转。平行杆 $AB$ 的横截面为矩形,$h = 60$ mm,$b = 30$ mm,$l = 2$ m,$r = 250$ mm,材料的密度为 $7.8 \times 10^3$ kg/m$^3$。试确定平行杆最危险位置和杆内最大正应力。

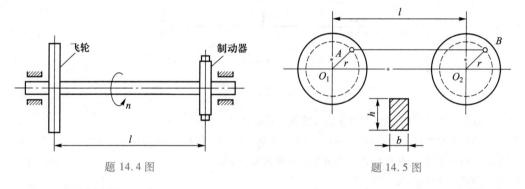

题 14.4 图　　　　　　　　　　　题 14.5 图

14.6　图示圆截面钢杆,直径 $d = 20$ mm,杆长 $l = 2$ m,弹性模量 $E = 210$ GPa,一重量 $P = 500$ N 的冲击物,沿杆轴自高度 $h = 100$ mm 处自由下落。试在下列两种情况下计算杆内横截面上的最大正应力。

(a) 冲击物直接落在杆的凸缘上;

(b) 凸缘上放有弹簧,其刚度系数 $k = 200$ N/mm。杆与凸缘的质量以及凸缘与冲击物的变形均忽略不计。

14.7　直径 $d = 30$ mm、长 $l = 6$ m 的圆木柱,下端固定,上端受重量 $P = 2$ kN 的重锤作用。木材的弹性模量 $E_1 = 10$ GPa。试求以下三种情况下,木桩内的最大正应力:

(a) 重锤以静载荷的方式作用于木桩上;

(b) 重锤以离桩顶 $h = 0.5$ m 的高度自由落下;

(c) 在桩顶放置直径为 15 cm、厚为 40 mm 的橡皮垫,橡皮的弹性模量 $E_2 = 8$ MPa。重锤也是从离橡皮垫顶面 0.5 m 的高度自由落下。杆与橡皮的质量以及冲击物的变形均忽略不计。

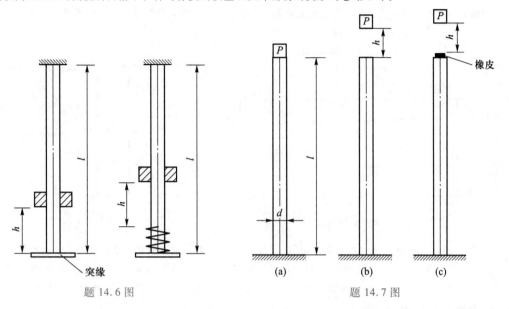

题 14.6 图　　　　　　　　　　　　　题 14.7 图

14.8　运动员跳水的跳板可简化为如图所示的外伸梁 $ABC$，梁材料的弹性模量 $E = 10\ \mathrm{GPa}$。假设重量 $W = 700\ \mathrm{N}$ 的运动员在点 $C$ 上方从高度 $h = 300\ \mathrm{mm}$ 处自由下落至点 $C$，试求跳板中最大正应力。梁的质量与运动员的变形均忽略不计。

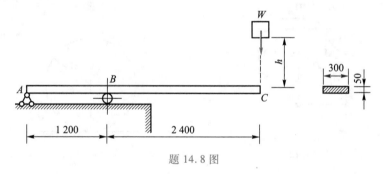

题 14.8 图

14.9　重量为 $P$ 的车子正欲通过某桥梁，设桥梁可简化为不计质量的外伸梁，抗弯截面系数为 $W$，轮子与车身都是刚性的，求前轮刚进入桥梁时在梁内产生的最大正应力。

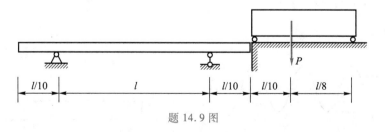

题 14.9 图

14.10　图示等截面刚架，一重量 $P = 300\ \mathrm{N}$ 的物体，自高度 $h = 50\ \mathrm{mm}$ 处自由下落。试计算截面 $A$ 的最大铅垂位移与刚架内的最大正应力。材料的弹性模量 $E = 200\ \mathrm{GPa}$，刚架的质量与冲击物的变形均忽略不计。

14.11 图示一重量为 $P$ 的物体,以速度 $v$ 沿水平方向冲击梁端截面 $A$。试计算截面 $A$ 的最大水平位移与梁内的最大正应力。设梁的抗弯截面系数为 $W$。梁的质量与冲击物的变形均忽略不计。

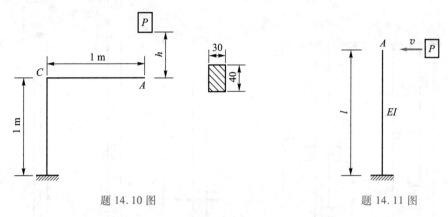

题 14.10 图            题 14.11 图

14.12 图示结构中,木杆 $AB$ 与钢梁 $BC$ 在端点 $B$ 处铰接,两者的横截面是边长均为 $a = 0.1$ m 的正方形,$l = 1$ m。$D$-$D$ 为与 $AB$ 连接的不变形刚性板,当环状重物($P = 1.2$ kN)从 $h = 1$ cm 处自由落在 $D$-$D$ 刚板上时,试求木杆各段的内力,并校核是否安全。已知钢梁的弹性模量 $E_g = 200$ GPa,木杆的弹性模量 $E_m = 10$ GPa 及许用应力 $[\sigma] = 6$ MPa。

14.13 图示小曲率圆环,平均半径为 $R$,横截面的直径为 $d$,弹性模量为 $E$。一重量为 $P$ 的物体自高度 $h$ 处自由下落。圆环的质量与物体的变形忽略不计,试计算圆环内最大动应力。

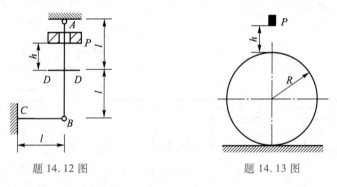

题 14.12 图            题 14.13 图

14.14 试求图示交变应力的平均应力、应力幅和应力比。

14.15 图示交变载荷作用下的拉杆,直径 $d = 8$ mm,最大拉力 $P_{max} = 10$ kN,最小拉力 $P_{max} = 7$ kN。试求此杆的平均应力、应力幅和应力比。

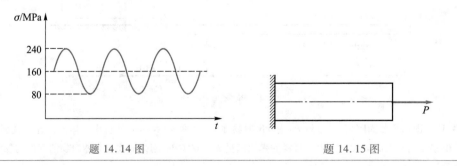

题 14.14 图            题 14.15 图

14.16　直径为 $d$ 的圆钢轴,在跨中截面处通过轴承承受铅垂载荷 $F$。圆轴在 $\pm 30°$ 范围内往复摆动,试求 $A$、$B$、$C$ 三点处的应力比。

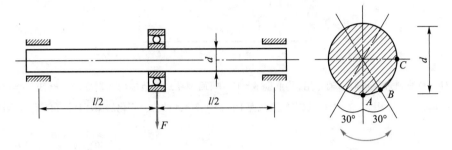

题 14.16 图

14.17　图示旋转轴,同时承受横向载荷 $F_y$ 和轴向拉力 $F_x$ 作用。已知轴径 $d = 10$ mm,轴长 $l = 100$ mm,载荷 $F_y = 0.5$ kN,$F_x = 2$ kN。试求危险截面边缘任一点处的最大正应力、最小正应力、平均应力、应力幅与应力比。

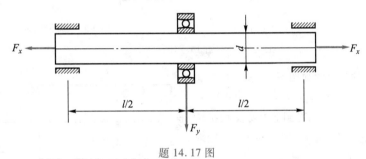

题 14.17 图

14.18　如图所示传动轴,作用有交变扭矩 $T$,其变化范围为 $(-800 \sim 800)$ N·m。材料为优质碳素结构钢,$\sigma_b = 500$ MPa,$\tau_{-1} = 110$ MPa,轴表面磨削加工。若规定安全因数 $n_f = 1.8$。试校核该轴的疲劳强度。

14.19　如图所示圆截面直杆,承受非对称循环轴向拉力 $F$ 作用,$F_{max} = 100$ kN,$F_{min} = 10$ kN。已知 $d = 40$ mm,$D = 50$ mm,$R = 5$ mm,$\sigma_b = 600$ MPa,$\sigma_{-1} = 170$ MPa,$\psi_\sigma = 0.05$,杆表面精车加工,规定安全因数 $n_f = 2.0$。试校核该杆的疲劳强度。

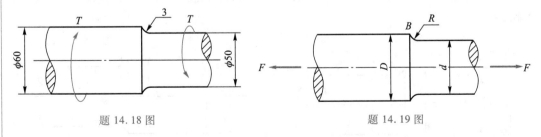

题 14.18 图　　　　　　　　　　　　题 14.19 图

14.20　如图所示圆杆,表面未经加工,且因径向圆孔而削弱。杆受到从 0 到 $F_{max}$ 的交变轴向力作用,材料为优质碳钢,$\sigma_b = 600$ MPa,$\sigma_s = 340$ MPa,$\sigma_{-1} = 200$ MPa,$\psi_\sigma = 0.1$,若规定安全因数 $n_f = 1.7$,$n_s = 1.5$,试求最大拉力 $F_{max}$。

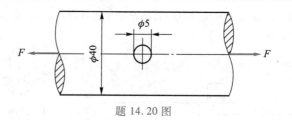

题 14.20 图

14.21　重物通过轴承对圆轴作用,其重量 $W=10$ kN,而轴在±30°范围内往复摆动。已知 $\sigma_b=600$ MPa,
$\sigma_s=340$ MPa,$\sigma_{-1}=250$ MPa,$\psi_\sigma=0.1$。试求危险截面上的点 1、2、3、4 的应力变化的循环特征和工作安全因数。

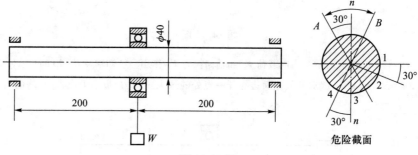

题 14.21 图

14.22　阶梯轴的尺寸如图所示,表面精车加
工,材料为优质碳钢,$\sigma_b=500$ MPa,$\tau_s=190$ MPa,
$\tau_{-1}=140$ MPa,$\psi_\sigma=0.05$。轴受到非对称交变扭矩
的作用,$T_{max}=5T_{min}$。若规定安全因数 $n_f=1.6$,试求
最大扭矩 $T_{max}$。

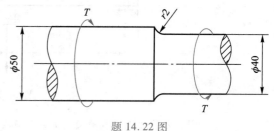

题 14.22 图

14.23　如图所示阶梯轴,受交变弯矩和扭矩的
联合作用。弯曲正应力从 50 MPa 变到−50 MPa;扭转
切应力从 40 MPa 变到 20 MPa。已知 $d=40$ mm,$D=50$ mm,$r=2$ mm,$\sigma_b=550$ MPa,$\sigma_{-1}=220$ MPa,$\tau_{-1}=$
120 MPa,$\sigma_s=300$ MPa　$\tau_s=180$ MPa,$\psi_\sigma=0.1$,$\beta=1$。试求此轴的工作安全因数。

14.24　如图所示阶梯轴,同时承受−1.5~1.5 kN·m 交变弯矩和 0~2 kN·m 交变扭矩。表面磨削加
工,材料为合金钢,$\sigma_b=1100$ MPa,$\sigma_{-1}=540$ MPa,$\tau_{-1}=3100$ MPa,若规定安全因数 $n_f=1.4$,$\psi_\sigma=0.1$,试校核
该轴的疲劳强度。

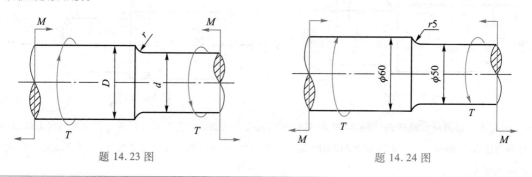

题 14.23 图　　　　　　　　　　　　題 14.24 图

# 截面的几何性质

从前面的学习中我们知道,计算杆件在外力作用下的应力和变形时,需要用到与杆件横截面形状和尺寸相关的几何量。如拉压杆件的应力和变形均与杆件横截面的面积 $A$ 有关,圆轴扭转时的切应力和扭转角均与杆件截面对形心的极惯性矩 $I_p$ 有关,而梁的弯曲正应力和弯曲变形均与杆件截面对中性轴的惯性矩 $I_z$ 有关。所有这些与截面形状和尺寸相关的几何量,统称为**截面(或平面图形)的几何性质**。本章研究的就是截面几何性质的定义与计算方法。

## §A.1 静矩与形心

### 一、截面的静矩

任意截面如图 A.1 所示。其面积为 $A$,$Oyz$ 为截面所在平面内的任意直角坐标系。在坐标为 $(y,z)$ 的任一点处,取微面积 $\mathrm{d}A$,则遍及整个截面面积 $A$ 的积分

$$S_z = \int_A y\mathrm{d}A, \quad S_y = \int_A z\mathrm{d}A \tag{A.1}$$

分别称为截面对 $z$ 轴和 $y$ 轴的**静矩**或**一次矩**。

从上述公式可看出,截面的静矩是对某一坐标轴而言的,同一截面对不同的坐标轴,其静矩不同;而且静矩的数值可能为正,可能为负,也可能等于零;静矩的量纲为长度的三次方,即 $\mathrm{L}^3$,常用单位为 $\mathrm{m}^3$ 或 $\mathrm{mm}^3$。

### 二、截面的形心

设有一个厚度很小的均质等厚薄板,其中面的形状和尺寸与图 A.1 中截面的相同。显然,在 $Oyz$ 坐标系中,上述均质薄板的重心与截面的形心有相同的坐标 $y_C$ 和 $z_C$。由静力学的合力矩定理可知,均质等厚薄板的重心坐标 $y_C$ 和 $z_C$(即为截面形心坐标)分别为

$$y_C = \frac{\int_A y\mathrm{d}A}{A}, \quad z_C = \frac{\int_A z\mathrm{d}A}{A} \tag{A.2}$$

由静矩的计算公式(A.1)可知

$$y_C = \frac{S_z}{A}, \quad z_C = \frac{S_y}{A} \tag{A.3}$$

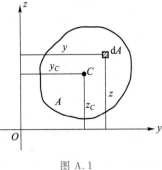

图 A.1

或

$$S_z = y_C A, \quad S_y = z_C A \tag{A.4}$$

可见,当形心坐标 $y_C$ 或 $z_C$ 为零时,即当 $z$ 轴或 $y$ 轴通过截面形心时,截面对该轴的静矩为零;反之,如果截面对某轴的静矩为零,则该轴必通过截面的形心。通常,将通过截面形心的坐标轴称为形心轴。

**例 A.1**  试求图 A.2 所示曲线 $y = h\left(\dfrac{x}{b}\right)^n$ 下面的图形 $OAB$ 对 $y$ 轴的静矩 $S_y$ 和形心位置 $x_C$。

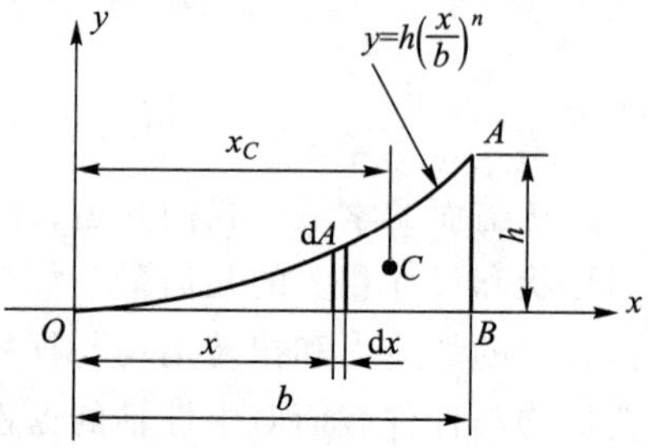

**解:** 在距 $y$ 轴为 $x$ 处取一平行于 $y$ 轴、宽度为 $\mathrm{d}x$ 的狭长条为微面积 $\mathrm{d}A$,则

$$\mathrm{d}A = h\left(\dfrac{x}{b}\right)^n \mathrm{d}x$$

则图形的面积和对 $y$ 轴的静矩分别为

$$A = \int_A \mathrm{d}A = \int_0^b h\left(\dfrac{x}{b}\right)^n \mathrm{d}x = \frac{bh}{n+1} \tag{a}$$

$$S_y = \int_0^b x h\left(\dfrac{x}{b}\right)^n \mathrm{d}x = \frac{b^2 h}{n+2} \tag{b}$$

由式(A.3)得

$$x_C = \frac{S_y}{A} = \frac{n+1}{n+2} b \tag{c}$$

对于不同的 $n$,上例中的图形 $OAB$ 具有不同的形状,由式(a)和式(c)可以分别得出它们的面积和形心坐标的计算公式,其结果如表 A.1 所示。

图 A.2

表 A.1  不同图形的面积和形心坐标

| $n$ | 形状描述 | 图形 | 面积 $A = \dfrac{bh}{n+1}$ | 形心 $x_C = \dfrac{n+1}{n+2}b$ |
|---|---|---|---|---|
| 0 | 矩形 | 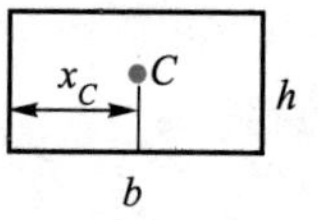  | $bh$ | $\dfrac{1}{2}b$ |
| 1 | 三角形 | 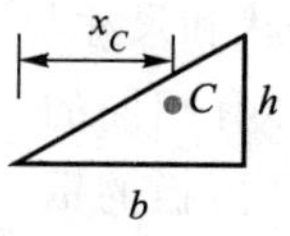  | $\dfrac{bh}{2}$ | $\dfrac{2}{3}b$ |
| 2 | 二次抛物线 | 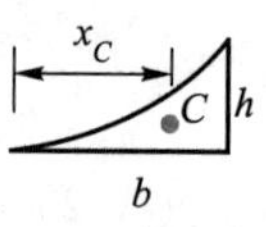  | $\dfrac{bh}{3}$ | $\dfrac{3}{4}b$ |
| 3 | 三次抛物线 | 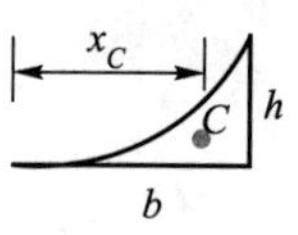  | $\dfrac{bh}{4}$ | $\dfrac{4}{5}b$ |

### 三、组合截面的静矩与形心

有了式(A.1)~(A.4)这些公式后,很容易计算一些简单图形的静矩和形心。然而,在实际工程结构中,常常碰到一些形状比较复杂的截面,但无论这些截面多么复杂,它们常常都可看作由若干简单截面(矩形、三角形、圆形等)或标准型材截面(所谓的**标准型材**,是指在各种设计规范中规定了各类几何性质的具体截面形状)组合而成的截面,即所谓的**组合截面**。下面介绍组合截面的静矩及形心位置的计算方法。

考虑图 A.3 所示的组合截面,该截面由 $n$ 部分组成,设组成部分 $i$ 的面积为 $A_i$,形心坐标为 $(y_i, z_i)$,则由静矩的定义可知,截面各组成部分对某一轴静矩的代数和,等于整个截面对同一轴的静矩,即

$$S_z = \sum_{i=1}^{n} A_i y_i, \quad S_y = \sum_{i=1}^{n} A_i z_i \tag{A.5}$$

设组合截面的形心 $C$ 的坐标为 $(y_C, z_C)$。将式(A.5)代入式(A.3),可得

$$y_C = \frac{S_z}{A} = \frac{\sum_{i=1}^{n} A_i y_i}{\sum_{i=1}^{n} A_i}, \quad z_C = \frac{S_y}{A} = \frac{\sum_{i=1}^{n} A_i z_i}{\sum_{i=1}^{n} A_i} \tag{A.6}$$

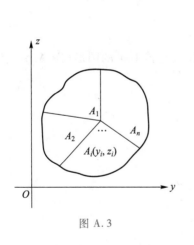

图 A.3

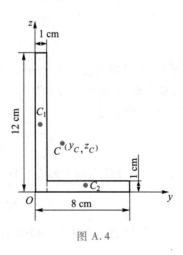

图 A.4

**例 A.2** 试求图 A.4 所示图形的形心 $C$ 的坐标。

**解**:(1) 把图形看作由形心为 $C_1$ 和 $C_2$ 的两个矩形组成的,选取坐标系如图 A.4 所示。每一矩形的面积及形心位置分别为:

对矩形 $C_1$

$$A_1 = 120 \times 10 \text{ mm}^2 = 1\,200 \text{ mm}^2, \quad y_{C_1} = \frac{10}{2} \text{ mm} = 5 \text{ mm}, \quad z_{C_1} = \frac{120}{2} \text{ mm} = 60 \text{ mm}$$

对矩形 $C_2$

$$A_2 = 70 \times 10 \text{ mm}^2 = 700 \text{ mm}^2, \quad y_{C_2} = 10 \text{ mm} + \frac{70}{2} \text{ mm} = 45 \text{ mm}, \quad z_{C_2} = \frac{10}{2} \text{ mm} = 5 \text{ mm}$$

（2）应用式（A.6），求得整个图形的形心 $C$ 的坐标为

$$y_C = \frac{A_1 y_{C_1} + A_2 y_{C_2}}{A_1 + A_2} = \frac{1\ 200 \times 5 + 700 \times 45}{1\ 200 + 700} \text{ mm} = 19.7 \text{ mm}$$

$$z_C = \frac{A_1 z_{C_1} + A_2 z_{C_2}}{A_1 + A_2} = \frac{1\ 200 \times 60 + 700 \times 5}{1\ 200 + 700} \text{ mm} = 39.7 \text{ mm}$$

式（A.5）和式（A.6）不仅仅对组合截面适用，对从某一截面中挖去一部分后的剩余截面，同样适用，此时只需在公式中在挖去部分的面积前面加一负号即可，此方法称为**负面积法**。

**例 A.3** 试求图 A.5a 所示曲线 $y = \dfrac{h}{b^2} x(2b - x)$ 下面图形的面积和形心位置 $x_C$。

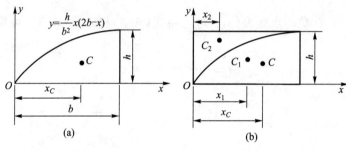

图 A.5

解：图 A.5a 中图形与表 A.1 中 $n = 2$ 的二次抛物线旋转 $180°$ 的图形（图 A.5b 中的阴影部分）正好组合成一矩形，如图 A.5b 所示。

矩形的面积和形心位置 $x_1$ 为

$$A_1 = bh, \quad x_1 = \frac{b}{2}$$

图 A.5b 中的阴影部分的面积和形心位置 $x_2$ 为

$$A_2 = \frac{bh}{3}, \quad x_2 = \frac{b}{4}$$

因此，图 A.5a 中图形的面积和形心位置 $x_C$ 为

$$A = A_1 - A_2 = \frac{2}{3} bh$$

$$x_C = \frac{A_1 x_1 - A_2 x_2}{A_1 - A_2} = \frac{bh \times \dfrac{b}{2} - \dfrac{bh}{3} \times \dfrac{b}{4}}{bh - \dfrac{bh}{3}} = \frac{5}{8} b$$

## §A.2　惯性矩和惯性积

### 一、惯性矩与惯性半径

任意截面如图 A.6 所示,其面积为 $A$,$Oyz$ 为截面所在平面内的任意直角坐标系。在坐标为 $(y,z)$ 的任一点处,取微面积 $dA$,则遍及整个截面面积 $A$ 的积分

$$I_y = \int_A z^2 dA, \quad I_z = \int_A y^2 dA \qquad (A.7)$$

分别为截面对 $y$ 轴与 $z$ 轴的**惯性矩**或**二次轴矩**。

由于 $z^2$ 和 $y^2$ 恒为正,因此 $I_y$ 和 $I_z$ 也恒为正,且量纲为长度四次方,即 $L^4$,常用单位为 $m^4$ 或 $mm^4$。

在力学计算中,有时将惯性矩写成截面面积 $A$ 与某一长度平方的乘积,即

$$I_y = A i_y^2, \quad I_z = A i_z^2 \qquad (A.8)$$

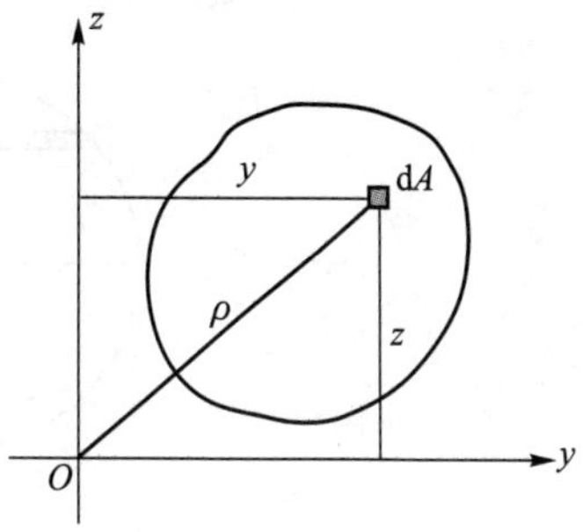

或改写为

$$i_y = \sqrt{\frac{I_y}{A}}, \quad i_z = \sqrt{\frac{I_z}{A}} \qquad (A.9)$$

在以上两式中,$i_y$ 和 $i_z$ 分别称为截面对 $y$ 轴和对 $z$ 轴的**惯性半径**,其量纲为 $L$。

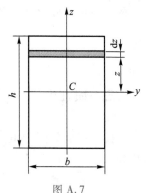

图 A.6

### 二、极惯性矩

以 $\rho$ 表示微面积 $dA$ 到坐标原点 $O$ 的距离,下面积分

$$I_p = \int_A \rho^2 dA \qquad (A.10)$$

称为截面对坐标原点的**极惯性矩**,其量纲为长度四次方,即 $L^4$,常用单位为 $m^4$ 或 $mm^4$。由于 $\rho^2 = y^2 + z^2$,从而有

$$I_p = \int_A \rho^2 dA = \int_A (y^2 + z^2) dA = \int_A y^2 dA + \int_A z^2 dA = I_z + I_y \qquad (A.11)$$

因此,截面对任意一对互相垂直轴的惯性矩之和,等于它对两轴交点的极惯性矩。

**例 A.4**　试计算图 A.7 所示矩形对其对称轴的惯性矩与惯性半径。

**解**:(1) 取宽为 $b$、高为 $dz$ 且平行于坐标轴 $y$ 的狭长条为微面积,即 $dA = b dz$。由式(A.8)可得

$$I_y = \int_A z^2 dA = \int_{-\frac{h}{2}}^{\frac{h}{2}} z^2 b dz = \frac{bh^3}{12}$$

同理可得 $I_z = \dfrac{hb^3}{12}$。

图 A.7

（2）由式（A.9）可得

$$i_y = \sqrt{\frac{I_y}{A}} = \sqrt{\frac{bh^3/12}{bh}} = \frac{\sqrt{3}}{6}h$$

$$i_z = \sqrt{\frac{I_z}{A}} = \frac{\sqrt{3}}{6}b$$

**例 A.5** 试计算如图 A.8a 所示圆形截面对其形心轴的惯性矩和对圆心的极惯性矩。

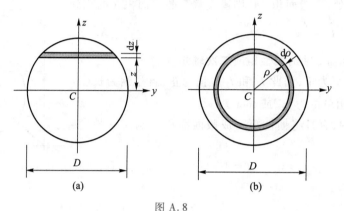

图 A.8

**解：**（1）取宽为 $b$、高为 $\mathrm{d}z$ 且平行于坐标轴 $y$ 的狭长条为微面积（图 A.8a），即 $\mathrm{d}A = \sqrt{D^2 - 4z^2}\,\mathrm{d}z$。由式（A.8）可得

$$I_y = \int_A z^2 \mathrm{d}A = \int_{-\frac{D}{2}}^{\frac{D}{2}} z^2 \sqrt{D^2 - 4z^2}\,\mathrm{d}z = \frac{\pi D^4}{64}$$

同理可得 $I_z = \dfrac{\pi D^4}{64}$。

（2）在距圆心为 $\rho$ 处取径向尺寸为 $\mathrm{d}\rho$ 的圆环为微面积（图 A.8b），即 $\mathrm{d}A = 2\pi\rho\mathrm{d}\rho$。由式（A.10）可得

$$I_\mathrm{p} = \int_A \rho^2 \mathrm{d}A = \int_0^{\frac{D}{2}} \rho^2 \times 2\pi\rho\mathrm{d}\rho = \frac{\pi D^4}{32}$$

对于例 A.4 中的惯性矩，也可利用式（A.11）来计算。由式（A.11）可知，$I_\mathrm{p} = I_y + I_z$，而由图形的对称性可知，$I_y = I_z$，因此有

$$I_y = I_z = \frac{I_\mathrm{p}}{2} = \frac{\pi D^4}{64}$$

**三、惯性积**

任意截面如图 A.6 所示，在坐标为 $(y, z)$ 的任一点处，取微面积 $\mathrm{d}A$，则遍及整个面积 $A$ 的积分

$$I_{yz} = \int_A yz\mathrm{d}A \tag{A.12}$$

称为截面对坐标轴 $y$ 和 $z$ 的**惯性积**。

由于式(A.12)中 $y$ 和 $z$ 可正可负,因此 $I_{yz}$ 可能为正、负或零,其量纲为长度四次方,即 $\text{L}^4$,常用单位为 $\text{m}^4$ 或 $\text{mm}^4$。

若坐标轴 $y$ 或 $z$ 中有一个是截面的对称轴,如图 A.9 所示,则因总可以在截面对称位置找到 $y$ 和 $z$ 乘积大小相等、符号相反的一对微面积,因此截面对这一对坐标轴的惯性积等于零。

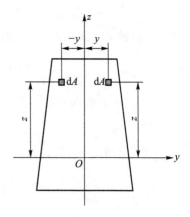

图 A.9

### 四、组合截面的惯性矩和惯性积

根据惯性矩和极惯性矩的定义可知,组合截面对某一轴的惯性矩、对某一点的极惯性矩或对某一对轴的惯性积,分别等于组成它的每一部分对同一轴的惯性矩之和、对同一点的极惯性矩之和或对同一对轴的惯性积之和。即

$$I_y = \sum_{i=1}^{n} I_{yi}, \quad I_z = \sum_{i=1}^{n} I_{zi},$$

$$I_\text{p} = \sum_{i=1}^{n} I_{\text{p}i}, \quad I_{yz} = \sum_{i=1}^{n} I_{yzi} \qquad (\text{A.13})$$

例如,对如图 A.10 所示的空心圆截面,可以看作是由直径为 $D$ 的实心圆减去直径为 $d$ 的实心圆,由上述公式得

$$I_y = I_z = \frac{\pi D^4}{64} - \frac{\pi d^4}{64} = \frac{\pi}{64}(D^4 - d^4)$$

$$I_\text{p} = \frac{\pi D^4}{32} - \frac{\pi d^4}{32} = \frac{\pi}{32}(D^4 - d^4)$$

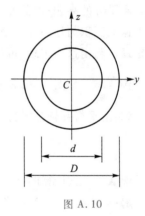

图 A.10

# §A.3 平行移轴公式

由惯性矩和惯性积的定义和计算公式可知,同一截面对于平行的两对坐标轴的惯性矩或惯性积,并不相同,但当其中一对轴是截面的形心轴时,它们之间的关系比较简单,现介绍如下。

如图 A.11 所示截面,$C$ 为截面形心,$y_C$ 和 $z_C$ 为通过形心的坐标轴。截面对形心轴 $y_C$ 和 $z_C$ 的惯性矩和惯性积分别记为

$$I_{y_C} = \int_A z_C^2 \text{d}A, \quad I_{z_C} = \int_A y_C^2 \text{d}A, \quad I_{y_C z_C} = \int_A y_C z_C \text{d}A \qquad (\text{a})$$

另建一坐标系 $Oyz$,$y$ 轴平行于 $y_C$ 轴,$z$ 轴平行于 $z_C$ 轴,且形心 $C$ 在新坐标系 $Oyz$ 中坐标为 $(b,a)$,那么图形对 $y$ 轴和 $z$ 轴的惯性矩和惯性积分别为

$$I_y = \int_A z^2 \text{d}A, \quad I_z = \int_A y^2 \text{d}A, \quad I_{yz} = \int_A yz \text{d}A \qquad (\text{b})$$

由图 A.11 显然有

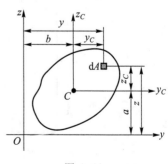

图 A.11

$$y=y_C+b, \quad z=z_C+a \qquad\qquad (\text{c})$$

将式（c）的第一式代入式（b）的第一式得

$$I_y = \int_A (z_C + a)^2 dA = \int_A z_C^2 dA + 2a\int_A z_C dA + a^2 \int_A dA$$

由于 $\int_A z_C dA$ 为截面对形心轴 $y_C$ 的静矩，其值为零，而 $\int_A dA = A$，因此有

$$I_y = I_{y_C} + a^2 A \qquad\qquad (\text{A.14a})$$

同理有

$$I_z = I_{z_C} + b^2 A \qquad\qquad (\text{A.14b})$$

$$I_{yz} = I_{y_C z_C} + abA \qquad\qquad (\text{A.14c})$$

上述三式说明，截面对任一轴的惯性矩，等于其对平行形心轴的惯性矩，加上截面面积与两轴间距离平方的乘积；而截面对任意一对垂直轴的惯性积，等于其对一对平行形心轴的惯性积，加上截面面积与形心在原坐标系中坐标的乘积。此即惯性矩和惯性积的**平行移轴公式**或**平行轴定理**。利用这一定理，可使惯性矩和惯性积的计算得到简化。

例 A.6　如图 A.12 所示矩形截面，已知 $I_{y_C} = \dfrac{bh^3}{12}$，试求 $I_y$。

解：由平行移轴公式得

$$I_y = I_{y_C} + \left(\frac{h}{2}\right)^2 A = \frac{bh^3}{12} + \left(\frac{h}{2}\right)^2 bh = \frac{bh^3}{3}$$

例 A.7　试计算图 A.13 所示图形对其形心轴 $y_C$ 和 $z_C$ 的惯性矩和惯性积。

解：（1）由例 A.2 的结果可知，形心 $C$ 在坐标系 $Oyz$ 中的坐标（19.7 mm，39.7 mm）。此时，把图形看作由形心为 $C_1$ 和 $C_2$ 的两个矩形组成的组合截面，由此可以计算形心坐标系 $Cy_C z_C$ 中各部分（$C_1$ 和 $C_2$）的形心坐标为

$$a_1 = -14.7 \text{ mm}, \quad b_1 = 20.3 \text{ mm}; \quad a_2 = 25.3 \text{ mm}, \quad b_2 = -34.7 \text{ mm}$$

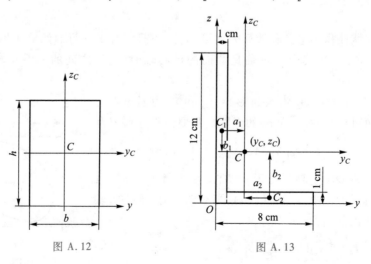

图 A.12　　　　　　　　　　图 A.13

（2）形心位置确定后，使用平行移轴公式计算组合截面对形心轴惯性矩和惯性积，即

$$I_{y_C} = I_{y_{C1}} + b_1^2 A_1 + I_{y_{C2}} + b_2^2 A_2$$

$$= \frac{10 \times 120^3}{12} \text{ mm}^4 + 20.3^2 \times 1\,200 \text{ mm}^4 + \frac{70 \times 10^3}{12} \text{ mm}^4 + 34.7^2 \times 700 \text{ mm}^4$$

$$= 2.79 \times 10^6 \text{ mm}^4$$

$$I_{z_C} = I_{z_{C1}} + a_1^2 A_1 + I_{z_{C2}} + a_2^2 A_2$$

$$= \frac{120 \times 10^3}{12} \text{ mm}^4 + 14.7^2 \times 1\,200 \text{ mm}^4 + \frac{10 \times 70^3}{12} \text{ mm}^4 + 25.3^2 \times 700 \text{ mm}^4$$

$$= 1.00 \times 10^6 \text{ mm}^4$$

$$I_{y_C z_C} = I_{y_{C1} z_{C1}} + a_1 b_1 A_1 + I_{y_{C2} z_{C2}} + a_2 b_2 A_2 = a_1 b_1 A_1 + a_2 b_2 A_2$$

$$= -14.7 \times 20.3 \times 1\,200 \text{ mm}^4 + 25.3 \times (-34.7) \times 700 \text{ mm}^4$$

$$= -0.97 \times 10^6 \text{ mm}^4$$

## §A.4  转轴公式与主惯性轴

### 一、定点转轴公式

设任意截面(图 A.14)对 $y$ 轴和 $z$ 轴的惯性矩和惯性积为

$$I_y = \int_A z^2 \mathrm{d}A, \quad I_z = \int_A y^2 \mathrm{d}A, \quad I_{yz} = \int_A yz \mathrm{d}A \qquad (\text{a})$$

将坐标轴绕 $O$ 点旋转 $\alpha$ 角,且以逆时针旋转为正,旋转后得到新的坐标轴 $Oy_1 z_1$,而截面对 $y_1$ 和 $z_1$ 轴的惯性矩和惯性积分别为

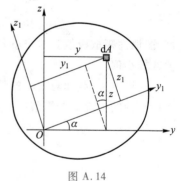

图 A.14

$$I_{y_1} = \int_A z_1^2 \mathrm{d}A, \quad I_{z_1} = \int_A y_1^2 \mathrm{d}A, \quad I_{y_1 z_1} = \int_A y_1 z_1 \mathrm{d}A \qquad (\text{b})$$

下面分析两组惯性矩和惯性积之间的关系。

在截面中任取一微面积 $\mathrm{d}A$,由图 A.14 可知,$\mathrm{d}A$ 在新、旧两坐标系中的坐标之间的关系为

$$y_1 = y\cos\alpha + z\sin\alpha, \quad z_1 = z\cos\alpha - y\sin\alpha \qquad (\text{c})$$

把式(c)中的第二式代入式(b)中的第一式得

$$I_{y_1} = \int_A z_1^2 \mathrm{d}A = \int_A (z\cos\alpha - y\sin\alpha)^2 \mathrm{d}A$$

$$= \cos^2\alpha \int_A z^2 \mathrm{d}A + \sin^2\alpha \int_A y^2 \mathrm{d}A - 2\sin\alpha\cos\alpha \int_A yz \mathrm{d}A$$

$$= I_y\cos^2\alpha + I_z\sin^2\alpha - 2I_{yz}\sin\alpha\cos\alpha$$

利用三角函数倍角公式可得

$$I_{y_1} = \frac{I_y + I_z}{2} + \frac{I_y - I_z}{2}\cos 2\alpha - I_{yz}\sin 2\alpha \qquad (\text{A.15a})$$

同理,由式(b)的第二式和第三式可得

$$I_{z_1} = \frac{I_y + I_z}{2} - \frac{I_y - I_z}{2} \cos 2\alpha + I_{yz} \sin 2\alpha \qquad (A.15b)$$

$$I_{y_1 z_1} = \frac{I_y - I_z}{2} \sin 2\alpha + I_{yz} \cos 2\alpha \qquad (A.16)$$

式(A.15)和式(A.16)称为惯性矩和惯性积的**转轴公式**。其中,$I_{z_1}$ 也可按如下方式推导:

$$I_{z_1} = I_{y_1}\left(\alpha + \frac{\pi}{2}\right) = \frac{I_y + I_z}{2} - \frac{I_y - I_z}{2} \cos 2\alpha + I_{yz} \sin 2\alpha$$

### 二、主惯性轴与主惯性矩

由惯性积的转轴式(A.16)可知,当 $\alpha$ 转到一定角度 $\alpha_0$ 时,有 $I_{yz} = 0$。这里定义,若截面对某对坐标轴的惯性积等于零,则称这对坐标轴为**主惯性轴**,简称**主轴**,且由 $I_{yz} = 0$ 可以导出其方位。令

$$I_{y_0 z_0} = \frac{I_y - I_z}{2} \sin 2\alpha_0 + I_{yz} \cos 2\alpha_0 = 0$$

从中可解出

$$\tan 2\alpha_0 = -\frac{2I_{yz}}{I_y - I_z} \qquad (A.17)$$

由式(A.17)可求出相差 90° 的两个角度 $\alpha_0$ 和 $\alpha_0 + 90°$,从而确定一对主轴。

对应于主轴,$\alpha = \alpha_0$,此时由于

$$\left. \frac{dI_{y_1}}{d\alpha} \right|_{\alpha = \alpha_0} = -2\left[ \left( \frac{I_y - I_z}{2} \sin 2\alpha \right) + I_{yz} \cos 2\alpha \right] \Bigg|_{\alpha = \alpha_0} = 0$$

因此,惯性矩取极值。这也就是说,对由 $\alpha_0$ 和 $\alpha_0 + 90°$ 确定的一对坐标轴,截面的惯性矩取极大值或极小值。

这里定义,截面对主轴的惯性矩为**主惯性矩**。由前面分析可知,主惯性矩是截面对通过 $O$ 点所有轴的惯性矩的极值,一个是最大值,一个是最小值。由

$$\tan 2\alpha_0 = -\frac{2I_{yz}}{I_y - I_z}$$

可得

$$\cos 2\alpha_0 = \pm \frac{I_y - I_z}{\sqrt{(I_y - I_z)^2 + 4I_{yz}^2}}, \quad \sin 2\alpha_0 = \mp \frac{2I_{yz}}{\sqrt{(I_y - I_z)^2 + 4I_{yz}^2}}$$

将上式代入式(A.15)得到主惯性矩的计算公式为

$$I_{\substack{max \\ min}} = \frac{I_y + I_z}{2} \pm \sqrt{\left(\frac{I_y - I_z}{2}\right)^2 + I_{yz}^2} \qquad (A.18)$$

由式(A.11)、式(A.15)和式(A.18)显然有

$$I_{max} + I_{min} = I_y + I_z = I_{y_1} + I_{z_1} = I_p \qquad (A.19)$$

此式说明:截面对过某点一对主轴的惯性矩之和等于它对过该点的任意一对垂直轴的惯性矩之和,也等于截面对该点的极惯性矩。

### 三、主形心轴与主形心惯性矩

通过截面形心的主轴称为**主形心惯性轴**或**主形心轴**,截面对该轴的惯性矩称为**主形心惯性矩**。杆件所有横截面的主形心惯性轴与杆件轴线所确定的平面,称为**主形心惯性平面**。

由于截面对于对称轴的惯性积等于零,且截面形心必然在对称轴上,所以截面对称轴必是其主形心惯性轴,它与杆件轴线确定的纵向对称面必是主形心惯性平面。

**例 A.8** 试证明下列定理:如果通过截面的任一指定点有多于一对的主轴,那么通过该点的所有轴都是主轴。

证明:由题意设通过 $O$ 点 $y$ 轴和 $z$ 轴是截面的一对主轴,$u$ 轴和 $v$ 轴是另一对主轴,且 $u$ 与 $y$ 的夹角 $\alpha_0$ 不是 $\dfrac{\pi}{2}$ 的整数倍,如图 A.15 所示。由转轴公式(A.16)有

$$I_{uv} = \frac{I_y - I_z}{2}\sin 2\alpha_0 + I_{yz}\cos 2\alpha_0 = 0$$

而 $I_{yz} = 0$,$\sin 2\alpha_0 \neq 0$,因此有

$$I_y = I_z$$

再通过 $O$ 点任取一对垂直轴 $y_1$ 和 $z_1$ 与 $y$ 和 $z$ 分别成夹角 $\alpha$,则由转轴公式

$$I_{y_1 z_1} = \frac{I_y - I_z}{2}\sin 2\alpha + I_{yz}\cos 2\alpha$$

由于 $I_{yz} = 0$,$I_y - I_z = 0$,因此有 $I_{y_1 z_1} \equiv 0$,即 $y_1$ 和 $z_1$ 也为主轴,由 $y_1$ 轴和 $z_1$ 轴的任意性可知,通过 $O$ 点的所有轴都是主轴。

由此定理可得如下推论:

(1) 若通过截面某点有三根(或三根以上)的对称轴,则通过该点的所有轴都是主轴。

(2) 正多边形有无数对形心主轴。图 A.16 中所有截面均有无数对主形心轴。

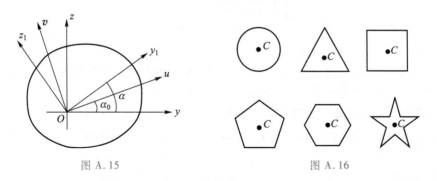

图 A.15　　　　　　　　　　　　图 A.16

**例 A.9** 试求如图 A.4 所示截面的主形心惯性矩。

**解:**(1) 由例 A.2 和 A.6 的分析和计算可知,截面对形心轴 $y_C$ 和 $z_C$ 的惯性矩和惯性积为

$$I_{y_C} = 2.79 \times 10^6 \, \text{mm}^4, \quad I_{z_C} = 1.00 \times 10^6 \, \text{mm}^4, \quad I_{y_C z_C} = -0.97 \times 10^6 \, \text{mm}^4$$

但由于 $I_{y_C z_C} \neq 0$,形心轴 $y_C$ 和 $z_C$ 并不是主轴,因此下面首先必须确定主轴。

（2）计算主形心轴和主形心惯性矩。设主形心轴 $y_0$ 和 $z_0$ 分别与轴 $y_C$ 和 $z_C$ 成 $\alpha_0$ 角，如图 A.17 所示，则有

$$\tan 2\alpha_0 = -\frac{2I_{y_Cz_C}}{I_{y_C}-I_{z_C}} = -\frac{2\times(-97)}{279-100} = 1.087$$

从而得 $\alpha_0 = 23.7°$ 或 $\alpha_0 = 113.7°$，即为两主轴的方位角。取 $\alpha_0 = 23.7°$，则由转轴式（A.15）可计算得到

$$I_{y_0} = I_{23.7°} = \frac{2.79\times10^6+1.0\times10^6}{2}\ \text{mm}^4+$$

$$\frac{2.79\times10^6-2.79\times10^6}{2}\cos\ (2\times23.7°)\ \text{mm}^4-(-0.97\times10^{-6})\sin\ (2\times23.7°)\ \text{mm}^4$$

$$= 3.22\times10^6\ \text{mm}^4$$

$$I_{z_0} = I_{113.7°} = \frac{2.79\times10^6+1.0\times10^6}{2}\ \text{mm}^4-$$

$$\frac{2.79\times10^6-2.79\times10^6}{2}\cos\ (2\times113.7°)\ \text{mm}^4-(-0.97\times10^{-6})\sin\ (11\times23.7°)\ \text{mm}^4$$

$$= 0.58\times10^6\ \text{mm}^4$$

另外，$I_{y_0}$ 和 $I_{z_0}$ 也可直接应用式（A.18）计算。

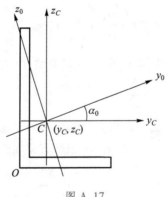

图 A.17

对本题进行小结，可知在一般情况下，求截面主形心惯性矩的基本步骤为：

（1）建立坐标系，确定整个截面的形心位置 $y_C$ 和 $z_C$。

（2）计算形心主惯性矩和惯性积 $I_{y_C}$、$I_{z_C}$ 和 $I_{y_Cz_C}$（一般利用平行移轴公式）。

（3）计算主形心轴的方位角 $\alpha_0$ 和主形心惯性矩 $I_{y_0}$ 和 $I_{z_0}$（利用转轴公式）。

 思考题

A.1　总结归纳在拉伸、扭转和弯曲各部分内容中涉及哪些截面几何性质。

A.2　解释以下各名词的含义：静矩、惯性矩、极惯性矩、惯性积、主轴、形心轴、主形心轴、主形心惯性矩和主形心惯性平面。并判断以下三句话是否正确：凡是主轴均须通过形心；通过形心的轴不一定是主轴；主轴一定不通过形心。

A.3 截面对于怎样的轴的静矩为零？惯性积为零？惯性矩和极惯性矩可能为零吗？

A.4 主轴与主形心轴有何差别？对称截面的主形心轴位于何处？

A.5 平行移轴公式为什么一定限制于形心轴？转轴公式是否有此限制？为什么？

A.6 每个截面至少有几根形心主轴？最多有几根？并举例说明。

 习题

A.1 试确定图示截面形心 $C$ 的坐标 $y_C$。

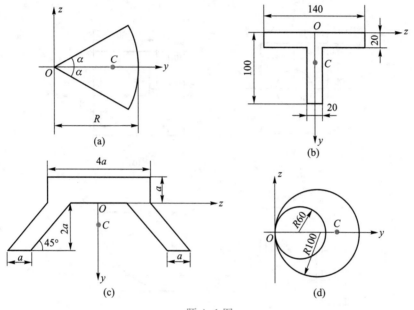

题 A.1 图

A.2 试证：任意梯形 $ABDE$ 的形心 $C$ 位于上下底边中点的连线 $FG$ 上，且

$$y_C = \frac{h(a+2b)}{3(a+b)}$$

并证明 $C$ 点的位置可用图中所示的图解法决定，即形心 $C$ 为直线 $MN$ 与 $FG$ 的交点。

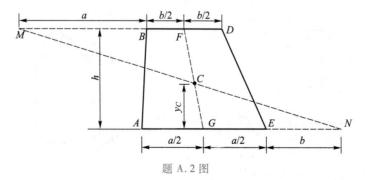

题 A.2 图

A.3 试计算图示各截面对 $z$ 轴的惯性矩和惯性半径,图中 $C$ 为形心。

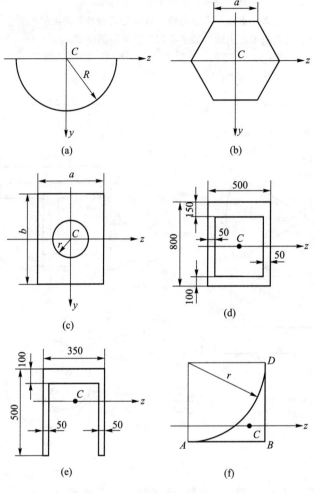

题 A.3 图

A.4 当图示组合截面对两对称轴 $y,z$ 的惯性矩相等时,试求它们的间距 $a$。

A.5 试计算图示矩形截面对 $AB$ 轴的惯性矩,并确定 $A$ 点的主轴方位与截面对该主轴的惯性矩。

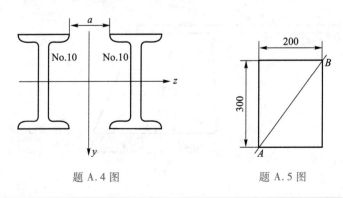

题 A.4 图         题 A.5 图

A.6 试计算图示截面的主形心惯性矩。

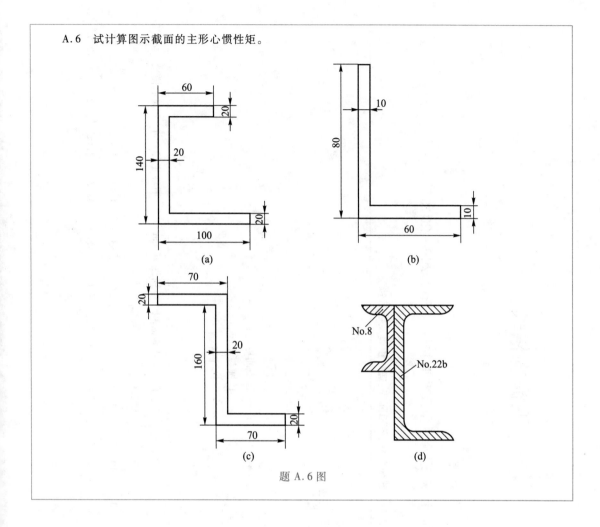

(a)

(b)

(c)

(d)

题 A.6 图

# 附录 B

# 型钢规格表

型钢截面尺寸、截面面积、理论重量及载面特性（GB/T 706—2016）

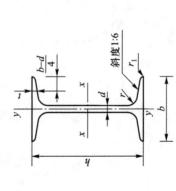

说明：
$h$——高度；
$b$——腿宽度；
$d$——腰厚度；
$t$——腿中间厚度；
$r$——内圆弧半径；
$r_1$——腿端圆弧半径。

斜度 1:6

表 1 工字钢载面尺寸、截面面积、理论重量及载面特性

| 型号 | 截面尺寸/mm | | | | | | 截面面积/cm² | 理论重量/(kg/m) | 外表面积/(m²/m) | 惯性矩/cm⁴ | | 惯性半径/cm | | 截面模数①/cm³ | |
|---|---|---|---|---|---|---|---|---|---|---|---|---|---|---|---|
| | $h$ | $b$ | $d$ | $t$ | $r$ | $r_1$ | | | | $I_x$ | $I_y$ | $i_x$ | $i_y$ | $W_x$ | $W_y$ |
| 10 | 100 | 68 | 4.5 | 7.6 | 6.5 | 3.3 | 14.33 | 11.3 | 0.432 | 245 | 33.0 | 4.14 | 1.52 | 49.0 | 9.72 |
| 12 | 120 | 74 | 5.0 | 8.4 | 7.0 | 3.5 | 17.80 | 14.0 | 0.493 | 436 | 46.9 | 4.95 | 1.62 | 72.7 | 12.7 |

① 本书亦称抗弯截面系数。

续表

| 型号 | 截面尺寸/mm | | | | | | 截面面积/cm² | 理论重量/(kg/m) | 外表面积/(m²/m) | 惯性矩/cm⁴ | | 惯性半径/cm | | 截面模数/cm³ | |
|---|---|---|---|---|---|---|---|---|---|---|---|---|---|---|---|
| | $h$ | $b$ | $d$ | $t$ | $r$ | $r_1$ | | | | $I_x$ | $I_y$ | $i_x$ | $i_y$ | $W_x$ | $W_y$ |
| 12.6 | 126 | 74 | 5.0 | 8.4 | 7.0 | 3.5 | 18.10 | 14.2 | 0.505 | 488 | 46.9 | 5.20 | 1.61 | 77.5 | 12.7 |
| 14 | 140 | 80 | 5.5 | 9.1 | 7.5 | 3.8 | 21.50 | 16.9 | 0.553 | 712 | 64.4 | 5.76 | 1.73 | 102 | 16.1 |
| 16 | 160 | 88 | 6.0 | 9.9 | 8.0 | 4.0 | 26.11 | 20.5 | 0.621 | 1 130 | 93.1 | 6.58 | 1.89 | 141 | 21.2 |
| 18 | 180 | 94 | 6.5 | 10.7 | 8.5 | 4.3 | 30.74 | 24.1 | 0.681 | 1 660 | 122 | 7.36 | 2.00 | 185 | 26.0 |
| 20a | 200 | 100 | 7.0 | 11.4 | 9.0 | 4.5 | 35.55 | 27.9 | 0.742 | 2 370 | 158 | 8.15 | 2.12 | 237 | 31.5 |
| 20b | 200 | 102 | 9.0 | 11.4 | 9.0 | 4.5 | 39.55 | 31.1 | 0.746 | 2 500 | 169 | 7.96 | 2.06 | 250 | 33.1 |
| 22a | 220 | 110 | 7.5 | 12.3 | 9.5 | 4.8 | 42.10 | 33.1 | 0.817 | 3 400 | 225 | 8.99 | 2.31 | 309 | 40.9 |
| 22b | 220 | 112 | 9.5 | 12.3 | 9.5 | 4.8 | 46.50 | 36.5 | 0.821 | 3 570 | 239 | 8.78 | 2.27 | 325 | 42.7 |
| 24a | 240 | 116 | 8.0 | 13.0 | 10.0 | 5.0 | 47.71 | 37.5 | 0.878 | 4 570 | 280 | 9.77 | 2.42 | 381 | 48.4 |
| 24b | 240 | 118 | 10.0 | 13.0 | 10.0 | 5.0 | 52.51 | 41.2 | 0.882 | 4 800 | 297 | 9.57 | 2.38 | 400 | 50.4 |
| 25a | 250 | 116 | 8.0 | 13.0 | 10.0 | 5.0 | 48.51 | 38.1 | 0.898 | 5 020 | 280 | 10.2 | 2.40 | 402 | 48.3 |
| 25b | 250 | 118 | 10.0 | 13.0 | 10.0 | 5.0 | 53.51 | 42.0 | 0.902 | 5 280 | 309 | 9.94 | 2.40 | 423 | 52.4 |
| 27a | 270 | 122 | 8.5 | 13.7 | 10.5 | 5.3 | 54.52 | 42.8 | 0.958 | 6 550 | 345 | 10.9 | 2.51 | 485 | 56.6 |
| 27b | 270 | 124 | 10.5 | 13.7 | 10.5 | 5.3 | 59.92 | 47.0 | 0.962 | 6 870 | 366 | 10.7 | 2.47 | 509 | 58.9 |
| 28a | 280 | 122 | 8.5 | 13.7 | 10.5 | 5.3 | 55.37 | 43.5 | 0.978 | 7 110 | 345 | 11.3 | 2.50 | 508 | 56.6 |
| 28b | 280 | 124 | 10.5 | 13.7 | 10.5 | 5.3 | 60.97 | 47.9 | 0.982 | 7 480 | 379 | 11.1 | 2.49 | 534 | 61.2 |
| 30a | 300 | 126 | 9.0 | 14.4 | 11.0 | 5.5 | 61.22 | 48.1 | 1.031 | 8 950 | 400 | 12.1 | 2.55 | 597 | 63.5 |
| 30b | 300 | 128 | 11.0 | 14.4 | 11.0 | 5.5 | 67.22 | 52.8 | 1.035 | 9 400 | 422 | 11.8 | 2.50 | 627 | 65.9 |
| 30c | 300 | 130 | 13.0 | 14.4 | 11.0 | 5.5 | 73.22 | 57.5 | 1.039 | 9 850 | 445 | 11.6 | 2.46 | 657 | 68.5 |
| 32a | 320 | 130 | 9.5 | 15.0 | 11.5 | 5.8 | 67.12 | 52.7 | 1.084 | 11 100 | 460 | 12.8 | 2.62 | 692 | 70.8 |
| 32b | 320 | 132 | 11.5 | 15.0 | 11.5 | 5.8 | 73.52 | 57.7 | 1.088 | 11 600 | 502 | 12.6 | 2.61 | 726 | 76.0 |
| 32c | 320 | 134 | 13.5 | 15.0 | 11.5 | 5.8 | 79.92 | 62.7 | 1.092 | 12 200 | 544 | 12.3 | 2.61 | 760 | 81.2 |

续表

| 型号 | 截面尺寸/mm h | b | d | t | r | $r_1$ | 截面面积/cm² | 理论重量/(kg/m) | 外表面积/(m²/m) | 惯性矩/cm⁴ $I_x$ | $I_y$ | 惯性半径/cm $i_x$ | $i_y$ | 截面模数/cm³ $W_x$ | $W_y$ |
|---|---|---|---|---|---|---|---|---|---|---|---|---|---|---|---|
| 36a | 360 | 136 | 10.0 | 15.8 | 12.0 | 6.0 | 76.44 | 60.0 | 1.185 | 15 800 | 552 | 14.4 | 2.69 | 875 | 81.2 |
| 36b | | 138 | 12.0 | 15.8 | 12.0 | 6.0 | 83.64 | 65.7 | 1.189 | 16 500 | 582 | 14.1 | 2.64 | 919 | 84.3 |
| 36c | | 140 | 14.0 | 15.8 | 12.0 | 6.0 | 90.84 | 71.3 | 1.193 | 17 300 | 612 | 13.8 | 2.60 | 962 | 87.4 |
| 40a | 400 | 142 | 10.5 | 16.5 | 12.5 | 6.3 | 86.07 | 67.6 | 1.285 | 21 700 | 660 | 15.9 | 2.77 | 1 090 | 93.2 |
| 40b | | 144 | 12.5 | 16.5 | 12.5 | 6.3 | 94.07 | 73.8 | 1.289 | 22 800 | 692 | 15.6 | 2.71 | 1 140 | 96.2 |
| 40c | | 146 | 14.5 | 16.5 | 12.5 | 6.3 | 102.1 | 80.1 | 1.293 | 23 900 | 727 | 15.2 | 2.65 | 1 190 | 99.6 |
| 45a | 450 | 150 | 11.5 | 18.0 | 13.5 | 6.8 | 102.4 | 80.4 | 1.411 | 32 200 | 855 | 17.7 | 2.89 | 1 430 | 114 |
| 45b | | 152 | 13.5 | 18.0 | 13.5 | 6.8 | 111.4 | 87.4 | 1.415 | 33 800 | 894 | 17.4 | 2.84 | 1 500 | 118 |
| 45c | | 154 | 15.5 | 18.0 | 13.5 | 6.8 | 120.4 | 94.5 | 1.419 | 35 300 | 938 | 17.1 | 2.79 | 1 570 | 122 |
| 50a | 500 | 158 | 12.0 | 20.0 | 14.0 | 7.0 | 119.2 | 93.6 | 1.539 | 46 500 | 1 120 | 19.7 | 3.07 | 1 860 | 142 |
| 50b | | 160 | 14.0 | 20.0 | 14.0 | 7.0 | 129.2 | 101 | 1.543 | 48 600 | 1 170 | 19.4 | 3.01 | 1 940 | 146 |
| 50c | | 162 | 16.0 | 20.0 | 14.0 | 7.0 | 139.2 | 109 | 1.547 | 50 600 | 1 220 | 19.0 | 2.96 | 2 080 | 151 |
| 55a | 550 | 166 | 12.5 | 21.0 | 14.5 | 7.3 | 134.1 | 105 | 1.667 | 62 900 | 1 370 | 21.6 | 3.19 | 2 290 | 164 |
| 55b | | 168 | 14.5 | 21.0 | 14.5 | 7.3 | 145.1 | 114 | 1.671 | 65 600 | 1 420 | 21.2 | 3.14 | 2 390 | 170 |
| 55c | | 170 | 16.5 | 21.0 | 14.5 | 7.3 | 156.1 | 123 | 1.675 | 68 400 | 1 480 | 20.9 | 3.08 | 2 490 | 175 |
| 56a | 560 | 166 | 12.5 | 21.0 | 14.5 | 7.3 | 135.4 | 106 | 1.687 | 65 600 | 1 370 | 22.0 | 3.18 | 2 340 | 165 |
| 56b | | 168 | 14.5 | 21.0 | 14.5 | 7.3 | 146.6 | 115 | 1.691 | 68 500 | 1 490 | 21.6 | 3.16 | 2 450 | 174 |
| 56c | | 170 | 16.5 | 21.0 | 14.5 | 7.3 | 157.8 | 124 | 1.695 | 71 400 | 1 560 | 21.3 | 3.16 | 2 550 | 183 |
| 63a | 630 | 176 | 13.0 | 22.0 | 15.0 | 7.5 | 154.6 | 121 | 1.862 | 93 900 | 1 700 | 24.5 | 3.31 | 2 980 | 193 |
| 63b | | 178 | 15.0 | 22.0 | 15.0 | 7.5 | 167.2 | 131 | 1.866 | 98 100 | 1 810 | 24.2 | 3.29 | 3 160 | 204 |
| 63c | | 180 | 17.0 | 22.0 | 15.0 | 7.5 | 179.8 | 141 | 1.870 | 102 000 | 1 920 | 23.8 | 3.27 | 3 300 | 214 |

注:表中 $r$、$r_1$ 的数据用于孔型设计,不做交货条件。

表 2  槽钢截面尺寸、截面面积、理论重量及截面特性

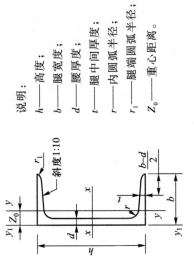

说明:
h——高度;
b——腿宽度;
d——腰厚度;
t——腿中间厚度;
r——内圆弧半径;
$r_1$——腿端圆弧半径;
$Z_0$——重心距离。

| 型号 | 截面尺寸/mm | | | | | | 截面面积/cm² | 理论重量/(kg/m) | 外表面积/(m²/m) | 惯性矩/cm⁴ | | | 惯性半径/cm | | 截面模数/cm³ | | 重心距离/cm |
|---|---|---|---|---|---|---|---|---|---|---|---|---|---|---|---|---|---|
| | $h$ | $b$ | $d$ | $t$ | $r$ | $r_1$ | | | | $I_x$ | $I_y$ | $I_{y1}$ | $i_x$ | $i_y$ | $W_x$ | $W_y$ | $Z_0$ |
| 5 | 50 | 37 | 4.5 | 7.0 | 7.0 | 3.5 | 6.925 | 5.44 | 0.226 | 26.0 | 8.30 | 20.9 | 1.94 | 1.10 | 10.4 | 3.55 | 1.35 |
| 6.3 | 63 | 40 | 4.8 | 7.5 | 7.5 | 3.8 | 8.446 | 6.63 | 0.262 | 50.8 | 11.9 | 28.4 | 2.45 | 1.19 | 16.1 | 4.50 | 1.36 |
| 6.5 | 65 | 40 | 4.3 | 7.5 | 7.5 | 3.8 | 8.292 | 6.51 | 0.267 | 55.2 | 12.0 | 28.3 | 2.54 | 1.19 | 17.0 | 4.59 | 1.38 |
| 8 | 80 | 43 | 5.0 | 8.0 | 8.0 | 4.0 | 10.24 | 8.04 | 0.307 | 101 | 16.6 | 37.4 | 3.15 | 1.27 | 25.3 | 5.79 | 1.43 |
| 10 | 100 | 48 | 5.3 | 8.5 | 8.5 | 4.2 | 12.74 | 10.0 | 0.365 | 198 | 25.6 | 54.9 | 3.95 | 1.41 | 39.7 | 7.80 | 1.52 |
| 12 | 120 | 53 | 5.5 | 9.0 | 9.0 | 4.5 | 15.36 | 12.1 | 0.423 | 346 | 37.4 | 77.7 | 4.75 | 1.56 | 57.7 | 10.2 | 1.62 |
| 12.6 | 126 | 53 | 5.5 | 9.0 | 9.0 | 4.5 | 15.69 | 12.3 | 0.435 | 391 | 38.0 | 77.1 | 4.95 | 1.57 | 62.1 | 10.2 | 1.59 |
| 14a | 140 | 58 | 6.0 | 9.5 | 9.5 | 4.8 | 18.51 | 14.5 | 0.480 | 564 | 53.2 | 107 | 5.52 | 1.70 | 80.5 | 13.0 | 1.71 |
| 14b | 140 | 60 | 8.0 | 9.5 | 9.5 | 4.8 | 21.31 | 16.7 | 0.484 | 609 | 61.1 | 121 | 5.35 | 1.69 | 87.1 | 14.1 | 1.67 |

续表

| 型号 | 截面尺寸/mm | | | | | | 截面面积/cm² | 理论重量/(kg/m) | 外表面积/(m²/m) | 惯性矩/cm⁴ | | | 惯性半径/cm | | 截面模数/cm³ | | 重心距离/cm |
|---|---|---|---|---|---|---|---|---|---|---|---|---|---|---|---|---|---|
| | $h$ | $b$ | $d$ | $t$ | $r$ | $r_1$ | | | | $I_x$ | $I_y$ | $I_{y1}$ | $i_x$ | $i_y$ | $W_x$ | $W_y$ | $Z_0$ |
| 16a | 160 | 63 | 6.5 | 10.0 | 10.0 | 5.0 | 21.95 | 17.2 | 0.538 | 866 | 73.3 | 144 | 6.28 | 1.83 | 108 | 16.3 | 1.80 |
| 16b | 160 | 65 | 8.5 | 10.0 | 10.0 | 5.0 | 25.15 | 19.8 | 0.542 | 935 | 83.4 | 161 | 6.10 | 1.82 | 117 | 17.6 | 1.75 |
| 18a | 180 | 68 | 7.0 | 10.5 | 10.5 | 5.2 | 25.69 | 20.2 | 0.596 | 1 270 | 98.6 | 190 | 7.04 | 1.96 | 141 | 20.0 | 1.88 |
| 18b | 180 | 70 | 9.0 | 10.5 | 10.5 | 5.2 | 29.29 | 23.0 | 0.600 | 1 370 | 111 | 210 | 6.84 | 1.95 | 152 | 21.5 | 1.84 |
| 20a | 200 | 73 | 7.0 | 11.0 | 11.0 | 5.5 | 28.83 | 22.6 | 0.654 | 1 780 | 128 | 244 | 7.86 | 2.11 | 178 | 24.2 | 2.01 |
| 20b | 200 | 75 | 9.0 | 11.0 | 11.0 | 5.5 | 32.83 | 25.8 | 0.658 | 1 910 | 144 | 268 | 7.64 | 2.09 | 191 | 25.9 | 1.95 |
| 22a | 220 | 77 | 7.0 | 11.5 | 11.5 | 5.8 | 31.83 | 25.0 | 0.709 | 2 390 | 158 | 298 | 8.67 | 2.23 | 218 | 28.2 | 2.10 |
| 22b | 220 | 79 | 9.0 | 11.5 | 11.5 | 5.8 | 36.23 | 28.5 | 0.713 | 2 570 | 176 | 326 | 8.42 | 2.21 | 234 | 30.1 | 2.03 |
| 24a | 240 | 78 | 7.0 | 12.0 | 12.0 | 6.0 | 34.21 | 26.9 | 0.752 | 3 050 | 174 | 325 | 9.45 | 2.25 | 254 | 30.5 | 2.10 |
| 24b | 240 | 80 | 9.0 | 12.0 | 12.0 | 6.0 | 39.01 | 30.6 | 0.756 | 3 280 | 194 | 355 | 9.17 | 2.23 | 274 | 32.5 | 2.03 |
| 24c | 240 | 82 | 11.0 | 12.0 | 12.0 | 6.0 | 43.81 | 34.4 | 0.760 | 3 510 | 213 | 388 | 8.96 | 2.21 | 293 | 34.4 | 2.00 |
| 25a | 250 | 78 | 7.0 | 12.0 | 12.0 | 6.0 | 34.91 | 27.4 | 0.722 | 3 370 | 176 | 322 | 9.82 | 2.24 | 270 | 30.6 | 2.07 |
| 25b | 250 | 80 | 9.0 | 12.0 | 12.0 | 6.0 | 39.91 | 31.3 | 0.776 | 3 530 | 196 | 353 | 9.41 | 2.22 | 282 | 32.7 | 1.98 |
| 25c | 250 | 82 | 11.0 | 12.0 | 12.0 | 6.0 | 44.91 | 35.3 | 0.780 | 3 690 | 218 | 384 | 9.07 | 2.21 | 295 | 35.9 | 1.92 |
| 27a | 270 | 82 | 7.5 | 12.5 | 12.5 | 6.2 | 39.27 | 30.8 | 0.826 | 4 360 | 216 | 393 | 10.5 | 2.34 | 323 | 35.5 | 2.13 |
| 27b | 270 | 84 | 9.5 | 12.5 | 12.5 | 6.2 | 44.67 | 35.1 | 0.830 | 4 690 | 239 | 428 | 10.3 | 2.31 | 347 | 37.7 | 2.06 |
| 27c | 270 | 86 | 11.5 | 12.5 | 12.5 | 6.2 | 50.07 | 39.3 | 0.834 | 5 020 | 261 | 467 | 10.1 | 2.28 | 372 | 39.8 | 2.03 |
| 28a | 280 | 82 | 7.5 | 12.5 | 12.5 | 6.2 | 40.02 | 31.4 | 0.846 | 4 760 | 218 | 388 | 10.9 | 2.33 | 340 | 35.7 | 2.10 |
| 28b | 280 | 84 | 9.5 | 12.5 | 12.5 | 6.2 | 45.62 | 35.8 | 0.850 | 5 130 | 242 | 428 | 10.6 | 2.30 | 366 | 37.9 | 2.02 |
| 28c | 280 | 86 | 11.5 | 12.5 | 12.5 | 6.2 | 51.22 | 40.2 | 0.854 | 5 500 | 268 | 463 | 10.4 | 2.29 | 393 | 40.3 | 1.95 |

续表

| 型号 | 截面尺寸/mm | | | | | | 截面面积/cm² | 理论重量/(kg/m) | 外表面积/(m²/m) | 惯性矩/cm⁴ | | | 惯性半径/cm | | 截面模数/cm³ | | 重心距离/cm |
| --- | --- | --- | --- | --- | --- | --- | --- | --- | --- | --- | --- | --- | --- | --- | --- | --- | --- |
| | $h$ | $b$ | $d$ | $t$ | $r$ | $r_1$ | | | | $I_x$ | $I_y$ | $I_{y1}$ | $i_x$ | $i_y$ | $W_x$ | $W_y$ | $Z_0$ |
| 30a | 300 | 85 | 7.5 | 13.5 | 13.5 | 6.8 | 43.89 | 34.5 | 0.897 | 6 050 | 260 | 467 | 11.7 | 2.43 | 403 | 41.1 | 2.17 |
| 30b | | 87 | 9.5 | 13.5 | 13.5 | 6.8 | 49.89 | 39.2 | 0.901 | 6 500 | 289 | 515 | 11.4 | 2.41 | 433 | 44.0 | 2.13 |
| 30c | | 89 | 11.5 | 13.5 | 13.5 | 6.8 | 55.89 | 43.9 | 0.905 | 6 950 | 316 | 560 | 11.2 | 2.38 | 463 | 46.4 | 2.09 |
| 32a | 320 | 88 | 8.0 | 14.0 | 14.0 | 7.0 | 48.50 | 38.1 | 0.947 | 7 600 | 305 | 552 | 12.5 | 2.50 | 475 | 46.5 | 2.24 |
| 32b | | 90 | 10.0 | 14.0 | 14.0 | 7.0 | 54.90 | 43.1 | 0.951 | 8 140 | 336 | 593 | 12.2 | 2.47 | 509 | 49.2 | 2.16 |
| 32c | | 92 | 12.0 | 14.0 | 14.0 | 7.0 | 61.30 | 48.1 | 0.955 | 8 690 | 374 | 643 | 11.9 | 2.47 | 543 | 52.6 | 2.09 |
| 36a | 360 | 96 | 9.0 | 16.0 | 16.0 | 8.0 | 60.89 | 47.8 | 1.053 | 11 900 | 455 | 818 | 14.0 | 2.73 | 660 | 63.5 | 2.44 |
| 36b | | 98 | 11.0 | 16.0 | 16.0 | 8.0 | 68.09 | 53.5 | 1.057 | 12 700 | 497 | 880 | 13.6 | 2.70 | 703 | 66.9 | 2.37 |
| 36c | | 100 | 13.0 | 16.0 | 16.0 | 8.0 | 75.29 | 59.1 | 1.061 | 13 400 | 536 | 948 | 13.4 | 2.67 | 746 | 70.0 | 2.34 |
| 40a | 400 | 100 | 10.5 | 18.0 | 18.0 | 9.0 | 75.04 | 58.9 | 1.144 | 17 600 | 592 | 1 070 | 15.3 | 2.81 | 879 | 78.8 | 2.49 |
| 40b | | 102 | 12.5 | 18.0 | 18.0 | 9.0 | 83.04 | 65.2 | 1.148 | 18 600 | 640 | 1 140 | 15.0 | 2.78 | 932 | 82.5 | 2.44 |
| 40c | | 104 | 14.5 | 18.0 | 18.0 | 9.0 | 91.04 | 71.5 | 1.152 | 19 700 | 688 | 1 220 | 14.7 | 2.75 | 986 | 86.2 | 2.42 |

注：表中 $r$、$r_1$ 的数据用于孔型设计，不做交货条件。

表 3 等边角钢截面尺寸、截面积、理论重量及截面特性

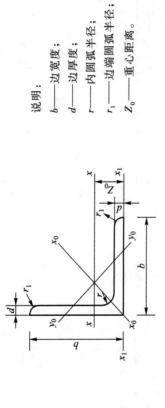

说明：
b——边宽度；
d——边厚度；
r——内圆弧半径；
$r_1$——边端圆弧半径；
$Z_0$——重心距离。

| 型号 | 截面尺寸/mm | | | 截面面积/cm² | 理论重量/(kg/m) | 外表面积/(m²/m) | 惯性矩/cm⁴ | | | | 惯性半径/cm | | | 截面模数/cm³ | | | 重心距离/cm |
|---|---|---|---|---|---|---|---|---|---|---|---|---|---|---|---|---|---|
| | b | d | r | | | | $I_x$ | $I_{x1}$ | $I_{x0}$ | $I_{y0}$ | $i_x$ | $i_{x0}$ | $i_{y0}$ | $W_x$ | $W_{x0}$ | $W_{y0}$ | $Z_0$ |
| 2 | 20 | 3 | 3.5 | 1.132 | 0.89 | 0.078 | 0.40 | 0.81 | 0.63 | 0.17 | 0.59 | 0.75 | 0.39 | 0.29 | 0.45 | 0.20 | 0.60 |
| | | 4 | | 1.459 | 1.15 | 0.077 | 0.50 | 1.09 | 0.78 | 0.22 | 0.58 | 0.73 | 0.38 | 0.36 | 0.55 | 0.24 | 0.64 |
| 2.5 | 25 | 3 | | 1.432 | 1.12 | 0.098 | 0.82 | 1.57 | 1.29 | 0.34 | 0.76 | 0.95 | 0.49 | 0.46 | 0.73 | 0.33 | 0.73 |
| | | 4 | | 1.859 | 1.46 | 0.097 | 1.03 | 2.11 | 1.62 | 0.43 | 0.74 | 0.93 | 0.48 | 0.59 | 0.92 | 0.40 | 0.76 |
| 3.0 | 30 | 3 | 4.5 | 1.749 | 1.37 | 0.117 | 1.46 | 2.71 | 2.31 | 0.61 | 0.91 | 1.15 | 0.59 | 0.68 | 1.09 | 0.51 | 0.85 |
| | | 4 | | 2.276 | 1.79 | 0.117 | 1.84 | 3.63 | 2.92 | 0.77 | 0.90 | 1.13 | 0.58 | 0.87 | 1.37 | 0.62 | 0.89 |
| 3.6 | 36 | 3 | | 2.109 | 1.66 | 0.141 | 2.58 | 4.68 | 4.09 | 1.07 | 1.11 | 1.39 | 0.71 | 0.99 | 1.61 | 0.76 | 1.00 |
| | | 4 | | 2.756 | 2.16 | 0.141 | 3.29 | 6.25 | 5.22 | 1.37 | 1.09 | 1.38 | 0.70 | 1.28 | 2.05 | 0.93 | 1.04 |
| | | 5 | | 3.382 | 2.65 | 0.141 | 3.95 | 7.84 | 6.24 | 1.65 | 1.08 | 1.36 | 0.70 | 1.56 | 2.45 | 1.00 | 1.07 |

续表

| 型号 | 截面尺寸/mm b | 截面尺寸/mm d | 截面尺寸/mm r | 截面面积/cm² | 理论重量/(kg/m) | 外表面积/(m²/m) | 惯性矩/cm⁴ $I_x$ | 惯性矩/cm⁴ $I_{x1}$ | 惯性矩/cm⁴ $I_{x0}$ | 惯性矩/cm⁴ $I_{y0}$ | 惯性半径/cm $i_x$ | 惯性半径/cm $i_{x0}$ | 惯性半径/cm $i_{y0}$ | 截面模数/cm³ $W_x$ | 截面模数/cm³ $W_{x0}$ | 截面模数/cm³ $W_{y0}$ | 重心距离/cm $Z_0$ |
|---|---|---|---|---|---|---|---|---|---|---|---|---|---|---|---|---|---|
| 4 | 40 | 3 | 5 | 2.359 | 1.85 | 0.157 | 3.59 | 6.41 | 5.69 | 1.49 | 1.23 | 1.55 | 0.79 | 1.23 | 2.01 | 0.96 | 1.09 |
|  |  | 4 |  | 3.086 | 2.42 | 0.157 | 4.60 | 8.56 | 7.29 | 1.91 | 1.22 | 1.54 | 0.79 | 1.60 | 2.58 | 1.19 | 1.13 |
|  |  | 5 |  | 3.792 | 2.98 | 0.156 | 5.53 | 10.7 | 8.76 | 2.30 | 1.21 | 1.52 | 0.78 | 1.96 | 3.10 | 1.39 | 1.17 |
| 4.5 | 45 | 3 | 5 | 2.659 | 2.09 | 0.177 | 5.17 | 9.12 | 8.20 | 2.14 | 1.40 | 1.76 | 0.89 | 1.58 | 2.58 | 1.24 | 1.22 |
|  |  | 4 |  | 3.486 | 2.74 | 0.177 | 6.65 | 12.2 | 10.6 | 2.75 | 1.38 | 1.74 | 0.89 | 2.05 | 3.32 | 1.54 | 1.26 |
|  |  | 5 |  | 4.292 | 3.37 | 0.176 | 8.04 | 15.2 | 12.7 | 3.33 | 1.37 | 1.72 | 0.88 | 2.51 | 4.00 | 1.81 | 1.30 |
|  |  | 6 |  | 5.077 | 3.99 | 0.176 | 9.33 | 18.4 | 14.8 | 3.89 | 1.36 | 1.70 | 0.80 | 2.95 | 4.64 | 2.06 | 1.33 |
| 5 | 50 | 3 | 5.5 | 2.971 | 2.33 | 0.197 | 7.18 | 12.5 | 11.4 | 2.98 | 1.55 | 1.96 | 1.00 | 1.96 | 3.22 | 1.57 | 1.34 |
|  |  | 4 |  | 3.897 | 3.06 | 0.197 | 9.26 | 16.7 | 14.7 | 3.82 | 1.54 | 1.94 | 0.99 | 2.56 | 4.16 | 1.96 | 1.38 |
|  |  | 5 |  | 4.803 | 3.77 | 0.196 | 11.2 | 20.9 | 17.8 | 4.64 | 1.53 | 1.92 | 0.98 | 3.13 | 5.03 | 2.31 | 1.42 |
|  |  | 6 |  | 5.688 | 4.46 | 0.196 | 13.1 | 25.1 | 20.7 | 5.42 | 1.52 | 1.91 | 0.98 | 3.68 | 5.85 | 2.63 | 1.46 |
| 5.6 | 56 | 3 | 6 | 3.343 | 2.62 | 0.221 | 10.2 | 17.6 | 16.1 | 4.24 | 1.75 | 2.20 | 1.13 | 2.48 | 4.08 | 2.02 | 1.48 |
|  |  | 4 |  | 4.39 | 3.45 | 0.220 | 13.2 | 23.4 | 20.9 | 5.46 | 1.73 | 2.18 | 1.11 | 3.24 | 5.28 | 2.52 | 1.53 |
|  |  | 5 |  | 5.415 | 4.25 | 0.220 | 16.0 | 29.3 | 25.4 | 6.61 | 1.72 | 2.17 | 1.10 | 3.97 | 6.42 | 2.98 | 1.57 |
|  |  | 6 |  | 6.42 | 5.04 | 0.220 | 18.7 | 35.3 | 29.7 | 7.73 | 1.71 | 2.15 | 1.10 | 4.68 | 7.49 | 3.40 | 1.61 |
|  |  | 7 |  | 7.404 | 5.81 | 0.219 | 21.2 | 41.2 | 33.6 | 8.82 | 1.69 | 2.13 | 1.09 | 5.36 | 8.49 | 3.80 | 1.64 |
|  |  | 8 |  | 8.367 | 6.57 | 0.219 | 23.6 | 47.2 | 37.4 | 9.89 | 1.68 | 2.11 | 1.09 | 6.03 | 9.44 | 4.16 | 1.68 |

续表

| 型号 | 截面尺寸/mm | | | 截面面积/cm² | 理论重量/(kg/m) | 外表面积/(m²/m) | 惯性矩/cm⁴ | | | | 惯性半径/cm | | | 截面模数/cm³ | | | 重心距离/cm |
|---|---|---|---|---|---|---|---|---|---|---|---|---|---|---|---|---|---|
| | $b$ | $d$ | $r$ | | | | $I_x$ | $I_{x1}$ | $I_{x0}$ | $I_{y0}$ | $i_x$ | $i_{x0}$ | $i_{y0}$ | $W_x$ | $W_{x0}$ | $W_{y0}$ | $Z_0$ |
| 6 | 60 | 5 | 6.5 | 5.829 | 4.58 | 0.236 | 19.9 | 36.1 | 31.6 | 8.21 | 1.85 | 2.33 | 1.19 | 4.59 | 7.44 | 3.48 | 1.67 |
| | | 6 | | 6.914 | 5.43 | 0.235 | 23.4 | 43.3 | 36.9 | 9.60 | 1.83 | 2.31 | 1.18 | 5.41 | 8.70 | 3.98 | 1.70 |
| | | 7 | | 7.977 | 6.26 | 0.235 | 26.4 | 50.7 | 41.9 | 11.0 | 1.82 | 2.29 | 1.17 | 6.21 | 9.88 | 4.45 | 1.74 |
| | | 8 | | 9.02 | 7.08 | 0.235 | 29.5 | 58.0 | 46.7 | 12.3 | 1.81 | 2.27 | 1.17 | 6.98 | 11.0 | 4.88 | 1.78 |
| 6.3 | 63 | 4 | 7 | 4.978 | 3.91 | 0.248 | 19.0 | 33.4 | 30.2 | 7.89 | 1.96 | 2.46 | 1.26 | 4.13 | 6.78 | 3.29 | 1.70 |
| | | 5 | | 6.143 | 4.82 | 0.248 | 23.2 | 41.7 | 36.8 | 9.57 | 1.94 | 2.45 | 1.25 | 5.08 | 8.25 | 3.90 | 1.74 |
| | | 6 | | 7.288 | 5.72 | 0.247 | 27.1 | 50.1 | 43.0 | 11.2 | 1.93 | 2.43 | 1.24 | 6.00 | 9.66 | 4.46 | 1.78 |
| | | 7 | | 8.412 | 6.60 | 0.247 | 30.9 | 58.6 | 49.0 | 12.8 | 1.92 | 2.41 | 1.23 | 6.88 | 11.0 | 4.98 | 1.82 |
| | | 8 | | 9.515 | 7.47 | 0.247 | 34.5 | 67.1 | 54.6 | 14.3 | 1.90 | 2.40 | 1.23 | 7.75 | 12.3 | 5.47 | 1.85 |
| | | 10 | | 11.66 | 9.15 | 0.246 | 41.1 | 84.3 | 64.9 | 17.3 | 1.88 | 2.36 | 1.22 | 9.39 | 14.6 | 6.36 | 1.93 |
| 7 | 70 | 4 | 8 | 5.570 | 4.37 | 0.275 | 26.4 | 45.7 | 41.8 | 11.0 | 2.18 | 2.74 | 1.40 | 5.14 | 8.44 | 4.17 | 1.86 |
| | | 5 | | 6.876 | 5.40 | 0.275 | 32.2 | 57.2 | 51.1 | 13.3 | 2.16 | 2.73 | 1.39 | 6.32 | 10.3 | 4.95 | 1.91 |
| | | 6 | | 8.160 | 6.41 | 0.275 | 37.8 | 68.7 | 59.9 | 15.6 | 2.15 | 2.71 | 1.38 | 7.48 | 12.1 | 5.67 | 1.95 |
| | | 7 | | 9.424 | 7.40 | 0.275 | 43.1 | 80.3 | 68.4 | 17.8 | 2.14 | 2.69 | 1.38 | 8.59 | 13.8 | 6.34 | 1.99 |
| | | 8 | | 10.67 | 8.37 | 0.274 | 48.2 | 91.9 | 76.4 | 20.0 | 2.12 | 2.68 | 1.37 | 9.68 | 15.4 | 6.98 | 2.03 |
| 7.5 | 75 | 5 | 9 | 7.412 | 5.82 | 0.295 | 40.0 | 70.6 | 63.3 | 16.6 | 2.33 | 2.92 | 1.50 | 7.32 | 11.9 | 5.77 | 2.04 |
| | | 6 | | 8.797 | 6.91 | 0.294 | 47.0 | 84.6 | 74.4 | 19.5 | 2.31 | 2.90 | 1.49 | 8.64 | 14.0 | 6.67 | 2.07 |
| | | 7 | | 10.16 | 7.98 | 0.294 | 53.6 | 98.7 | 85.0 | 22.2 | 2.30 | 2.89 | 1.48 | 9.93 | 16.0 | 7.44 | 2.11 |

续表

| 型号 | 截面尺寸/mm | | | 截面面积/cm² | 理论重量/(kg/m) | 外表面积/(m²/m) | 惯性矩/cm⁴ | | | | 惯性半径/cm | | | 截面模数/cm³ | | | 重心距离/cm |
|---|---|---|---|---|---|---|---|---|---|---|---|---|---|---|---|---|---|
| | $b$ | $d$ | $r$ | | | | $I_x$ | $I_{x1}$ | $I_{x0}$ | $I_{y0}$ | $i_x$ | $i_{x0}$ | $i_{y0}$ | $W_x$ | $W_{x0}$ | $W_{y0}$ | $Z_0$ |
| 7.5 | 75 | 8 | 9 | 11.50 | 9.03 | 0.294 | 60.0 | 113 | 95.1 | 24.9 | 2.28 | 2.88 | 1.47 | 11.2 | 17.9 | 8.19 | 2.15 |
| | | 9 | | 12.83 | 10.1 | 0.294 | 66.1 | 127 | 105 | 27.5 | 2.27 | 2.86 | 1.46 | 12.4 | 19.8 | 8.89 | 2.18 |
| | | 10 | | 14.13 | 11.1 | 0.293 | 72.0 | 142 | 114 | 30.1 | 2.26 | 2.84 | 1.46 | 13.6 | 21.5 | 9.56 | 2.22 |
| 8 | 80 | 5 | | 7.912 | 6.21 | 0.315 | 48.8 | 85.4 | 77.3 | 20.3 | 2.48 | 3.13 | 1.60 | 8.34 | 13.7 | 6.66 | 2.15 |
| | | 6 | | 9.397 | 7.38 | 0.314 | 57.4 | 103 | 91.0 | 23.7 | 2.47 | 3.11 | 1.59 | 9.87 | 16.1 | 7.65 | 2.19 |
| | | 7 | | 10.86 | 8.53 | 0.314 | 65.6 | 120 | 104 | 27.1 | 2.46 | 3.10 | 1.58 | 11.4 | 18.4 | 8.58 | 2.23 |
| | | 8 | | 12.30 | 9.66 | 0.314 | 73.5 | 137 | 117 | 30.4 | 2.44 | 3.08 | 1.57 | 12.8 | 20.6 | 9.46 | 2.27 |
| | | 9 | | 13.73 | 10.8 | 0.314 | 81.1 | 154 | 129 | 33.6 | 2.43 | 3.06 | 1.56 | 14.3 | 22.7 | 10.3 | 2.31 |
| | | 10 | | 15.13 | 11.9 | 0.313 | 88.4 | 172 | 140 | 36.8 | 2.42 | 3.04 | 1.56 | 15.6 | 24.8 | 11.1 | 2.35 |
| 9 | 90 | 6 | 10 | 10.64 | 8.35 | 0.354 | 82.8 | 146 | 131 | 34.3 | 2.79 | 3.51 | 1.80 | 12.6 | 20.6 | 9.95 | 2.44 |
| | | 7 | | 12.30 | 9.66 | 0.354 | 94.8 | 170 | 150 | 39.2 | 2.78 | 3.50 | 1.78 | 14.5 | 23.6 | 11.2 | 2.48 |
| | | 8 | | 13.94 | 10.9 | 0.353 | 106 | 195 | 169 | 44.0 | 2.76 | 3.48 | 1.78 | 16.4 | 26.6 | 12.4 | 2.52 |
| | | 9 | | 15.57 | 12.2 | 0.353 | 118 | 219 | 187 | 48.7 | 2.75 | 3.46 | 1.77 | 18.3 | 29.4 | 13.5 | 2.56 |
| | | 10 | | 17.17 | 13.5 | 0.353 | 129 | 244 | 204 | 53.3 | 2.74 | 3.45 | 1.76 | 20.1 | 32.0 | 14.5 | 2.59 |
| | | 12 | | 20.31 | 15.9 | 0.352 | 149 | 294 | 236 | 62.2 | 2.71 | 3.41 | 1.75 | 23.6 | 37.1 | 16.5 | 2.67 |

续表

| 型号 | 截面尺寸/mm | | | 截面面积/cm² | 理论重量/(kg/m) | 外表面积/(m²/m) | 惯性矩/cm⁴ | | | | 惯性半径/cm | | | 截面模数/cm³ | | | 重心距离/cm |
|---|---|---|---|---|---|---|---|---|---|---|---|---|---|---|---|---|---|
| | $b$ | $d$ | $r$ | | | | $I_x$ | $I_{x1}$ | $I_{x0}$ | $I_{y0}$ | $i_x$ | $i_{x0}$ | $i_{y0}$ | $W_x$ | $W_{x0}$ | $W_{y0}$ | $Z_0$ |
| 10 | 100 | 6 | 12 | 11.93 | 9.37 | 0.393 | 115 | 200 | 182 | 47.9 | 3.10 | 3.90 | 2.00 | 15.7 | 25.7 | 12.7 | 2.67 |
| | | 7 | | 13.80 | 10.8 | 0.393 | 132 | 234 | 209 | 54.7 | 3.09 | 3.89 | 1.99 | 18.1 | 29.6 | 14.3 | 2.71 |
| | | 8 | | 15.64 | 12.3 | 0.393 | 148 | 267 | 235 | 61.4 | 3.08 | 3.88 | 1.98 | 20.5 | 33.2 | 15.8 | 2.76 |
| | | 9 | | 17.46 | 13.7 | 0.392 | 164 | 300 | 260 | 68.0 | 3.07 | 3.86 | 1.97 | 22.8 | 36.8 | 17.2 | 2.80 |
| | | 10 | | 19.26 | 15.1 | 0.392 | 180 | 334 | 285 | 74.4 | 3.05 | 3.84 | 1.96 | 25.1 | 40.3 | 18.5 | 2.84 |
| | | 12 | | 22.80 | 17.9 | 0.391 | 209 | 402 | 331 | 86.8 | 3.03 | 3.81 | 1.95 | 29.5 | 46.8 | 21.1 | 2.91 |
| | | 14 | | 26.26 | 20.6 | 0.391 | 237 | 471 | 374 | 99.0 | 3.00 | 3.77 | 1.94 | 33.7 | 52.9 | 23.4 | 2.99 |
| | | 16 | | 29.63 | 23.3 | 0.390 | 263 | 540 | 414 | 111 | 2.98 | 3.74 | 1.94 | 37.8 | 58.6 | 25.6 | 3.06 |
| 11 | 110 | 7 | 12 | 15.20 | 11.9 | 0.433 | 177 | 311 | 281 | 73.4 | 3.41 | 4.30 | 2.20 | 22.1 | 36.1 | 17.5 | 2.96 |
| | | 8 | | 17.24 | 13.5 | 0.433 | 199 | 355 | 316 | 82.4 | 3.40 | 4.28 | 2.19 | 25.0 | 40.7 | 19.4 | 3.01 |
| | | 10 | | 21.26 | 16.7 | 0.432 | 242 | 445 | 384 | 100 | 3.38 | 4.25 | 2.17 | 30.6 | 49.4 | 22.9 | 3.09 |
| | | 12 | | 25.20 | 19.8 | 0.431 | 283 | 535 | 448 | 117 | 3.35 | 4.22 | 2.15 | 36.1 | 57.6 | 26.2 | 3.16 |
| | | 14 | | 29.06 | 22.8 | 0.431 | 321 | 625 | 508 | 133 | 3.32 | 4.18 | 2.14 | 41.3 | 65.3 | 29.1 | 3.24 |

续表

| 型号 | 截面尺寸/mm | | | 截面面积/cm² | 理论重量/(kg/m) | 外表面积/(m²/m) | 惯性矩/cm⁴ | | | | 惯性半径/cm | | | 截面模数/cm³ | | | 重心距离/cm |
|---|---|---|---|---|---|---|---|---|---|---|---|---|---|---|---|---|---|
| | $b$ | $d$ | $r$ | | | | $I_x$ | $I_{x1}$ | $I_{x0}$ | $I_{y0}$ | $i_x$ | $i_{x0}$ | $i_{y0}$ | $W_x$ | $W_{x0}$ | $W_{y0}$ | $Z_0$ |
| 12.5 | 125 | 8 | | 19.75 | 15.5 | 0.492 | 297 | 521 | 471 | 123 | 3.88 | 4.88 | 2.50 | 32.5 | 53.3 | 25.9 | 3.37 |
| | | 10 | | 24.37 | 19.1 | 0.491 | 362 | 652 | 574 | 149 | 3.85 | 4.85 | 2.48 | 40.0 | 64.9 | 30.6 | 3.45 |
| | | 12 | | 28.91 | 22.7 | 0.491 | 423 | 783 | 671 | 175 | 3.83 | 4.82 | 2.46 | 41.2 | 76.0 | 35.0 | 3.53 |
| | | 14 | | 33.37 | 26.2 | 0.490 | 482 | 916 | 764 | 200 | 3.80 | 4.78 | 2.45 | 54.2 | 86.4 | 39.1 | 3.61 |
| | | 16 | | 37.74 | 29.6 | 0.489 | 537 | 1 050 | 851 | 224 | 3.77 | 4.75 | 2.43 | 60.9 | 96.3 | 43.0 | 3.68 |
| 14 | 140 | 10 | 14 | 27.37 | 21.5 | 0.551 | 515 | 915 | 817 | 212 | 4.34 | 5.46 | 2.78 | 50.6 | 82.6 | 39.2 | 3.82 |
| | | 12 | | 32.51 | 25.5 | 0.551 | 604 | 1 100 | 959 | 249 | 4.31 | 5.43 | 2.76 | 59.8 | 96.9 | 45.0 | 3.90 |
| | | 14 | | 37.57 | 29.5 | 0.550 | 689 | 1 280 | 1 090 | 284 | 4.28 | 5.40 | 2.75 | 68.8 | 110 | 50.5 | 3.98 |
| | | 16 | | 42.54 | 33.4 | 0.549 | 770 | 1 470 | 1 220 | 319 | 4.26 | 5.36 | 2.74 | 77.5 | 123 | 55.6 | 4.06 |
| 15 | 150 | 8 | 14 | 23.75 | 18.6 | 0.592 | 521 | 900 | 827 | 215 | 4.69 | 5.90 | 3.01 | 47.4 | 78.0 | 38.1 | 3.99 |
| | | 10 | | 29.37 | 23.1 | 0.591 | 638 | 1 130 | 1 010 | 262 | 4.66 | 5.87 | 2.99 | 58.4 | 95.5 | 45.5 | 4.08 |
| | | 12 | | 34.91 | 27.4 | 0.591 | 749 | 1 350 | 1 190 | 308 | 4.63 | 5.84 | 2.97 | 69.0 | 112 | 52.4 | 4.15 |
| | | 14 | | 40.37 | 31.7 | 0.590 | 856 | 1 580 | 1 360 | 352 | 4.60 | 5.80 | 2.95 | 79.5 | 128 | 58.8 | 4.23 |
| | | 15 | | 43.06 | 33.8 | 0.590 | 907 | 1 690 | 1 440 | 374 | 4.59 | 5.78 | 2.95 | 84.6 | 136 | 61.9 | 4.27 |
| | | 16 | | 45.74 | 35.9 | 0.589 | 958 | 1 810 | 1 520 | 395 | 4.58 | 5.77 | 2.94 | 89.6 | 143 | 64.9 | 4.31 |

续表

| 型号 | 截面尺寸/mm b | 截面尺寸/mm d | 截面尺寸/mm r | 截面面积/cm² | 理论重量/(kg/m) | 外表面积/(m²/m) | 惯性矩/cm⁴ $I_x$ | $I_{x1}$ | $I_{x0}$ | $I_{y0}$ | 惯性半径/cm $i_x$ | $i_{x0}$ | $i_{y0}$ | 截面模数/cm³ $W_x$ | $W_{x0}$ | $W_{y0}$ | 重心距离/cm $Z_0$ |
|---|---|---|---|---|---|---|---|---|---|---|---|---|---|---|---|---|---|
| 16 | 160 | 10 | 16 | 31.50 | 24.7 | 0.630 | 780 | 1 370 | 1 240 | 322 | 4.98 | 6.27 | 3.20 | 66.7 | 109 | 52.8 | 4.31 |
| | | 12 | | 37.44 | 29.4 | 0.630 | 917 | 1 640 | 1 460 | 377 | 4.95 | 6.24 | 3.18 | 79.0 | 129 | 60.7 | 4.39 |
| | | 14 | | 43.30 | 34.0 | 0.629 | 1 050 | 1 910 | 1 670 | 432 | 4.92 | 6.20 | 3.16 | 91.0 | 147 | 68.2 | 4.47 |
| | | 16 | | 49.07 | 38.5 | 0.629 | 1 180 | 2 190 | 1 870 | 485 | 4.89 | 6.17 | 3.14 | 103 | 165 | 75.3 | 4.55 |
| 18 | 180 | 12 | 16 | 42.24 | 33.2 | 0.710 | 1 320 | 2 330 | 2 100 | 543 | 5.59 | 7.05 | 3.58 | 101 | 165 | 78.4 | 4.89 |
| | | 14 | | 48.90 | 38.4 | 0.709 | 1 510 | 2 720 | 2 410 | 622 | 5.56 | 7.02 | 3.56 | 116 | 189 | 88.4 | 4.97 |
| | | 16 | | 55.47 | 43.5 | 0.709 | 1 700 | 3 120 | 2 700 | 699 | 5.54 | 6.98 | 3.55 | 131 | 212 | 97.8 | 5.05 |
| | | 18 | | 61.96 | 48.6 | 0.708 | 1 880 | 3 500 | 2 990 | 762 | 5.50 | 6.94 | 3.51 | 146 | 235 | 105 | 5.13 |
| 20 | 200 | 14 | 18 | 54.64 | 42.9 | 0.788 | 2 100 | 3 730 | 3 340 | 864 | 6.20 | 7.82 | 3.98 | 145 | 236 | 112 | 5.46 |
| | | 16 | | 62.01 | 48.7 | 0.788 | 2 370 | 4 270 | 3 760 | 971 | 6.18 | 7.79 | 3.96 | 164 | 266 | 124 | 5.54 |
| | | 18 | | 69.30 | 54.4 | 0.787 | 2 620 | 4 810 | 4 160 | 1 080 | 6.15 | 7.75 | 3.94 | 182 | 294 | 136 | 5.62 |
| | | 20 | | 76.51 | 60.1 | 0.787 | 2 870 | 5 350 | 4 550 | 1 180 | 6.12 | 7.72 | 3.93 | 200 | 322 | 147 | 5.69 |
| | | 24 | | 90.66 | 71.2 | 0.785 | 3 340 | 6 460 | 5 290 | 1 380 | 6.07 | 7.64 | 3.90 | 236 | 374 | 167 | 5.87 |
| 22 | 220 | 16 | 21 | 68.67 | 53.9 | 0.866 | 3 190 | 5 680 | 5 060 | 1 310 | 6.81 | 8.59 | 4.37 | 200 | 326 | 154 | 6.03 |
| | | 18 | | 76.75 | 60.3 | 0.866 | 3 540 | 6 400 | 5 620 | 1 450 | 6.79 | 8.55 | 4.35 | 223 | 361 | 168 | 6.11 |
| | | 20 | | 84.76 | 66.5 | 0.865 | 3 870 | 7 110 | 6 150 | 1 590 | 6.76 | 8.52 | 4.34 | 245 | 395 | 182 | 6.18 |
| | | 22 | | 92.68 | 72.8 | 0.865 | 4 200 | 7 830 | 6 670 | 1 730 | 6.73 | 8.48 | 4.32 | 267 | 429 | 195 | 6.26 |
| | | 24 | | 100.5 | 78.9 | 0.864 | 4 520 | 8 550 | 7 170 | 1 870 | 6.71 | 8.45 | 4.31 | 289 | 461 | 208 | 6.33 |
| | | 26 | | 108.3 | 85.0 | 0.864 | 4 830 | 9 280 | 7 690 | 2 000 | 6.68 | 8.41 | 4.30 | 310 | 492 | 221 | 6.41 |

续表

| 型号 | 截面尺寸/mm | | | 截面面积/cm² | 理论重量/(kg/m) | 外表面积/(m²/m) | 惯性矩/cm⁴ | | | | 惯性半径/cm | | | 截面模数/cm³ | | | 重心距离/cm |
|---|---|---|---|---|---|---|---|---|---|---|---|---|---|---|---|---|---|
| | b | d | r | | | | $I_x$ | $I_{x1}$ | $I_{x0}$ | $I_{y0}$ | $i_x$ | $i_{x0}$ | $i_{y0}$ | $W_x$ | $W_{x0}$ | $W_{y0}$ | $Z_0$ |
| 25 | 250 | 18 | 24 | 87.84 | 69.0 | 0.985 | 5 270 | 9 380 | 8 370 | 2 170 | 7.75 | 9.76 | 4.97 | 290 | 473 | 224 | 6.84 |
| | | 20 | | 97.05 | 76.2 | 0.984 | 5 780 | 10 400 | 9 180 | 2 380 | 7.72 | 9.73 | 4.95 | 320 | 519 | 243 | 6.92 |
| | | 22 | | 106.2 | 83.3 | 0.983 | 6 280 | 11 500 | 9 970 | 2 580 | 7.69 | 9.69 | 4.93 | 349 | 564 | 261 | 7.00 |
| | | 24 | | 115.2 | 90.4 | 0.983 | 6 770 | 12 500 | 10 700 | 2 790 | 7.67 | 9.66 | 4.92 | 378 | 608 | 278 | 7.07 |
| | | 26 | | 124.2 | 97.5 | 0.982 | 7 240 | 13 600 | 11 500 | 2 980 | 7.64 | 9.62 | 4.90 | 406 | 650 | 295 | 7.15 |
| | | 28 | | 133.0 | 104 | 0.982 | 7 700 | 14 600 | 12 200 | 3 180 | 7.61 | 9.58 | 4.89 | 433 | 691 | 311 | 7.22 |
| | | 30 | | 141.8 | 111 | 0.981 | 8 160 | 15 700 | 12 900 | 3 380 | 7.58 | 9.55 | 4.88 | 461 | 731 | 327 | 7.30 |
| | | 32 | | 150.5 | 118 | 0.981 | 8 600 | 16 800 | 13 600 | 3 570 | 7.56 | 9.51 | 4.87 | 488 | 770 | 342 | 7.37 |
| | | 35 | | 163.4 | 128 | 0.980 | 9 240 | 18 400 | 14 600 | 3 850 | 7.52 | 9.46 | 4.86 | 527 | 827 | 364 | 7.48 |

注：截面图中的 $r_1 = 1/3d$ 及表中 $r$ 的数据用于孔型设计，不做交货条件。

表4 不等边角钢截面尺寸、截面面积、理论重量及截面特性

说明:
B——长边宽度;
b——短边宽度;
d——边厚度;
r——内圆弧半径;
$r_1$——边端圆弧半径;
$X_0$——重心距离;
$Y_0$——重心距离。

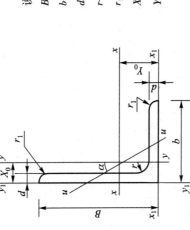

| 型号 | 截面尺寸/mm | | | | 截面面积/cm² | 理论重量/(kg/m) | 外表面积/(m²/m) | 惯性矩/cm⁴ | | | | | 惯性半径/cm | | | 截面模数/cm³ | | | tan α | 重心距离/cm | |
|---|---|---|---|---|---|---|---|---|---|---|---|---|---|---|---|---|---|---|---|---|---|
| | B | b | d | r | | | | $I_x$ | $I_{x1}$ | $I_y$ | $I_{y1}$ | $I_u$ | $i_x$ | $i_y$ | $i_u$ | $W_x$ | $W_y$ | $W_u$ | | $X_0$ | $Y_0$ |
| 2.5/1.6 | 25 | 16 | 3 | 3.5 | 1.162 | 0.91 | 0.080 | 0.70 | 1.56 | 0.22 | 0.43 | 0.14 | 0.78 | 0.44 | 0.34 | 0.43 | 0.19 | 0.16 | 0.392 | 0.42 | 0.86 |
| | | | 4 | | 1.499 | 1.18 | 0.079 | 0.88 | 2.09 | 0.27 | 0.59 | 0.17 | 0.77 | 0.43 | 0.34 | 0.55 | 0.24 | 0.20 | 0.381 | 0.46 | 0.90 |
| 3.2/2 | 32 | 20 | 3 | | 1.492 | 1.17 | 0.102 | 1.53 | 3.27 | 0.46 | 0.82 | 0.28 | 1.01 | 0.55 | 0.43 | 0.72 | 0.30 | 0.25 | 0.382 | 0.49 | 1.08 |
| | | | 4 | | 1.939 | 1.52 | 0.101 | 1.93 | 4.37 | 0.57 | 1.12 | 0.35 | 1.00 | 0.54 | 0.42 | 0.93 | 0.39 | 0.32 | 0.374 | 0.53 | 1.12 |
| 4/2.5 | 40 | 25 | 3 | 4 | 1.890 | 1.48 | 0.127 | 3.08 | 5.39 | 0.93 | 1.59 | 0.56 | 1.28 | 0.70 | 0.54 | 1.15 | 0.49 | 0.40 | 0.385 | 0.59 | 1.32 |
| | | | 4 | | 2.467 | 1.94 | 0.127 | 3.93 | 8.53 | 1.18 | 2.14 | 0.71 | 1.36 | 0.69 | 0.54 | 1.49 | 0.63 | 0.52 | 0.381 | 0.63 | 1.37 |
| 4.5/2.8 | 45 | 28 | 3 | 5 | 2.149 | 1.69 | 0.143 | 4.45 | 9.10 | 1.34 | 2.23 | 0.80 | 1.44 | 0.79 | 0.61 | 1.47 | 0.62 | 0.51 | 0.383 | 0.64 | 1.47 |
| | | | 4 | | 2.806 | 2.20 | 0.143 | 5.69 | 12.1 | 1.70 | 3.00 | 1.02 | 1.42 | 0.78 | 0.60 | 1.91 | 0.80 | 0.66 | 0.380 | 0.68 | 1.51 |
| 5/3.2 | 50 | 32 | 3 | 5.5 | 2.431 | 1.91 | 0.161 | 6.24 | 12.5 | 2.02 | 3.31 | 1.20 | 1.60 | 0.91 | 0.70 | 1.84 | 0.82 | 0.68 | 0.404 | 0.73 | 1.60 |
| | | | 4 | | 3.177 | 2.49 | 0.160 | 8.02 | 16.7 | 2.58 | 4.45 | 1.53 | 1.59 | 0.90 | 0.69 | 2.39 | 1.06 | 0.87 | 0.402 | 0.77 | 1.65 |

续表

| 型号 | 截面尺寸/mm B | b | d | r | 截面面积/cm² | 理论重量/(kg/m) | 外表面积/(m²/m) | 惯性矩/cm⁴ $I_x$ | $I_{x1}$ | $I_y$ | $I_{y1}$ | $I_u$ | 惯性半径/cm $i_x$ | $i_y$ | $i_u$ | 截面模数/cm³ $W_x$ | $W_y$ | $W_u$ | $\tan\alpha$ | 重心距离/cm $X_0$ | $Y_0$ |
|---|---|---|---|---|---|---|---|---|---|---|---|---|---|---|---|---|---|---|---|---|---|
| 5.6/3.6 | 56 | 36 | 3 | 6 | 2.743 | 2.15 | 0.181 | 8.88 | 17.5 | 2.92 | 4.7 | 1.73 | 1.80 | 1.03 | 0.79 | 2.32 | 1.05 | 0.87 | 0.408 | 0.80 | 1.78 |
| | | | 4 | | 3.590 | 2.82 | 0.180 | 11.5 | 23.4 | 3.76 | 6.33 | 2.23 | 1.79 | 1.02 | 0.79 | 3.03 | 1.37 | 1.13 | 0.408 | 0.85 | 1.82 |
| | | | 5 | | 4.415 | 3.47 | 0.180 | 13.9 | 29.3 | 4.49 | 7.94 | 2.67 | 1.77 | 1.01 | 0.78 | 3.71 | 1.65 | 1.36 | 0.404 | 0.88 | 1.87 |
| 6.3/4 | 63 | 40 | 4 | 7 | 4.058 | 3.19 | 0.202 | 16.5 | 33.3 | 5.23 | 8.63 | 3.12 | 2.02 | 1.14 | 0.88 | 3.87 | 1.70 | 1.40 | 0.398 | 0.92 | 2.04 |
| | | | 5 | | 4.993 | 3.92 | 0.202 | 20.0 | 41.6 | 6.31 | 10.9 | 3.76 | 2.00 | 1.12 | 0.87 | 4.74 | 2.07 | 1.71 | 0.396 | 0.95 | 2.08 |
| | | | 6 | | 5.908 | 4.64 | 0.201 | 23.4 | 50.0 | 7.29 | 13.1 | 4.34 | 1.96 | 1.11 | 0.86 | 5.59 | 2.43 | 1.99 | 0.393 | 0.99 | 2.12 |
| | | | 7 | | 6.802 | 5.34 | 0.201 | 26.5 | 58.1 | 8.24 | 15.5 | 4.97 | 1.98 | 1.10 | 0.86 | 6.40 | 2.78 | 2.29 | 0.389 | 1.03 | 2.15 |
| 7/4.5 | 70 | 45 | 4 | 7.5 | 4.553 | 3.57 | 0.226 | 23.2 | 45.9 | 7.55 | 12.3 | 4.40 | 2.26 | 1.29 | 0.98 | 4.86 | 2.17 | 1.77 | 0.410 | 1.02 | 2.24 |
| | | | 5 | | 5.609 | 4.40 | 0.225 | 28.0 | 57.1 | 9.13 | 15.4 | 5.40 | 2.23 | 1.28 | 0.98 | 5.92 | 2.65 | 2.19 | 0.407 | 1.06 | 2.28 |
| | | | 6 | | 6.644 | 5.22 | 0.225 | 32.5 | 68.4 | 10.6 | 18.6 | 6.35 | 2.21 | 1.26 | 0.98 | 6.95 | 3.12 | 2.59 | 0.404 | 1.09 | 2.32 |
| | | | 7 | | 7.658 | 6.01 | 0.225 | 37.2 | 80.0 | 12.0 | 21.8 | 7.16 | 2.20 | 1.25 | 0.97 | 8.03 | 3.57 | 2.94 | 0.402 | 1.13 | 2.36 |
| 7.5/5 | 75 | 50 | 5 | 8 | 6.126 | 4.81 | 0.245 | 34.9 | 70.0 | 12.6 | 21.0 | 7.41 | 2.39 | 1.44 | 1.10 | 6.83 | 3.3 | 2.74 | 0.435 | 1.17 | 2.40 |
| | | | 6 | | 7.260 | 5.70 | 0.245 | 41.1 | 84.3 | 14.7 | 25.4 | 8.54 | 2.38 | 1.42 | 1.08 | 8.12 | 3.88 | 3.19 | 0.435 | 1.21 | 2.44 |
| | | | 8 | | 9.467 | 7.43 | 0.244 | 52.4 | 113 | 18.5 | 34.2 | 10.9 | 2.35 | 1.40 | 1.07 | 10.5 | 4.99 | 4.10 | 0.429 | 1.29 | 2.52 |
| | | | 10 | | 11.59 | 9.10 | 0.244 | 62.7 | 141 | 22.0 | 43.4 | 13.1 | 2.33 | 1.38 | 1.06 | 12.8 | 6.04 | 4.99 | 0.423 | 1.36 | 2.60 |
| 8/5 | 80 | 50 | 5 | 8 | 6.376 | 5.00 | 0.255 | 42.0 | 85.2 | 12.8 | 21.1 | 7.66 | 2.56 | 1.42 | 1.10 | 7.78 | 3.32 | 2.74 | 0.388 | 1.14 | 2.60 |
| | | | 6 | | 7.560 | 5.93 | 0.255 | 49.5 | 103 | 15.0 | 25.4 | 8.85 | 2.56 | 1.41 | 1.08 | 9.25 | 3.91 | 3.20 | 0.387 | 1.18 | 2.65 |
| | | | 7 | | 8.724 | 6.85 | 0.255 | 56.2 | 119 | 17.0 | 29.8 | 10.2 | 2.54 | 1.39 | 1.08 | 10.6 | 4.48 | 3.70 | 0.384 | 1.21 | 2.69 |
| | | | 8 | | 9.867 | 7.75 | 0.254 | 62.8 | 136 | 18.9 | 34.3 | 11.4 | 2.52 | 1.38 | 1.07 | 11.9 | 5.03 | 4.16 | 0.381 | 1.25 | 2.73 |

续表

| 型号 | 截面尺寸/mm B | b | d | r | 截面面积/cm² | 理论重量/(kg/m) | 外表面积/(m²/m) | 惯性矩/cm⁴ $I_x$ | $I_{x1}$ | $I_y$ | $I_{y1}$ | $I_u$ | 惯性半径/cm $i_x$ | $i_y$ | $i_u$ | 截面模数/cm³ $W_x$ | $W_y$ | $W_u$ | $\tan\alpha$ | 重心距离/cm $X_0$ | $Y_0$ |
|---|---|---|---|---|---|---|---|---|---|---|---|---|---|---|---|---|---|---|---|---|---|
| 9/5.6 | 90 | 56 | 5 | 9 | 7.212 | 5.66 | 0.287 | 60.5 | 121 | 18.3 | 29.5 | 11.0 | 2.90 | 1.59 | 1.23 | 9.92 | 4.21 | 3.49 | 0.385 | 1.25 | 2.91 |
|  |  |  | 6 |  | 8.557 | 6.72 | 0.286 | 71.0 | 146 | 21.4 | 35.6 | 12.9 | 2.88 | 1.58 | 1.23 | 11.7 | 4.96 | 4.13 | 0.384 | 1.29 | 2.95 |
|  |  |  | 7 |  | 9.881 | 7.76 | 0.286 | 81.0 | 170 | 24.4 | 41.7 | 14.7 | 2.86 | 1.57 | 1.22 | 13.5 | 5.70 | 4.72 | 0.382 | 1.33 | 3.00 |
|  |  |  | 8 |  | 11.18 | 8.78 | 0.286 | 91.0 | 194 | 27.2 | 47.9 | 16.3 | 2.85 | 1.56 | 1.21 | 15.3 | 6.41 | 5.29 | 0.380 | 1.36 | 3.04 |
| 10/6.3 | 100 | 63 | 6 | 10 | 9.618 | 7.55 | 0.320 | 99.1 | 200 | 30.9 | 50.5 | 18.4 | 3.21 | 1.79 | 1.38 | 14.6 | 6.35 | 5.25 | 0.394 | 1.43 | 3.24 |
|  |  |  | 7 |  | 11.11 | 8.72 | 0.320 | 113 | 233 | 35.3 | 59.1 | 21.0 | 3.20 | 1.78 | 1.38 | 16.9 | 7.29 | 6.02 | 0.394 | 1.47 | 3.28 |
|  |  |  | 8 |  | 12.58 | 9.88 | 0.319 | 127 | 266 | 39.4 | 67.9 | 23.5 | 3.18 | 1.77 | 1.37 | 19.1 | 8.21 | 6.78 | 0.391 | 1.50 | 3.32 |
|  |  |  | 10 |  | 15.47 | 12.1 | 0.319 | 154 | 333 | 47.1 | 85.7 | 28.3 | 3.15 | 1.74 | 1.35 | 23.3 | 9.98 | 8.24 | 0.387 | 1.58 | 3.40 |
| 10/8 | 100 | 80 | 6 | 10 | 10.64 | 8.35 | 0.354 | 107 | 200 | 61.2 | 103 | 31.7 | 3.17 | 2.40 | 1.72 | 15.2 | 10.2 | 8.37 | 0.627 | 1.97 | 2.95 |
|  |  |  | 7 |  | 12.30 | 9.66 | 0.354 | 123 | 233 | 70.1 | 120 | 36.2 | 3.16 | 2.39 | 1.72 | 17.5 | 11.7 | 9.60 | 0.626 | 2.01 | 3.00 |
|  |  |  | 8 |  | 13.94 | 10.9 | 0.353 | 138 | 267 | 78.6 | 137 | 40.6 | 3.14 | 2.37 | 1.71 | 19.8 | 13.2 | 10.8 | 0.625 | 2.05 | 3.04 |
|  |  |  | 10 |  | 17.17 | 13.5 | 0.353 | 167 | 334 | 94.7 | 172 | 49.1 | 3.12 | 2.35 | 1.69 | 24.2 | 16.1 | 13.1 | 0.622 | 2.13 | 3.12 |
| 11/7 | 110 | 70 | 6 | 10 | 10.64 | 8.35 | 0.354 | 133 | 266 | 42.9 | 69.1 | 25.4 | 3.54 | 2.01 | 1.54 | 17.9 | 7.90 | 6.53 | 0.403 | 1.57 | 3.53 |
|  |  |  | 7 |  | 12.30 | 9.66 | 0.354 | 153 | 310 | 49.0 | 80.8 | 29.0 | 3.53 | 2.00 | 1.53 | 20.6 | 9.09 | 7.50 | 0.402 | 1.61 | 3.57 |
|  |  |  | 8 |  | 13.94 | 10.9 | 0.353 | 172 | 354 | 54.9 | 92.7 | 32.5 | 3.51 | 1.98 | 1.53 | 23.3 | 10.3 | 8.45 | 0.401 | 1.65 | 3.62 |
|  |  |  | 10 |  | 17.17 | 13.5 | 0.353 | 208 | 443 | 65.9 | 117 | 39.2 | 3.48 | 1.96 | 1.51 | 28.5 | 12.5 | 10.3 | 0.397 | 1.72 | 3.70 |
| 12.5/8 | 125 | 80 | 7 | 11 | 14.10 | 11.1 | 0.403 | 228 | 455 | 74.4 | 120 | 43.8 | 4.02 | 2.30 | 1.76 | 26.9 | 12.0 | 9.92 | 0.408 | 1.80 | 4.01 |
|  |  |  | 8 |  | 15.99 | 12.6 | 0.403 | 257 | 520 | 83.5 | 138 | 49.2 | 4.01 | 2.28 | 1.75 | 30.4 | 13.6 | 11.2 | 0.407 | 1.84 | 4.06 |
|  |  |  | 10 |  | 19.71 | 15.5 | 0.402 | 312 | 650 | 101 | 173 | 59.5 | 3.98 | 2.26 | 1.74 | 37.3 | 16.6 | 13.6 | 0.404 | 1.92 | 4.14 |
|  |  |  | 12 |  | 23.35 | 18.3 | 0.402 | 364 | 780 | 117 | 210 | 69.4 | 3.95 | 2.24 | 1.72 | 44.0 | 19.4 | 16.0 | 0.400 | 2.00 | 4.22 |

续表

| 型号 | 截面尺寸/mm | | | | 截面面积/cm² | 理论重量/(kg/m) | 外表面积/(m²/m) | 惯性矩/cm⁴ | | | | | 惯性半径/cm | | | 截面模数/cm³ | | | tan α | 重心距离/cm | |
|---|---|---|---|---|---|---|---|---|---|---|---|---|---|---|---|---|---|---|---|---|---|
| | $B$ | $b$ | $d$ | $r$ | | | | $I_x$ | $I_{x1}$ | $I_y$ | $I_{y1}$ | $I_u$ | $i_x$ | $i_y$ | $i_u$ | $W_x$ | $W_y$ | $W_u$ | | $X_0$ | $Y_0$ |
| 14/9 | 140 | 90 | 8 | 12 | 18.04 | 14.2 | 0.453 | 366 | 731 | 121 | 196 | 70.8 | 4.50 | 2.59 | 1.98 | 38.5 | 17.3 | 14.3 | 0.411 | 2.04 | 4.50 |
| | | | 10 | | 22.26 | 17.5 | 0.452 | 446 | 913 | 140 | 246 | 85.8 | 4.47 | 2.56 | 1.96 | 47.3 | 21.2 | 17.5 | 0.409 | 2.12 | 4.58 |
| | | | 12 | | 26.40 | 20.7 | 0.451 | 522 | 1100 | 170 | 297 | 100 | 4.44 | 2.54 | 1.95 | 55.9 | 25.0 | 20.5 | 0.406 | 2.19 | 4.66 |
| | | | 14 | | 30.46 | 23.9 | 0.451 | 594 | 1280 | 192 | 349 | 114 | 4.42 | 2.51 | 1.94 | 64.2 | 28.5 | 23.5 | 0.403 | 2.27 | 4.74 |
| 15/9 | 150 | 90 | 8 | 12 | 18.84 | 14.8 | 0.473 | 442 | 898 | 123 | 196 | 74.1 | 4.84 | 2.55 | 1.98 | 43.9 | 17.5 | 14.5 | 0.364 | 1.97 | 4.92 |
| | | | 10 | | 23.26 | 18.3 | 0.472 | 539 | 1120 | 149 | 246 | 89.9 | 4.81 | 2.53 | 1.97 | 54.0 | 21.4 | 17.7 | 0.362 | 2.05 | 5.01 |
| | | | 12 | | 27.60 | 21.7 | 0.471 | 632 | 1350 | 173 | 297 | 105 | 4.79 | 2.50 | 1.95 | 63.8 | 25.1 | 20.8 | 0.359 | 2.12 | 5.09 |
| | | | 14 | | 31.86 | 25.0 | 0.471 | 721 | 1570 | 196 | 350 | 120 | 4.76 | 2.48 | 1.94 | 73.3 | 28.8 | 23.8 | 0.356 | 2.20 | 5.17 |
| | | | 15 | | 33.95 | 26.7 | 0.471 | 764 | 1680 | 207 | 376 | 127 | 4.74 | 2.47 | 1.93 | 78.0 | 30.5 | 25.3 | 0.354 | 2.24 | 5.21 |
| | | | 16 | | 36.03 | 28.3 | 0.470 | 806 | 1800 | 217 | 403 | 134 | 4.73 | 2.45 | 1.93 | 82.6 | 32.3 | 26.8 | 0.352 | 2.27 | 5.25 |
| 16/10 | 160 | 100 | 10 | 13 | 25.32 | 19.9 | 0.512 | 669 | 1360 | 205 | 337 | 122 | 5.14 | 2.85 | 2.19 | 62.1 | 26.6 | 21.9 | 0.390 | 2.28 | 5.24 |
| | | | 12 | | 30.05 | 23.6 | 0.511 | 785 | 1640 | 239 | 406 | 142 | 5.11 | 2.82 | 2.17 | 73.5 | 31.3 | 25.8 | 0.388 | 2.36 | 5.32 |
| | | | 14 | | 34.71 | 27.2 | 0.510 | 896 | 1910 | 271 | 476 | 162 | 5.08 | 2.80 | 2.16 | 84.6 | 35.8 | 29.6 | 0.385 | 2.43 | 5.40 |
| | | | 16 | | 39.28 | 30.8 | 0.510 | 1000 | 2180 | 302 | 548 | 183 | 5.05 | 2.77 | 2.16 | 95.3 | 40.2 | 33.4 | 0.382 | 2.51 | 5.48 |
| 18/11 | 180 | 110 | 10 | 14 | 28.37 | 22.3 | 0.571 | 956 | 1940 | 278 | 447 | 167 | 5.80 | 3.13 | 2.42 | 79.0 | 32.5 | 26.9 | 0.376 | 2.44 | 5.89 |
| | | | 12 | | 33.71 | 26.5 | 0.571 | 1120 | 2330 | 325 | 539 | 195 | 5.78 | 3.10 | 2.40 | 93.5 | 38.3 | 31.7 | 0.374 | 2.52 | 5.98 |
| | | | 14 | | 38.97 | 30.6 | 0.570 | 1290 | 2720 | 370 | 632 | 222 | 5.75 | 3.08 | 2.39 | 108 | 44.0 | 36.3 | 0.372 | 2.59 | 6.06 |
| | | | 16 | | 44.14 | 34.6 | 0.569 | 1440 | 3110 | 412 | 726 | 249 | 5.72 | 3.06 | 2.38 | 122 | 49.4 | 40.9 | 0.369 | 2.67 | 6.14 |
| 20/12.5 | 200 | 125 | 12 | 14 | 37.91 | 29.8 | 0.641 | 1570 | 3190 | 483 | 788 | 286 | 6.44 | 3.57 | 2.74 | 117 | 50.0 | 41.2 | 0.392 | 2.83 | 6.54 |
| | | | 14 | | 43.87 | 34.4 | 0.640 | 1800 | 3730 | 551 | 922 | 327 | 6.41 | 3.54 | 2.73 | 135 | 57.4 | 47.3 | 0.390 | 2.91 | 6.62 |
| | | | 16 | | 49.74 | 39.0 | 0.639 | 2020 | 4260 | 615 | 1060 | 366 | 6.38 | 3.52 | 2.71 | 152 | 64.9 | 53.3 | 0.388 | 2.99 | 6.70 |
| | | | 18 | | 55.53 | 43.6 | 0.639 | 2240 | 4790 | 677 | 1200 | 405 | 6.35 | 3.49 | 2.70 | 169 | 71.7 | 59.2 | 0.385 | 3.06 | 6.78 |

注：截面图中的 $r_1 = 1/3d$ 及表中 $r$ 的数据用于孔型设计，不做交货条件。

# 参考文献

[1] 刘鸿文. 材料力学:上、下册[M]. 6版. 北京:高等教育出版社,2017.

[2] 单辉祖. 材料力学:Ⅰ、Ⅱ[M]. 4版. 北京:高等教育出版社,2016.

[3] 范钦珊. 工程力学教程:Ⅰ、Ⅱ[M]. 北京:高等教育出版社,1998.

[4] 周之桢. 材料力学:第一、第二册[M]. 长沙:国防科技大学出版社,1988.

[5] David R. Mechanics of Materials[M]. [S. l. ]:Wiley,1996.

[6] Andrew P,Jaan K. Engineering Mechanics:STATICS[M]. 2nd Edition. [S. l. ]:Cengage,1999①.

[7] 石德珂,金志浩. 材料力学性能[M]. 西安:西安交通大学出版社,1998.

[8] 顾晓勤,刘申全. 工程力学:Ⅰ、Ⅱ[M]. 北京:机械工业出版社,2005.

[9] 王心清. 结构设计[M]. 北京:中国宇航出版社,1994.

[10] 老亮,赵福滨,郝松林,等. 材料力学思考题集[M]. 2版. 北京:高等教育出版社,2004.

---

① 本书影印版由清华大学出版社出版,2001 年 8 月第 1 版。

# 习题参考答案

## 第一章 绪 论

1.1 (a) $F_{N,1}=0$，$F_{N,2}=-3F$，$F_{N,3}=-2F$

(b) $F_{N,1}=F$，$F_{S,1}=0$，$M_1=Fb$；$F_{N,2}=0$，$F_{S,2}=F$，$M_2=Fa$

(c) $F_{N,1}=0$，$F_{S,1}=-F$，$M_1=Fa$；$F_{N,2}=-F$，$F_{S,2}=0$，$M_2=0$

1.2 $\sigma=118.2$ MPa，$\tau=20.8$ MPa

1.3 $F_N=200$ kN，$M_z=3.33$ kN·m

1.4 $\varepsilon_{AB,av}=1.00\times10^{-3}$，$\varepsilon_{AD,av}=2.00\times10^{-3}$，$\gamma_A=1.00\times10^{-3}$rad

## 第二章 轴向拉压应力与材料的力学性能

2.1 (c)

2.2 (a) 2 kN，0，−2 kN；(b) 10 kN，−15 kN，−18 kN

2.3 175 MPa，350 MPa

2.4 $\sigma=41.3$ MPa，$\tau=-49.2$ MPa；$\sigma_{max}=100$ MPa，$\tau_{max}=50$ MPa

2.5 $E=220$ GPa，$\sigma_s=240$ MPa，$\sigma_b=440$ MPa，$\delta=29.84\%$

2.6 (1) $E=66.7$ GPa，$\sigma_p=230$ MPa，$\sigma_{p0.2}=330$ MPa；

(2) $\varepsilon=0.008$，$\varepsilon_e=0.005$，$\varepsilon_p=0.003$

2.7 1 强度高，3 塑性好，2 弹性模量大

2.8 $\sigma_{AB}=110.3$ MPa，$\sigma_{BC}=-31.8$ MPa，安全

2.9 $\sigma=32.7$ MPa，安全

2.10 $[F]=12$ kN

2.11 $\sigma=59.7$ MPa$<[\sigma]$，安全

2.12 $[F]=43.7$ kN

2.13 $A\geqslant10^3$mm$^2$

2.14 45°

2.15 54°44′

2.16 $[F]=\sqrt{2}[\sigma_t]A$

2.17 $d\geqslant17$ mm

2.18 $d\geqslant22.6$ mm

2.19 两材料挤压强度差异大,垫圈起过渡作用,增大与木材的接触面积,减小挤压应力

2.20 145.2 N·m

2.21 10.3 mm$<d<$12.7 mm，取 11 mm

## 第三章 轴向拉压变形

3.1 $v_B=F/k$

3.2　0.3 mm

3.3　下面图中变形大

3.4　−0.018 mm, 400 mm$^3$

3.5　$F = 18.7$ kN, $\sigma_{max} = 514$ MPa$< 105\% [\sigma]$, 安全

3.6　$\Delta_{Ax} = 0.86$ mm 向右, $\Delta_{Ay} = 3.5$ mm 向下

3.7　（略）

3.8　21.2 kN, 10.9°

3.9　$\delta = \dfrac{Fl}{4EA}$

3.10　10 929 r/min, 0.03 mm

3.11　$\Delta_{BC} = \dfrac{(2+\sqrt{2})Fl}{EA}$

3.12　55.6°

3.13　$\Delta_x = 0.5$ mm 向右, $\Delta_y = 0.5$ mm 向下

3.14　（a）$\dfrac{(2\sqrt{2}+1)Fl}{4EA}$; （b）$\dfrac{(2\sqrt{2}+3)Fl}{EA}$

3.15　（a）2 次静不定；（b）1 次静不定；（c）静定

3.16　$F_{NAC} = \dfrac{7}{4}F$, $F_{NCD} = -\dfrac{F}{4}$, $F_{NDB} = -\dfrac{5}{4}F$

3.17　$F_{BC} = F_{GD} = F_{GE} = \dfrac{(9-2\sqrt{3})EA\Delta}{23l}$, $F_{CD} = F_{CE} = \dfrac{(3\sqrt{3}-2)EA\Delta}{23l}$

3.18　$\Delta = \dfrac{[\sigma]l}{3E}$, $[F]_{max} = (\sqrt{3}+1)[\sigma]A$

3.19　$[F] = \dfrac{5}{2}[\sigma]A$

3.20　$\sigma_{BE} = 400$ MPa, $\sigma_{CD} = 200$ MPa, $\Delta l_{BE} = 4$ mm

3.21　（1）$F = 32$ kN；（2）$\sigma_1 = 86$ MPa, $\sigma_2 = -78$ MPa；
　　　（3）$\sigma_1'' = 58.3$ MPa, $\sigma_2'' = -133.4$ MPa

3.22　$F_1 = \dfrac{2}{5}F + \dfrac{4EA\delta}{5l} - \dfrac{2EA\alpha\Delta T}{5}$, $F_2 = \dfrac{4}{5}F - \dfrac{2EA\delta}{5l} + \dfrac{EA\alpha\Delta T}{5}$

3.23　$q = \dfrac{2EA\delta}{d_1^2}$, $\sigma = \dfrac{E\delta}{d_1}$

# 第四章　扭　转

4.1　（a）$T_{max} = 2M$；（b）$T_{max} = 2$ kN · m
　　　（c）$T_{max} = M$；（d）$T_{max} = 3$ kN · m

4.2　$m = 12.36$ N · m/m, $|T|_{max} = 531$ kN · m

4.3　$\tau = 65.19$ MPa, $\tau_{max} = 81.49$ MPa

4.4　$\tau = 48.97$ MPa, $\tau_{max} = 58.77$ MPa, $\tau_{min} = 39.18$ MPa

4.5　6.67%

4.6　$\tau_\rho = \dfrac{T\rho^{1/m}}{\dfrac{2m\pi}{3m+1}\left(\dfrac{d}{2}\right)^{(3m+1)/m}}$

4.7　（略）

4.8　$F = \dfrac{4\sqrt{2}\,T}{3\pi d}$，$\varphi = 45°$，$\rho = \dfrac{3\pi d}{16\sqrt{2}} = 0.417d$

4.9　$\tau_{max} = 19.2$ MPa$<[\tau]$，安全

4.10　$\tau_{AB,max} = 63.7$ MPa$<[\tau]$，$\tau_{BC,max} = 45.5$ MPa$<[\tau]$，该轴满足强度条件的要求

4.11　（1）$T_{max} = 1.273$ kN·m；（2）$d \geqslant 43.3$ mm

　　　（3）$T'_{max} = 0.955$ kN·m

4.12　$d = 19.1$ mm

4.13　$[F] = 210$ N

4.14　$\dfrac{(1-\alpha^2)^{\frac{3}{2}}}{1-\alpha^4}$，$\dfrac{1-\alpha^2}{1+\alpha^2}$

4.15　$\tau_{max} = 16.3$ MPa，$\theta = 0.58$（°）/m

4.16　$d \geqslant 67.6$ mm

4.17　$\tau_{max} = 51.3$ MPa$<[\tau]$，$\theta = 0.82$（°）/m$<[\theta]$，该轴满足强度和刚度条件的要求

4.18　$M_1 = 5.23$ kN·m，$M_2 = 10.5$ kN·m

4.19　$\tau_{max} = 79.6$ MPa

4.20　（a）$M_A = M_B = 8$ kN·m，$\varphi = 0.35°$

　　　（b）$M_A = -M_B = 3.2$ kN·m，$\varphi = 0$

4.21　$d_2 = 2d_1 = 2\sqrt[3]{\dfrac{16M}{9\pi[\tau]}}$

4.22　（a）$3M_A = M_B = \dfrac{3ma}{4}$；（b）$M_A = M_B = \dfrac{ma}{2}$

4.23　$1 + \left(\dfrac{d_2}{d_1}\right)^4$

4.24　$M_2 = 3.5\,M_1$

4.25　$T_1 = 0.684M$，$T_2 = 0.271M$，$T_3 = 0.045M$

4.26　$\tau_{s,max} = 7.38$ MPa，$\tau_{c,max} = 17.0$ MPa

4.27　$M_A = \dfrac{GI_p(b+e)+cbe}{GI_p(a+b+e)+ce(a+b)}M$，　$M_D = \dfrac{aGI_p}{GI_p(a+b+e)+ce(a+b)}M$

4.28　（1）$\tau_{max} = 24.2$ MPa；（2）$\varphi = 0.39°$

4.29　$[M_2] = 1.727$ kN·m，$\varphi_A = 0.006\,12$ rad

4.30　$\tau_{max} = 18.2$ MPa，$\theta = 0.023$ rad/m

4.31　$\tau_{max} = 41.5$ MPa

4.32 $[T] = [T_0]\left(1 - \dfrac{e}{\delta}\right)$

4.33 38.5, 494

4.34 10.38 kN·m/m

## 第五章 弯 曲 内 力

5.1 (a) $F_{S1} = 2qa$, $M_1 = -\dfrac{3}{2}qa^2$; $F_{S2} = 2qa$, $M_2 = -\dfrac{1}{2}qa^2$

(b) $F_{S1} = -100$ N, $M_1 = -20$ N·m; $F_{S2} = -100$ N, $M_2 = -40$ N·m

$F_{S3} = 200$ N, $M_3 = -40$ N·m

(c) $F_{S1} = 1.33$ kN, $M_1 = 267$ N·m; $F_{S2} = -0.667$ kN, $M_2 = 333$ N·m

(d) $F_{S1} = -qa$, $M_1 = -\dfrac{1}{2}qa^2$; $F_{S2} = -\dfrac{3}{2}qa$, $M_2 = -2qa^2$

5.2 (a) $|F_S|_{max} = 2F$, $|M|_{max} = Fa$

(b) $|F_S|_{max} = qa$, $|M|_{max} = \dfrac{3}{2}qa^2$

(c) $|F_{S}|_{max} = \dfrac{5}{3}F$, $|M|_{max} = \dfrac{5}{3}Fa$

(d) $|F_S|_{max} = \dfrac{3M_0}{2a}$, $|M|_{max} = \dfrac{3M_0}{2}$

(e) $|F_S|_{max} = \dfrac{3}{8}qa$, $|M|_{max} = \dfrac{9}{128}qa^2$

(f) $|F_S|_{max} = \dfrac{7}{2}F$, $|M|_{max} = \dfrac{5}{2}Fa$

(g) $|F_S|_{max} = \dfrac{5}{8}qa$, $|M|_{max} = \dfrac{1}{8}qa^2$

(h) $|F_S|_{max} = 30$ kN, $|M|_{max} = 15$ kN·m

(i) $|F_S|_{max} = qa$, $|M|_{max} = qa^2$

(j) $|F_S|_{max} = qa$, $|M|_{max} = qa^2$

5.3~5.9 (略)

5.10 $x = \dfrac{l}{2} - \dfrac{d}{4}$, $M_{max} = M_C = \dfrac{2F}{l}\left(\dfrac{l}{2} - \dfrac{d}{4}\right)^2$ 或

$x = \dfrac{l}{2} - \dfrac{3d}{4}$, $M_{max} = M_D = \dfrac{2F}{l}\left(\dfrac{l}{2} - \dfrac{d}{4}\right)^2$

5.11 (a) $|M|_{max} = 80$ kN·m; (b) $|M|_{max} = 15$ kN·m

(c) $|M|_{max} = \dfrac{1}{2}qa^2$; (d) $|M|_{max} = 7$ kN·m

5.12 (略)

## 第六章 弯 曲 应 力

6.1 $\rho_b = 1\ 215$ m, $\rho_c = 2\ 142$ m

6.2　$\rho = 85.7$ m

6.3　$\sigma_{max} = 1\,000$ MPa

6.4　$\sigma_D = 0.075\,4$ MPa, $\sigma_{t,max} = 4.75$ MPa, $\sigma_{c,max} = 6.28$ MPa

6.5　(1) 21%；(2) 腹板约 15.9%,翼缘约 84.1%

6.6　(a) $\sigma_{max} = \dfrac{3ql^2}{4a^3}$；(b) $\sigma_{max} = \dfrac{3ql^2}{2a^3}$；(c) $\sigma_{max} = \dfrac{3ql^2}{4a^3}$

6.7　$F = 85.8$ kN

6.8　$\tau_{a-a} = 0$, $\tau_{b-b} = 1.75$ MPa

6.9　$\sigma = 55.8$ MPa, $\tau = 17.6$ MPa

6.10　$\tau = 1$ MPa

6.11　(1)（略）；(2) $F_S' = \dfrac{3ql^2}{4h}$

6.12　$F = 13.1$ kN

6.13　$\sigma_{t,max} = 28.8$ MPa, $\sigma_{c,max} = 46.1$ MPa

6.14　$d = 266$ mm

6.15　$[q] = 15.7$ kN/m

6.16　18 层

## 第七章　弯　曲　变　形

7.1　（略）

7.2　(a) $\theta_A = \dfrac{-ql^3}{24EI}$, $w_C = \dfrac{-5ql^4}{384EI}$

　　(b) $\theta_A = \dfrac{Fl^2}{12EI}$, $w_C = \dfrac{-Fl^3}{8EI}$

　　(c) $\theta_A = \dfrac{-5Fl^2}{8EI}$, $w_C = \dfrac{-29Fl^3}{48EI}$

　　(d) $\theta_A = -\dfrac{M_0 l}{18EI}$, $w_C = \dfrac{2M_0 l}{81EI}$

7.3　(a) $\theta_A = -\dfrac{Ml}{3EI}$, $\theta_B = \dfrac{Ml}{6EI}$, $w_{\frac{l}{2}} = -\dfrac{Ml^2}{16EI}$, $w_{max} = -\dfrac{Ml^2}{9\sqrt{3}\,EI}$

　　(b) $\theta_A = -\dfrac{5Fa^2}{9EI}$, $\theta_B = \dfrac{4Fa^2}{9EI}$, $w_{\frac{l}{2}} = -\dfrac{23Fa^3}{48EI}$, $w_{max} = -\dfrac{16\sqrt{6}\,Fa^3}{81EI}$

　　(c) $\theta_A = -\dfrac{7q_0 l^3}{360EI}$, $\theta_B = \dfrac{q_0 l^3}{45EI}$, $w_{\frac{l}{2}} = -\dfrac{5q_0 l^4}{768EI}$, $w_{max} = -\dfrac{5.01 q_0 l^4}{768EI}$

　　(d) $\theta_A = -\dfrac{8qa^3}{9EI}$, $\theta_B = \dfrac{7qa^3}{9EI}$, $w_{\frac{l}{2}} = -\dfrac{305qa^4}{384EI}$,

　　　　$w_{max} = w(1.445a) = -\dfrac{0.795\,6qa^4}{EI}$

7.4　（略）

7. 5　（1）$x = 0.152l$；（2）$x = \dfrac{l}{6}$

7. 6　$w_A = \left[ \dfrac{(l+a)a^2}{3EI} + \dfrac{(l+a)^2}{kl^2} \right] F(\downarrow)$

7. 7　（a）$|\theta|_{\max} = \dfrac{5Fl^2}{16EI}$，$|w|_{\max} = \dfrac{3Fl^3}{16EI}$

　　　（b）$|\theta|_{\max} = \dfrac{5Fl^2}{128EI}$，$|w|_{\max} = \dfrac{3Fl^3}{256EI}$

7. 8　（略）

7. 9　$w_C = -\dfrac{97ql^4}{768EI}$，$w_B = -\dfrac{2\,399ql^4}{6\,144EI}$

7. 10　$w_A = \dfrac{7ql^4}{384EI}$，$\theta_B = \dfrac{ql^3}{12EI}$（顺时针）

7. 11　（a）$w = \dfrac{Fa}{48EI}(3l^2 - 16al - 16a^2)$，$\theta = \dfrac{F}{48EI}(24a^2 + 16al - 3l^2)$

　　　（b）$w = \dfrac{qa}{24EI}(6a^3 + 4a^2l + l^3)$，$\theta = \dfrac{q}{24EI}(12a^3 + 4a^2l + l^3)$

　　　（c）$w = \dfrac{5qa^4}{24EI}$，$\theta = -\dfrac{qa^3}{4EI}$

　　　（d）$w = -\dfrac{qa}{24EI}(3a^3 + 4a^2l - l^3)$，$\theta = -\dfrac{q}{24EI}(4a^3 + 4a^2l - l^3)$

7. 12　$w_B = 8.21$ mm（$\downarrow$）

7. 13　$w_D = 6.37$ mm（$\downarrow$）

7. 14　$w_C = 0.024\,6$ mm

7. 15　选两根 No.22a 槽钢

7. 16　在梁的自由端加集中力 $F = 6AEI$（$\uparrow$）和集中力偶矩 $M = 6AlEI$

7. 17　$x_A = \dfrac{5Fl^2}{27Ebh^2}$（$\rightarrow$）

7. 18　$w = 12.1$ mm$<[w]$，安全

7. 19　$|w|_{\max} = \dfrac{39Fl^3}{1\,024EI}$

7. 20　$\dfrac{a}{l} = \dfrac{2}{3}$

7. 21　$M_2 = 2M_1$

7. 22　$d = 190$ mm

7. 23　$w_C = 29.4$ mm

7. 24　$w = 2.25 \times 10^{-3}$ mm

7. 25　$y = \dfrac{Fx^2(l-x)^2}{3lEI}$

7. 26 $\quad w_C = -\dfrac{7ql^4}{24EI}(\downarrow)$, $\quad \theta_A = \dfrac{17ql^3}{48EI}$

7. 27 $\quad M_A = M_e/8(\text{顺时针})$, $\quad F_{RA}(\downarrow) = F_{RB}(\uparrow) = \dfrac{9M_e}{8l}$

7. 28 $\quad F_D = \dfrac{5F}{3}$

7. 29 $\quad \sigma_{AB,\,max} = 109.\,1 \text{ MPa}$, $\sigma_{BC,\,max} = 31.\,25 \text{ MPa}$, $w_C = 8.\,1 \text{ mm}$

7. 30 $\quad F_N = \dfrac{3Aql^4}{8(Al^3 + 3hI)}$

7. 31 $\quad F_{NBD} = \dfrac{3Aql^3}{4(4Al^2 + 3I)}$

7. 32 $\quad \dfrac{F_1}{F_2} = \dfrac{M_{1,\,max}}{M_{2,\,max}} = \dfrac{I_1}{I_2}$

## 第八章　应力与应变状态分析

8. 1　（a）$\sigma_\alpha = 10 \text{ MPa}$, $\tau_\alpha = 15 \text{ MPa}$, $\sigma_{\substack{max \\ min}} = \begin{cases} 16.\,2 \text{ MPa} \\ -26.\,2 \text{ MPa} \end{cases}$, $\alpha_0 = \begin{cases} 22.\,5° \\ 112.\,5° \end{cases}$

　　　　（b）$\sigma_\alpha = 47.\,3 \text{ MPa}$, $\tau_\alpha = -7.\,3 \text{ MPa}$, $\sigma_{\substack{max \\ min}} = \begin{cases} 48.\,3 \text{ MPa} \\ -8.\,3 \text{ MPa} \end{cases}$, $\alpha_0 = \begin{cases} -22.\,5° \\ 67.\,5° \end{cases}$

　　　　（c）$\sigma_\alpha = -38.\,3 \text{ MPa}$, $\tau_\alpha = 0$, $\sigma_{\substack{max \\ min}} = \begin{cases} 18.\,3 \text{ MPa} \\ -38.\,3 \text{ MPa} \end{cases}$, $\alpha_0 = \begin{cases} 22.\,5° \\ 112.\,5° \end{cases}$

8. 2　（略）

8. 3　$A$：$\sigma_{-70°} = 0.\,583\,5 \text{ MPa}$, $\tau_{-70°} = 0.\,835 \text{ MPa}$

　　　$B$：$\sigma_{-70°} = 0.\,449\,2 \text{ MPa}$, $\tau_{-70°} = 1.\,234 \text{ MPa}$

8. 4　$\sigma = 219.\,5 \text{ MPa}$

8. 5　（略）

8. 6　$A$：$\sigma_1 = 60 \text{ MPa}$, $\sigma_2 = \sigma_3 = 0$, $\alpha_0 = 0$

　　　$B$：$\sigma_1 = 30.\,2 \text{ MPa}$, $\sigma_2 = 0$, $\sigma_3 = -0.\,168 \text{ MPa}$, $\alpha_0 = -4.\,27°$

　　　$C$：$\sigma_1 = 3 \text{ MPa}$, $\sigma_2 = 0$, $\sigma_3 = -3 \text{ MPa}$, $\alpha_0 = -45°$

8. 7　$\sigma_1 = 106.\,35 \text{ MPa}$, $\sigma_2 = 36.\,75 \text{ MPa}$, $\sigma_3 = 0$

8. 8　$\sigma_1 = (2 - \sqrt{3})\tau_0$, $\sigma_2 = 0$, $\sigma_3 = -(2 + \sqrt{3})\tau_0$, $\alpha_0 = -75°$

8. 9　（a）$\sigma_1 = 60 \text{ MPa}$, $\sigma_2 = 30 \text{ MPa}$, $\sigma_3 = -70 \text{ MPa}$, $\tau_{max} = 65 \text{ MPa}$

　　　　（b）$\sigma_1 = 50 \text{ MPa}$, $\sigma_2 = 30 \text{ MPa}$, $\sigma_3 = -50 \text{ MPa}$, $\tau_{max} = 50 \text{ MPa}$

　　　　（c）$\sigma_1 = 130 \text{ MPa}$, $\sigma_2 = 30 \text{ MPa}$, $\sigma_3 = -30 \text{ MPa}$, $\tau_{max} = 80 \text{ MPa}$

8. 10　$\varepsilon_{\substack{max \\ min}} = \dfrac{\varepsilon_{0°} + \varepsilon_{60°} + \varepsilon_{120°}}{3} \pm \dfrac{\sqrt{2}}{3}\sqrt{(\varepsilon_{0°} - \varepsilon_{60°})^2 + (\varepsilon_{60°} - \varepsilon_{120°})^2 + (\varepsilon_{120°} - \varepsilon_{0°})^2}$

　　　　$\tan 2\alpha_0 = \dfrac{\sqrt{3}(\varepsilon_{60°} - \varepsilon_{120°})}{2\varepsilon_{0°} - \varepsilon_{60°} - \varepsilon_{120°}}$

8.11　$\Delta\delta = -0.001\ 886$ mm，$\Delta V = 933$ mm$^3$

8.12　$\Delta_{AB} = \dfrac{\sqrt{2}\,(1-\mu)F}{2bE}$

8.13　$M_e = 19.9$ kN · m

8.14　$F = 48$ kN

8.15　$\sigma_1 = 0$，$\sigma_2 = -9.9$ MPa，$\sigma_3 = -30$ MPa，$\Delta V = -1.938\times10^{-7}$ mm$^3$

8.16　$\sigma_1 = 193.4$ MPa，$\sigma_2 = 0$，$\sigma_3 = -13.4$ MPa，$\alpha_0 = 109.33°$

8.17　$\sigma_x = 105.5$ MPa，$\sigma_y = 51.7$ MPa，$\tau_x = -11.5$ MPa

8.18　（略）

8.19　（略）

8.20　$v_v = 0.014\ 7$ MPa，$v_d = 0.019\ 5$ MPa

## 第九章　强度理论及其应用

9.1　$\sigma_{r2} = 27.86$ MPa

9.2　$\sigma_{r3} = 95$ MPa，$\sigma_{r4} = 86.75$ MPa

9.3　$\sigma_{r3} = 250$ MPa，$\sigma_{r4} = 229$ MPa

9.4　按第一强度理论：$[\tau] = [\sigma]$，按第二强度理论：$[\tau] = \dfrac{[\sigma]}{1+\mu}$

9.5　按第三强度理论：$[\tau] = \dfrac{[\sigma]}{2}$，按第四强度理论：$[\tau] = \dfrac{[\sigma]}{\sqrt{3}}$

9.6　(1) $(\sigma_{r3})_{(a)} = \sqrt{\sigma^2 + 4\tau^2}$，$(\sigma_{r3})_{(b)} = \sigma + \tau$

　　　(2) $(\sigma_{r4})_{(a)} = (\sigma_{r4})_{(b)} = \sqrt{\sigma^2 + 3\tau^2}$

9.7　$\sigma_{max} = 153.5$ MPa，$\tau_{max} = 62.1$ MPa，$\sigma_{r3} = 168.2$ MPa

9.8　(1) $(\sigma_{r2})_{(a)} = \mu\sigma$，$(\sigma_{r2})_{(b)} = 0$，情况(a)下棱柱体容易被压碎

　　　(2) $(\sigma_{r3})_{(a)} = \sigma$，$(\sigma_{r3})_{(b)} = \sigma\dfrac{1-2\mu}{1-\mu}$，情况(a)下棱柱体容易屈服

9.9　$\sigma_{r3} = 183$ MPa

9.10　$\sigma_1 = \sigma_2 = \dfrac{pD}{4\delta}$，$\sigma_3 = 0$

9.11　$\sigma_{r2} = 20.7$ MPa

9.12　$\delta = 12.6$ mm

9.13　$p = 1.5$ MPa

9.14　$\dfrac{2-\mu}{1-\mu}$，$\dfrac{2(1-\mu)}{2-\mu}$

9.15　$\sigma_{1t} = \dfrac{(\alpha_1-\alpha_2)E_1E_2\delta_2\Delta T}{E_1\delta_1+E_2\delta_2}$，$\sigma_{2t} = \dfrac{(\alpha_1-\alpha_2)E_1E_2\delta_1\Delta T}{E_1\delta_1+E_2\delta_2}$

9.16　$\Delta l = \dfrac{Fl}{\pi D\delta_1 E_1}\left(\dfrac{\mu^2\delta_2 E_2}{\delta_1 E_1+\delta_2 E_2}-1\right)$

9.17　$\sigma_{r2}=33$ MPa，$\sigma_{rM}=34.5$ MPa

第十章　组　合　变　形

10.1　（略）

10.2　$\sigma_{\max}=9.799$ MPa

10.3　$\sigma_{\max}=15.26$ MPa$<[\sigma]$

10.4　（a）$h=2b\geqslant71.2$ mm；（b）$d\geqslant52.4$ mm

10.5　32c

10.6　$F=-\dfrac{(\varepsilon_A+\varepsilon_B)Ea^3}{12l}$；　$M=\dfrac{(\varepsilon_B-\varepsilon_A)Ea^3}{12}$

10.7　$\sigma_{c,\max}=0.72$ MPa

10.8　$[F]\leqslant45$ kN

10.9　$\sigma_{\max}=87.6$ MPa

10.10　$a=3.93$ m

10.11　（a）130.9 MPa；（b）140.4 MPa；（c）145.8 MPa

10.12　$F=18.38$ kN，$e=1.786$ mm

10.13　$\sigma_{\text{left}}=-1.13$ MPa，　$\sigma_{\text{right}}=-1.73$ MPa

10.14～10.16　（略）

10.17　$d\geqslant23.6$ mm

10.18　$W\leqslant1\,576$ N

10.19　$d\geqslant51.9$ mm

10.20　$[F]\leqslant166$N

10.21　（a）$\sqrt{\left(\dfrac{4F}{\pi d^2}\right)^2+3\left(\dfrac{16M}{\pi d^3}\right)^2}\leqslant[\sigma]$

　　　（b）$\dfrac{2F}{\pi d^2}+\sqrt{\left(\dfrac{2F}{\pi d^2}\right)^2+\left(\dfrac{16M}{\pi d^3}\right)^2}\leqslant[\sigma]$

10.22　$\sigma_{r3}=\dfrac{5.536M}{d^3}$

10.23　（a）（略）；（b）$\sigma_{r3}=138$ MPa

第十一章　能　量　法

11.1　（a）$V_\varepsilon=\dfrac{F^2l}{EA}$；（b）$V_\varepsilon=\dfrac{3F^2l}{4EA}$；（c）$V_\varepsilon=\dfrac{3M^2l}{4EI_p}$；（d）$V_\varepsilon=\dfrac{M_e^2l}{18EI}$

　　　（e）$V_\varepsilon=\dfrac{(1+2\sqrt{2})F^2l}{2EA}$；（f）$V_\varepsilon=\dfrac{3q^2l^5}{20EI}$；（g）$V_\varepsilon=\dfrac{\pi F^2R^3}{8EI}$

11.2　（a）$\Delta l=\dfrac{2Fl}{EA}$；（b）$\Delta l=\dfrac{3Fl}{2EA}$；（c）$\varphi=\dfrac{3Ml}{2EI_p}$；（d）$\theta=\dfrac{M_el}{9EI}$

　　　（e）$\Delta_x=\dfrac{(1+2\sqrt{2})Fl}{EA}$；（g）$\Delta_y=\dfrac{\pi FR^3}{4EI}$

11.3    $\theta = \dfrac{8M_e}{9\pi E d^2 l}\left(8\dfrac{l^2}{d^2}+13\right)$；当 $l/d=10$ 和 $l/d=5$ 时剪切变形在总变形中所占的百分比

分别为 1.6% 和 6.1%

11.4    (a) 10/9；(b) 2；(c) 2.53

11.5    (略)

11.6    $\dfrac{\Delta A}{A}=\dfrac{4(1-\mu)}{\pi E d}F$

11.7    (略)

11.8    $\theta_C=\dfrac{5Fa^2}{6EI}$ ( ↑ )

11.9    (a) $w_A=-\dfrac{Fa^3}{6EI}$ ( ↑ )    $\theta_A=\dfrac{Fa^2}{2EI}$ ( ↑ )；(b) $w_A=\dfrac{11qa^4}{24EI}$    $\theta_A=\dfrac{2qa^3}{3EI}$

11.10    (b) $\Delta l=\dfrac{3Fl}{2EA}$；(c) $\varphi=\dfrac{3Ml}{2EI_p}$；(d) $\theta=\dfrac{M_e l}{3EI}$

(e) $\Delta_x=\dfrac{(1+2\sqrt{2})Fl}{EA}$；(f) $\Delta_x=\dfrac{5ql^4}{8EI}$；(g) $\Delta_y=\dfrac{\pi FR^3}{4EI}$

11.11    $\Delta_A=\dfrac{(4F-qa)a}{2EA}$

11.12    $\varphi_A=\dfrac{3ma^2}{2GI_p}$

11.13    (a) $w_C=\dfrac{13Fa^3}{54EI}$, $\theta_A=\dfrac{31Fa^2}{108EI}$；(b) $w_C=\dfrac{5Fa^3}{12EI}$, $\theta_A=\dfrac{5Fa^2}{4EI}$

11.14    (a) $w_A=\dfrac{2qa^4}{15EI}$, $\theta_A=0$；(b) $w_A=0$, $\theta_A=\dfrac{qa^3}{45EI}$

11.15    $\theta=\dfrac{qa^3}{3EI}$

11.16    (a) $\Delta_A=\dfrac{\sqrt{3}Fa}{12EA}$, $\theta_{AB}=\dfrac{5\sqrt{3}F}{6EA}$

(b) $\Delta_A=\dfrac{(2+2\sqrt{2})Fa}{EA}$, $\theta_{AB}=\dfrac{(2+4\sqrt{2})F}{EA}$

11.17    (a) $v_A=\dfrac{7qa^4}{24EI}$, $\theta_C=\dfrac{qa^3}{12EI}$；(b) $v_A=\dfrac{5qa^4}{384EI}$, $\theta_C=\dfrac{qa^3}{12EI}$

(c) $v_A=\dfrac{2Fa^3}{EI}$, $\theta_C=\dfrac{5Fa^2}{2EI}$

11.18    (a) $u_A=\dfrac{\pi FR^3}{2EI}$, $v_A=\dfrac{2FR^3}{EI}$, $\theta_A=\dfrac{2FR^2}{EI}$

(b) $u_A=\dfrac{FR^3}{4EI}(9\pi+8)$, $v_A=\dfrac{FR^3}{2EI}$, $\theta_A=\dfrac{FR^2}{2EI}(3\pi+2)$

11. 19　$u_A = \dfrac{qa^4}{3EI}$,　$\theta_{BC} = \dfrac{qa^3}{8EI}$

11. 20　$v_B = \dfrac{qa^4}{3EI} + \dfrac{3qa^2}{2EA}$

11. 21　（a）$\dfrac{3\pi qR^4}{EI}$;　（b）$\dfrac{3\pi FR^3}{EI}$;　（c）$\dfrac{\pi FR^3}{EI}$

11. 22　一对力偶,　$M_e = \dfrac{EI}{2\pi a}\Delta\theta_0$

11. 23　$v_B = \dfrac{F^2 a}{A^2 c^2} + \dfrac{2\sqrt{2}\,Fa}{EA}$

11. 24　$v_B = \dfrac{F^2 a}{A^2 c^2} + \dfrac{2\sqrt{2}\,Fa}{EA} + (\sqrt{2}-1)\delta - \alpha\Delta Ta$

11. 25　$\Delta_y = \dfrac{\alpha(T_1 - T_2)l^2}{2h}$,　$\Delta_x = \dfrac{\alpha(T_1 + T_2)l}{2}$

11. 26　$\Delta_{AB} = \dfrac{5Fl^3}{6EI} + \dfrac{3Fl^3}{2GI_t}$

11. 27　$\Delta\delta = \dfrac{\pi FR^3}{EI} + \dfrac{3\pi FR^3}{GI_t}$

11. 28　$v_B = \dfrac{16FR^3}{Ed^4} + \left(\dfrac{3}{4} - \dfrac{2}{\pi}\right)\dfrac{32FR^3}{Gd^4}$,　$\varphi_B = \dfrac{16FR^2}{Ed^4} + \left(\dfrac{1}{4} - \dfrac{1}{\pi}\right)\dfrac{32FR^3}{Gd^4}$

## 第十二章　静不定问题分析

12. 1　（a）$F_B = 5/18F$;　（b）$F_B = 13/9F$;　（c）$M_A = M_B = -M_e/5$

12. 2　$\Delta = \dfrac{7ql^4}{72EI}$

12. 3　$F_1 : F_2 = 0.192 : 0.808$

12. 4　（a）$F_{Ax} = \dfrac{3}{8}ql$,　$F_{Ay} = \dfrac{1}{2}ql$;　（b）$F_{Ax} = F_{Ay} = \dfrac{M_e}{2l}$

　　　（c）$F_{Ax} = \dfrac{3}{11}F$,　$F_{Ay} = \dfrac{1}{3}F$

12. 5　（a）$F_{By} = \dfrac{2\sqrt{2}\,M_e}{\pi a}$,　$\theta = \dfrac{M_e a}{EI}\left(\dfrac{\pi}{4} - \dfrac{2}{\pi}\right)$

　　　（b）$F_{Ay} = F_{By} = \dfrac{F}{2}$,　$F_{Ax} = F_{Bx} = \dfrac{F}{\pi}$,　$\Delta = \left(\dfrac{3\pi}{4} - \dfrac{1}{\pi} - 2\right)\dfrac{Fa^2}{EI}$

12. 6　$F_{N1} = F_{N2} = F_{N3} = F_{N4} = \dfrac{\sqrt{2}-1}{2}F$,　$F_{N5} = -\dfrac{2-\sqrt{2}}{2}F$,　$F_{N6} = \dfrac{\sqrt{2}}{2}F$

12. 7　$F_{N5} = \dfrac{2-\sqrt{2}}{2}F$

12.8　（a）$F_N = \dfrac{5Aa^2F}{2(5Aa^2+3I)}$；（b）$F_N = \dfrac{2Aa^2F}{3(Aa^2+2I)}$，$\theta_C = \dfrac{Aa^4F}{6EI(Aa^2+2I)}$

12.9　$F_{N5} = \dfrac{4+2\sqrt{2}}{3+4\sqrt{2}}F$

12.10　$F_{Ax} = F_{Bx} = \dfrac{M_e}{4a}$，$F_{Ay} = F_{By} = \dfrac{M_e}{2a}$；$M_B = \dfrac{3M_e}{2}$

12.11　（a）$M_{max} = \dfrac{qa^2}{32}$；（b）$M_{max} = \dfrac{Fa}{2}$；（c）$M_{max} = \dfrac{2qa^2}{7}$

12.12　$M_{max} = \dfrac{Fa(l+2a)}{2(l+\pi a)}$

12.13　$M_{max} = \dfrac{Fl_1(2l_2I_1+l_1I_2)}{8(l_2I_1+l_1I_2)}$

12.14　（a）$M = Fa\left(\dfrac{2}{\pi}-\dfrac{1}{2}\right)$；（b）$M = Fa\left(\dfrac{\sqrt{3}}{6}-\dfrac{3}{2\pi}\right)$；（c）$M = \dfrac{\sqrt{3}}{6}M_e$，$T = \dfrac{1}{2}M_e$

12.15　$F_{N,CD} = 0$，$F_{SA} = qa$，$\Delta_{A/B} = 0$

12.16　（a）$F_{Ax} = F_{Bx} = 0$，$F_{Ay} = F_{By} = \dfrac{24M_e}{13a}$，$M_A = M_B = \dfrac{M_e}{13}$

　　　　（b）$F_{Ay} = F_{Bx} = \dfrac{4}{27}F$，$F_{Ax} = F_{By} = \dfrac{23}{27}F$，$M_A = M_B = \dfrac{5}{27}Fa$

12.17　$[F] = 1.64$ kN，$\Delta_E = 0.98$ mm

12.18　$M_C = \dfrac{Fa}{\pi}$，$T_C = 0$

12.19　$\sigma_{max} = \dfrac{24}{13}E\alpha_l\Delta T$

12.20　$\varphi = \dfrac{M_0}{\dfrac{GI_{p1}}{l}+\dfrac{GI_{p2}}{l}+\dfrac{12EI_1}{l^3}b_1^2+\dfrac{12EI_2}{l^3}b_2^2}$，$b_1 = \dfrac{b}{1+I_1/I_2}$，$b_2 = \dfrac{bI_1/I_2}{1+I_1/I_2}$

12.21　$F_{N,AO} = \dfrac{F}{2}$，$F_{N,BO} = F_{N,CO} = -\dfrac{\sqrt{2}}{4}F$，$\Delta_{Oy} = \dfrac{Fl}{2EA}$

## 第十三章　压杆稳定问题

13.1　（a）$F_{cr} = kl/2$；（b）$F_{cr} = 2k/l$

13.2　$F_{cr} = 12EI/al$

13.3　（a）$F_{cr} = 54.5$ kN；（b）$F_{cr} = 89.1$ kN；（c）$F_{cr} = 509$ kN

13.4　$F_{cr} = \dfrac{\pi^2EI}{2l^2}$，$F_{cr} = \dfrac{\sqrt{2}\pi^2EI}{l^2}$

13.5　$\theta = \arctan(\cot^2\beta)$

13.6　$P_{cr} = 170.96$ kN

13.7　（a）$F_{cr} = \dfrac{3\pi^2 EI}{8l^2}$；（b）$F_{cr} = \dfrac{\sqrt{3}\,\pi^2 EI}{3l^2}$

13.8　（a）$F_{cr} = \dfrac{\pi^2 EI}{(2l)^2}$；（b）$F_{cr} = \dfrac{\pi^2 EI}{(0.5l)^2}$

　　　（c）$F_{cr} = \dfrac{\pi^2 EI}{(0.7l)^2}$；（d）$F_{cr} = \dfrac{\pi^2 EI}{l^2}$

13.9　（略）

13.10　$F_{cr} = \dfrac{8\pi^2 EI}{l^2}$

13.11　（略）

13.12　$\Delta T < \dfrac{\pi^2 E_2 I_2}{\alpha h^3}\left(\dfrac{h}{E_2 A} + \dfrac{l^3}{3 E_1 I_1}\right)$

13.13　$[F] = 7.5\ \text{kN}$

13.14　（a）$F_{cr} = 5.53\ \text{kN}$；（b）$F_{cr} = 22.1\ \text{kN}$；（c）$F_{cr} = 69.0\ \text{kN}$

13.15　（略）

13.16　$n_{st} = 5.69$

13.17　$d = 97.4\ \text{mm}$

13.18　$n_{st} = 3.27$

13.19　$F_{cr} = 258.8\ \text{kN}$

\*13.20　（a）$F_{cr} = \dfrac{\pi^3 E d^4}{56 l^2}$；（b）$F_{cr} = \dfrac{\pi^3 E d^4}{14 l^2}$；（c）$F_{cr} = \dfrac{\pi^3 E d^4}{16 l^2}$，$d^* = \sqrt{2}\,d$

\*13.21　$kl\cos kl + 3\sin kl = 0$；$6 - (6 + k^2 l^2)\cos kl - 2kl\sin kl = 0$
　　　　$k = \sqrt{F/(EI)}$

## 第十四章　动　载　荷

14.1　$\sigma = 11\ \text{MPa}$

14.2　$n_{max} = 182\ \text{r/s}$，$\Delta l = 0.03\ \text{mm}$

14.3　$\sigma = 16.7\ \text{MPa}$，$n_{max} = 9.27\ \text{r/s}$

14.4　$\tau_{d,max} = 20\ \text{MPa}$

14.5　$\sigma_{d,max} = 174.8\ \text{MPa}$

14.6　（a）$\sigma_d = 184.4\ \text{MPa}$；（b）$\sigma_d = 15.86\ \text{MPa}$

14.7　（a）$\sigma_{st} = 0.0283\ \text{MPa}$；（b）$\sigma_d = 6.9\ \text{MPa}$；（c）$\sigma_d = 1.2\ \text{MPa}$

14.8　$\sigma_{d,max} = 43.14\ \text{MPa}$

14.9　$\sigma_{d,max} = \dfrac{Pl}{9W}$

14.10　$v_{A,max} = 0.05\ \text{m/s}$　$\sigma_{d,max} = 150\ \text{MPa}$

14.11　$u_{A,max} = v\sqrt{\dfrac{Pl^3}{3gEI}}$　$\sigma_{d,max} = \dfrac{v}{W}\sqrt{\dfrac{3PEI}{gl}}$

14. 12　$F_{N,AD} = 49\ 027$ N，$F_{N,DB} = 2\ 333$ N，安全

14. 13　$\sigma_{d,max} = \dfrac{32PR}{\pi^2 d^3}\left[1+\sqrt{1+\dfrac{Ed^4 h}{8PR^3\left(1-\dfrac{8}{\pi^2}\right)}}\,\right]$

14. 14　$\sigma_m = 160$ MPa，$\sigma_a = 80$ MPa，$r = 0.333$

14. 15　$\sigma_m = 169$ MPa，$\sigma_a = 30$ MPa，$r = 0.698$

14. 16　$r_A = 0.886$，$r_B = 0.5$，$r_C = -1$

14. 17　$\sigma_{max} = 152.8$ MPa，$\sigma_{min} = -101.8$ MPa

　　　　$\sigma_m = 25.5$ MPa，$\sigma_a = 127.3$ MPa，$r = -0.666$

14. 18　$n_\tau = 1.84 > n_f = 1.8$，安全

14. 19　$n_\sigma = 2.92 > n_f = 2.0$，安全

14. 20　$F_{max} = 88.3$ kN

14. 21　点 1：$r = -1$，$n_\sigma = 2.77$　　　点 2：$r = 0$，$n_\sigma = 2.46$

　　　　点 3：$r = 0.87$，$n_\sigma = 2.14$　　　点 4：$r = 0.5$，$n_\sigma = 2.14$

14. 22　$T_{max} = 1\ 410$ N·m

14. 23　$n_{\sigma\tau} = 1.88$

14. 24　$n_{\sigma\tau} = 1.69 > n_f = 1.4$，安全

## 附录 A　截面的几何性质

A. 1　（a）$y_C = \dfrac{2R\sin\alpha}{3\alpha}$；（b）$y_C = 28.2$ mm

　　　（c）$y_C = 0.025a$；（d）$y_C = 122.5$ mm

A. 2　（略）

A. 3　（a）$I_z = \dfrac{\pi R^4}{8}$，$i_z = \dfrac{R}{2\sqrt{2}}$；（b）$I_z = \dfrac{5\sqrt{3}\,a^4}{16}$，$i_z = \dfrac{\sqrt{30}\,a}{12}$

　　　（c）$I_z = \dfrac{ab^3}{12} - \dfrac{\pi r^4}{4}$，$i_z = \sqrt{\dfrac{ab^3 - 3\pi r^4}{12(ab - \pi r^2)}}$

　　　（d）$I_z = 1.55\times10^{10}$ mm$^4$，$i_z = 293$ mm

　　　（e）$I_z = 1.73\times10^8$ mm$^4$，$i_z = 152$ mm

　　　（f）$I_z = 7.54\times10^{-3} r^4$，$i_z = 0.187r$

A. 4　$a = 9.01$ mm

A. 5　$I_{AB} = 2.77\times10^8$ mm$^4$；$I_{max} = 23.3\times10^8$ mm$^4$

　　　$I_{min} = 2.7\times10^8$ mm$^4$；$\alpha = 149.53°$

A. 6　（a）$I_{max} = 13.5\times10^6$ mm$^4$，$I_{min} = 3.1\times10^6$ mm$^4$

　　　（b）$I_{max} = 9.83\times10^5$ mm$^4$，$I_{min} = 2.13\times10^5$ mm$^4$

　　　（c）$I_{max} = 12.1\times10^6$ mm$^4$，$I_{min} = 8.3\times10^5$ mm$^4$

　　　（d）$I_{max} = 23.08\times10^6$ mm$^4$，$I_{min} = 2.37\times10^6$ mm$^4$

# 作者简介

李道奎，国防科技大学空天科学学院教授，博士生导师，教育部高等学校力学基础课程教学指导分委员会委员，湖南省力学学会副理事长。全国力学教学优秀教师，军队精品课程"材料力学"和精品在线开放课程"导弹结构设计与分析"、湖南省线下一流课程"材料力学"和精品课程"工程力学"负责人，学校教学委员会委员、教学督导专家、优秀教师，"工程力学基础"核心课程教学团队和航天力学拔尖班首席教授。主要从事力学教学工作和航天结构分析科研工作，出版教材5部，获湖南省教学成果一等奖1项、二等奖1项，军队育才奖银奖2次，军队科技进步二等奖2项，湖南省科技进步一等奖1项。发表学术论文100余篇，SCI检索30余篇，授权专利10余项。

## 郑重声明

高等教育出版社依法对本书享有专有出版权。任何未经许可的复制、销售行为均违反《中华人民共和国著作权法》，其行为人将承担相应的民事责任和行政责任；构成犯罪的，将被依法追究刑事责任。为了维护市场秩序，保护读者的合法权益，避免读者误用盗版书造成不良后果，我社将配合行政执法部门和司法机关对违法犯罪的单位和个人进行严厉打击。社会各界人士如发现上述侵权行为，希望及时举报，我社将奖励举报有功人员。

反盗版举报电话　(010)58581999　58582371

反盗版举报邮箱　dd@hep.com.cn

通信地址　北京市西城区德外大街 4 号
　　　　　高等教育出版社法律事务部

邮政编码　100120

## 读者意见反馈

为收集对教材的意见建议，进一步完善教材编写并做好服务工作，读者可将对本教材的意见建议通过如下渠道反馈至我社。

咨询电话　400-810-0598

反馈邮箱　gjdzfwb@pub.hep.cn

通信地址　北京市朝阳区惠新东街 4 号富盛大厦 1 座
　　　　　高等教育出版社总编辑办公室

邮政编码　100029

## 防伪查询说明

用户购书后刮开封底防伪涂层，使用手机微信等软件扫描二维码，会跳转至防伪查询网页，获得所购图书详细信息。

防伪客服电话　(010)58582300